Umweltschutz und Gefahrguttransport für Binnen- und Seeschifffahrt

Uwe Jacobshagen

Umweltschutz und Gefahrguttransport für Binnen- und Seeschifffahrt

Internationale, nationale und kommunale Übereinkommen

Uwe Jacobshagen
Krummesse, Schleswig-Holstein, Deutschland

ISBN 978-3-658-25928-0 ISBN 978-3-658-25929-7 (eBook)
https://doi.org/10.1007/978-3-658-25929-7

Die Deutsche Nationalbibliothek verzeichnet diese Publikation in der Deutschen Nationalbibliografie; detaillierte bibliografische Daten sind im Internet über http://dnb.d-nb.de abrufbar.

Springer Vieweg

Lektorat: Dr. Daniel Fröhlich

Springer Vieweg ist ein Imprint der eingetragenen Gesellschaft Springer Fachmedien Wiesbaden GmbH und ist ein Teil von Springer Nature
Die Anschrift der Gesellschaft ist: Abraham-Lincoln-Str. 46, 65189 Wiesbaden, Germany

Für Elke und Bernd Jacobshagen
Meinen Eltern.

Vorwort

Die Idee zu dem vorliegenden Buch ist aus einem Gespräch während der Gefahrguttage in München zwischen mir und Vertretern des Springer-Vieweg Verlages entstanden. Beeindruckend ist die Vielzahl guter Bücher zum Thema Gefahrgut und Umweltschutz im Allgemeinen – jedoch stellten wir fest, dass der Zusammenhang von Umweltschutz und Schifffahrt in der Literatur bisher nur gering oder gar nicht abgebildet wurde. Diese vermeintliche Lücke soll mit diesem Buch nicht geschlossen, aber vielleicht verkleinert werden.

Dieses Buch widmet sich primär der Darstellung der Rechtsetzungen, die den Umweltschutz im Rahmen der Schifffahrt mit Binnen- und Seeschifffahrt regeln. Es ersetzt nicht die hervorragenden Bücher und sonstigen Ausarbeitungen zu diesen Themen, die z. T. von mir verwendet wurden, sondern soll das Gesamtsystem Umweltschutz in der Schifffahrt abbilden und bestimmte Regelwerke verständlich und anwendbar darstellen.

Bei der Umsetzung des Buches habe ich versucht, aktuell-politische Diskussionen und Erkenntnisse einfließen zu lassen, ohne diese zu bewerten. Die im Januar 2019 entstandene Diskussion zu Umweltschädlichkeit und Gesundheitsgefährdung von Dieselabgasen lasse ich unkommentiert, versuche jedoch wissenschaftliche Erkenntnisse darzustellen. Berichte und Statistiken zu umweltrelevanten Themen habe ich versucht allgemeingültig einzuarbeiten und von bloßen Einzelmeinungen zu trennen. Ich hoffe, dass mir das gelungen ist.

Für die Umsetzung dieses Buch-Projektes und das damit verbundene Vertrauen danke ich den Vertretern des Verlages, mit denen zusammen ich die Idee weiter ausbauen und umsetzen konnte. Besonderer Dank gilt für die ständige Unterstützung und die unendliche Geduld meiner Frau Birgit. Danke.

Für die sachliche Unterstützung und fachlichen Hinweise danke ich meinem Kollegen Peter Berg, der mich beständig daran erinnert, dass Umweltschutz wichtig ist. Meinem Freund und Mentor, Herrn Dr. Karsten Webel, möchte ich auch für die juristische und strukturelle Unterstützung und die sachlichen Ratschläge danken.

März 2019 Uwe Jacobshagen

Inhaltsverzeichnis

Abkürzungsverzeichnis

Abs.	Absatz
AEUV	Vertrag über die Arbeitsweise der Europäischen Union
AFS-Übereinkommen	Internationales Übereinkommen von 2001 über die Beschränkung des Einsatzes schädlicher Bewuchsschutzsysteme auf Schiffen (International Convention on the Control of Harmful Antifouling Systems on Ships)
Art.	Artikel
BAM	Bundesanstalt für Materialprüfung
BCH-Code	Code für den Bau und die Ausrüstung von Schiffen zur Beförderung gefährlicher Chemikalien als Massengut (Code For The Construction And Equipment Of Ships Carrying Dangerous Chemicals In Bulk)
BinSchAufgG	Binnenschifffahrtsaufgabengesetz
BG	Berufsgenossenschaft
BGB	Bürgerliches Gesetzbuch
BGBl.	Bundesgesetzblatt
BImSchG	Bundesimmissionsschutzgesetz
BImSchV	Bundesimmissionsschutzverordnung
BLU-Code	Code für das sichere Be- und Entladen von Massen-gutschiffen (Code For Practice For The Safe Loading And Unloading Of Bulkcarriers)
BRT	Bruttoregistertonnen
BRZ	Bruttoraumzahl
BSH	Bundesamt für Seeschifffahrt und Hydrografie
BSU	Bundesstelle für Seeunfalluntersuchung
BVerfGG	Bundesverfassungsgerichtsgesetz
CBD	Convention on Biological Diversity
CDNI	Übereinkommen über die Sammlung, Abgabe und Annahme von Abfällen in der Rhein- und Binnenschifffahrt
CTU	Cargo Transport Unit (Beförderungseinheit)

d. h.	das heißt
EG	Europäische Gemeinschaft
EmS	Emergency schedule (Notfallplan)
EU	Europäische Union
EUV	Vertrag über die Europäische Union
ff	Fortfolgende
GG	Grundgesetz der Bundesrepublik Deutschland
GGBefG	Gefahrgutbeförderungsgesetz
GGVSEB	Gefahrgutverordnung Schiene, Eisenbahn, Binnenschifffahrt
GGVSee	Gefahrgutverordnung See
h. M.	herrschende Meinung
HELCOM	Zwischenstaatliche Kommission für den Schutz der Meeresumwelt im Ostseeraum
HFO	Heavy fuel oil, Schweröl
IBC-Code	Internationaler Code für den Bau und die Ausrüstung von Schiffen zur Beförderung gefährlicher Chemikalien als Massengut (International Code For The Construction And Equipment Of Ships Carying Dangerous Chemicals In Bulk)
IGC-Code	Internationaler Code für den Bau und die Ausrüstung von Schiffen zur Beförderung verflüssigter Gase als Massengut (International Code For The Construction And Equipment Of Ships Carrying Dangerous Gases In Bulk)
IMDG-Code	International Maritime Code for Dangerous Goods
IMO	Internationale Seeschifffahrts-Organisation (International Maritime Organization)
INF	Internationale Code für die sichere Beförderung von verpackten bestrahlten Kern-brennstoffen, Plutonium und hochradioaktiven Abfällen mit Seeschiffen
i. W.	Im Weiteren
Kap.	Kapitel
km	Kilometer
KrWG	Kreislaufwirtschaftsgesetz
kW	Kilowatt
kW/h	Kilowattstunde
l	Liter
LKW	Lastkraftwagen
MARPOL 73/78	Internationales Übereinkommen von 1973 zur Verhütung der Meeresverschmutzung durch Schiffe (International Convention for the Prevention of Marine Pollution from Ships)
MEPC	Komitee zum Schutz der Meeresumwelt (Marine Environment Protection Committee)
MSC	Schiffssicherheitsausschuss (Maritime Safety Committee)

MSRL	Meeresstrategie-Richtlinie
n. h. M.	Nach herrschender Meinung
NiSG	Gesetz für den Schutz vor nichtionisierenden Strahlungen
NLS	Internationales Zeugnis über die Verhütung der Verschmutzung bei der Beförderung schädlicher flüssiger Stoffe als Massengut (International Pollution Prevention Certificate for the Carriage of Noxious Liquid Substances in Bulk)
NO_x	Stickstoffoxide
ÖlSG	Ölschadensgesetz
Owi	Ordnungswidrigkeit
OwiG	Ordnungswidrigkeitengesetz
OS	Other Substances
OSPAR	Oslo-Paris-Übereinkommen
Pkt.	Punkt
POP	Persistent organic pollutants (Schwer abbaubarer, organischer Schadstoff)
ppm	Parts per million
Reg.	Regel
RL	Richtlinie
Ro-Ro	Roll on/Roll off
RGU	Rechtsbereinigungsgesetz Umwelt
S.	Seite(n)
(S)ECA	(Schwefel)-Emission-Überwachungs-Gebiete ([Sulphur] Emission Control Areas)
SRÜ	Seerechtsübereinkommen der Vereinten Nationen
SeeSchStrO	Seeschifffahrtsstraßenordnung
SeeUmwVerhV	Seeumweltverhaltungsverordnung
sm	Seemeile (1,852 km)
SO_x	Schwefeloxide
SOLAS 74/88	Internationales Übereinkommen von 1974 zum Schutz des menschlichen Lebens auf See (International Convention for the Safety of Life at Sea)
SPD	Sozialdemokratische Partei Deutschlands
STCW	Internationales Übereinkommen über Normen für die Ausbildung, die Erteilung von Befähigungs-zeugnissen und den Wachdienst von Seeleuten (Standards Of Training, Certification And Watchkeeping Convention, Version 1995)
StrÄndG	Strafrechtsänderungsgesetz
StGB	Strafgesetzbuch
TES	Technische Sicherheit (BAM)
u. a.	unter anderem
UBA	Umweltbundesamt

UGB	Umweltgesetzbuch
UmwHG	Umwelthaftungsgesetz
u. U.	Unter Umständen
Vgl.	Vergleiche
VO	Verordnung
VwVG	Verwaltungsverfahrensgesetz
WHG	Wasserhaushaltsgesetz
WStrG	Bundeswasserstraßengesetz
ZKR	Zentralkommission für die Rheinschifffahrt

1 Einleitung

Dann richteten wir den Blick aufs Meer. Das Meer war unser Amerika, das sich weiter erstreckte als jede Prärie, ungezähmt wie am ersten Tag der Schöpfung. Niemand besaß es.

(Carsten Jensen, Wir Ertrunkenen, Penguin Verlag, 1. Auflage 2018)

Das Meer, dessen Definition nicht eindeutig ist, gehört in einigen Bereichen immer noch niemanden. Der Teil des Meeres, der als Hohe See[1] bezeichnet wird und wo keinerlei staatliche Regelungen gelten, scheint ein rechtliches Niemandsland zu sein, in dem jedes Schiff ungestraft Abfälle, Ladungsreste und sonstige Meeresschadstoffe einleiten und einbringen darf. Erst im 20. Jh. hat die Staatengemeinschaft Regeln aufgestellt, um das gemeinsame natürliche Erbe zu erhalten und die Umwelt zu schützen.

Selbst Flüsse, die im Meer münden, galten lange Zeit als Müllkippen der Schifffahrt. Verheerende Umweltverschmutzungen waren und sind die Folge – so gehört der Rhein nach Erkenntnissen Schweizer Wissenschaftler zwischen Basel und Rotterdam zu den weltweit am stärksten mit Plastikteilchen verunreinigten Gewässern.[2]

Das Thema Umweltschutz gewinnt in der Schifffahrt, sowohl auf Binnen- als auch auf Seewasserstraßen und der Hohen See, immer mehr an Bedeutung. Gerade auf dem Gebiet der Seeschifffahrt, wo die Antriebsmaschinen mit Schwerölen angetrieben werden dürfen, die bis zu 3,5 % Schwefel enthalten können, ist eine Beachtung der umweltrechtlichen Vorschriften durch Entwicklung und Anwendung moderner Technik sehr wichtig.

Als der Franzose Claude de Jouffroy d'Abbans im Jahre 1783 das erste funktionsfähige Dampfschiff baute, ging bereits die maschinenbetriebene Schifffahrt mit einer

[1]Siehe Kap. 3.1.2.

[2]http://www.faz.net/aktuell/gesellschaft/rhein-stark-mit-plastikteilchen-belastet-13954954.html

U. Jacobshagen, *Umweltschutz und Gefahrguttransport für Binnen- und Seeschifffahrt*,
https://doi.org/10.1007/978-3-658-25929-7_1

Verunreinigung der Umwelt einher. Jedoch erst seit Mitte des 20. Jahrhundert wurde sowohl international als auch in Deutschland Wert auf den Umweltschutz gelegt.

Das Wort Umweltschutz ist in der Bundesrepublik am 7. November 1969 entstanden, als Mitarbeiter des damaligen Innenministers Hans-Dietrich Genscher den Begriff „Environment Protection“ aus den USA übernahmen und wörtlich übersetzten. Mit Verfassungsänderung im Oktober 1994 wurde der Art. 20a[3] und damit der Umweltschutz in das Grundgesetz als Staatsziel eingefügt.

Mittlerweile werden etwa 90 % aller Waren weltweit mit Seeschiffen transportiert. Die meisten Seeschiffe werden mit Schweröl (heavy fuel oil – HFO) betrieben, einem Rückstandsöl aus der Destillation oder aus Crackanlagen der Erdölverarbeitung. Schweröl enthält bedeutend mehr Schwefel als z. B. Kraftstoffe, die an Land eingesetzt werden.

> Die Schifffahrt belastet die Meeresumwelt erheblich, nicht nur durch Öl und Schiffsabgase, sondern auch durch Chemikalien, Schiffsabwasser und Schiffsmüll. Schätzungen gehen davon aus, dass die weltweit rund 50.000 Seeschiffe jährlich etwa 370 Mio. Tonnen Schweröl verbrauchen.[4]

Die Entwicklung moderner Technologien muss daher in allen Bereichen der Schifffahrt mit der Novellierung der Umweltvorschriften Schritt halten.

Der Gütertransport per Binnenschiff auf deutschen Wasserstraßen steht an dritter Stelle hinter dem Transportaufkommen auf der Straße und auf der Schiene. Wie bei der Seeschifffahrt gibt es in der Binnenschifffahrt eine Reihe unterschiedlicher Schiffstypen – neben Motorgüter-, Container- und Autotransporterbinnenschiff existieren verschiedenste Arten von Schlepperschiffen und Tankmotorschiffen.

Vorteile des Schiffsverkehrs sind die allgemein niedrigen Transportkosten. Die Emissionen sind verglichen mit dem LKW-Verkehr, gerade in der Binnenschifffahrt, erheblich geringer (vgl. Tab. 1.1). Kein anderer Verkehrsträger ist in der Lage, die gleiche Verkehrsleistung so umweltfreundlich zu erbringen wie das Verkehrssystem Binnenschiff/Wasserstraße.[5]

Das Umweltbundesamt hat mit dem Computerprogramm TREMOD[6] u. a. alle in Deutschland betriebenen Güterverkehrsarten (Lkw, Bahnen, Schiffe) ab dem Basisjahr 1960 in Jahresschritten erfasst. Die Basisdaten reichen von Fahr-, Verkehrsleistungen und Auslastungsgraden bis zu den spezifischen Energieverbräuchen und den Emissionsfaktoren.

[3]Siehe Kap. 2.8.

[4]https://www.deutsche-flagge.de/de/umweltschutz

[5]https://www.wsv.de/Schifffahrt/Binnenschiff_und_Umwelt/index.html

[6]https://www.umweltbundesamt.de/themen/verkehr-laerm/emissionsdaten#textpart-2

Tab. 1.1 Vergleich der durchschnittlichen Emissionen einzelner Verkehrsträger. (Quelle TREMOD 5.72; Umweltbundesamt 06.03.2018.)

		Lkw	Binnenschiff
Treibhausgase (CO_2, CH_4, N_2O)	g/tkm[a]	104	32
Kohlenmonoxid	g/tkm	0,091	0,075
Flüssige Kohlenwasserstoffe (ohne Methan)	g/tkm	0,035	0,028
Stickoxide	g/tkm	0,256	0,430
Feinstaub	g/tkm	0,003	0,010

[a]g/tkm = Gramm je Tonnenkilometer

Im Vergleich zwischen dem Lkw-Verkehr und dem Transport mit Binnenschiffen wurde festgestellt, dass die Umweltbelastungen während des gewerblichen Straßenverkehrs bedeutend höher sind als auf den Wasserstraßen. Als Emissionen werden Stickstoffoxide, Kohlenwasserstoffe, differenziert nach Methan und Nicht-Methan-Kohlenwasserstoffen sowie Benzol, Kohlenmonoxid, Partikel, Ammoniak, Distickstoffoxid, Kohlendioxid und Schwefeldioxid erfasst. Bilanziert werden die direkten Emissionen einschließlich der Verdunstungsemissionen und diejenigen Emissionen, die in der dem Endenergieverbrauch vorgelagerten Prozesskette entstehen.[7]

Bedenkenswert ist die Tatsache, dass im Jahr 2017 rund 2,9 Mio. Lkw in Deutschland betrieben wurden. Davon verfügen rund 2,6 Mio. Fahrzeuge über einen Dieselantrieb. Nur etwa 118.000 der Lastkraftwagen werden mit Benzin betrieben.

In der Binnenschifffahrt wurden im Jahr 2017 bereits 221,5 Mio. Tonnen auf den deutschen Wasserstraßen transportiert – nach der Prognose des Statistischen Bundesamtes wird der Wert bis ins Jahr 2021 konstant bleiben oder sogar leicht steigen.[8]

Im Jahr 2017 nahm der Güterumschlag in der Seeschifffahrt um 1,1 % gegenüber dem Vorjahr zu. Nach Angaben des Statistischen Bundesamtes (Destatis) wurden insgesamt 299,5 Mio. Tonnen Güter in deutschen Seehäfen umgeschlagen.[9]

Allein im Hamburger Hafen – Deutschlands größtem See- und drittgrößtem Binnenhafen – wurden im Jahr 2017 136,5 Mio. Tonnen umgeschlagen.[10] Davon wurden 10,71 Mio. Tonnen mit Binnenschiffen in Hamburg geladen und gelöscht.[11]

---

[7]Ebenda.

[8]https://de.statista.com/statistik/daten/studie/205955/umfrage/prognose-zum-transportaufkommen-in-der-binnenschifffahrt-in-deutschland/

[9]https://www.destatis.de/DE/PresseService/Presse/Pressemitteilungen/2018/03/PD18_118_463.html; jsessionid=C88B3BCDE2C6251334639DCD0AF3717D.InternetLive2.

[10]https://www.hafen-hamburg.de/de/statistiken

[11]https://www.statistik-nord.de/fileadmin/Dokumente/Statistische_Berichte/verkehr_umwelt_und_energie/H_II_1_H/H_II_1_-_j_17_HH.pdf

Jeder Schiffsverkehr geht mit einer Belastung der Umwelt einher und diese lässt sich nicht vermeiden. Durch Rechtssetzung und vor allem Rechtsanwendung kann eine Belastung der Umwelt nur minimiert und damit eine Verschlechterung der Umwelt verhindert werden. Jeder Beteiligte an dem Transport von Gütern und Personen auf dem Wasser, also Schifffahrtstreibende, Behörden und Nutzer des Gemeingebrauchs, tragen Verantwortung für die Reinhaltung der Umweltmedien gegenüber künftigen Generationen. Nur durch Kenntnis der Umweltrechtsvorschriften und deren strikte Anwendung lässt sich eine Verschlechterung der Umwelt aufhalten und deren Belastung so gering wie möglich halten.

2 Grundlagen des Umweltrechts

Das Umweltrecht wurde mit der Erweiterung des Grundgesetzes seit dem 15. November 1994 um den Art. 21a als Staatsziel definiert:

> Der Staat schützt auch in Verantwortung für die künftigen Generationen die natürlichen Lebensgrundlagen und die Tiere im Rahmen der verfassungsmäßigen Ordnung durch die Gesetzgebung und nach Maßgabe von Gesetz und Recht durch die vollziehende Gewalt und die Rechtsprechung.

Dieses Gebot ist rechtsverbindlich, aber für den einzelnen nicht einklagbar. Aufgrund des verfassungsrechtlichen Ranges ist bei der Abwägung mit anderen gesellschaftlichen Interessen eine verstärkte Berücksichtigung des Umwelt- und Nachweltschutzes geboten.[1]

Der Umweltschutz in See- und Binnenschifffahrt hat natürlich mehrere Umweltmedien zu beachten. Vor allem der Gewässerschutz spielt eine entscheidende Rolle. Durch neue rechtliche Regelungen gewinnt in der Schifffahrt auch der Schutz der Umwelt vor Luftverunreinigungen (z. B. durch MARPOL73/78 Anlage VI) und der Umgang mit sämtlichen Schiffsabfällen (z. B. MARPOL73/78 Anlage III und das CDNI-Übereinkommen) immer mehr an Bedeutung.

Der Gewässerschutz wird in der Schifffahrt nicht allein durch die klassischen Wasserschutznormen wie dem § 324 StGB und den Regelungen des WHG gewährleistet, sondern auch andere Vorschriften, die eine Gewässerschädigung verhindern sollen, müssen beachtet werden. Hier schließt sich ein Kreis zur Entwicklung des Umweltrechts, weil

[1] https://www.umweltbundesamt.de/themen/nachhaltigkeit-strategien-internationales/umweltrecht/umweltverfassungsrecht/deutsches-umweltverfassungsrecht

U. Jacobshagen, *Umweltschutz und Gefahrguttransport für Binnen- und Seeschifffahrt*,
https://doi.org/10.1007/978-3-658-25929-7_2

u. a. Strafrechtsnormen zum Schutz des Bodens oder der Luft Tatbestandsmerkmale der Schädigungseignung[2] für Gewässer beinhalten.

Gewässer als Schutzobjekte lassen sich damit vielfältig beschreiben und sind örtlich nicht nur auf schiffbare Gewässer beschränkt. Dazu gehören dann

- Meere
- Flüsse
- Grundwasser
- Seen
- Bäche

und sogar

- Abwasseranlagen.

> Wasser ist Grundlage allen Lebens. Bäche, Flüsse, Seen, Feuchtgebiete und Meere sind Lebensraum einer Vielzahl von Pflanzen und Tieren und wichtige Bestandteile des Naturhaushaltes. Das Grundwasser ist Trinkwasserspender und Lebensraum zugleich. Wir nutzen Wasser für unsere Ernährung, die tägliche Hygiene und für unsere Freizeitaktivitäten. Außerdem ist Wasser als Energiequelle, Transportmedium und Rohstoff ein wichtiger Wirtschaftsfaktor. Ein effektiver Schutz und der schonende Umgang mit der Ressource Wasser sind Voraussetzung für biologische Vielfalt und eine nachhaltige Nutzung.[3]

Nach einem Bericht des Umweltbundesamtes[4] auf Grundlage einer Studie der europäischen Umweltagentur sind nur 40 % der Oberflächengewässer in Europa im guten ökologischen Zustand bzw. Potenzial. Dabei schneiden Seen und Küstengewässer besser ab als Flüsse und Übergangsgewässer[5]. Hauptursachen für den mäßigen bis schlechten Zustand sind überwiegend Veränderungen der Gewässerstruktur, z. B. durch Querbauwerke und Begradigungen, sowie diffuse Einträge insbesondere aus der Landwirtschaft. Darüber hinaus spielen Schadstoffeinträge aus Kläranlagen trotz langjähriger Investitionen in die Abwasserreinigung immer noch eine Rolle.[6]

Die Schifffahrt, sowohl im Binnen- als auch dem Seebereich, trägt bei dem Eintrag von Schadstoffen in die Oberflächengewässer ebenfalls eine große Rolle. Gerade bei befugtem Einleiten und Einbringen von Stoffen in die Gewässer oder die Luft, die dann

---

[2]Vgl. §§ 324a Abs. 1 Nr. 1 und § 325 Abs. 6 Nr. 2 StGB.

[3]https://www.umweltbundesamt.de/themen/wasser

[4]https://www.umweltbundesamt.de/themen/gewaesser-in-europa-noch-lange-nicht-im-guten-Zustand

[5]Siehe Glossar.

[6]https://www.umweltbundesamt.de/themen/gewaesser-in-europa-noch-lange-nicht-im-guten-Zustand

eine Gewässerschädigung nach sich ziehen kann, müssen die vorgegebenen Bedingungen und Grenzwerte eingehalten werden. So sind für sämtliche Beförderungsgüter in der Binnenschifffahrt die Einleitbedingungen in Oberflächengewässer und die Kanalisation definiert, sodass im Zweifelsfall ein Einleiten grundsätzlich verboten ist.[7]

Als Lebensgrundlage für Menschen, Pflanzen und Tiere steht das Wasser unter einem besonderen Schutz. Bis 2027 sollen die europäischen Gewässer in einem mindestens guten ökologischen Zustand sein. Deutschland ist von diesem Ziel noch weit entfernt. Deutschland ist ein wasserreiches Land, in dem aber nur rund 13 % des Wasserangebots genutzt werden. Die Wasserentnahme aus den natürlichen Ressourcen geht in allen Sektoren zurück.[8]

Das Umweltbundesamt (UBA) stellt auf seiner Internetseite die Belastung der innerdeutschen Gewässer durch verschiedene Umweltindikatoren, also messbare Ersatzgrößen, dar und liefert damit einen wenig positiven Zustandsbericht.[9]

Ökologischer Zustand der Seen in Deutschland[10]

- 2015 waren 26 % der Seen in Deutschland in einem mindestens guten ökologischen Zustand oder zeigten mindestens ein gutes ökologisches Potenzial,
- laut europäischer Wasserrahmenrichtlinie sollten im Jahr 2015 die 100 % erreicht werden. Nun gibt es eine Fristverlängerung bis 2027,
- die Zeit bis 2027 muss genutzt werden, denn Deutschland ist noch weit davon entfernt dieses Ziel zu erreichen.

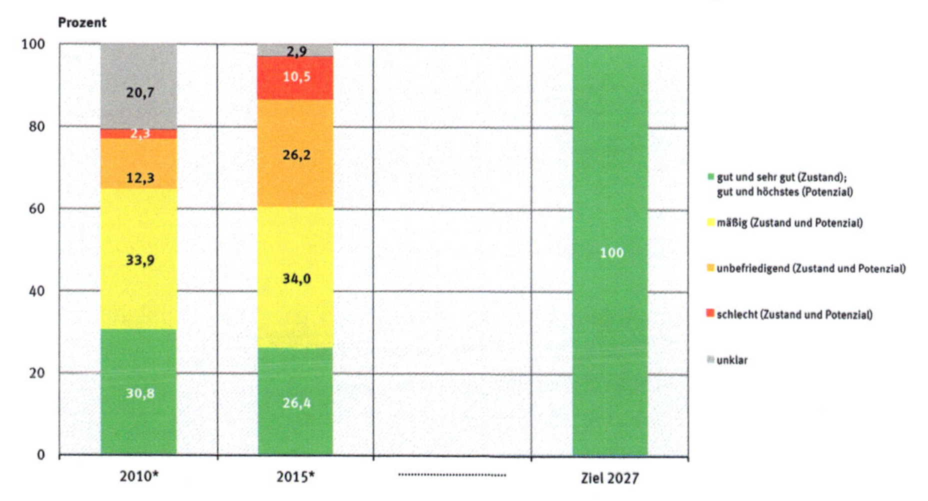

[7] Vgl. CDNI Anlage 2, Anhang III; siehe Kapitel 6.3.

[8] https://www.umweltbundesamt.de/daten/wasser

[9] https://www.umweltbundesamt.de/daten/wasser

[10] Ebenda.

Eutrophierung[11] der Nord-und Ostsee durch Stickstoff[12]

- Deutschland hat sich verpflichtet, zur Erreichung der Ziele des Meeresschutzes maximale Konzentrationen für Stickstoff an den Flussmündungen einzuhalten,
- im Mittel aller Flüsse werden diese Zielkonzentrationen in Nord- und Ostsee überschritten,
- damit die Stickstoffkonzentrationen in den Flüssen weiter sinken, müssen vor allem Maßnahmen in der Landwirtschaft ergriffen werden.

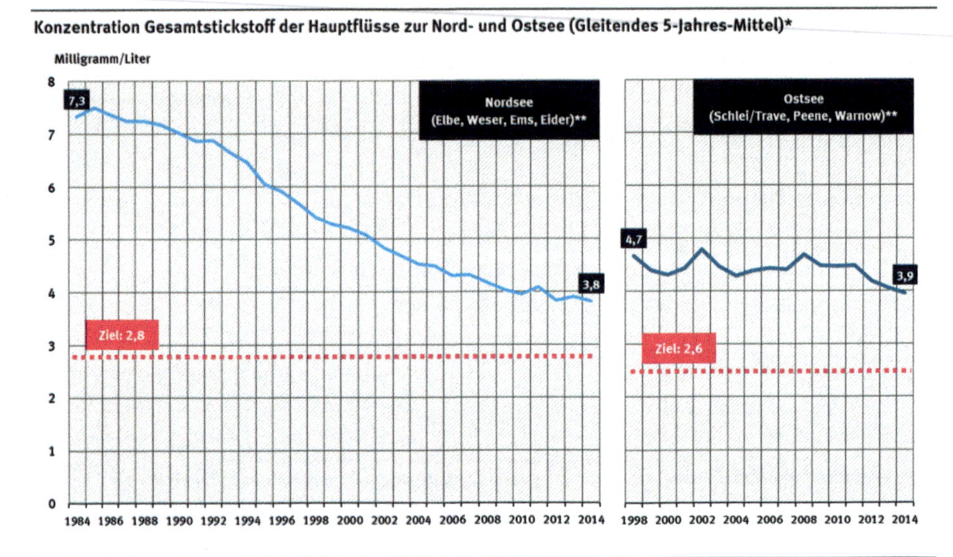

* Der Indikator erfasst nur Flüsse, die auch in Deutschland in Nord- bzw. Ostsee münden. Allerdings gelten die Zielwerte der Oberflächengewässerverordnung (OGewV) auch für Flüsse, deren Mündungsbereich sich außerhalb Deutschlands befindet, also auch für Rhein und Oder. Gemessen wird an den Punkten, an denen diese Flüsse das Bundesgebiet endgültig verlassen.
** Für die Zuflüsse der Ostsee liegen Jahres-Werte erst ab 1994 vor. Für den Fluss Eider liegen Jahres-Werte erst ab 1990 vor.
Für die frachtgewichteten Mittelwerte werden die Stickstoffkonzentrationen der Einzelflüsse mit dem Abfluss der Flüsse gewichtet.
Über die Bewertungsroutine und die zu verwendenden Messstellen wurde in den Küstenbundesländern noch nicht abschließend entschieden. Die Darstellung ist deshalb vorläufig.

Quelle: Umweltbundesamt 2016 nach Angaben der Länder und Flussgebietsgemeinschaften

Eutrophierung der Flüsse durch Phosphor[13]

- an fast zwei Dritteln aller Messstellen an Flüssen werden zu hohe Phosphor-Konzentrationen beobachtet,
- der Anteil ist seit Beginn der 1980er Jahre insgesamt um rund ein Fünftel zurückgegangen. Sehr hohe Belastungen treten nur noch selten auf,
- Ziel der Bundesregierung ist es, dass die Phosphor-Orientierungswerte spätestens 2030 in allen Gewässern eingehalten werden,
- dafür muss vor allem die Düngepraxis in der Landwirtschaft verändert werden. Auch sollten kleine Kläranlagen Phosphor nach dem Stand der Technik entfernen.

[11]Eutrophierung = die Anreicherung von Nährstoffen in einem Ökosystem oder einem Teil desselben.
[12]https://www.umweltbundesamt.de/daten/wasser
[13]https://www.umweltbundesamt.de/daten/wasser

Messstellen mit Überschreitung des Orientierungswertes für Gesamtphosphor

Anteil der Messstellen der Güteklasse II-III und schlechter*

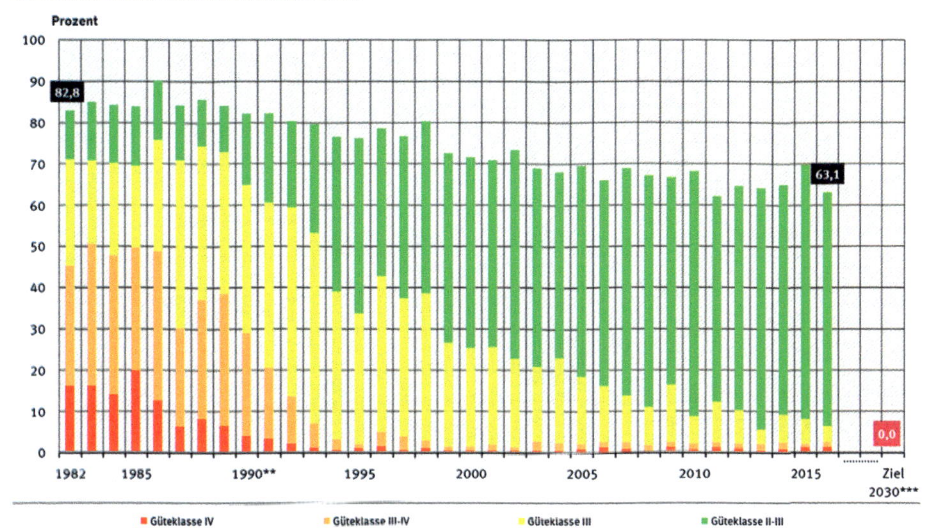

* Der gewässerspezifische Orientierungswert ist überschritten, wenn die Gewässergüteklasse für Gesamtphosphor bei "II-III" oder schlechter liegt. Der Indikator bildet den Anteil der Messstellen mit Überschreitungen an der Gesamtzahl aller Messstellen ab.
** ab 1991 mit Messstellen in den neuen Bundesländern
*** Ziel der Nachhaltigkeitsstrategie der Bundesregierung

Quelle: Zusammenstellung des Umweltbundesamtes nach Angaben der Bund/Länderarbeitsgemeinschaft Wasser (LAWA), 2017

Ökologischer Zustand der Übergangs- und Küstengewässer[14]

- kein einziges Gebiet (Wasserkörper) der Übergangs- und Küstengewässer in Nord- und Ostsee war 2015 in gutem oder sehr gutem Zustand,
- laut europäischer Wasserrahmenrichtlinie sollten bis zum Jahr 2015 alle Gewässer mindestens in einem guten ökologischen Zustand sein,
- dieses Ziel wurde verfehlt. Es gilt nun die Zeit bis spätestens 2027 zu nutzen, um die anspruchsvollen Ziele zu erreichen,
- dazu sind weitere erhebliche Anstrengungen erforderlich.

[14]https://www.umweltbundesamt.de/daten/wasser

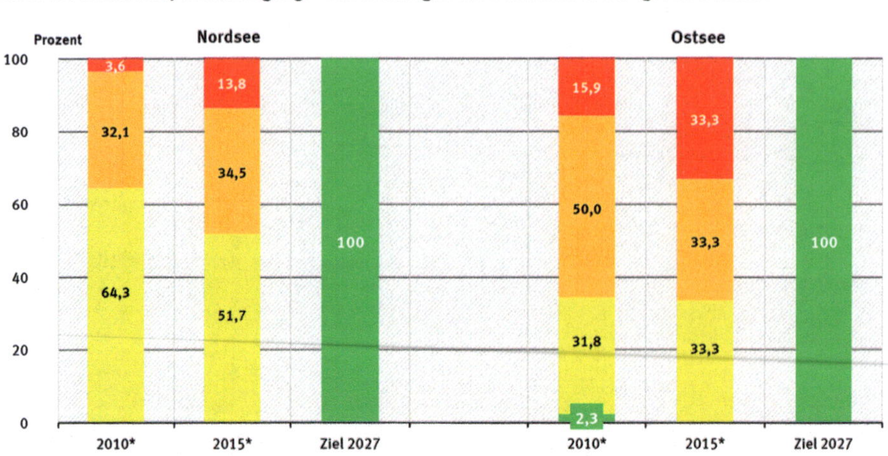

Plastikmüll in der Nordsee[15]

- seit Beginn der Untersuchungen werden in 93 % bis 97 % der Mägen von tot gefundenen Eissturmvögeln Plastikmüll gefunden,
- in rund 60 % der Mägen toter Eissturmvögel an Küsten der Nordsee finden sich mehr als 0,1 g Plastik,
- Ziel der OSPAR-Konvention ist es, dass dieser Anteil maximal 10 % betragen sollte; es wird noch lange dauern, bis das Ziel erreicht ist,
- nach wie vor gelangen große Mengen Plastikmüll[16] in die Meere, wo Plastik nur sehr langsam abgebaut wird.

[15]https://www.umweltbundesamt.de/daten/wasser

[16]Siehe Kap. 2.9.

Anteil der Eissturmvogel-Totfunde an der deutschen Nordsee-Küste mit mehr als 0,1 Gramm Plastik im Magen (5-Jahres-Durchschnitt)

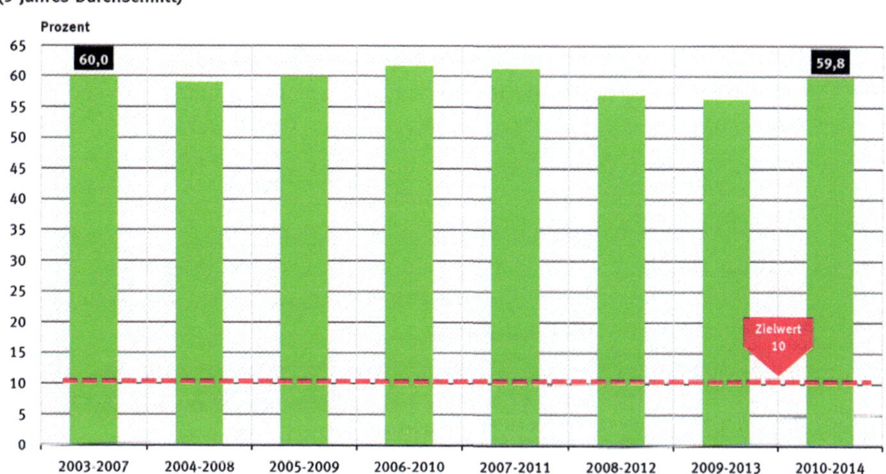

Quelle Werte bis 2013: Forschungs- und Technologiezentrum Westküste (2012), OSPAR Fulmar Litter EcoQO - Masse von Plastikmüllteilen in Eissturmvogelmägen; Quelle Werte 2014: Mitteilung des Forschungs- und Technologiezentrums Westküste vom 09.02.2016

Die Ende 2000 in Kraft getretene Wasserrahmenrichtlinie der Europäischen Union (EU)[17] ist die erste ganzheitliche Richtlinie im Gewässerschutz. Ihr unmittelbares Ziel ist der gute Zustand:

- zum einen der ökologische und chemische gute Zustand der Oberflächengewässer,
- zum anderen der chemische und mengenmäßig gute Zustand des Grundwassers.

Zur Überwachung der Ziele hat die EU biologische Zustandsklassen sowie Umweltqualitätsnormen (UQN)[18] für Schadstoffe eingeführt. Die Wasserrahmenrichtlinie enthält auch Vorschriften und Fristen für die Planung in Flussgebieten sowie Vorgaben, wie sich die Öffentlichkeit an diesen Planungen beteiligen kann. Mit der Meeresstrategie-Rahmenrichtlinie der EU[19], die 2008 in Kraft trat, fordert die EU zudem, die Meeresökosysteme in ihrer Gesamtheit und ihren gegenseitigen Wechselwirkungen zu bewerten – und vor allem zu schützen.

Der Schutz und damit die Verbesserung der Gewässer der Mitgliedsstaaten der EU sowie der Bundesrepublik Deutschland ist und bleibt auch die Aufgabe jedes Nutzers der einzelnen Gewässerteile. Jeder Nutzer einer befugten Nutzung durch Bewilligung, Erlaubnis oder im Rahmen des Gemeingebrauchs muss sich deshalb seiner Verantwortung bewusst sein oder dieser bewusst gemacht werden – und sei es durch Ahndung als Ordnungswidrigkeit bzw. Straftat oder durch Wiedergutmachung i. S. d. UmweltHG.

---

[17]Richtlinie 200/60/EG.

[18]Richtlinie 2008/105/EG.

[19]Richtlinie 2008/56/EG.

2.1 Entwicklung des Umweltrechts

„Umweltschutz ist die Gesamtheit der Maßnahmen, welche die Umwelt des Menschen vor schädlichen Auswirkungen der Zivilisation schützen“[20][1].

Der Ansatz des Umweltstrafrechts in Deutschland war lange umstritten und konnte letztendlich erst durch die Staatszielbestimmung des Art. 20a GG geklärt werden. Streitgegenstand war die Frage, ob der Umweltschutz einen reinen Schutz der Ökologie und damit der Natur zu dienen hat (ökologische Sicht) oder ob der Mensch im Mittelpunkt des Umweltschutzes zu stehen hat (anthropozentrische Sicht). Mit der Erweiterung des Grundgesetzes der Bundesrepublik Deutschland am 27. Oktober 1994 wurde die Ökologisch-anthropozentrische Sicht als Staatsziel definiert und der Mensch somit als Teil der Ökologie betrachtet, die es zu schützen gilt.

Ursprünglich enthielt das Grundgesetz kaum umweltbezogene Inhalte. Doch mit der fortschreitenden technischen und industriellen Entwicklung traten zunehmend Umweltprobleme zutage: So wuchs in den siebziger Jahren mit der Verschmutzung von Luft, Boden und Gewässern in der Bevölkerung auch das Bewusstsein für Umweltschutz.

Bereits 1971 hatte die SPD ein Grundrecht auf Umweltschutz in ihr Umweltprogramm aufgenommen. Doch es waren vor allem die Grünen, die in den frühen 1980er-Jahren für ein solches Grundrecht eintraten. Ihr Ziel: Bürgerinitiativen oder Verbände sollten bei Umweltverschmutzungen klagen können. Durchsetzen konnte sich die Partei mit dieser Forderung aber nicht: Im Dezember 1983 lehnte eine Sachverständigenkommission des Innenministeriums die Einführung eines Grundrechts ab und schlug stattdessen die Einführung eines Staatsziels Umweltschutz vor.[21]

Im Verlauf der 1960er und Anfang der 1970er Jahre erwachte – in Zeiten gesellschaftlicher Umbrüche (insbes. Studentenbewegung) – allmählich das gesellschaftliche Interesse am Umweltschutz und führte zu lebhafter werdenden Diskussionen. Daraus entwickelte sich unter einer sozial-liberalen Koalition das erste Umweltprogramm der Bundesregierung vom 29. September 1971.

Verdient gemacht hat sich das Umweltprogramm von 1971 nicht zuletzt auch dadurch, dass die elementaren Prinzipien der (west-)deutschen Umweltschutzgesetzgebung, das Vorsorgeprinzip, das Verursacherprinzip und das Kooperationsprinzip, in ihm erstmals formuliert wurden.

Der Folgeprozess, der auch die am 5. Juni 1972 beginnende erste Umweltkonferenz der Vereinten Nationen in Stockholm flankierte, ist von umfangreichen Gesetzgebungsaktivitäten des Bundes begleitet worden [1] – es wird in diesem Zusammenhang von der „Pionierphase der Umweltgesetzgebung“ gesprochen.

[20]http://www.kas.de/wf/doc/kas_30509-1522-1-30.pdf?120316140508

[21]https://www.bundestag.de/dokumente/textarchiv/2013/47447610_kw49_grundgesetz_20a/213840

Das Umweltrecht in Deutschland wurde dann erst mit der Neuschaffung des 29. Abschnitts im StGB durch das 18. Strafrechtsänderungsgesetz – Gesetz zur Bekämpfung der Umweltkriminalität (18. StrÄndG) – vom 28. März 1980 sortiert und durch Rechtsnormen hinterlegt. Dadurch wurde der 29. Abschnitt in das StGB neu aufgenommen und u. a. die Strafrechtsnormen

- § 324 Gewässerverunreinigung,
- § 325 Luftverunreinigung und Lärm und
- § 326 Umweltgefährdende Abfallbeseitigung

geschaffen.

Gleichzeitig wurden u. a. die zwei neu gefassten Strafrechtsnormen § 324 und § 326 als „Katalogstraftaten" in den vorhandenen § 5 – Auslandstaten mit besonderem Inlandsbezug – aufgenommen; jedoch noch mit der Einschränkung, dass die Tat im Bereich des deutschen Festlandsockels begangen worden sein muss. Später wurde der Tatort auf die deutsche ausschließliche Wirtschaftszone beschränkt, aber nur soweit völkerrechtliche Übereinkommen zum Schutze des Meeres[22] ihre Verfolgung als Straftaten gestatten.

Erstmalig in der internationalen Umweltmanagementnorm ISO 14001[23] und deren europäischer Fassung DIN EN ISO 14001:2015 wurden die Grundprinzipien des Umweltrechts definiert.

Grundprinzipien des Umweltrechts

Nachhaltigkeitsprinzip:

- Erneuerbare Naturgüter dürfen auf Dauer nur im Rahmen ihrer Regenerationsfähigkeit genutzt werden, um zukünftigen Generationen nicht verloren zu gehen. Nicht erneuerbare Naturgüter dürfen nur in dem Maße genutzt werden, wie ihre Funktionen durch andere Materialien oder andere Energieträger ersetzt werden können.

  Das Vorsorgeprinzip:
- Umweltrecht soll nicht nur zur Schadensbekämpfung oder -vermeidung dienen, sondern es soll als vordringlichste Aufgabe Umweltbelastungen gar nicht entstehen lassen.

  Das Verursacher- bzw. Gemeinlastprinzip:
- Beeinträchtigungen der Umwelt sind grundsätzlich dem konkreten Verursacher zuzurechnen; diesem ist dann die Verpflichtung zur Beseitigung oder zum Ausgleich der Umweltschädigung aufzuerlegen (UmwHG, BGB).

  Das Kooperationsprinzip:
- Im Umweltschutz soll Kooperation vor Konfrontation gehen, d. h. dass Maßnahmen, die zur Vermeidung oder zum Ausgleich von Umweltschädigungen erforderlich sind, im Einvernehmen mit den Betroffenen durchgeführt und nicht durch staatlichen Zwang herbeigeführt werden sollen.

---

[22] Vgl. SRÜ und MARPOL 73/78.

[23] https://umweltmanagement.me/umweltmanagement_iso_14001/umweltrecht_umweltschutz/

Neben diesen drei Prinzipien, die im Vordergrund der Umweltpolitik stehen, sind eine Reihe weiterer Prinzipien entwickelt worden, die für den Umweltschutz – bzw. für bestimmte Teilbereiche des Umweltschutzes – leitend sein sollen, so u. a.:

- das Gemeinlastprinzip,
- das Bestandsschutzprinzip (Verschlechterungsgebot),
- das Schutzprinzip (ergänzend das Gebot „in dubio pro securitate“ [Im Zweifel für die Sicherheit]),
- der Grundsatz der Nachhaltigkeit,
- das Prinzip der kontrollierten Eigenverantwortlichkeit,
- das Prinzip des grenzüberschreitenden Umweltschutzes,
- das „cradle-to-grave-Prinzip“ (umweltgefährdende bzw. -schädigende Stoffe müssen grundsätzlich während ihres gesamten Produktions-, Verwendungs- und Beseitigungsprozesses kontrolliert werden).[24]

Als Instrumente des Umweltschutzes handelt sich um

- die Umweltplanung,
- die öffentliche Eigenregie

sowie

- Selbstverpflichtungserklärungen der Wirtschaft.[25]

Von Bedeutung sind auch umweltschutzrelevante Abgaben. Schließlich sind als Instrumente des unternehmensinternen Umweltschutzes die Organisationspflichten des Betreibers, die Betriebsbeauftragten sowie das Ökoaudit zu nennen. Das besondere Umweltrecht wird vor allem durch die Gebiete des Abfallrechts, des Immissionsschutzrechts, des Wasserrechts und des Bodenschutzrechts gekennzeichnet. Es handelt sich bei all diesen so genannten „klassischen Umweltmedien“ um Themen, die zunächst einmal vorrangig auf Bundesebene durch Gesetzte geregelt sind. Erst in zweiter Linie sind landesrechtliche Regelungen, sofern vorhanden, sowie Verordnungen und weitere untergesetzliche Regelwerke anzuwenden.[26]

Ein ganzheitlicher Umweltschutzbeauftragter existiert im deutschen Recht bislang noch nicht. Es ist auch bei den bisherigen Aufgaben aus europarechtlicher Hinsicht in naher Zukunft nicht zu erwarten, dass eine solche Person eingeführt wird. Stattdessen sehen verschiedene Gesetze einen sektoralen Beauftragten vor. Es handelt sich dabei insbesondere um

[24]https://www.anwalt24.de/lexikon/umweltschutz_-_prinzipien_des_umweltrechts

[25]https://umweltmanagement.me/umweltmanagement_iso_14001/umweltrecht_umweltschutz

[26]Ebenda.

- den Abfallbeauftragten (§§ 59 KrWG),
- den Gewässerschutzbeauftragten (§ 64 WHG)

sowie

- den Immissionsschutzbeauftragten (§§ 53 ff. BImSchG).

Allen Beauftragten sind die nachfolgenden Grundzüge gemein:

- Die Stellung des jeweiligen Beauftragten ist unabhängig ausgestaltet; er darf nicht Teil der allgemeinen Betriebsorganisation sein.
- Die öffentlich-rechtlich verankerte Aufgabe schlägt auf die arbeitsrechtliche Position durch.
- Er ist der Geschäftsleitung unmittelbar unterstellt und im Bezug auf seine Beauftragtentätigkeit keinerlei Weisungen unterworfen.
- Er berät die Geschäftsleitung in allen seinen Bereich betreffenden Angelegenheiten und hat ein Vorschlagsrecht.

Hinzu tritt bei allen ein besonderer Kündigungsschutz. Während der Dauer des Amts und ein Jahr danach unterliegen die genannten Personen einem besonderen Kündigungsschutz, der sich inhaltlich auf Äußerungen im Rahmen des Amts bezieht. Dieser Kündigungsschutz entfaltet seine Wirkung allerdings nur für ordentliche, fristgemäße Kündigungen. Der Ausschluss einer fristlosen Kündigung ist arbeitsrechtlich ohnehin unzulässig.

2.2 Verfassungsrechtliche Grundlagen

Der Umweltschutz ist bereits seit 1994 in Deutschland als verfassungsrechtliches Staatsziel definiert. Staatsziele sind, laut einer Definition der Sachverständigenkommission „Staatsziele – Gesetzgebungsaufträge“ Verfassungsnormen mit rechtlich bindender Wirkung. Als „Richtlinie und Direktive des staatlichen Handelns“ bezeichnete sie einmal der Jurist Werner Hoppe in der im Jahr 2000 erschienenen Publikation „Umweltrecht“ [2]. Einklagbar sind Staatsziele, anders als Grundrechte, allerdings nicht.

Adressaten des Staatsziels Umweltschutz sind nach Art. 20a GG die Legislative, also der Gesetzgeber und, nach Maßgabe von Gesetz und Recht, auch die vollziehende Gewalt und die Rechtsprechung. Somit richtet sich der Art. 20a GG an die staatliche Gewalt i. S. d. Art. 20 II GG:

Alle Staatsgewalt geht vom Volke aus. Sie wird vom Volke in Wahlen und Abstimmungen und durch besondere Organe der Gesetzgebung, der vollziehenden Gewalt und der Rechtsprechung ausgeübt.

Für das Umweltrecht von besonderer Bedeutung war die Neuverteilung der Gesetzgebungskompetenzen für den Umweltschutz durch die Ergebnisse der Föderalismusreform I und dem daraus resultierenden „Gesetzes zur Änderung des Grundgesetze" (BGBl. 2006 Teil I Nr. 41 S. 2034). Bis zur Reform verteilte das Grundgesetz die Gesetzgebungskompetenzen des Bundes für den Umweltschutz auf verschiedene, meist nicht umweltspezifische Kompetenztitel. Sie unterfielen entweder der konkurrierenden oder der Rahmengesetzgebungskompetenz des Bundes. Eine umfassende und einheitliche Regulierung war dem Bund daher oft nicht möglich. Im Rahmen der konkurrierenden Gesetzgebungskompetenz (zum Beispiel Abfallwirtschaft) konnte er nur dann Regelungen schaffen, wenn er nachweisen konnte, dass es einer bundeseinheitlichen Regelung bedurfte, sog. Erforderlichkeitsklausel. Die Rahmengesetzgebungskompetenz (zum Beispiel zum Wasserhaushalt) beschränkte ihn auf Rahmenregelungen, die die Länder ausfüllen durften.[27]

Die Föderalismusreform I hat die Kompetenzlage des Bundes im Bereich der Umweltpolitik verbessert:

- Der Übergang einiger Umweltrechtsmaterien von der abgeschafften Rahmengesetzgebungskompetenz in die konkurrierende Gesetzgebungskompetenz ermöglicht dem Bund in diesen Bereichen Vollregelungen.
- Für bestimmte Materien der konkurrierenden Gesetzgebung schaffte der Reformgeber das Kriterium der Erforderlichkeit aus Artikel 72 Absatz 2 Grundgesetz ab. Diese Erforderlichkeitsklausel hatte in der Vergangenheit einheitliche Regelungen des Bund erschwert. Dieser Rechtfertigungszwang ist für wichtige Umweltbereiche (Luftreinhaltung, Lärmbekämpfung, Abfallwirtschaft, Materien der früheren Rahmengesetzgebung) entfallen.
- Zwar unterfallen einige der vom Bund regelbaren Umweltrechtsmaterien der Abweichungsgesetzgebung der Länder (Artikel 72 Absatz 3 Grundgesetz, zum Beispiel Wasserhaushalt, Naturschutz und Landschaftspflege, Raumordnung). Wichtige Bereiche sind jedoch davon ausgenommen (zum Beispiel stoff- oder anlagenbezogene Regelungen beim Wasserhaushalt)
- Die zentralen Umweltbereiche Abfall und Luftreinhaltung unterfallen weder der Abweichungsgesetzgebung noch der Erforderlichkeitsklausel, sodass der Bund hier frei regeln kann.[28]

---

[27]https://www.umweltbundesamt.de/themen/nachhaltigkeit-strategien-internationales/umweltrecht/umweltverfassungsrecht/deutsches-umweltverfassungsrecht

[28]Ebenda.

Den Begriff oder gar eine Definition „Umwelt“ fügte der Gesetzgeber nicht in das Grundgesetz ein.

Die Föderalismusreform I hatte dem Bund die Möglichkeit gegeben, ein Umweltgesetzbuch zu schaffen. Der Bundesgesetzgeber kann für alle Umweltrechtsmaterien Vollregelungen schaffen, von denen die Länder allerdings nachträglich in bestimmten Bereichen abweichen können.[29]

Der in der 16. Legislaturperiode erarbeitete Entwurf eines UGB wurde allerdings nicht ins Gesetzgebungsverfahren eingebracht. Trotz intensiver Abstimmung der Entwürfe mit allen maßgeblichen Akteuren konnte sich die Bundesregierung nicht auf einen gemeinsamen Entwurf einigen.[30] Stattdessen haben Bundestag und Bundesrat Teile der ursprünglich im UGB vorgesehenen Vorschriften als Einzelgesetze verabschiedet. Damit werden die Anforderungen im Wasser- und Naturschutzrecht bundesweit vereinheitlicht. Darüber hinaus wurde das Gesetz für den Schutz vor nichtionisierender Strahlung (NiSG) sowie ein Rechtsbereinigungsgesetz Umwelt (RGU) geschaffen.[31]

Es wurden vier sogenannte UGB-Nachfolgegesetze in das parlamentarische Gesetzgebungsverfahren eingebracht. Es handelt sich um

- das Gesetz zur Rechtsbereinigung im Umweltrecht,
- das Gesetz zur Neuregelung des Wasserrechts,
- das Gesetz zur Ablösung des Bundesnaturschutzgesetzes und
- das Gesetz zur Regelung des Schutzes vor nichtionisierenden Strahlen.

Das Wasserhaushaltsgesetz[32], dass zur Grundgesetzänderung 2006 als Rahmengesetz des Bundes fungierte, wurde mit der Ausfertigung vom 31.07.2009 neugeregelt. Gleichzeitig dient es nationaler Umsetzung mehrerer europäischer Richtlinien, u. a.

- zum Schutz des Grundwassers
- der Behandlung kommunaler Abwasser

und

- der Vermeidung und Sanierung von Umweltschäden.

Bis zur Änderung des Grundgesetzes auf Grundlage der Ergebnisse der Föderalismuskommission I waren in Art. 75 GG die Rahmengesetzgebung des Bundes vorgesehen. Rahmengesetze waren Bundesgesetze, die nur die wesentlichen Grundzüge eines

[29]Ebenda.

[30]Ebenda.

[31]Ebenda.

[32]Siehe Kapitel 3.2.

Regelungsinhalts enthielten und die Detailregelungen der Gesetzgebung der einzelnen Länder überließen.

Seit dem 01. September 2006 sind die Regelungsmaterien zum Teil in die ausschließliche oder konkurrierende Gesetzgebung des Bundes überführt worden und zum anderen Teil den Ländern zugefallen.

Der Art. 75 GG enthielt als Rahmengesetzgebungskompetenz des Bundes in Punkt 4 das Jagdwesen, die Raumordnung und den Wasserhaushalt und somit das Wasserhaushaltsgesetz. Nach der Grundgesetzänderung 2006 und dem Wegfall des Art. 75 ist das Wasserhaushaltsgesetz ein Gesetz der konkurrierenden Gesetzgebung des Bundes nach Art. 72 GG.

Übersicht

(1) Im Bereich der Konkurrierenden Gesetzgebung haben die Länder die Befugnis zur Gesetzgebung, solange und soweit der Bund von seiner Gesetzgebungszuständigkeit nicht durch Gesetz Gebrauch gemacht hat

(3) Hat der Bund von seiner Gesetzgebungszuständigkeit Gebrauch gemacht, können die Länder durch Gesetz hiervon abweichende Regelungen treffen über:

1.–4. …
5. den Wasserhaushalt (ohne stoff- oder anlagenbezogene Regelungen)
6. …

Die konkurrierende Gesetzgebung erstreckt sich gemäß Art. 74 GG neben dem Wasserhaushalt, den Naturschutz und die Landschaftspflege, die Bodenverteilung und die Raumordnung auch auf die Abfallwirtschaft, die Luftreinhaltung und die Lärmbekämpfung (ohne Schutz vor verhaltensbezogenem Lärm) und vor allem die Hochsee- und Küstenschifffahrt sowie die Seezeichen, die Binnenschifffahrt, den Wetterdienst, die Seewasserstraßen und die dem allgemeinen Verkehr dienenden Binnenwasserstraßen.

Im Bereich des Wasserhaushalts wurden die Regelungen der Rahmengesetzgebung auf dem Gebiet des Gemeingebrauchs in die neu geschaffenen verfassungsrechtlichen Regelungen übernommen. Beispielhaft dafür steht die Formulierung des § 25 WHG und der Hinweis auf die Anwendung der landesrechtlichen Regelungen.

2.3 Umwelthaftungsgesetz (UmweltHG)

In der Bundesrepublik Deutschland gilt das Umwelthaftungsgesetz (UmweltHG), das im Jahr 1991 in Kraft getreten ist. Durch das UmweltHG wurde eine umfassende Gefährdungshaftung eingeführt. Das bedeutet, dass der Betreiber einer Anlage für Schäden an Personen und Sachen auch dann haftet, wenn ihn kein Verschulden trifft.

Als Anlagen i. S. d. UmwHG kommen im Rahmen der Schifffahrt ausschließlich Anlagen zur Herstellung von Schiffskörpern oder -sektionen aus Metall mit einer Länge von 20 m oder mehr infrage.

Das Gesetz bestimmt, dass sich die Betreiber bestimmter Anlagen um eine Deckungsvorsorge kümmern müssen, damit sie ihren gesetzlichen Verpflichtungen im Fall eines Schadens nachkommen können. Der § 15 UmweltHG sieht allerdings eine Haftungshöchstgrenze vor, die die Unternehmen vor dem wirtschaftlichen Ruin schützen soll.

> Der Ersatzpflichtige haftet für Tötung, Körper- und Gesundheitsverletzung insgesamt nur bis zu einem Höchstbetrag von 85 Mio. EUR und für Sachbeschädigungen ebenfalls insgesamt nur bis zu einem Höchstbetrag von 85 Mio. EUR, soweit die Schäden aus einer einheitlichen Umwelteinwirkung entstanden sind. Übersteigen die mehreren aufgrund der einheitlichen Umwelteinwirkung zu leistenden Entschädigungen die in Satz 1 bezeichneten jeweiligen Höchstbeträge, so verringern sich die einzelnen Entschädigungen in dem Verhältnis, in dem ihr Gesamtbetrag zum Höchstbetrag steht.

Grundsätzlich soll keine Ersatzpflicht eintreten, wenn der Schaden durch höhere Gewalt verursacht wurde.

2.4 Anwendung von Völkerrecht als Bundesrecht

Das Verhältnis zwischen Völkerrecht und nationalem Recht lässt sich nur aus der Sicht der jeweiligen staatlichen Rechtsordnung beantworten. Monismus (Völkerrecht und nationales Recht bilden eine einheitliche Ordnung) und Dualismus (Völkerrecht und nationales Recht sind völlig getrennte Rechtsordnungen) stellen zwei theoretische Extreme dar, die in der Praxis nirgends in Reinform anzutreffen sind.

Die Frage, ob eine völkerrechtliche Norm vom innerstaatlichen Rechtsanwender zu beachten ist, entscheidet sich allein danach, ob das jeweilige innerstaatliche Recht einen Umsetzungsakt verlangt oder nicht.

Allgemein lässt sich sagen, dass die innerstaatliche Anwendung von Völkerrecht eigentlich in allen Rechtsordnungen eine bestimmt genug formulierte Norm voraussetzt, die nicht nur an Staaten adressiert ist.

Allerdings gehen die allgemeinen Regeln des Völkerrechts gemäß Art. 25 GG den Gesetzen vor und gelten als deutsches Bundesrecht [1].

Das Grundgesetz bietet gleich zwei Möglichkeiten, internationale Regeln des Völkerrechts in Deutschland anzuwenden. Zunächst muss die Frage geklärt werden, was unter dem Begriff „Völkerrecht" verstanden wird.

▶ Völkerrecht bezeichnet die durch Vertrag oder Gewohnheitsrecht begründeten Rechtssätze, die im Frieden und Krieg die Rechte und Pflichten, die Beziehungen und den Verkehr der Staaten und der sonstigen Rechtssubjekte des Völkerrechts untereinander regeln [4].

Das Völkerrecht verfügt grundsätzlich weder über eine obligatorische Gerichtsbarkeit (Abhängigkeit der Zuständigkeit völkerrechtlicher Gerichte von der Anerkennung der Parteien) noch entsprechende Exekutivorgane, die das Recht durchsetzen können.

Der Begriff Völkerrecht umfasst zahlreiche Spezialgebiete (z. B. das See-, Luft- und Raumfahrtrecht). Zum Völkerrecht gehören nicht das Internationale Privatrecht, das Internationale Strafrecht (wird begrifflich z. T. auch für völkerrechtliche Strafnormen verwendet) und das Internationale Verwaltungsrecht.

Völkervertragsrecht bedarf jedoch der Transformation, die in der Regel mit der innerstaatlichen Ratifikation (Vertragsgesetz nach Art. 59 Abs. 2 GG) zusammenfällt, und steht auf dem Rang eines Bundesgesetzes. Erfasst werden sollen hierdurch Verträge, welche die Existenz des Staates, seine territoriale Integrität, seine Unabhängigkeit, seine Stellung oder sein maßgebliches Gewicht in der Staatengemeinschaft berühren. Dazu gehören namentlich Bündnisse, Garantiepakte, Abkommen über politische Zusammenarbeit, Friedens-, Nichtangriffs-, Neutralitäts- und Abrüstungsverträge. Andere völkerrechtliche Verträge bedürfen der von Art. 59 Abs. 2 GG geforderten Zustimmung nicht.

Das Völkerrecht in Form von Verträgen genießt in Deutschland den Rang einfacher Gesetze (Art. 59 Abs. 2 GG), sodass das Grundgesetz Vorrang genießt und später erlassene Gesetze für den innerstaatlichen Bereich Völkerrecht verdrängen können (sog. „lex posterior“-Grundsatz; vgl. Abb. 2.1).

Verträge, welche die politischen Beziehungen des Bundes regeln oder sich auf Gegenstände der Bundesgesetzgebung beziehen, bedürfen der Zustimmung oder der Mitwirkung der jeweils für die Bundesgesetzgebung zuständigen Körperschaften in der Form eines Bundesgesetzes. Für Verwaltungsabkommen gelten die Vorschriften über die Bundesverwaltung entsprechend.

Völkerrecht in Form von internationalen Schifffahrtsübereinkommen wie SOLAS 74/88, MARPOL 73/78, London 69, dem STCW-Übereinkommen 95, dem Freibordübereinkommen 66/88 und dem Seearbeitsübereinkommen unterliegen der Umsetzungsverpflichtung des deutschen Gesetzgebers.

Neben den Transformationsgesetzen zu den internationalen Verträgen enthalten die Umsetzungsgesetze wie das Schiffssicherheitsgesetz (SchSG) Rechtsnormen für die innerstaatliche Anwendung und direkte oder indirekte (durch Verordnungen, z. B. SeeUmwVerhV) Ahndungsmöglichkeiten.[33]

---

[33]Vgl. Art. 80 GG.

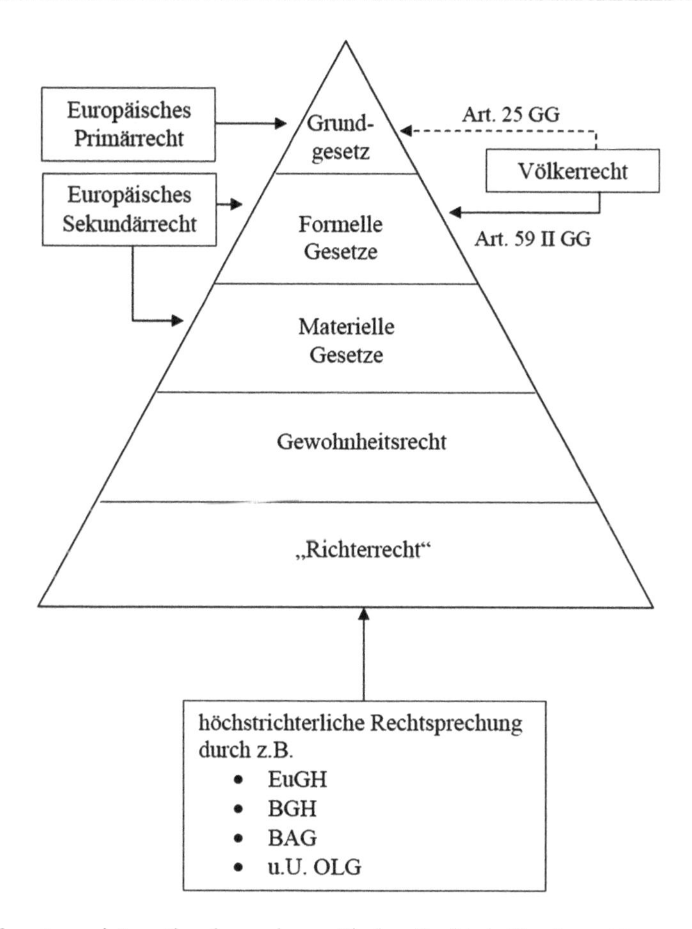

Abb. 2.1 Umsetzung internationalen und europäischen Rechts in Bundesrecht

2.5 Umsetzung europäischen Rechts in Bundesrecht

Das Recht der Europäischen Gemeinschaft wird meist als Gemeinschaftsrecht bezeichnet. Der Begriff Unionsrecht oder EU-Recht wird teilweise wegen der Verbindung der EG mit der EU durch den EU-Vertrag auch für das Gemeinschaftsrecht verwendet. Wegen der Trennung von EU und EG wurde aber andererseits auch zwischen Gemeinschaftsrecht und Unionsrecht im engeren Sinne unterschieden. Seit der Fusion von EG und EU durch den Vertrag von Lissabon 2009 erhielten Rechtsakte formal die Bezeichnung der EU. Ältere Rechtsakte behalten in ihrem amtlichen Kürzel allerdings die Kennzeichnung als EG-Rechtsakte bei. So hat die Dublin-II-Verordnung von 2003 etwa das Kürzel Verordnung (EG) Nr. 343/2003.

Das europäische Primärrecht (erstes bzw. Ursprungsrecht) besteht in erster Linie aus den Verträgen und sonstigen Vereinbarungen mit einem vergleichbaren Rechtsstatus.

Rechtsakte des Primärrechtes sind Vereinbarungen, die unmittelbar zwischen den Regierungen der Mitgliedstaaten ausgehandelt werden. Diese Vereinbarungen erhalten die Form von Verträgen, die von den nationalen Parlamenten ratifiziert werden müssen. Das gleiche Verfahren gilt für spätere Änderungen der Verträge. Die Gründungsverträge der Europäischen Gemeinschaften wurden mehrfach geändert, namentlich durch

- die Einheitliche Europäische Akte (1986),
- den Vertrag über die Europäische Union – Vertrag von Maastricht (1992),
- den Vertrag von Amsterdam (1997),
- den Vertrag von Nizza (2001)

und

- den Vertrag von Lissabon (2007).

Die Verträge legen auch die Rolle und Zuständigkeit der am Beschlussfassungsverfahren beteiligten Organe und Einrichtungen sowie die Legislativ-, Exekutiv- und Rechtsprechungsverfahren des Gemeinschaftsrechtes fest. Der Vertrag zur Gründung der Europäischen Gemeinschaft (EG-Vertrag; kurz: EGV oder EG) ist durch Art. 2 des Vertrags von Lissabon mit Wirkung zum 01.12.2009 in Vertrag über die Arbeitsweise der Europäischen Union (AEUV) umbenannt worden.

Das Sekundärrecht (vom Primärrecht abgeleitetes Recht) baut auf den Verträgen auf und wird mithilfe unterschiedlicher Verfahren, die in einzelnen Vertragsartikeln festgelegt sind, erlassen (siehe Abb. 2.2). In den Verträgen zur Gründung der Europäischen Gemeinschaften sind folgende Rechtsakte im Art. 249 AEUV vorgesehen:

- Verordnungen sind unmittelbar gültig und in allen EU-Mitgliedstaaten rechtlich verbindlich, ohne dass es einer Umsetzung in nationales Recht bedürfe,
- Richtlinien binden die Mitgliedstaaten im Hinblick auf die innerhalb einer bestimmten Frist zu erreichenden Ziele; Richtlinien müssen entsprechend den einzelstaatlichen Verfahren in nationales Recht umgesetzt werden,
- Entscheidungen und Beschlüsse,
- Empfehlungen und Stellungnahmen.

Zur Verwirklichung eines vereinten Europas wirkt die Bundesrepublik Deutschland bei der Entwicklung der Europäischen Union mit, die demokratischen, rechtsstaatlichen, sozialen und föderativen Grundsätzen und dem Grundsatz der Subsidiarität verpflichtet ist und einen diesem Grundgesetz im Wesentlichen vergleichbaren Grundrechtsschutz gewährleiste.[34]

[34]Art. 23 GG Europa-Angelegenheiten.

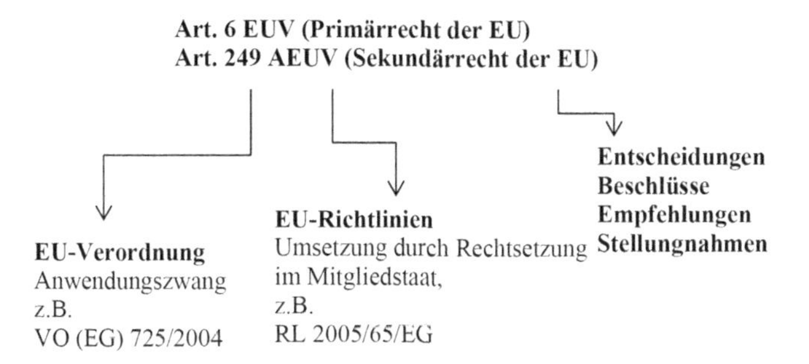

Abb. 2.2 Rechtsetzungen der Europäischen Union

Darüber hinaus verpflichtet sich die Bundesrepublik Deutschland durch Artikel 24 GG, Hoheitsrechte, also Teile der Staatsgewalt, auf Einrichtungen der Europäischen Union zu übertragen.

Europäische Richtlinien unterliegen dabei einem Umsetzungszwang durch die jeweiligen Mitgliedsstaaten der EU. Die Inhalte der der Richtlinie werden dann von den Mitgliedsstaaten unterschiedlich umgesetzt, aber so, dass der vorgesehen Regelungszweck erhalten bleibt.

Europäische Verordnungen unterliegen dem Anwendungszwang und müssen innerhalb der Mitgliedsstaaten nicht umgesetzt werden. Eine Erweiterung der feststehenden Regelungen bleibt dem Mitgliedsstaat jedoch vorbehalten.

Der Bund kann durch Gesetz Hoheitsrechte auf zwischenstaatliche Einrichtungen übertragen. Zur Regelung zwischenstaatlicher Streitigkeiten wird der Bund Vereinbarungen über eine allgemeine, umfassende, obligatorische, internationale Schiedsgerichtsbarkeit beitreten.[35]

Zu diesen zwischenstaatlichen Einrichtungen gehören laut dem Vertrag über die Europäische Union (EUV) vor allem:

- das Europäische Parlament,
- der Europäische Rat,
- der Rat der Europäischen Union (Ministerrat),
- die Europäische Kommission,
- der Europäische Gerichtshof,
- die Europäische Zentralbank,
- der Europäische Rechnungshof.

[35] Art. 23 GG Europa-Angelegenheiten.

2.6 Projekte zum Umweltschutz in der Seeschifffahrt

Die Internationale Seeschifffahrts-Organisation traf im Oktober 2016 auf der Sitzung des Meeresumweltausschusses (MEPC) wichtige Entscheidungen zum maritimen Umweltschutz. Das BSH führt die Umsetzung begleitende Forschungsprojekte durch, deren Ergebnisse auf internationaler Ebene eingebracht werden.[36]

2.6.1 EU-Interreg Projekt COMPLETE[37]

Das Projekt COMPLETE steht für „Completing management options in the Baltic Sea Region to reduce risk of invasive species introduction by shipping (Vervollständigung von Bewirtschaftungsoptionen im Ostseeraum, um das Risiko der Einführung invasiver Arten durch die Schifffahrt zu verringern)" und ist ein EU-Interreg[38] Baltic Sea Region Projekt, an dem 12 Partner aus 7 Ostsee Anrainerstaaten beteiligt sind. Es adressiert mit der Umsetzung des Ballastwasserübereinkommens und dem Management von Biofouling die zentralen Herausforderungen für Schifffahrt, Behörden, Umweltverbände und Politik in Bezug auf Arteneinschleppung, Kosteneffizienz, Minderung von Emissionen sowie Harmonisierung und Wettbewerbsgleichheit im Ostseeraum.

COMPLETE hat unter anderem zum Ziel, die Einschleppung und Verbreitung von gefährlichen aquatischen Organismen und Krankheitserregern durch die Schifffahrt mit der Entwicklung von einheitlichen und adaptiven Managementstrategien für den Ostseeraum zu minimieren.[39] Das BSH ist zur Zeit als Partner mit einem Budget von 395.000 EUR an dem Projekt COMPLETE beteiligt.

2.6.2 Projekt Auswirkungen von Waschwasser aus Abgasreinigungsanlagen bei Seeschiffen auf die Meeresumwelt (Scrubber Washwater Survey [SWS])

Das Projekt Auswirkungen von Waschwasser aus Abgasreinigungsanlagen bei Seeschiffen auf die Meeresumwelt hat zum Ziel, den Einsatz von Abgasreinigungsanlagen auf Seeschiffen besser bewerten zu können. Wenn umfassendere Informationen zum Einsatz dieser Technik vorliegen, werden außerdem die europäischen und internationalen Regelungen angepasst und verbessert.

---

[36]https://www.bsh.de/DE/THEMEN/Schifffahrt/Umwelt_und_Schifffahrt/umwelt_und_schifffahr.html

[37]https://www.bsh.de/DE/THEMEN/Forschung_und_Entwicklung/Projekte/COMPLETE.html

[38]Interreg, oder wie es offiziell heißt, die „europäische territoriale Zusammenarbeit", ist Teil der Struktur- und Investitionspolitik der Europäischen Union; vgl. www.interreg.de.

[39]https://projects.interreg-baltic.eu/projects/complete-113.html

Als Maßnahmen innerhalb des Projektes sollen folgende Tätigkeiten durchgeführt werden:

- Bestandsaufnahme über den Einsatz von Schiffsabgasreinigungstechniken zur Schwefelminderung in der Seeschifffahrt,
- Erhebung von Informationen über die zu erwartenden Waschwassermengen und damit die Bereitstellung von Grundlagen für den Ausbau und die Weiterentwicklung der Technik,
- Untersuchungen des Waschwassers zur detaillierten Benennung der Inhalts-/Schadstoffgehalte,
- Erhebung von Informationen für eine ökotoxikologische Bewertung der Waschwässer,
- Durchführung von Messungen in der Meeresumwelt, um Auswirkungen des Einsatzes dieser Technik auf die Umwelt nachzuweisen,
- Durchführung von (mesoskaligen) Ausbreitungsmodellierungen zum Eintrag des Waschwassers in die Wassersäule, um eine verbesserte Einschätzung von deren räumlicher Wirkung zu ermöglichen.

Die im Projekt erarbeiteten Daten werden zur Beratung internationaler Gremien herangezogen. Das BSH ist gemeinsam mit dem BMVI, dem BMU und dem UBA in diesen Gremien engagiert:

- Subgroup EGCS (Exhaust Gas Cleaning System),
- European Sustainable Shipping Forum (ESSF),
- Marine Environment Protection Committee (MEPC),
- Internationalen Maritimen Organisation (IMO),
- Baltic Maritime Environment Protection Commission (HELCOM).

Weiterhin werden damit die nationalen Bestrebungen zur Umsetzung der Meeresstrategie-Rahmenrichtlinie (MSRL) durch die Untersuchung neuer Eintragspfade von Schadstoffen (Scrubberwaschwasser) unterstützt.[40]

2.6.3 Projekt Verify[41]

Weltweit werden Paraffine als flüssiges Massengut per Schiff transportiert und gelangen aufgrund von aktuell legalen Tankreinigungen in die Meeresumwelt. Bei Paraffinen handelt es sich um aufschwimmende Mineralölprodukte, die vielen als Wachse bekannt

[40]https://www.bsh.de/DE/THEMEN/Forschung_und_Entwicklung/Projekte/Scrubber/Scrubber-standard_node.html

[41]https://www.bsh.de/DE/THEMEN/Forschung_und_Entwicklung/Projekte/Verify/Verify_node.html

sind. Die Transporte und die darauf folgenden Einleitungen der Waschwässer nehmen stetig zu. Diese aktuellen Entwicklungen werden auf internationaler Ebene von der Internationalen Seeschifffahrts-Organisation (IMO) wahrgenommen und diskutiert. Daher besteht die Bestrebung vieler Anrainerstaaten, dass die Einleitung solcher Stoffe in die Meeresumwelt in Zukunft stärker beschnitten oder strafbar sein soll.

Um den Paraffinverschmutzungen eindeutige Verursacher zuordnen zu können, müssen analytisch abgesicherte Verfahren entwickelt werden, durch die eine Beschränkung oder ein Verbot gewährleistet werden kann.

Mit dem Projekt Verify sollen folgende Ziele erreicht werden:

- Ermittlung von Eintragswegen und -mengen von Paraffinen in die Meeresumwelt,
- Detaillierte chemisch-analytische Charakterisierung der am Strand angespülten Paraffine. Vergleich dieser mit Ladungsproben,
- Identifikation spezifischer stofflicher Merkmale (Marker), zur eindeutigen Zuordnung möglicher Schiffsladungen,
- Entwicklung entsprechender chemisch-analytischer Methoden

und

- Erweiterung der Stoffdatenbank und Entwicklung von statistischen Methoden.

Paraffin hat Öl als größten Verschmutzer der Nord- und Ostsee-Küsten abgelöst. Mittlerweile seien fast zwei Drittel der Verschmutzungen Paraffin, sagte die Präsidentin des Bundesamtes für Seeschifffahrt und Hydrographie in Hamburg. Die wachsartige Masse sei zwar nicht giftig, könne aber das Gefieder von Vögeln verkleben. Derzeit sei es noch erlaubt, Paraffin-Tanks auf hoher See zu spülen.[42]

2.6.4 BMVI-Expertennetzwerk

Das BMVI-Expertennetzwerk ist ein neues Forschungsformat in der Ressortforschung. Unter dem Leitmotiv „Wissen – Können – Handeln" haben sich sieben Ressortforschungseinrichtungen und Fachbehörden des Bundesministeriums für Verkehr und digitale Infrastruktur (BMVI) 2016 zu einem Netzwerk zusammengeschlossen.

Ziel ist es, drängende Verkehrsfragen der Zukunft durch Innovationen in den Bereichen Klimaanpassung, Umweltschutz und Risikomanagement aufzugreifen. Damit knüpft das Expertennetzwerk direkt an die Leitlinien der Bundesregierung im Rahmen ihrer Hightech- und Nachhaltigkeitsstrategie an.

[42]https://www.welt.de/newsticker/dpa_nt/infoline_nt/wissenschaft_nt/article136385273/Nord-und-Ostsee-zunehmend-durch-Paraffin-verschmutzt.html

Zu den Themen des Expertennetzwerkes gehören

- Klimawandel
- Umweltschutz
- Digitalisierung
- Verlässlichkeit

und

- Erneuerbare Energien.

Das Thema Umweltschutz ist hier in dem Themenbereich 2 zusammengefasst und beschäftigt sich als Projekt mit der umweltgerechten Gestaltung von Verkehr und Infrastruktur. Dieses Themenfeld leistet umweltbezogene wissenschaftliche Beiträge zur Nationalen Nachhaltigkeitsstrategie aus der Perspektive Mobilität beziehungsweise zur Nationalen Mobilitätsstrategie aus der Perspektive Nachhaltigkeit/Umwelt. Die Kompetenz der beteiligten Behörden

- Bundesanstalt für Straßenwesen (BASt),
- Bundesanstalt für Wasserbau (BAW),
- Bundesanstalt für Gewässerkunde (BfG),
- Bundesamt für Seeschifffahrt und Hydrographie (BSH),
- Deutscher Wetterdienst (DWD)

und

- Eisenbahnbundesamt (EBA)

wird im Rahmen von fünf Schwerpunktthemen vernetzt.[43]

In diesem Zusammenhang wurden im BSH unter anderem Untersuchungen bezüglich der Vorkommen von Neobiota (gebietsfremde Arten) in vier ausgewählten Häfen (Hamburg, Kiel, Cuxhaven und Jade-Weser-Port) extern vergeben. Ein wesentliches Ziel ist es, Grundlagen für die Risikobewertung im Rahmen des Ballastwasserübereinkommens zu schaffen.

In einem zweiten Teilprojekt wird die mögliche sekundäre Verbreitung von Neobiota durch Sportboote (Segel- und Motorboote) betrachtet. Mithilfe eines Umfrageformulars werden grundlegende Informationen zur Nutzung der Boote erfasst und anschließend Kratzproben am Unterwasserschiff genommen. Die daraus resultierenden Ergebnisse

[43] https://www.bmvi-expertennetzwerk.de/DE/Themen/Themenfeld2/themenfeld2_node.html

können beispielsweise für die Entwicklung von Handlungsempfehlungen in Umgang mit Bioaufwuchs genutzt werden.[44]

2.6.5 Reliability of Ballast Water Test Procedures (ReBaT)

Das Ballastwasser-Übereinkommen[45] fordert ein Ballastwasser-Management, das weitgehend auf den bisher üblichen unkontrollierten Wasseraustausch bei Aufnahme und Ablassen von Ballastwasser verzichtet. Stattdessen muss das Ballastwasser an Bord jedes Schiffes durch entsprechende Ballastwasser-Behandlungssysteme vor der Abgabe in die Meeresumwelt so behandelt werden, dass ein in dem Übereinkommen vorgeschriebener Standard (Regel D-2 des Ballastwasser-Übereinkommens)[46] erreicht wird. Dieser Standard verlangt, dass bei der Abgabe von Ballastwasser nur noch eine bestimmte Menge lebensfähiger Organismen in definierten Größenklassen im Wasser enthalten sein darf. Damit soll verhindert werden, dass Organismen ungehindert mit dem Ballastwasser von Schiffen über die Weltmeere verbreitet werden und in fremden Ökosystemen als invasive Arten Schäden anrichten.

Im Rahmen des sogenannten „compliance monitoring“ wird durch eine Hafenstaatkontrolle überprüft, ob Schiffe das vorgeschriebene Ballastwassermanagement ordnungsgemäß durchführen und ob bei Abgabe des Ballastwassers der Standard nach der D-2 Regel eingehalten wurde. Um letzteres überwachen zu können, müssen während der Abgabe des Ballastwassers repräsentative Proben entnommen und auf lebensfähige Organismen überprüft werden. Die Ergebnisse müssen schnell vorliegen und dürfen nicht dazu führen, dass der Betrieb, das Verholen oder die Abfahrt des Schiffes in unangemessener Weise verzögert werden. Zu diesem Zweck wurden inzwischen weltweit sogenannte „indikative“ Analyseverfahren entwickelt, die nun, im Zusammenspiel mit verschiedenen Probennahme Vorrichtungen, auf dem deutschen Forschungsschiff METEOR im Vergleich getestet wurden.[47]

Die statistische Auswertung der Daten hat aufschlussreiche Ergebnisse zu den getesteten Probenahme- und Analysemethoden von Ballastwasser geliefert. Zusammenfassend lässt sich sagen, dass es bereits vielversprechende Ansätze für indikative Analysemethoden gibt, die aufgrund ihrer einfachen Handhabung im Rahmen der Hafenstaatkontrolle zur Überwachung der Einhaltung des D-2 Standards eingesetzt werden könnten. Die Meteor-Reise hat die besonderen Herausforderungen der Praxis

[44]https://www.bsh.de/DE/THEMEN/Forschung_und_Entwicklung/Projekte/BMVI-Expertennetzwerk/expertennetzwerk_node.html

[45]Siehe Kap. 3.6.

[46]Siehe Kap. 3.6.1.

[47]https://www.bsh.de/DE/THEMEN/Forschung_und_Entwicklung/Projekte/ReBaT/rebat_node.html

gezeigt und Hinweise darauf gegeben, welche Weiterentwicklungen der Systeme vor ihrer Einsatzreife noch folgen müssen. So stellt zum Beispiel die unterschiedlich biologische Zusammensetzung des Ballastwassers für die Kalibrierung der Analysegeräte eine besondere Herausforderung dar. Auch die Sensibilität der Geräte im Bereich einer mäßigen Überschreitung des D-2 Standards kann weiter optimiert werden, um falsch positive und falsch negative Resultate so gering wie möglich zu halten. Schließlich hat die Auswertung der Daten auch ergeben, dass die Probenahme selbst eine nicht zu unterschätzende Fehlerquelle darstellen kann, die nicht vernachlässigt werden darf. Eine repräsentative Beprobung ist letztlich die entscheidende Grundlage für eine solide Analyse.[48]

2.6.6 Development of a Best Practice Guidance for the Handling of Waste Water in Ports (Entwicklung eines Leitfadens für den Umgang mit Abwasser in Häfen)

Ziel des Projektes ist es, eine „Best Practice Guidance" für die Annahme von Schiffsabwasser aus Fahrgastschiffen in Häfen zu entwickeln. Zu diesem Zweck sollen bereits vorhandene Daten aus verschiedenen Ostseehäfen und von Reedereien über die Zusammensetzung von Abwasser auf Fahrgastschiffen zusammengetragen, ausgewertet und auf dieser Grundlage über Inhaltsstoffe und damit zusammenhängende Herausforderungen des Schiffsabwassers informiert werden. Zudem sollen Hinweise gegeben werden, wie mögliche Probleme bei der Annahme des Abwassers vermieden werden können und verschiedene Möglichkeiten der Vorbehandlung im Hafen erörtert und mobile Lösungen vorgestellt werden.

Gemäß der ab dem 01.06.2019 beziehungsweise 01.06.2021 geltenden strengen Einleitregelungen für Schiffsabwasser aus Fahrgastschiffen im Abwassersondergebiet Ostsee (Anlage IV des MARPOL Übereinkommens[49]) müssen Schiffe, die keine speziell für das Abwassersondergebiet zugelassenen Anlagen an Bord haben, sämtliches Abwasser im Hafen abgeben. Die Häfen müssen adäquate Hafenauffanganlagen bereitstellen, die Reeder sämtliches Abwasser an diese Anlagen abgeben. Hierbei werden sie mit zahlreichen praktischen Herausforderungen konfrontiert.

Unter anderem als Ergebnis des durch BSH und BMUB durchgeführten Internationalen Workshops in Kiel (Juni 2016) wurde festgestellt, dass eine „Best Practice Guidance" von allen Beteiligten (speziell von Häfen und Reedereien im gesamten Ostseebereich) als dringend erforderlich angesehen wird. Da die Häfen spätestens in den

[48]https://www.bsh.de/DE/THEMEN/Forschung_und_Entwicklung/Projekte/ReBaT/rebat_node.html

[49]Siehe Kap. 3.3.5.

nächsten 2–3 Jahren Investitionsentscheidungen treffen müssen, ist es dringend geboten, für eine möglichst gute Daten- und Informationslage zu sorgen.[50]

2.6.7 BAQUA (Ballast water test Quality Assurance [Ballastwassertest zur Qualitätsüberprüfung])[51]

Im Rahmen des Projektes BAQUA wurde im Alfred-Wegener Institut im Auftrag des BSH der Prototyp einer Ringversuchsanlage für die Ballastwasser Probennahme und Analyse entwickelt.

Um nachvollziehbare, valide, reproduzier- und vergleichbare Testergebnisse im Rahmen der Zulassung von Ballastwasser-Behandlungssystemen (BWMS) sicher zu stellen, ist es erforderlich, dass die mit den Untersuchungen betrauten Prüfinstitute Mindeststandards erfüllen.

Neben den biologischen und chemischen Analysen von Ballastwasserproben kommt insbesondere der Probenahme – als Basis für alle weiteren analytischen Schritte – eine große Bedeutung zu. Zu vermeidende Fehler sind unter anderem eine nicht repräsentative Probenahme und die Schädigung der im Ballastwasser vorhandenen Organismen durch die Probenahme.

2.6.8 MesMarT (Messung von Schiffsemissionen in der marinen Troposphäre)

MesMarT (Messung von Schiffsemissionen in der marinen Troposphäre) ist Forschungsprojekt des Instituts für Umweltphysik der Universität Bremen, gefördert durch das Bundesamt für Seeschifffahrt und Hydrographie. Als Ziele des Projekts wurden definiert:

- Welche Messmethoden eignen sich zur Erfassung der Schiffsemissionen?
- Welchen Einfluss haben Schiffsemissionen auf die Luftqualität?
- Validierung eines Chemie-Transportmodelles des Helmholtz-Zentrums Geesthacht
  - Wie effektiv sind langfristig die gültigen und zukünftigen Regulierungen?
- Wie kann die Einhaltung emissionsmindernder Regelungen effektiv überwacht werden?
  - Methode zur Bestimmung des Schwefelgehaltes in Schifftreibstoffen
  - Verbesserung der Luftqualität in Häfen und in Küstennähe.

[50] https://www.bsh.de/DE/THEMEN/Forschung_und_Entwicklung/Projekte/Best_Practice/best-practice_node.html

[51] https://www.bsh.de/DE/THEMEN/Forschung_und_Entwicklung/Projekte/Baqua/baqua_node.html

Tab. 2.1 Emissionen von Schiffen (https://www.bsh.de/DE/PRESSE/Veranstaltungen/MUS/Anlagen/Downloads/MUS-2015/MUS-2015-Praesentation-Mathieu-Ueffing.pdf?__blob=publicationFile&v=4)

Schiffsemissionen	Wirkungen auf die Umwelt	Immissionswerte, nach 2008/50/EG, 39.BImSchV
NO, NO_2 (NO_x, Stickoxide)	• Toxisch, • Ozon-Vorläufersubstanz • Eutrophierung, Versauerung • Klimarelevant (regional+) • (global-, $-CH_4$)	NO_2: 200 μg/m³ (1h, 18/a) NO_2: 40 μg/m³ (1a) NO_x-Schiffsemissionen: Beschränkung nach IMO Tier I–III
SO_2 (Schwefeldioxid)	• Schädigt Lunge, Herz und Vegetation • Bildet Sulfat-Aerosole und sauren Regen • Klimarelevant (regional-, Bewölkung)	SO_2: 350 μg/m³ (1h, 24/a) 2005/33/EG Schwefel-Richtlinie: In Häfen nur noch Treibstoffe mit 0,1 % Schwefelgehalt (seit 2010) MARPOL VI: 1,0 → 0,1 %
PM10, PM2.5 (Feinstaub < 10/2.5 μm) u. a. mit Ruß (PAH,…), Schwermetallen…	• Alveolengängig; karzinogen • Klimarelevant (regional-, Bewölkung) Ruß: (regional+) -Albedo	PM10: 50 μg/m³ (24h, 35/a) PM2.5: 25 μg/m³ (1a) seit 2015
(CO →) CO_2 (Kohlenstoffdioxid, Kohlenstoffmonoxid)	• CO_2: klimarelevant	CO: toxisch, Ozonbildend CO: 10 mg/m³ (8h)

Als Messmethode der Fernerkundung kam die differenzielle Optische Absorptionsspektroskopie zum Einsatz, mit der NO_2 und SO_2 in durchstrahlten Luftsäulen gemessen werden kann. Darüber hinaus wird eine In-situ-Messung[52] zur Ermittlung des jeweiligen NO-, NO_2-, NO_x-, SO_2-, O_3- und CO_2- Gehalts in der angesaugter Luft verwendet. Somit lassen sich Aussagen treffen zu den Schiffsemissionen, wobei diese mit den europäischen und nationalen Rechtsvorschriften verglichen werden können (siehe Tab. 2.1).

Im Januar und Februar 2015 lagen die Treibstoff-Schwefelgehalte der meisten erfassten Schiffe (92–96 % von 625 Abgasfahnen) unter dem neuen MARPOL VI Grenzwert von 0,1 % S (in SECA-Zonen). Fernerkundungsmethoden ermöglichen NO_2- und SO_2-Messungen unabhängig von der Windrichtung sowie Informationen über die Ausbreitung der Abgaswolke (mangels korrespondierender CO_2-Messergebnisse kann damit die Schwefelgehaltsberechnung allerdings nur über ein Emissionsmodell erfolgen). Beide Methoden in Kombination können den Hafenbehörden helfen, effektiver individuelle Schiffskontrollen nach MARPOL VI durchzuführen.[53]

[52]In Situ = am Ort, In-situ-Messungen = die Durchführung von Messungen im Gelände zur Bestimmung z. B. mechanischer und hydraulischer Eigenschaften; https://www.spektrum.de/lexikon/geowissenschaften/in-situ-messungen/7561.

[53]https://www.bsh.de/DE/PRESSE/Veranstaltungen/MUS/Anlagen/Downloads/MUS-2015/MUS-2015-Praesentation-Mathieu-Ueffing.pdf?__blob=publicationFile&v=4

2.6.9 CLINSH (Clean Inland Shipping Project)[54]

Die Emissionen des Binnenschiffsverkehrs können in Städten wie Bonn oder Düsseldorf mit bis zu 30 % zu den gesamten lokalen NO-Emissionen beitragen. Die Binnenschifffahrt hat dennoch keinen flächendeckenden Einfluss auf die Stickstoffdioxid-Belastung in Innenstädten.

Wie eine Studie der Bundesanstalt für Gewässerkunde zeigt, sind die direkt nachweisbaren Wirkungen dieser zum Teil hohen Emissionen stark auf die Flussnähe beschränkt.

Die mittlere NO_2-Zusatzbelastung, die durch die NO_x-Emission der Binnenschifffahrt auf Mittel- und Niederrhein verursacht wird, nimmt überproportional und sehr schnell mit Entfernung von der Fahrrinne ab. In einer Entfernung von 200 m vom Ufer liegt sie bereits unter 5 $\mu g/m^3$. Daher ist an Uferpromenaden von Städten wie Köln oder Düsseldorf davon auszugehen, dass die Binnenschiffe dort erheblich zur NO_2-Belastung beitragen. Dadurch bedingte Grenzwertüberschreitungen sind dem Umweltbundesamt allerdings nicht bekannt. Der mit zunehmender Entfernung vom Fluss sinkende Beitrag der Binnenschiffe zur NO_2-Belastung führt aber insgesamt dazu, dass an typischen innerstädtischen verkehrsnahen Messstationen der Beitrag der Binnenschiffe zur NO_2-Belastung deutlich unter 10 % liegt.

Eine Nachrüstung der Binnenschiffe mit SCR-Anlagen (englisch selective catalytic reduction, SCR) ist eine Möglichkeit, um die NO_x-Emission aus Binnenschiffen deutlich zu senken. Durch die Verwendung von Ammoniak werden dabei die Stickoxide in einem Katalysator zu Stickstoff und Wasser reduziert. Um dies zu erreichen wird AdBlue (Harnstoff-Wasser-Lösung) in das heiße Abgas eingespritzt. Die Lösung wird im Abgasstrom zu Ammoniak umgewandelt. Die Nachrüstung der Schiffe ist aber aufgrund individueller Einzelanpassungen nicht schnell flächendeckend umsetzbar. Allerdings würde die Minderung der NO_x-Emissionen aus Binnenschiffen zu einer Verringerung der NO_2-Hintergrundbelastung beitragen.

Seit 2017 werden im Rahmen des EU-geförderte Projektes „CLINCH" Messungen durchgeführt. Das Landesamt für Natur, Umwelt und Verbraucherschutz erhebt für das Projekt auch im Duisburger Rheinhafen regelmäßig Messdaten. Die Messungen sollen insgesamt zwei Jahre laufen. Ergebnisse dazu liegen im UBA noch nicht vor.

2.6.10 Projekt LUWAS (Luftqualität an Bundeswasserstraßen)

Um die Emissionen aus dem Abgas der Schiffsmotoren und die in Wasserstraßennähe zu erwartende Luftbelastung zu quantifizieren, ist im Auftrag der BfG das Berechnungsverfahren LUWAS zur Ermittlung der schifffahrtsbedingten Luftschadstoffbelastung an Wasserstraßen entwickelt worden.

[54]https://www.umweltbundesamt.de/themen/stickstoffoxid-emissionen-durch-binnenschiffe

LUWAS ermittelt die Luftschadstoffemissionen mithilfe der Flottenstatistik einer Wasserstraße und berücksichtigt dabei Schiffstyp, Schiffsgeschwindigkeit, Auspuffhöhe, Wasserstraßentyp und Fahrmanöver wie Fahrt auf freier Strecke zu Berg oder zu Tal, Schleusenfahrt oder Liegestellennutzung. Die Berechnung der Immissionen erfolgt mit einem Gauss-Fahnen-Modell. In die Berechnungen dieses mathematischen Modells fließen die Windstatistik, die Geländerauigkeit und die Stabilität der atmosphärischen Grenzschicht ein.

Eine Belastung der Umwelt ist dann aus der Gesamtimmission (alle weitere Quellen plus Schiffsanteil) in Verbindung mit den gesetzlichen Richtwerten abzuleiten.[55]

2.7 Verschmutzung von Nord- und Ostsee durch Paraffin

> Paraffin verschmutzt seit dem Wochenende die Strände des Nordseeheilbads Cuxhaven. Mitarbeiter der Kurverwaltung und die Feuerwehr haben begonnen, die weißen Wachsklumpen aus dem Sand zu sammeln. Paraffin entsteht aus Benzin, Diesel oder Heizöl und gelangt zum Beispiel ins Wasser, wenn Schiffe ihre Tanks reinigen. Wer in diesem Fall der Verursacher ist, steht noch nicht fest.[56]

Aufgrund des häufigen Auftretens chemischer Produkte, allem voran Paraffinwachs, an Meeresstränden der Nord- und Ostsee und der teilweise sehr großen Mengen, die vorgefunden wurden, werden Maßnahmen zur Verhinderung solcher Verunreinigungen von Nord- und Ostsee von der Unabhängige Umweltexpertengruppe „Folgen von Schadstoffunfällen" (UEG) beim Havariekommando für zwingend notwendig erachtet.

Bei der Anlandung an Küsten müssen Strände gesperrt werden und es entstehen hohe Kosten für die Reinigung von diesem chemischen Abfall. Dies entspricht nicht dem Sinn der MARPOL-Regelungen zum Schutz der Meeresumwelt[57]. Offenbar reichen die Vorschriften zur Beschaffenheit dieser Produkte und insbesondere der Begrenzung der Menge der Einleitung in die Meeresumwelt nicht aus.[58]

Als Schwellenwert für einen komplexen Schadstoffunfall mit Paraffin an der Küste wird eine aufzunehmende Menge von 30 m^3 Paraffinabfall (bzw. alternativ eine erhebliche Bedeckung von Ufer und/oder Böschungen mit Paraffin auf einer Länge von mindestens 10 km) festgelegt. Entstehenden Kosten müssen gemeinsam vom Bund und den Ländern getragenwerden.

---

[55]https://www.bafg.de/DE/08_Ref/M1/04_Gewaesserphysik/Luftqualitaet/luft_node.html

[56]https://www.ndr.de/nachrichten/, 29.10.2018.

[57]Siehe Kap. 3.3.

[58]https://www.bfr.bund.de/cm/343/verschmutzung-von-nord-und-ostsee-durch-paraffin.pdf

Tab. 2.2 Größere Paraffinanlandungen an der deutschen Küste von 2007–2014 (Ebenda)

Ostsee			
Datum	Name des betroffenen Küstenabschnitts	Geschätzte Länge des betroffenen Strand-abschnitts	Aufgenommene Menge (Gemisch von Paraffin und Sand)
18.05.07	Dierhagen/Darß	10 km	150 m^3
21.05.10	Nordseite Rügen	30 km	100 m^3
02.06.10	Usedom	10 km	64 t
21.02.12	Fischland-Darß Hiddensee	25 km 25 km	11 t
27.04.14	Rügen/Tromper Wiek	10 km	32,5 m^3
Nordsee			
23.07.09	Nordfriesische Inseln	Amrum, Föhr, Sylt, Halligen, Festland	138 m^3
20.03.14	Sylt	30 km (gesamte Westseite der Insel)	73 m^3

Von 2003 bis 2014 wurden in der Ostsee insgesamt fünf Komplexe Schadstoffunfälle durch Paraffinanlandungen und in der Nordsee zwei Einsätze mit Paraffin registriert (vgl. Tab. 2.2).

Im Vordergrund der Umweltbelastung steht die physikalisch-chemisch bestimmte Verteilung von Paraffin oder chemisch ähnlicher Stoffe im Meer. Sie schwimmen auf und bilden Lachen bzw. Klumpen (sogenannte „Floater"). Je nach Wasser- bzw. Außentemperatur findet eine Verfestigung statt. Einige der Stoffe sind unter ungünstigen Umständen in der Lage, das Gefieder von Vögeln zu verkleben, wie es die Vorkommnisse an der englischen Küste und frühere Verschmutzungen mit Pflanzenfetten (v. a. Palmöl) zeigen.

Die Risiken für das Leben im und am Meer ähneln denen anderer Abfälle: Paraffin-Brocken werden von Meerestieren mit Nahrungsteilen verwechselt und verschluckt. Bisher nicht veröffentlichte Untersuchungen an der deutschen Nordseeküste von angeschwemmten toten Eissturmvögeln zeigen, dass derzeit ca. 20 % der Vögel paraffinartige Substanzen im Magen haben.

Die Einleitung von Paraffin und ähnlichen Stoffen aus Tankschiffen stellt eine Abfallentsorgung[59] dar. Hierbei werden Kosten der Entsorgung in Häfen gespart, aber höhere Kosten den Küstenstaaten für die Reinigung der Ufer und Strände aufgezwungen. Das Paraffin verursacht die gleichen hohen Aufräum- und Entsorgungskosten wie sonstige Verschmutzungen der Küste mit anderen Abfällen. Das Einleiten von Abfällen in Nord- und Ostsee ist seit der Ausweisung der zwei Meere als Sondergebiete im Rahmen von MARPOL Anlage V[60]

[59]Siehe Kap. 4 und Kap. 7.4.5.

[60]Siehe 3.3.6.

verboten. Bei der gegenwärtigen Umsetzung der Meeresstrategierahmenrichtlinie (MSRL) in den OSPAR[61]- und HELCOM[62]-Regionen spielen Maßnahmen zur Eindämmung der Verschmutzung mit Abfällen eine wichtige Rolle. Es ist daher schwer verständlich, dass Paraffinbrocken in solchen Mengen auf Grundlage von Seeverkehrsvorschriften legal in den beiden Meeren eingeleitet werden dürfen.[63]

2.8 Verschmutzung durch verlorene Ladung

> Nach der Havarie des Megafrachters „MSC Zoe" in der Nordsee wird weiter nach den über Bord gegangenen mehr als 200 Containern gesucht. Nordwestlich von Borkum suchen zwei Spezialschiffe im Auftrag des Havariekommandos nach dem gefährlichen Treibgut. Ein Hubschrauber der Bundespolizei und das Ölüberwachungsflugzeug aus Nordholz sind ebenfalls im Einsatz. Alle ostfriesischen Inseln wurden nach Angaben von Hans-Werner Monsees, Leiter des Havariekommandos in Cuxhaven abgeflogen. Container wurden dabei bislang nicht entdeckt. Allerdings wurde auf einer niederländischen Insel ein Sack mit giftigem Pulver angespült.[64]

Bei der Havarie der „MSC Zoe" enthielt mindestens ein Container Fässer mit gefährlichem Dibenzoylperoxid, das zur Kunststoffherstellung verwendet wird. Womöglich ist mindestens einer der drei über Bord gegangenen Gefahrgut-Container bei der Havarie geborsten. Dabei wurde ein Sack, der vermutlich das Pulver enthält, an der niederländischen Wattenmeer-Insel Schiermonnikoog entdeckt.

Umweltschützer sind besorgt angesichts der Havarie – es wird vor den möglichen Folgen für die Lebewesen in der Nordsee durch die Fracht der Gefahrgutcontainer gewarnt. Wenn die Stoffe ins Wasser geraten, „werden sie erst mal von kleineren Lebewesen wie Plankton und Krebsen aufgenommen, die dann von Fischen gefressen werden" und schließlich die Fische von Vögeln. Am Ende hänge die Wirkung jedoch davon ab, welche Menge eines Stoffes in die Umwelt gelange.[65]

Ursache für den Verlust von Ladung können im Allgemeinen mangelhafte Ladungssicherung[66], Stürme und Unwetter sowie ein Rollen des Schiffes (Bewegung um seine

[61] Siehe 6.4.

[62] Siehe 6.3.

[63] https://www.bfr.bund.de/cm/343/verschmutzung-von-nord-und-ostsee-durch-paraffin.pdf

[64] https://www.ndr.de/nachrichten/niedersachsen/oldenburg_ostfriesland/Havarie-der-MSC-Zoe-Sack-mit-Giftpulver-angespuelt,container622.html, 03.01.2019.

[65] https://www.ndr.de/nachrichten/niedersachsen/oldenburg_ostfriesland/Havarie-der-MSC-Zoe-Sack-mit-Giftpulver-angespuelt,container622.html, 03.01.2019.

[66] Vgl. Regel 2 Kapitel VI SOLAS 74/88.

Längsachse) aufgrund des Seegangs (hohe See und aufwärts, Seegangsskala nach Petersen) sein. Hinzu kommen Schiffshavarien wie die der M/V Rena, welche 2011 vor Neuseeland auf ein Riff auflief und 2012 zerbrach. Etwa 900 Container gingen verloren, die Umweltauswirkungen waren fatal. Fatal ist im Besonderen, dass die verlorengegangenen Container bei einer solchen Havarie teilweise nicht geborgen werden können und so nicht nur eine enorme Schifffahrtsgefährdung, sondern auch eine Gefahr für die Umwelt darstellen.

In den Jahren 2008, 2009 und 2010 fielen im Schnitt etwa 350 Container pro Jahr ins Meer (ohne Katastrophen). Werden katastrophale Ereignisse mit in die Betrachtung einbezogen, steigt die Zahl der verlorenen Container auf 675 Container/Jahr. Als katastrophal werden alle Vorgänge bezeichnet, bei denen bei einem einzelnen Vorfall mindestens 50 Container verloren gingen. Die Umfrage aus dem Jahr 2011 für die Jahre 2008–2010 basiert auf Rückmeldungen von Unternehmen, welche 70 % der gesamten Containertransportkapazität stellen.

In den Jahren 2011, 2012 und 2013 gingen schätzungsweise 733 Container/Jahr verloren (ohne Katastrophen). Werden katastrophale Ereignisse mit in die Betrachtung einbezogen, steigt die Zahl der verlorenen Container auf 2683 Container/Jahr.

In den Jahren 2014, 2015 und 2016 gingen schätzungsweise 612 Container/Jahr verloren (ohne Katastrophen). Werden katastrophale Ereignisse mit in die Betrachtung einbezogen, steigt die Zahl der verlorenen Container auf 1390 Container/Jahr.[67]

2.9 Verschmutzung durch Plastik

Jede Minute gelangt ein Müllwagen voller Plastik in die Ozeane. Forscher haben ausgerechnet, dass sich die Menge in den kommenden Jahren vervierfachen könnte. Im Jahr 2050 könnte in den Meeren die Menge an Plastik die Menge der Fische übersteigen. Zu diesem Ergebnis kommen Forscher der Ellen MacArthur Foundation in einer Studie, die das Weltwirtschaftsforum beauftragt hatte. Derzeit gelangten jährlich acht Millionen Tonnen Plastik in die Ozeane. Das entspricht etwa einem Müllwagen pro Minute, der in die Meere entleert wird. Die Zahl könnte sich bis 2030 verdoppeln und bis 2050 vervierfachen.

Derzeit schwimmen in den Meeren nach Berechnung der Forscher etwa 150 Mio. Tonnen Plastik. Das entspreche etwa einem Fünftel des Gewichts aller Fische. „Schon für das Jahr 2025 erwarten wir ein Verhältnis von Fisch zu Plastik, das eins zu drei beträgt", heißt es. Das entspräche 250 Mio. Tonnen Plastik in den Ozeanen. Selbst wenn es eine abgestimmte Müllvermeidung gebe, werde sich der Zufluss von Plastik in die Meere stabilisieren und nicht abnehmen, prognostizieren die Forscher. Dafür sei auch ein steigender Verbrauch von Plastikmaterialien verantwortlich. In den vergangenen 50 Jahren habe

[67]https://www.zukunft-mobilitaet.net/69538/binnenschifffahrt-seeschifffahrt/wie-viele-container-fallen-ins-meer

sich dieser verzwanzigfacht, in den kommenden 20 Jahren werde er sich noch einmal verdoppeln.[68]

Das Meer ist inzwischen einer der dreckigsten Orte der Welt. In fünf großen Müllstrudeln treiben Plastiktüten, Plastikflaschen, Strohhalme und Zahnbürsten. Wahre Plastikmüll-Wellen werden an den Stränden angespült. Von der Müllkatastrophe sind mehr als 663 Tierarten direkt betroffen. Jedes Jahr sterben etwa eine Million Seevögel und hunderttausend Meeressäuger an der Vermüllung. Oft verwechseln sie Plastikteile mit Nahrung und verhungern dann mit vollem Magen. Wale, Delfine und Schildkröten verfangen sich etwa in Sixpack-Trägern und alten Fischernetzen und ertrinken qualvoll.[69]

Nach Angaben des Umweltprogramms der Vereinten Nationen (UNEP) treiben inzwischen auf jedem Quadratkilometer Meeresoberfläche bis zu 18.000 Plastikteile unterschiedlichster Größe. Doch was wir sehen ist nur die Spitze des Müllbergs, mehr als 70 % der Abfälle schwimmen in tieferen Wasserschichten oder sinken auf den Meeresboden. Das Abfischen des Plastikmülls aus dem Meer ist deshalb unmöglich. Und Plastik ist gekommen, um zu bleiben. Im schlechtesten Fall baut es sich erst nach mehreren hundert Jahren ab. Durch äußere Faktoren, wie Licht, Temperatur und mechanische Beanspruchung werden Kunststoffe im Laufe der Zeit spröde und zerfallen in immer kleinere Fragmente, das sogenannte Mikroplastik. Die kleinen Plastikteilchen sind besonders gefährlich, denn sie enthalten nicht nur giftige Additive, sondern ziehen weitere Umweltgifte aus der Umgebung wie Magneten an. Über die Nahrungskette gelangen die Schadstoffe so auch auf unsere Teller.

Zum größten Teil kommt der Plastikmüll nicht aus der Schifffahrt, sondern vom Land – Plastikmüll, der achtlos in der Umwelt entsorgt wird. Kunststofftüten, Folien oder Plastikflaschen sind besonders leicht. Lässt man Sie in der Landschaft liegen, werden sie häufig von Wind und Regen erfasst und als sogenannter „Blow Trash" über die Bäche und Flüsse in die Meere gespült. Auch Mikroplastik, das zum Beispiel über Kosmetika und Reinigungsmittel oder beim Waschen synthetischer Kleidung ins Abwasser gelangt, findet seinen Weg in die Ozeane – von modernen Kläranlagen kann nur ein Teil herausgefiltert werden.

Aber auch der größte deutsche Fluss mit insgesamt 865 km auf deutschem Gebiet, der Rhein, transportiert jede Menge Mikroplastik. Von der Quelle in den Graubündener Alpen abwärts fließen jedes Jahr allein im Oberflächenwasser acht bis zehn Tonnen Kleinstkunststoffteile in die Nordsee. „Dies ist nur die Spitze des Eisberges", erklärt Prof. Andreas Fath von der Hochschule Furtwangen. „Die tatsächliche Belastung des Rheins mit Mikroplastik dürfte noch um ein Vielfaches höher sein." Denn der überwiegende Teil sinkt in die unteren Schichten des Flusswassers oder ins Sediment ab.

Im Oberflächenwasser des Rheins schwimmen zehn verschiedene Kunststoffe. Doch zwei stechen besonders hervor – Polypropylen, das unter anderem für die Herstellung

[68]https://www.zeit.de/wissen/umwelt/2016-01/plastik-umweltverschmutzung-meer-studie-weltwirtschaftsforum

[69]https://www.duh.de/plastik-im-meer

von Coffee-to-go-Bechern samt Deckeln genutzt wird, und Polyethylen, aus dem Tuben oder Tüten hergestellt werden. Doch winzige Kunststoffteile gelangen auch durch Kosmetikprodukte, den Abrieb von Autoreifen und das Waschwasser von Textilien in die Flüsse. Vor allem bei Starkregen kommt es vor, dass die Becken der Kläranlagen voll sind und das Wasser ungeklärt in die Flüsse geleitet wird. Gelegentlich sorgt der Rhein selbst für Plastik-Nachschub und nimmt bei Hochwasser den Plastikmüll vom Ufer mit. Und durch UV-Licht, Bakterien und Abrieb wird daraus mit der Zeit noch mehr Mikroplastik.[70]

Im Januar 2019 erschien im Spiegel der Artikel „Der dreckige Rest“ [3]. Dort wird berichtet, dass in den Meeren nach heutigem Stand der Feststellungen 5,25 Billionen Kunststoffteile schwimmen. Beeindruckend sind die Darstellungen zum möglichen Abbau bestimmter Kunststoffe im Meer:

- Angelschnur 600 Jahre,
- Plastikflasche 450 Jahre,
- Einwegwindel 450 Jahre,
- Plastiktüte 10–20 Jahre

und

- Take-away-box aus Styropor 50 Jahre.[71]

Eine Idee, um die mit Plastikmüll verunreinigten Meere und Flüsse zu reinigen, kommt aus Deutschland, vom Umweltschutzverein One Ocean – One Earth. Die Vision von Gründer Günther Bonin: Künftig soll eine ganze Armada von eigens entwickelten Spezialbooten den Plastikmüll mit Netzen aus dem Wasser fischen, um ihn anschließend auf großen Spezialschiffen zu recyceln.

Die Hauptarbeit, also das eigentliche Müll einsammeln, übernimmt dabei die sogenannte Seekuh – ein für rund 350.000 EUR entwickelter Spezial-Katamaran: 12,5 m lang und 10 m breit. Ende September 2016 wurde das Schiff erstmals zu Wasser gelassen und getauft.

Eine wissenschaftlich überzeugende Lösung, den Plastikmüll aus dem Meer wieder herauszuholen, gibt es zurzeit zumindest nicht. Viel sinnvoller ist es – da ist sich die überwältigende Mehrheit der Experten einig – schon einen Schritt vorher anzusetzen und zu verhindern, dass noch mehr Plastikmüll in die Meere gelangt. Doch was einfach klingen mag, bedarf einer Umstellung von uns allen. Denn erst wenn wir in unserem Alltag bewusst auf Plastik verzichten, wird die Industrie auch weniger davon produzieren.[72]

---

[70]https://www1.wdr.de/wissen/mikroplastik-rhein100.html

[71]Spiegel 4/2019, S. 12 f.

[72]https://www.daserste.de/information/wissen-kultur/w-wie-wissen/plastik-190.html

Literatur

1. Kloepfer in Kunst/Herzog (Hrsg.), Evangelisches Staatslexikon, 2. Bd., Stuttgart, 3. Auflage, 1987
2. Hoppe/Beckmann/Kauch, Umweltrecht, 2. Auflage, 2000
3. DER SPIEGEL Nr. 4/19.01.2019
4. Recht A-Z Fachlexikon für Studium, Ausbildung und Beruf, Bundeszentrale für politische Bildung, Bd. 1563, 3. Aufl., Bonn 2015

3 Vorschriften zur Reinhaltung der Gewässer

3.1 Das Seerechtsübereinkommen der Vereinten Nationen

Das Internationale Seerecht oder Seevölkerrecht (International Law of the Sea) fasst alle auf das Meer bezogenen Rechtsnormen zusammen, die zwischen verschiedenen Staaten gelten. Es beinhaltet nicht nur Regelungen zur Abgrenzung oder Nutzung der Meeresgebiete, sondern auch Vorgaben zum Schutz und zur Erforschung der Ozeane. Andere Bereiche hingegen bleiben ausgeklammert, so etwa das nationale Seerecht, das sich beispielsweise mit der Ordnung der Häfen beschäftigt, oder das Seehandrecht (Maritime Law), das in Deutschland vorwiegend im Handelsgesetzbuch verankert ist und etwa die Güterbeförderung regelt.

Das Seerechtsübereinkommen der Vereinten Nationen (SRÜ, United Nations Convention on the Law of the Sea [UNCLOS]) ist ein internationales Abkommen des Seevölkerrechts, das am 10. Dezember 1982 in Montego Bay (Jamaika) geschlossen wurde. Es trat am 16. November 1994, ein Jahr nach Hinterlegung der 60. Ratifikationsurkunde, in Kraft.[1]

Das Übereinkommen regelt die gesamte Nutzung der Weltmeere und somit auch die Rechtsstellung der Gewässerteile, die nominell keiner Hoheitsgewalt unterliegen (Hohe See, Ausschließliche Wirtschaftszone, Anschlusszone).

Seit 1949 wurde innerhalb der Vereinten Nationen über das Seerecht beraten. Es wurden mehrere Verträge zu einzelnen Themen wie z. B. dem Verbot der Stationierung nuklearer Waffen auf dem Meeresboden (Meeresboden-Vertrag) 1972 geschlossen. Im Jahr 1973 wurde die Dritte UN-Seerechtskonferenz einberufen, die schließlich am 10.12.1982 mit dem Abschluss des Seerechtsübereinkommens endete.

[1] http://worldoceanreview.com/wor-1/seerecht

U. Jacobshagen, *Umweltschutz und Gefahrguttransport für Binnen- und Seeschifffahrt*,
https://doi.org/10.1007/978-3-658-25929-7_3

Am 28.07.1994 wurde von den Vereinten Nationen ein weiteres Übereinkommen zur Durchführung des Teiles XI des SRÜ beschlossen, das wiederum der Umsetzung in nationales Recht bedurfte.

Nach dem Inkrafttreten des SRÜ am 16.11.1994 ist es in den meisten Staaten (auch in der Bundesrepublik Deutschland, nicht aber in den USA) geltendes Recht.

Ein wichtiger Inhalt des SRÜ ist die Regelung der Hoheitsbefugnisse der Küstenstaaten. Ausgehend von der Küstenlinie legt das SRÜ verschiedene, teils sich überschneidende Zonen für die Ausübung der Hoheitsgewalt fest. Dabei nimmt mit der Entfernung von der Küste die Kontrolle des Küstenstaates ab. Streitigkeiten ergeben sich häufig bei Meerengen, wenn sich die Ansprüche auf das zu nutzende Gebiet überlagern.[1]

Besondere Bedeutung hat das SRÜ neben den schifffahrtsrechtlichen Vorschriften auch für den Umweltschutz in der Meeresumwelt. Bereits in der Präambel zu dem Übereinkommen wird der Meeresumweltschutz hervorgehoben:

Übersicht

„Die Vertragsstaaten dieses Übereinkommens,

…

in der Erkenntnis, dass es wünschenswert ist, durch dieses Übereinkommen unter gebührender Berücksichtigung der Souveränität aller Staaten eine Rechtsordnung für die Meere und Ozeane zu schaffen, die den internationalen Verkehr erleichtern sowie die Nutzung der Meere und Ozeane zu friedlichen Zwecken, die ausgewogene und wirkungsvolle Nutzung ihrer Ressourcen, die Erhaltung ihrer lebenden Ressourcen und die Untersuchung, den Schutz und die Bewahrung der Meeresumwelt fördern wird

…

haben Folgendes vereinbart: …“[2]

Im Weiteren werden bereits im Teil 1 – Einleitung – die Begriffe „Verschmutzung der Meeresumwelt“ und „Einbringen (dumping)“ definiert.[3]

Zur Meeresumwelt zählen nicht allein Wasser, Fische, Schiffe, Meeresvögel und andere biologische oder chemische Faktoren. Es sind auch physikalische Aspekte und gesellschaftliche Entwicklung, die bei der Bewertung des Meeresumwelt eine Rolle spielen und berücksichtigt werden müssen, um Aussagen über den Zustand der Meeresumwelt treffen zu können.[4]

---

[2] https://www.admin.ch/opc/de/official-compilation/2009/3209.pdf#page=2&zoom=auto,-363,584

[3] Siehe Glossar.

[4] https://www.bsh.de/DE/THEMEN/Meeresumwelt/meeresumwelt_node.html

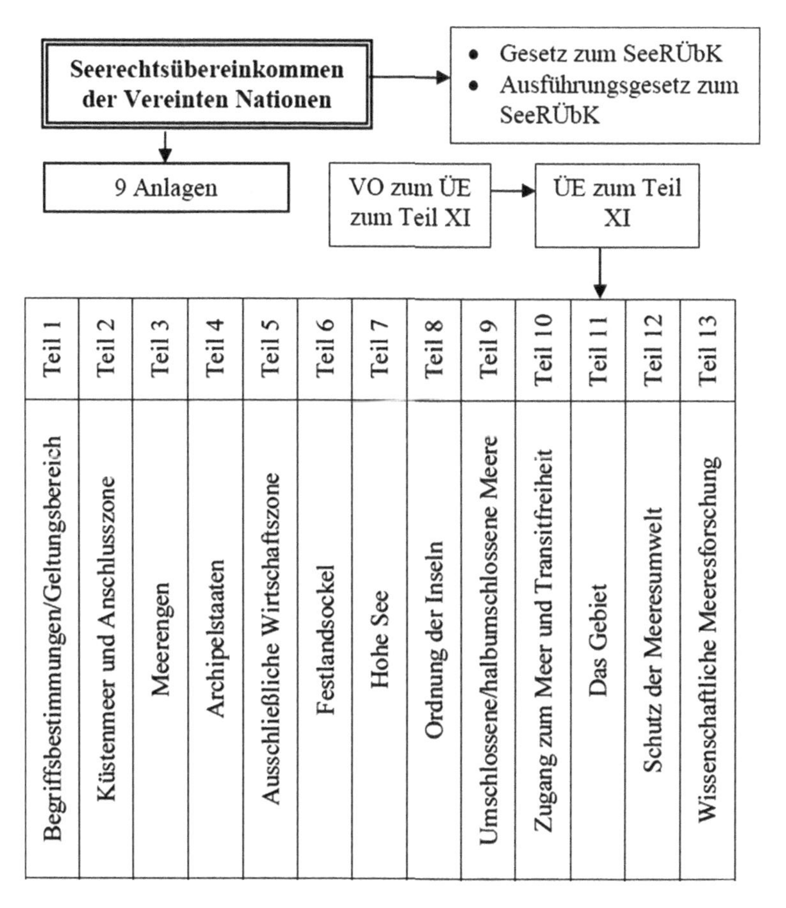

Abb. 3.1 Das Seerechtsübereinkommen der Vereinten Nationen

Das Seerechtsübereinkommen, das aus 12. Teilen besteht (siehe Abb. 3.1), geht vielerorts auf den Schutz der Meeresumwelt ein. So werden Küstenstaaten und Organisationen der IMO an den Meeresschutz in den ihrer Verantwortung unterliegenden Gewässern und Meeresböden erinnert. Es wird beispielsweise im Art. 145 bei Tätigkeiten im Gebiet darauf hingewiesen, dass notwendigen Maßnahmen ergriffen werden sollen, um die Meeresumwelt vor schädlichen Auswirkungen, die sich aus diesen Tätigkeiten ergeben können, wirksam zu schützen.

Dem Meeresumweltschutz wurde im SRÜ der Teil XII (Art. 192–237) gewidmet – Schutz und Bewahrung der Meeresumwelt. Schon im Art. 192 – Allgemeine Verpflichtung – werden die Vertragsstaaten verpflichtet, die Meeresumwelt zu schützen und zu bewahren.

Trotzdem haben die Vertragsstaaten das souveräne Recht, ihre natürlichen Ressourcen im Rahmen ihrer Umweltpolitik und in Übereinstimmung mit ihrer Pflicht zum Schutz und zur Bewahrung der Meeresumwelt auszubeuten.[5] Erforderlich dazu ist jeweils eine nationale Umweltgesetzgebung unter den Voraussetzungen der internationalen Verträge wie dem SRÜ. Die Bundesrepublik hat dazu den Anwendungsbereich des StGB auf die gesamte Nord- und Ostsee sowie auf die deutsche ausschließliche Wirtschaftszone ausgeweitet.[6]

3.1.1 Umsetzung in nationales Recht

Das SRÜ, das am 10.12.1982 von den Vereinten Nationen beschlossen worden war, wurde am 02.09.1994 durch ein Vertragsgesetz in nationales Recht umgesetzt. In diesem Gesetz zu dem Seerechtsübereinkommender Vereinten Nationen vom 10. Dezember 1982 (Vertragsgesetz Seerechtsübereinkommen) stimmt der Bundestag dem Beitritt der Bundesrepublik Deutschland zum SRÜ zu (Art. 1) und ermächtigt die Bundesregierung, ohne Zustimmung des Bundesrates durch Rechtsverordnung ein Übereinkommen zur Durchführung des Teiles XI des Seerechtsübereinkommens der Vereinten Nationen von 1982 (Durchführungsübereinkommen) in Kraft zu setzen (Art. 2).

Besondere Bedeutung erlangte das Gesetz zur Ausführung des Seerechtsübereinkommens der Vereinten Nationen vom 10. Dezember 1982 sowie des Übereinkommens vom 28. Juli 1994 zur Durchführung des Teils XI des Seerechtsübereinkommens (SeeRÜbkAG).[1]

Im SeeRÜbkAG wird durch Art. 12 der Geltungsbereich des deutschen Strafrechts wie folgt erweitert und stellt somit eine Ergänzung der §§ 5 und 6 StGB dar:

> Das deutsche Strafrecht gilt für Straftaten gegen die Umwelt in den Fällen der §§ 324, 326, 330 und 330a des Strafgesetzbuches, die von einem Schiff aus in der Nordsee oder Ostsee außerhalb der deutschen ausschließlichen Wirtschaftszone durch Einleiten von Stoffen unter Verletzung verwaltungsrechtlicher Pflichten (§ 330d Nr. 4, 5 des Strafgesetzbuches) begangen werden, welche der Durchführung völkerrechtlicher Übereinkommen zum Schutz des Meeres dienen. Soweit die Tat in den Hoheitsgewässern eines anderen Staates begangen wird, gilt dies, wenn die Tat nach dem Recht dieses Staates mit Strafe bedroht ist.

Dieser Artikel ist für Deutschland von eher geringer Bedeutung, da die Hohe See in Nord- und Ostsee sehr kleine Wasserflächen in Anspruch nimmt und die Ahndung von Taten in fremden Hoheitsgewässern gem. Art. 218 Abs. 2 SRÜ nur aufgrund eines Ersuchens des

[5] Seerechtsübereinkommen der Vereinten Nationen, Teil XII, Art. 193.

[6] Vgl. §§ 5, 6 StGB, Siehe Kap. 7.4.2.

Küstenstaates erfolgen kann oder wenn der ahndende Staat direkt betroffen ist. Darüber hinaus ist der Geltungsbereich des StGB zu beachten, der für die genannten Umweltstraftaten auf die AWZ ausgeweitet wurde. Des Weiteren können Auslandstaten als „Katalogstraftat" der §§ 5, 6 StGB oder im Sinne der stellvertretenden Strafrechtspflege nach § 7 Abs. II Nr. 2 StGB[7] ebenfalls nach dem deutschen StGB geahndet werden. [1]

Völkervertragsrecht bedarf der Transformation, die in der Regel mit der innerstaatlichen Ratifikation (Vertragsgesetz nach Art. 59 Abs. 2 GG) zusammenfällt, und steht dann auf dem Rang eines Bundesgesetzes. Erfasst werden sollen hierdurch Verträge, welche die Existenz des Staates, seine territoriale Integrität, seine Unabhängigkeit, seine Stellung oder sein maßgebliches Gewicht in der Staatengemeinschaft berühren. Dazu gehören namentlich Bündnisse, Garantiepakte, Abkommen über politische Zusammenarbeit, Friedens-, Nichtangriffs-, Neutralitäts- und Abrüstungsverträge. Andere völkerrechtliche Verträge bedürfen der von Art. 59 Abs. 2 GG geforderten Zustimmung nicht. [1]

Nach deutschem Recht ist vor Ratifikation ein Vertragsgesetz gem. Art. 59 Abs. 2 GG erforderlich, wenn ein internationales Übereinkommen die politischen Beziehungen des Bundes regelt oder sich auf Gegenstände der Bundesgesetzgebung bezieht. Eines förmlichen Gesetzes bedarf es nicht, wenn der Inhalt des Übereinkommens national auch durch Rechtsverordnung geregelt werden kann. Soweit eine entsprechende Verordnungsermächtigung vorhanden ist, liegt eine antizipierte Zustimmung des Gesetzgebers vor. Voraussetzung ist, dass der Regelungsgehalt einer Verordnungsermächtigung auch das Inkraftsetzen internationaler Übereinkommen beinhaltet; man spricht von einer sog. Auslandsbezogenen Ermächtigung. Das ist dann der Fall, wenn ausdrücklich in der Ermächtigungsnorm das Inkraftsetzen internationaler Vereinbarungen angesprochen wird. Ausreichend ist aber auch, wenn die Ermächtigungsnorm inhaltlich die Regelungssachverhalte internationaler Vereinbarungen erfasst. [1]

Das SRÜ wurde bisher von 168 Staaten (zuletzt Aserbaidschan [2016]) unterzeichnet und von den meisten dieser Staaten ratifiziert. Jedoch haben Staaten wie die USA den Vertrag weder unterzeichnet noch ratifiziert, was die Anwendung gerade der Umweltvorschriften in deren Küstenmeeren und auf der Hohen See ungleich erscheinen lässt.

3.1.2 Die Gewässerbegriffe des Seerechtsübereinkommens (SRÜ)

Ein wichtiger Inhalt des SRÜ ist die Regelung der Hoheitsbefugnisse der Küstenstaaten in den Gewässerteilen des Meeres (Abb. 3.2), in denen das Übereinkommen Anwendung findet. Ausgehend von der Küstenlinie legt das SRÜ verschiedene, teils sich überschneidende Zonen für die Ausübung der Hoheitsgewalt fest.

[7]Siehe Kap. 7.4.2.4.

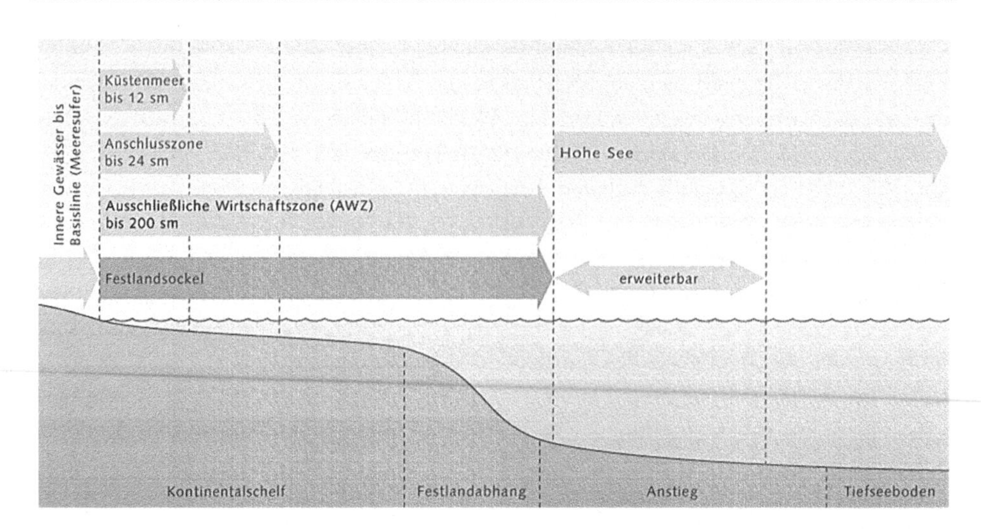

Abb. 3.2 Gewässergrenzen nach dem SRÜ

Grundsätzlich erstreckt sich die Souveränität eines Küstenstaats jenseits seines Landgebiets und seiner inneren Gewässer sowie im Fall eines Archipelstaats jenseits seiner Archipelgewässer auf einen angrenzenden Meeresstreifen, der als Küstenmeer bezeichnet wird. Darüber hinaus werden die Gewässerteile, die für den jeweiligen Küstenstaat als „Ausland" anzusehen ist, einer gemeinschaftlichen Rechtssystematik unterworfen und im Übereinkommen jeweils definiert:

Küstenmeer und Anschlusszone (Art. 2–32 SRÜ)

Der Teil II des SRÜ enthält besondere Regelungen zum Küstenmeer und der Anschlusszone. Die Souveränität eines Küstenstaats erstreckt sich danach jenseits seines Landgebiets und seiner Inneren Gewässer sowie im Fall eines Archipelstaats jenseits seiner Archipelgewässer auf einen angrenzenden Meeresstreifen, der als Küstenmeer bezeichnet wird.

Diese Souveränität erstreckt sich sowohl auf den Luftraum über dem Küstenmeer als auch auf den Meeresboden und Meeresuntergrund des Küstenmeers.

Die Grenze des Küstenmeeres beträgt max. 12 sm[8] von der Basislinie. Dabei ist die Basislinie die Niedrigwasserlinie entlang der Küste[9] oder die Verbindung geeigneter Punkte über tiefen Einbuchtungen und Einschnitten an der Küste[10].

---

[8]Außerhalb des Küstenmeers liegende Reeden sind gemäß Art. 12 SRÜ Teil des Küstenmeeres, in D die Tiefwasserreede in der AWZ Nordsee.

[9]Vgl. Art. 5 SRÜ – normale Basislinie.

[10]Vgl. Art. 7 SRÜ – gerade Basislinie.

In einer an sein Küstenmeer angrenzenden Zone, die als Anschlusszone bezeichnet wird, kann der Küstenstaat die erforderliche Kontrolle über z. B. Zoll- und Finanzgesetze oder Gesundheitsgesetze ausüben. Die Anschlusszone darf sich nicht weiter als 24 sm über die Basislinien hinaus erstrecken, von denen aus die Breite des Küstenmeers gemessen wird.

In Deutschland wurde weder in der Ost- noch in der Nordsee eine Anschlusszone eingerichtet. Am 15.05.2018 haben Bundespräsident Frank-Walter Steinmeier und der niederländische Premierminister Mark Rutte in Den Haag die Ratifikationsurkunden über den deutsch-niederländischen Vertrag über die Nutzung und Verwaltung des Küstenmeers zwischen 3 und 12 Seemeilen, den sog. Ems-Dollart-Vertrag, ausgetauscht. Damit trat der am 24.10.2014 von den beiden Außenministern auf der Ems unterzeichnete Vertrag zum Juli 2018 in Kraft. Im „Geist guter Nachbarschaft" wird somit im Bereich der Emsmündung und des dortigen Küstenmeeres die notwendige Rechtssicherheit für die weitere wirtschaftliche Nutzung der Häfen und Gewässer (bspw. bei der Errichtung von Offshore-Windparks) geschaffen. Der Ems-Dollart-Vertrag ist damit beispielgebend für eine friedliche Konfliktbeilegung und grenzüberschreitende, innovative Zusammenarbeit zweier Küstenstaaten unter dem SRÜ, ungeachtet eines seit Jahrhunderten umstrittenen Grenzverlaufs.[11]

Innere Gewässer eines Staates (Art. 8 SRÜ)
Die landwärts der normalen oder geraden Basislinie des Küstenmeeres gelegenen Gewässer sind die Binnengewässer bzw. Inneren Gewässer und unterliegen voll und ganz dem nationalen Recht. Sie beinhalten insofern keine Schwierigkeiten hinsichtlich ihrer rechtlichen Handhabung.

Der Begriff Innere Gewässer ist deutlich von dem der Binnengewässer aus den verschiedenen nationalen Vorschriften der Bundesrepublik Deutschland abzugrenzen. So können Innere Gewässer nach dem SRÜ gleichzeitig Seewasserstraßen nach dem WaStrG sein, während in der Regel Binnengewässer im nationalen Verständnis mit Binnenwasserstraßen und Binnenseen gleichzusetzen sind.

Ausschließliche Wirtschaftszone (AWZ; Art. 57 ff. SRÜ)
Die Ausschließliche Wirtschaftszone ist ein jenseits des Küstenmeeres gelegenes und an dieses angrenzendes Gebiet, das der in diesem Teil festgelegten besonderen Rechtsordnung unterliegt, nach der die Rechte und Hoheitsbefugnisse des Küstenstaats und die Rechte und Freiheiten anderer Staaten durch die diesbezüglichen Bestimmungen dieses Übereinkommens geregelt werden. Die Ausschließliche Wirtschaftszone darf sich nicht weiter als 200 sm von den Basislinien erstrecken, von denen aus die Breite des Küstenmeeres gemessen wird.

[11]https://www.auswaertiges-amt.de/de/aussenpolitik/themen/internatrecht/einzelfragen/seerecht

Der Festlandsockel (Art. 76 ff. SRÜ)

Der Festlandsockel eines Küstenstaats umfasst den jenseits seines Küstenmeeres gelegenen Meeresboden und Meeresuntergrund der Unterwassergebiete, die sich über die gesamte natürliche Verlängerung seines Landgebiets bis zur äußeren Kante des Festlandrands erstrecken oder bis zu einer Entfernung von 200 sm von den Basislinien, von denen aus die Breite des Küstenmeeres gemessen wird, wo die äußere Kante des Festlandrands in einer geringeren Entfernung verläuft.

Der Festlandrand umfasst die unter Wasser gelegene Verlängerung der Landmasse des Küstenstaats und besteht aus dem Meeresboden und dem Meeresuntergrund des Sockels, des Abhangs und des Anstiegs. Er umfasst weder den Tiefseeboden mit seinen unterseeischen Bergrücken noch dessen Untergrund.

Hohe See (Art. 86 ff. SRÜ)

Die Hohe See steht allen Staaten, ob Küsten- oder Binnenstaaten, offen. Die Freiheit der Hohen See wird gemäß den Bedingungen dieses Übereinkommens und den sonstigen Regeln des Völkerrechts ausgeübt.

3.1.3 Teil XII des Seerechtsübereinkommens

Der Teil XII des SRÜ regelt den Schutz und Bewahrung der Meeresumwelt und ist in folgende Abschnitte unterteilt:

Abschnitt 1	Allgemeine Bestimmungen (Art. 192–196) Allgemeine Verpflichtungen, Ressourcenausbeutung, Schutzmaßnahmen, keine Schadensverlagerung, Technologien
Abschnitt 2	Weltweite und regionale Zusammenarbeit (Art. 197–201) Benachrichtigung bei Schäden, Notfallpläne, Forschungsprogramme, Informationsaustausch, Ausarbeitung von Vorschriften
Abschnitt 3	Technische Hilfe (Art. 202 u. 203) Hilfe und vorrangige Behandlung für Entwicklungsstaaten
Abschnitt 4	Ständige Überwachung und ökologische Beurteilung (Art. 204–206) Ständige Überwachung der Gefahren und der Auswirkung der Verschmutzung, Veröffentlichung von Berichten
Abschnitt 5	Internationale Regeln und innerstaatliche Rechtsvorschriften zur Verhütung, Verringerung und Überwachung der Verschmutzung der Meeresumwelt (Art. 207–212) Verschmutzung vom Land aus, durch Tätigkeiten, durch Einbringen, durch Schiffe, aus der Luft oder durch die Luft
Abschnitt 6	Durchsetzung (Art. 213–222) Durchsetzung Abschnitt 5, Durchsetzung durch Flaggen-, Hafen- und Küstenstaaten, Maßnahmen für die Seetüchtigkeit der Schiffe zur Vermeidung der Verschmutzung

Abschnitt 7	Schutzbestimmungen (Art. 223–233) Verfahrenserleichterung, Durchsetzungsbefugnisse, Untersuchung fremder Schiffe, Straf- und Zivilverfahren, Haftung, Benachrichtigung des Flaggenstaates, Meerengen der internationalen Schifffahrt
Abschnitt 8	Eisbedeckte Gebiete (Art. 234)
Abschnitt 9	Verantwortlichkeit und Haftung (Art. 235)
Abschnitt 10	Staatenimmunität (Art. 236)
Abschnitt 11	Verpflichtungen aufgrund anderer Übereinkünfte über den Schutz und die Bewahrung der Meeresumwelt (Art. 237)

Bereits in Art. 192 SRÜ wird darauf hingewiesen, dass die Staaten verpflichtet sind, die Meeresumwelt zu schützen und zu bewahren. Unter dieser Prämisse haben die Staaten das souveräne Recht, ihre natürlichen Ressourcen im Rahmen ihrer Umweltpolitik und in Übereinstimmung mit ihrer Pflicht zum Schutz und zur Bewahrung der Meeresumwelt auszubeuten.

Als Maßnahmen zur Verhütung, Verringerung und Überwachung der Verschmutzung der Meeresumwelt werden in Art. 194 SRÜ folgende Grundsätze definiert:

1. Die Staaten ergreifen, je nach den Umständen einzeln oder gemeinsam, alle mit diesem Übereinkommen übereinstimmenden Maßnahmen, die notwendig sind, um die Verschmutzung der Meeresumwelt ungeachtet ihrer Ursache zu verhüten, zu verringern und zu überwachen; sie setzen zu diesem Zweck die geeignetsten ihnen zur Verfügung stehenden Mittel entsprechend ihren Möglichkeiten ein und bemühen sich, ihre diesbezügliche Politik aufeinander abzustimmen.
2. Die Staaten ergreifen alle notwendigen Maßnahmen, damit die ihren Hoheitsbefugnissen oder ihrer Kontrolle unterstehenden Tätigkeiten so durchgeführt werden, dass anderen Staaten und ihrer Umwelt kein Schaden durch Verschmutzung zugefügt wird, und damit eine Verschmutzung als Folge von Ereignissen oder Tätigkeiten, die ihren Hoheitsbefugnissen oder ihrer Kontrolle unterstehen, sich nicht über die Gebiete hinaus ausbreitet, in denen sie in Übereinstimmung mit diesem Übereinkommen souveräne Rechte ausüben.
3. Die nach diesem Teil ergriffenen Maßnahmen haben alle Ursachen der Verschmutzung der Meeresumwelt zu erfassen. Zu diesen Maßnahmen gehören unter anderem solche, die darauf gerichtet sind, so weit wie möglich auf ein Mindestmaß zu beschränken:
   a) das Freisetzen von giftigen oder schädlichen Stoffen oder von Schadstoffen, besonders von solchen, die beständig sind, vom Land aus, aus der Luft oder durch die Luft oder durch Einbringen;
   b) die Verschmutzung durch Schiffe, insbesondere Maßnahmen, um Unfälle zu verhüten und Notfällen zu begegnen, die Sicherheit beim Einsatz auf See zu gewährleisten, absichtliches oder unabsichtliches Einleiten zu verhüten und den Entwurf, den Bau, die Ausrüstung, den Betrieb und die Bemannung von Schiffen zu regeln;

c) die Verschmutzung durch Anlagen und Geräte, die bei der Erforschung oder Ausbeutung der natürlichen Ressourcen des Meeresbodens und seines Untergrunds eingesetzt werden, insbesondere Maßnahmen, um Unfälle zu verhüten und Notfällen zu begegnen, die Sicherheit beim Einsatz auf See zu gewährleisten und den Entwurf, den Bau, die Ausrüstung, den Betrieb und die Besetzung solcher Anlagen oder Geräte zu regeln;
d) die Verschmutzung durch andere Anlagen und Geräte, die in der Meeresumwelt betrieben werden, insbesondere Maßnahmen, um Unfälle zu verhüten und Notfällen zu begegnen, die Sicherheit beim Einsatz auf See zu gewährleisten und den Entwurf, den Bau, die Ausrüstung, den Betrieb und die Besetzung solcher Anlagen oder Geräte zu regeln.

Beim Ergreifen dieser Maßnahmen zur Verhütung, Verringerung und Überwachung der Verschmutzung der Meeresumwelt handeln die Staaten so, dass sie Schäden oder Gefahren weder unmittelbar noch mittelbar von einem Gebiet in ein anderes verlagern oder eine Art der Verschmutzung in eine andere umwandeln.

Die Mitgliedsstaaten des SRÜ sollen sich bemühen, die Gefahren und Auswirkungen der Verschmutzung der Meeresumwelt mit anerkannten wissenschaftlichen Methoden zu beobachten, zu messen, zu beurteilen und zu analysieren.

Verschmutzung von Land aus (Art. 207 SRÜ)

Die Unterzeichnerstaaten des SRÜ werden verpflichtet, Gesetze und sonstige Vorschriften zur Verhütung, Verringerung und Überwachung der Verschmutzung der Meeresumwelt vom Land aus zu erlassen, einschließlich der von Flüssen, Flussmündungen, Rohrleitungen und Ausflussanlagen ausgehenden Verschmutzung. Mit der Umsetzung der Verpflichtung wurde in Deutschland hauptsächlich das WHG erlassen und novelliert und die europäischen Richtlinien in nationales Recht umgesetzt. Dazu wurden die wasserrechtlichen Vorschriften der Länder den Vorschriften angepasst und innerhalb der verfassungsrechtlichen Rahmen eingepasst.[12]

Die Staaten sollen andere Maßnahmen ergreifen, die zur Verhütung, Verringerung und Überwachung einer solchen Verschmutzung notwendig sein können. Zu diesen Gesetzen, sonstigen Vorschriften, Maßnahmen, Regeln, Normen und empfohlenen Gebräuchen und Verfahren gehören gerade diejenigen, die darauf gerichtet sind, das Freisetzen von giftigen oder schädlichen Stoffen oder von Schadstoffen, besonders von solchen, die beständig sind, in die Meeresumwelt so weit wie möglich auf ein Mindestmaß zu beschränken. Einen wesentlichen Beitrag dazu leistete die Novellierung des 29. Abschnittes des StGB und die Einbindung des europäischen und internationalen Umweltrechts.[13]

---

[12]Siehe Kapitel 1.

[13]Siehe §§ 325, 326 StGB.

Verschmutzung durch Einbringen (Art. 210 SRÜ)
Die Staaten sollen erlassen Gesetze und sonstige Vorschriften zur Verhütung, Verringerung und Überwachung der Verschmutzung der Meeresumwelt durch Einbringen und Maßnahmen ergreifen, die zur Verhütung, Verringerung und Überwachung einer solchen Verschmutzung notwendig sein können. Diese Gesetze, sonstigen Vorschriften und Maßnahmen müssen sicherstellen, dass das Einbringen nicht ohne Erlaubnis[14] der zuständigen Behörden der Staaten erfolgt. Das Einbringen innerhalb des Küstenmeers und der ausschließlichen Wirtschaftszone oder auf dem Festlandsockel darf nicht ohne ausdrückliche vorherige Genehmigung des Küstenstaats erfolgen.

Verschmutzung durch Schiffe (Art. 211 SRÜ)
Die Staaten stellen im Rahmen der zuständigen internationalen Organisation oder einer allgemeinen diplomatischen Konferenz internationale Regeln und Normen zur Verhütung, Verringerung und Überwachung der Verschmutzung der Meeresumwelt durch Schiffe auf und fördern, wo es angebracht ist in derselben Weise, die Annahme von Systemen der Schiffswegeführung, um die Gefahr von Unfällen, die eine Verschmutzung der Meeresumwelt, einschließlich der Küste, und eine Schädigung damit zusammenhängender Interessen der Küstenstaaten durch Verschmutzung verursachen könnten, auf ein Mindestmaß zu beschränken. Hauptsächlich sind diese internationalen Regeln in MARPOL 73/78[15] zusammengefasst. Für die Binnenschifffahrt wurden solche Regeln und Vorschriften im Weiteren im europäischen Maßstab durch das CDNI-Übereinkommen[16] festgelegt.

Die Staaten erlassen Gesetze und sonstige Vorschriften zur Verhütung, Verringerung und Überwachung der Verschmutzung der Meeresumwelt durch Schiffe, die ihre Flagge führen oder in ihr Schiffsregister eingetragen sind.

Verschmutzung aus der Luft oder durch die Luft (Art. 212 SRÜ)
Die Unterzeichnerstaaten des SRÜ sollen Gesetze und sonstige Vorschriften zur Verhütung, Verringerung und Überwachung der Verschmutzung der Meeresumwelt aus der Luft oder durch die Luft für den ihrer Souveränität unterstehenden Luftraum und für Schiffe, die ihre Flagge führen, oder für Schiffe oder Luftfahrzeuge, die in ihr Register eingetragen sind erlassen. Insbesondere der im Jahr 2011 neugefasste § 325 StGB und die damit verbundene Umsetzung der europäischen Schwefelrichtlinie[17] werden dieser Forderung gerecht. Gleichzeitig kann die Anwendung der Anlage VI des MARPOL-Übereinkommens und deren Ahndung durch die SeeUmwVerhV als Fortschritt für die Reinhaltung der Meere und der Luft über dem Seegebieten gewertet werden.

---

[14]Vgl. § 8 WHG.

[15]Siehe 3.2.3.

[16]Siehe 4.3.

[17]Richtlinie 2012/33/EU.

Zur Überwachung des Einbringens von Schadstoffen durch Luftverunreinigungen wurde in Deutschland das Projekt MesMarT[18] eingeführt, mit dem die Luftverunreinigung der auf der Elbe, der Weser und der Kieler Förde verkehrenden Schiffe gemessen und Grenzwertüberschreitungen festgestellt und gemeldet werden.

Obwohl die Vorschriften und Empfehlungen des SRÜ und damit des Teils XII keinerlei Ahndungsmaßnahmen nach sich ziehen, weil keine Verstöße im Sinne des Ordnungswidrigkeiten- oder Strafrechts wegen fehlender Rechtsnormen geahndet werden können, enthält gerade der Teil XII im Abschnitt 6 Vorschriften für Untersuchungen in den Häfen der Küstenstaaten.

Übersicht

Art. 218 SRÜ – Durchsetzung durch Hafenstaaten

Befindet sich ein Schiff freiwillig in einem Hafen oder an einem vor der Küste liegenden Umschlagplatz eines Staates, so kann dieser Staat Untersuchungen durchführen und, wenn die Beweislage dies rechtfertigt, ein Verfahren wegen jedes Einleitens aus diesem Schiff außerhalb der inneren Gewässer, des Küstenmeers oder der ausschließlichen Wirtschaftszone dieses Staates eröffnen, wenn das Einleiten gegen die anwendbaren internationalen Regeln und Normen verstößt, die im Rahmen der zuständigen internationalen Organisation oder einer allgemeinen diplomatischen Konferenz aufgestellt worden sind.

Die Strafgerichtsbarkeit des Küstenstaats soll an Bord eines das Küstenmeer durchfahrenden fremden Schiffes[19] nicht ausgeübt werden, um wegen einer während der Durchfahrt an Bord des Schiffes begangenen Straftat eine Person festzunehmen oder eine Untersuchung durchzuführen, außer in folgenden Fällen:

a) wenn sich die Folgen der Straftat auf den Küstenstaat erstrecken;
b) wenn die Straftat geeignet ist, den Frieden des Landes oder die Ordnung im Küstenmeer zu stören;
c) wenn die Hilfe der örtlichen Behörden vom Kapitän des Schiffes oder von einem Diplomaten oder Konsularbeamten des Flaggenstaats erbeten worden ist

oder

[18]http://www.mesmart.de

[19]Hier gehen die Vorschriften der Art. 17 ff. SRÜ zur friedlichen Durchfahrt dem nationalen Ermittlungserfordernissen vor. Die Durchfahrt wird dann erst unfriedlich, wenn i. S. d. Umweltrechts eine vorsätzliche schwere Verschmutzung entgegen dem SRÜ von einem fremdflaggigen Schiff im Küstenmeer begangen wird (Vgl. Art. 19 Abs. Buchstabe h).

d) wenn solche Maßnahmen zur Unterdrückung des unerlaubten Verkehrs mit Suchtstoffen oder psychotropen Stoffen erforderlich sind. Ein Hafenstaat kann gegen ein fremdes Schiff in seinem Hafen Untersuchungen durchführen und bei entsprechender Beweislage ein Verfahren gegen dieses Schiff durchführen wegen jedes Einleiten von diesem Schiff außerhalb von inneren Gewässern, Küstenmeer oder AWZ des Hafenstaates, wenn das Einleiten gegen internationale Meeresumweltschutznormen (z. B. MARPOL73/78) verstößt.

Der Begriff der „Strafgerichtsbarkeit" oder „criminal jurisdiction" wie es in der englischen Fassung des SRÜ heißt (z. B. in Art. 27) umfasst die gesamte repressive Gerichtsbarkeit eines Küstenstaates. Die in Deutschland vorgenommene Trennung zwischen Strafrecht und Ordnungswidrigkeitenrecht[20] ist in den meisten Ländern nicht gebräuchlich. Dort werden die Tatbestände, die hier als Owi behandelt werden, von der „criminal jurisdiction" mit erfasst. Damit sind unbeschadet der Vorschriften des Teiles XII SRÜ an Bord eines Schiffes unter fremder Flagge, das das Küstenmeer durchfährt, auch Owi nach Maßgabe des Art. 27 SRÜ verfolgbar.

Solche Verfahren dürfen nicht eingeleitet werden, wenn sich die Tat in inneren Gewässern, Küstenmeer oder AWZ eines anderen Staates ereignet hat. Ausnahmen hiervon liegen vor, wenn:

1. ein Ersuchen vom Tatortstaat, Flaggenstaat oder sonstigen durch die Einleitung geschädigten oder bedrohten Staat vorliegt

oder

2. der Hafenstaat selbst in inneren Gewässern, KM oder AWZ geschädigt oder bedroht ist.

Befindet sich ein Schiff freiwillig in einem Hafen oder an einem vor der Küste liegenden Umschlagplatz eines Staates, so entspricht dieser Staat nach Möglichkeit dem Ersuchen jedes anderen Staates, Verstoß durch Einleiten zu untersuchen, von dem angenommen wird, dass er in den inneren Gewässern, dem Küstenmeer oder der ausschließlichen Wirtschaftszone des ersuchenden Staates erfolgt ist und diese Zonen schädigte oder zu schädigen drohte. Ebenso entspricht der Staat nach Möglichkeit dem Ersuchen des Flaggenstaats, einen solchen Verstoß unabhängig davon zu untersuchen, wo er erfolgte.[21]

Dazu ist erforderlich, dass der Staat, wie in Artikel 210 vorgesehen, nationale Umweltgesetze und -verordnungen geschaffen hat, um Verfahren einzuleiten.

Auf nationaler Ebene ist für ein Straf- oder Owi-Verfahren Voraussetzung, dass entsprechende Ahndungsgrundlagen vorhanden sind. So kann dies im strafrechtlichen

[20]Siehe Kap. 7.

[21]Art. 218 Abs. 3 SeeRkÜbk.

Sinne nur dort der Fall sein, wo das StGB materiell zur Anwendung kommt. Dazu sind die Regelungen für die Geltung des deutschen Strafrechts in den §§ 4–7 StGB[22] entscheidend.

Art. 210 SRÜ – Verschmutzung durch Einbringen

1. Die Staaten erlassen Gesetze und sonstige Vorschriften zur Verhütung, Verringerung und Überwachung der Verschmutzung der Meeresumwelt durch Einbringen.
2. Die Staaten ergreifen andere Maßnahmen, die zur Verhütung, Verringerung und Überwachung einer solchen Verschmutzung notwendig sein können.
3. Diese Gesetze, sonstigen Vorschriften und Maßnahmen müssen sicherstellen, dass das Einbringen nicht ohne Erlaubnis der zuständigen Behörden der Staaten erfolgt.

Dies ist auch gem. Art. 12 Ausführungsgesetz SRÜ für nichtdeutsche Tatverdächtige auf Schiffen unter fremder Flagge bei Umweltdelikten außerhalb der AWZ in der Nord- und Ostsee der Fall, wenn Tatbestände der Strafvorschriften der §§ 324 ff. StGB[23] erfüllt werden.

Art. 228 SRÜ – Aussetzung und Beschränkungen im Fall von Strafverfahren
Ein Verfahren zur Ahndung eines Verstoßes gegen die anwendbaren Gesetze[24] und sonstigen Vorschriften oder internationale Regeln und Normen zur Verhütung, Verringerung und Überwachung der Verschmutzung durch Schiffe, den ein fremdes Schiff außerhalb des Küstenmeers des das Verfahren einleitenden Staates begangen hat, wird ausgesetzt, wenn der Flaggenstaat innerhalb von sechs Monaten nach Einleitung des Verfahrens selbst ein Verfahren zur Ahndung desselben Verstoßes einleitet.

Hat der Flaggenstaat die Aussetzung des Verfahrens verlangt, so stellt er dem Staat, der zuvor das Verfahren eingeleitet hat, zu gegebener Zeit die vollständigen Unterlagen des Falles und die Verhandlungsprotokolle zur Verfügung.

Art. 229 SRÜ – Einleitung zivilgerichtlicher Verfahren
Dieses Übereinkommen berührt nicht das Recht auf Einleitung eines zivilgerichtlichen Verfahrens wegen einer Forderung aus Verlusten oder Schäden, die durch Verschmutzung der Meeresumwelt entstanden sind.

[22]Siehe Kapitel 5.

[23]Siehe Kapitel 7.1.3.

[24]Siehe Kapitel 7.

3.2 Internationales Übereinkommen von 1974 zum Schutz des menschlichen Lebens auf See und Protokoll von 1988 zu dem Übereinkommen von 1974 (Safety Of Life At Sea -SOLAS 74/88)

Das Transformationsgesetz gem. Art. 59 Abs. 2 GG, das erforderlich ist, um das SOLAS-Übereinkommen in nationales Recht zu transformieren, wurde durch die §§ 9 I Nr. 7 i. V. m. 9 I Nr. 2, 4, 5, 6 und 9 Abs. 4 SeeAufgG dahin gehend ausgestaltet, dass eine Verordnungsermächtigung geschaffen wurde, auf deren Grundlage die Verordnungen vom 11.01.1979 und vom 26.03.1980 zur Umsetzung des SOLAS-Übereinkommens erlassen wurden. Die Gesetzeserfordernis des Art. 59 Abs. 2 GG wurde also durch das SeeAufgG i. V. m. der „Verordnung über die Inkraftsetzung des Internationalen Übereinkommens von 1974 zum Schutz des menschlichen Lebens auf See" erfüllt.

Das Übereinkommen besteht aus einem Vertragswerk in Form von Artikeln und einer aus 14 Kapiteln bestehenden Anlage, die die Einzelvorschriften enthalten. Der Zweck des Übereinkommens besteht primär im Schutz des menschlichen Lebens auf See und war ursprünglich eine Reaktion auf den Untergang der RMS Titanic am 15. April 1912, weil zu dieser Zeit keine international einheitlichen Schiffssicherheitsregeln existierten.

Grundsätzlich nach Art. 1 sowie Kapitel I und sofern im SOLAS-Übereinkommen keine anderslautenden Regelungen enthalten sind, werden die Vorschriften dieses Vertrages nur auf Schiffe von Vertragsparteien angewendet, die

- sich in Auslandsfahrt befinden,
- mindestens mit 500 BRZ vermessen sind

und

- keine in Kapitel I begründeten Ausnahmen erfüllen (z. B. Kriegs- und Truppentransportschiffe oder Fischereifahrzeuge).

Auslandsfahrt bezeichnet diesem Zusammenhang eine Reise von einem Staat, auf den dieses Übereinkommen Anwendung findet, nach einem Hafen außerhalb dieses Staates oder umgekehrt.[25]

Darüber hinaus ist in Artikel I (3) des Übereinkommens eine sogenannte „Nichtbegünstigungsklausel" enthalten, die die Anwendung des Übereinkommens auf Schiffe ausweitet, die zum Führen der Flagge eines Staates berechtigt sind, der nicht Vertragsstaat von SOLAS 74/88 ist und einen Hafen eines Vertragsstaates anläuft, um sicherzustellen, dass diesen Schiffen keine günstigere Behandlung zuteilwird.

[25]Vgl. Art. 2 d SOLAS 74/88.

Der Umweltschutz findet im SOLAS-Übereinkommen nur Regelungen, soweit das menschliche Leben auf See anderenfalls bedroht würde. Das ist grundsätzlich bei dem Transport von Ladung (Kapitel VI) und der Beförderung gefährlicher Güter (Kapitel VII) der Fall.

Die Regeln in Kapitel VII sind in 5 Teile aufgeteilt, die folgendermaßen unterteilt sind:

- Teil A Beförderung gefährlicher Güter in verpackter Form
- Teil A-1 Beförderung gefährlicher Güter in fester Form als Massengut
- Teil B Bauart und Ausrüstung von Schiffen zur Beförderung gefährlicher flüssiger Chemikalien als Massengut
- Teil C Bauart und Ausrüstung von Schiffen zur Beförderung verflüssigter Gase als Massengut
- Teil D Besondere Vorschriften für die Beförderung von verpackten bestrahlten Kernbrennstoffen, Plutonium und hochradioaktiven Abfällen auf Seeschiffen.

Das Kapitel VII ist für Frachtschiffe nach Kapitel I sowie auf Frachtschiffe von weniger als 500 BRZ anzuwenden. Durch die Teile dieses Kapitels werden

- der International Maritime Dangerous Goods Code (IMDG-Code)[26],
- der Internationalen Code für den Bau und die Ausrüstung von Schiffen zur Beförderung gefährlicher Chemikalien als Massengut (IBC-Code),
- der Internationale Code für den Bau und die Ausrüstung von Schiffen zur Beförderung verflüssigter Gase als Massengut (IGC-Code) und
- der Internationale Code für die sichere Beförderung von verpackten bestrahlten Kernbrennstoffen, Plutonium und hochradioaktiven Abfällen mit Seeschiffen (INF-Code)

für die Vertragsstaaten zwingend anwendbar.[1]

3.3 Internationales Übereinkommen zur Verhütung der Meeresverschmutzung durch Schiffe von 1973 in seiner 1978 geänderten Fassung (International Convention for the Prevention of Marine Pollution from Ships – MARPOL 73/78)

Das MARPOL-Übereinkommen vom 02.11.1973 ist ein internationales, weltweit geltendes Übereinkommen zum Schutz der Meeresumwelt. Das Übereinkommen verpflichtet die Unterzeichnerstaaten das Einleiten von Schadstoffen, die beim Schiffsbetrieb

[26]Siehe Kap. 5.1.3.

anfallen, zu verhüten und normiert Anforderungen an die verschiedenen Arten von Verschmutzungen im Zusammenhang mit dem Schiffsbetrieb in seinen Anlagen I–VI (Verschmutzung durch Öl, schädliche flüssige Stoffe, Schadstoffe, die in verpackter Form befördert werden, Schiffsabwasser, Schiffsmüll und Luftverunreinigungen). Mit der Revision von Annex V des Übereinkommens zur Verhütung der Meeresverschmutzung durch Schiffe wurde festgelegt, dass von Schiffen kein Müll ins Meer gelangen darf, bis auf definierte Ausnahmen.[27]

Das Internationale Übereinkommen zur Verhütung der Meeresverschmutzung durch Schiffe wurde am 02.11.1973 in London durch die IMO beschlossen. In Artikel 1 des Übereinkommens wird die Verpflichtung zur Reinhaltung der Meeresumwelt definiert:

> Die Vertragsparteien verpflichten sich, diesem Übereinkommen und denjenigen seiner Anlagen, durch die sie gebunden sind, Wirksamkeit zu verleihen, um die Verschmutzung der Meeresumwelt durch das gegen das Übereinkommen verstoßende Einleiten von Schadstoffen oder solche Stoffe enthaltenden Ausflüssen zu verhüten.

Bereits im Artikelteil des Übereinkommens wird eine Ahndung von Verstößen gegen die Vorschriften des Übereinkommens genannt und somit sind die Vertragsstaaten verpflichtet, entsprechende Rechtsvorschriften zur „Bestrafung" zu erlassen.

> Jeder Verstoß gegen die Vorschriften dieses Übereinkommens ist verboten und wird im Recht der für das betreffende Schiff zuständigen Verwaltung unter Strafe gestellt, gleichviel, wo der Verstoß begangen wird. Wird die Verwaltung von einem derartigen Verstoß unterrichtet und ist sie überzeugt, dass ausreichende Beweise vorliegen, um ein Verfahren wegen des angeblichen Verstoßes einzuleiten, so veranlasst sie, dass ein solches Verfahren so bald wie möglich nach ihrem Recht eingeleitet wird.

Der Begriff Strafe ist in Deutschland jedoch nicht als rechtlich bindend zu betrachten, weil das im Original-Vertrag verwendete englische Wort crime nicht wie im deutschen Recht zwischen Straftat und Ordnungswidrigkeit unterscheidet.[28]

Das MARPOL-Übereinkommen gilt für das gesamte Meer und, nach der SeeUmwVerhV, auch für Schiffe auf den deutschen Seeschifffahrtsstraßen, Seewasserstraßen

[27]https://www.umweltbundesamt.de/themen/wasser/wasserrecht/meeresschutzrecht#textpart-2

[28]Siehe Kapitel 5.

und in der AWZ der Bundesrepublik Deutschland. Das Übereinkommen von 1973 besteht aus dem Artikelteil mit 20 Artikeln und 6 Anlagen, die folgendermaßen thematisiert sind:

Anlage I	Regeln zur Verhütung der Verschmutzung durch Öl
• Kapitel 1	Allgemeines
• Kapitel 2	Besichtigung und Ausstellung von Zeugnissen
• Kapitel 3	Anforderungen an Maschinenräume aller Schiffe
– Teil A	Bauart
– Teil B	Ausrüstung
– Teil C	Überwachung des Einleitens von Öl im Schiffsbetrieb
• Kapitel 4	Anforderungen an den Ladebereich von Öltankschiffen
– Teil A	Bauart
– Teil B	Ausrüstung
– Teil B	Ausrüstung
– Teil C	Überwachung des Einleitens von Öl im Schiffsbetrieb
• Kapitel 6	Auffanganlagen
• Kapitel 7	Besondere Anforderungen an feste oder schwimmende Plattformen
• Kapitel 8	Verhütung der Verschmutzung während des Umpumpens vonÖlladung zwischen Öltankschiffen auf See
• Kapitel 9	Besondere Vorschriften für die Verwendung und die Beförderung von Ölen im Antarktisgebiet
• Anhänge	
– Anhang I	Anhang I Liste der Öle (Die Liste der Öle ist nicht unbedingt als umfassend zu betrachten)
– Anhang II	Muster für IOPP-Zeugnis und Nachträge
Formblatt A	Nachtrag zum Internationalen Zeugnis über die Verhütung der Ölverschmutzung (IOPP-Zeugnis)
Formblatt B	Nachtrag zum Internationalen Zeugnis über die Verhütung der Ölverschmutzung (IOPP-Zeugnis) Bericht über Bau und Ausrüstung von Öltankschiffen
– Anhang III	Muster eines Öltagebuchs
Teil I	Betriebsvorgänge im Maschinenraum
Teil II	Betriebsvorgänge im Zusammenhang mit dem Füllen bzw. Entleeren von Lade- und Ballasttanks
Anlage II	Regeln zur Überwachung der Verschmutzung durch als Massengut beförderte schädliche flüssige Stoffe
• Kapitel 1	Allgemeines
• Kapitel 2	Einstufung schädlicher flüssiger Stoffe
• Kapitel 3	Besichtigungen und Zeugnisausstellungen
• Kapitel 4	Entwurf, Bau, Anordnungen und Ausrüstung

• Kapitel 5	Betriebliches Einleiten von Rückständen mit schädlichen flüssigen Stoffen
• Kapitel 6	Überwachungsmaßnahmen durch Hafenstaaten
• Kapitel 7	Verhütung der Verschmutzung infolge eines Ereignisses unter Beteiligung schädlicher flüssiger Stoffe
• Kapitel 8	Auffanganlagen
• Anhänge der Anlage II	
– Anhang 1	Richtlinien für die Einstufung schädlicher flüssiger Stoffe
– Anhang 2	Muster eines Ladungstagebuchs für Schiffe, die schädliche flüssige Stoffe als Massengut befördern
– Anhang 3	Muster für das Internationale Zeugnis über die Verhütung der Verschmutzung bei der Beförderung schädlicher flüssiger Stoffe als Massengut
– Anhang 4	Standard-Muster für das Handbuch über Verfahren und Vorkehrungen
Teil A	Ergänzungsteil A – Ablaufdiagramme Reinigung von Ladetanks und Beseitigung von Tankwaschwasser/Ballastwasser, das Rückstände von Stoffen der Gruppen X, Y oder Z enthält
Teil B	Ergänzungsteil B – Vorwaschverfahren
Teil C	Ergänzungsteil C – Verfahren der Tankreinigung durch Lüften
Teil D	Ergänzungsteil D – Von der Verwaltung vorgeschriebene oder zugelassene zusätzliche Angaben und betriebliche Anweisungen
– Anhang 5	Berechnung der in Ladetanks, Pumpen und den dazugehörigen Rohrleitungen verbleibenden Menge an Rückständen
– Anhang 6	Vorwaschverfahren
– Anhang 7	Verfahren der Tankreinigung durch Lüften
Anlage III	Regeln zur Verhütung der Meeresverschmutzung durch Schadstoffe, die auf See in verpackter Form befördert werden
• Anhang zu Anlage III	Kriterien für die Bestimmung von Schadstoffen in verpackter Form
Anlage IV	Regeln zur Verhütung der Verschmutzung durch Schiffsabwasser
• Kapitel 1	Allgemein
• Kapitel 2	Besichtigungen und Ausstellung von Zeugnissen
• Kapitel 3	Ausrüstung und Überwachung des Einleitens
• Kapitel 4	Auffanganlagen
• Kapitel 5	Hafenstaatkontrolle

Anlage V	Regeln zur Verhütung der Verschmutzung durch Schiffsmüll
• Anhang	Muster eines Mülltagebuchs
Anlage VI	Regeln zur Verhütung der Luftverunreinigung durch Schiffe
• Kapitel I	Allgemeines
• Kapitel II	Besichtigung, Ausstellung von Zeugnissen und Überwachungsmaßnahmen
• Kapitel III	Vorschriften über die Bekämpfung von Emissionen aus Schiffen
• Kapitel IV	Regeln betreffend die Energieeffizienz von Schiffen
• Anhänge	
– Anhang I	Muster eines IAPP-Zeugnisses
– Anhang II	Prüfzyklen und Wichtungsfaktoren
– Anhang III	Kriterien und Verfahren für die Festlegung von Emissions-Überwachungsgebieten
– Anhang IV	Baumusterzulassung und Betriebsbedingungen für bordseitige Verbrennungsanlagen
– Anhang V	Obligatorische Angaben in der Bunkerlieferbescheinigung
– Anhang VI	Brennstoffüberprüfungsverfahren für Proben von ölhaltigem Brennstoff im Sinne der Anlage VI von Marpol
– Anhang VII	Emissions-Überwachungsgebiete
– Anhang VIII	Muster eines Internationalen Zeugnisses über die Energieeffizienz (IEE)

Das MARPOL-Übereinkommen von 1973 wurde durch das Protokoll von 1978 zu dem Internationalen Übereinkommen von 1973 zur Verhütung der Meeresverschmutzung durch Schiffe erweitert und konkretisiert. In Art. 1 Abs. 2 des Protokolls ist geregelt, dass das Übereinkommen und dieses Protokoll als ein einziges Übereinkommen angesehen und ausgelegt werden – MARPOL 73/78.

Darüber hinaus wurden von den Vertragsstaaten Protokolle zu Art. 8 (Meldungen über Ereignisse, die Schadstoffe betreffen) und Art. 10 (Beilegung von Streitigkeiten) erlassen, die die Vorschriften der genannten Regeln konkretisieren.

Das Gesetz zu dem Internationalen Übereinkommen von 1973 zur Verhütung der Meeresverschmutzung durch Schiffe und zu dem Protokoll von 1978 zu diesem Übereinkommen (MARPOL-Gesetz) stimmt dem MARPOL-Übereinkommen zu und ermächtigt den Gesetzgeber, Rechtsverordnungen zur Ahndung von Verstößen gegen MARPOL 73/78 zu erlassen. Eine Verordnung zur Anwendung innerhalb von Deutschland und zur Ahndung bei Zuwiderhandlungen ist die „Verordnung über das umweltgerechte Verhalten in der Seeschifffahrt (See-Umweltverhaltensverordnung – SeeUmwVerhV[29])“ vom 13.08.2014.

[29]Siehe Kap. 7.5.

3.3.1 Anwendung des MARPOL-Übereinkommens

Das MARPOL-Übereinkommen gilt für Schiffe, die berechtigt sind, die Flagge einer Vertragspartei zu führen, sowie für Schiffe, die nicht berechtigt sind, die Flagge einer Vertragspartei zu führen, die jedoch unter der Hoheitsgewalt einer Vertragspartei betrieben werden.

Ein Schiff i. S. d. MARPOL-Übereinkommens ist ein Fahrzeug jeder Art, das in der Meeresumwelt betrieben wird; umfasst werden auch Tragflächenboote, Luftkissenfahrzeuge, Unterwassergerät, schwimmendes Gerät und feste oder schwimmende Plattformen. Einschränkungen zur Anwendung einzelner Anlagen oder Regeln nimmt das Übereinkommen anhand von Vermessungsgrößen oder Schiffslängen vor. Weitere Ausnahmen beziehen sich auf bestimmte Meeresteile.

Der Begriff Meeresumwelt ist genauso wenig definiert wie der Begriff Meer. Nach h. M. versteht man unter Meer die miteinander verbundenen Gewässer der Erde, die die Kontinente umgeben – im Gegensatz zu den auf Landflächen liegenden Binnengewässern.

Nach allgemeiner Auffassung ist die Grenze der Meeresumwelt mit der Grenze der Seefahrt gem. § 1 Flaggenrechtsverordnung (FlRV) gleichzusetzen:

Als Grenzen der Seefahrt im Sinne des § 1 des Flaggenrechtsgesetzes werden bestimmt:

- die Festland- und Inselküstenlinie bei mittlerem Hochwasser,
- die seewärtige Begrenzung der Binnenwasserstraßen,
- bei an der Küste gelegenen Häfen die Verbindungslinie der Molenköpfe und
- bei Mündungen von Flüssen, die keine Binnenwasserstraßen sind, die Verbindungslinie der äußeren Uferausläufe.

Nach der Schiffsdefinition findet das MARPOL-Übereinkommen auch für Binnenschiffe Anwendung, soweit diese in der Meeresumwelt verwendet werden – also wenn diese die Grenzen der Seefahrt überschreiten oder nach der SeeUmwVerhV[30] auf Seeschifffahrtsstraßen betrieben werden.

In der Praxis scheitert die Anwendung an den Vermessungsgrenzen nach dem Vermessungsübereinkommen London69 (oder für alte Schiffe nach Oslo47). Nach Auffassung der zuständigen Behörden kann das fehlende Vermessungsergebnis für Seeschiffe[31] durch die größte Tragfähigkeit von Gütermotorschiffen, bei anderen Schiffen

[30]Siehe Kap. 7.5.
[31]Vgl. § 11 SchRegO.

die Wasserverdrängung bei größter Eintauchung sowie die Maschinenleistung[32] ersetzt bzw. eingerechnet werden.

Auf den Seeschifffahrtsstraßen, die Teil der Binnenwasserstraße sind, also außerhalb des Geltungsbereichs von MARPOL 73/78 gibt es für Binnenschiffe keine Anwendungsregeln, z. B. nach der SeeUmwVerhV. Aus dem Grund wurde für Binnenschiffe auf den benannten Binnenwasserstraßen das europäische „Binnen-MARPOL" geschaffen – das CDNI.[33]

3.3.2 Anlage I – Regeln zur Verhütung der Verschmutzung durch Öl

Die Anlage I gilt (soweit in ihr nicht ausdrücklich etwas anderes bestimmt ist) für alle Schiffe. Dies erklärt sich aus der Tatsache, dass – von wenigen Ausnahmen abgesehen – für Schiffsantriebe Öl als Brennstoff und in Form von anderen Betriebsstoffen verwendet wird.[34][2]

Öl im Sinne der Anlage I ist Erdöl in jeder Form:

- Rohöl,
- Heizöl,
- Ölschlamm,
- Ölrückstände

und

- Raffinerieerzeugnisse.

Die Erlaubnis, Bilgewasser aus dem Maschinenraum über eine 15 ppm-Anlage ins Meer einzuleiten, bedeutet für die Reeder Ersparnis von Entsorgungskosten, abzüglich der Anschaffungs-, Wartungs- und Reparaturkosten. Dazu ist die Arbeitszeit des Maschinenpersonals, die für Bedienung, Wartung und Reparaturen aufgewendet werden muss, zu berücksichtigen. Da diese Anlagen aber für den eigentlichen Schiffsbetrieb, der dem Erwerb dient, von untergeordneter Bedeutung sind, erfahren sie weniger Aufmerksamkeit als beispielsweise Hauptmotor und Hilfsdiesel, die von essenzieller Bedeutung für den funktionierenden Schiffsbetrieb sind. Wegen der für den maritimen Umweltschutz negativen Folgen, die sich aufgrund kommerziellen Denkens und Handelns ergeben[2], unterliegen diese Anlagen einem erhöhten Wartungs- und Kontrollaufwand.

Zweck dieser Anlagen ist die Entölung des Bilgewassers auf einen Restölgehalt unter 15 parts per million (ppm), was 15 g Öl pro Kubikmeter Wasser, oder 15 mg Öl pro Liter

[32] Vgl. § 12 SchRegO.

[33] Siehe Kap. 4.3.

[34] http://webdoc.sub.gwdg.de/ebook/diss/Bremen/2004/E-Diss786_Douvier.pdf

Wasser entspricht. Diese Konzentration ist für das menschliche Auge nicht sichtbar, es bildet sich keine sichtbare Ölphase auf der Wasseroberfläche. Die Trennung oder Separation von Öl und Wasser erfolgt im Bilgewasserentöler, der in der amtlichen Übersetzung der Anlage I MARPOL 73/78 als Ölfilteranlage bezeichnet wird.[2]

Jedes Schiff mit einer Bruttoraumzahl zwischen 400 und 10.000 muss mit einer Ölfilteranlage ausgerüstet sein, die von einem von der Verwaltung zugelassenen Typ ist und sicherstellen muss, dass jedes ölhaltige Gemisch, das ins Meer eingeleitet wird, nachdem es das System durchlaufen hat, einen Ölgehalt von höchstens 15 Anteilen je Million (ppm) aufweist. Ausgenommen davon sind nur Schiffe wie Hotelschiffe, Lagerschiffe usw., die mit Ausnahme von Leerfahrten ohne Ladungsbeförderung festliegen.

Schiffe, die größer als 10.000 BRZ vermessen sind müssen ebenfalls mit einer darüber hinaus ist die Anlage mit einer Alarmeinrichtung zu versehen, die anzeigt, wenn dieser Wert nicht solchen 15-ppm-Anlage ausgerüstet sein, die darüber hinaus mit einer Alarmeinrichtung zu versehen ist, die anzeigt, wenn dieser Wert nicht eingehalten werden kann. Sie ist ferner mit einer Einrichtung zu versehen, durch die sichergestellt wird, dass jedes Einleiten von ölhaltigen Gemischen selbsttätig unterbrochen wird, wenn der Ölgehalt des Ausflusses 15 Anteile je Million (ppm) überschreitet.

Grundsätzlich ist jedes Einleiten von Öl oder ölhaltigen Gemischen ins Meer aus Schiffen verboten. Ausnahmen davon sind direkt in MARPOL 73/78 enthalten und müssen eingehalten werden, weil anderenfalls eine Befugnis zum Einleiten nicht gegeben ist und sich daraufhin strafrechtliches Handeln begründen lässt.[35]

Die Einleitbedingungen in MARPOL 73/78 unterscheiden sich in den Örtlichkeiten – nämlich außerhalb oder innerhalb von Sondergebieten.

Der Ausschuss für den Schutz der Meeresumwelt (MEPC) der Internationalen Seeschifffahrts-Organisation hat am 16.11.2012 das Rundschreiben MEPC.1/Circ.778/Rev.1 herausgegeben. Es enthält eine aktualisierte Auflistung der Sondergebiete nach dem Internationalen Übereinkommen von 1973 zur Verhütung der Meeresverschmutzung durch Schiffe (MARPOL-Übereinkommen) sowie der Besonders empfindlichen Meeresgebiete. In Europa gelten die Ostsee (Anlage I, IV, V und VI [SO_x]), die Nordsee (Anlagen V und VI [SO_x]), das Mittelmeer (Anlagen I und V) sowie die nordwesteuropäischen Gewässer (Anlage I) als Sondergebiete.

3.3.2.1 Einleiten von Öl aus dem Maschinenraum im Schiffsbetrieb

Jedes Einleiten von Öl oder ölhaltigen Gemischen ins Meer eines Sondergebietes aus Schiffen mit einer Bruttoraumzahl von 400 und mehr ist verboten[36], es sei denn, dass alle Bedingungen erfüllt sind, die Tab. 3.1 aufgeführt sind (Schiffe unter 400 BRZ siehe Tab. 3.2).[37]

---

[35] Vgl. § 324 StGB; vgl. Kap. 7.4.3.

[36] Vgl. Anlage I Regel 15 MARPOL 73/78.

[37] Ebenda.

Tab. 3.1 Einleitbedingungen von Öl aus dem Maschinenraum, 400 BRZ und mehr (https://www.bsh.de/DE/THEMEN/Schifffahrt/Umwelt_und_Schifffahrt/MARPOL/marpol_node.htm)

Alle Schiffe mit einer BRZ von 400 und mehr Regel 15 a und b der Anlage I zu MARPOL	
Innerhalb der Sondergebiete	EINLEITEN VERBOTEN, Es sei denn, es sind alle nachstehenden Bedingungen erfüllt: 1. das Schiff ist in Fahrt, 2. der Ölgehalt des Ausflusses beträgt unverdünnt nicht mehr als 15 ppm, 3. das ölhaltige Gemisch wird in einer Ölfilteranlage, die den Anforderungen der Regel 14 Abs. 7 entspricht behandelt (Ölgehalt des Ausflusses beträgt nicht mehr als 15 ppm, Alarm und selbsttätige Unterbrechungseinrichtung bei Überschreiten der Grenze), 4. das ölhaltige Gemisch stammt nicht aus den Bilgen von Ladepumpenräume oder wird mit Õlladungsrückständen gemischt (bei Öltankschiffen)
Außerhalb von Sondergebieten	EINLEITEN VERBOTEN, Es sei denn, es sind alle nachstehenden Bedingungen erfüllt: 1. das Schiff ist in Fahrt, 2. der Ölgehalt des Ausflusses beträgt unverdünnt nicht mehr als 15 ppm, 3. das ölhaltige Gemisch wird in einer Ölfilteranlage, die den Anforderungen der Regel 14 entspricht behandelt (Ölgehalt des Ausflusses beträgt nicht mehr als 15 ppm), 4. das ölhaltige Gemisch stammt nicht aus den Bilgen von Ladepumpenräume oder wird mit Ölladungsrückständen gemischt (bei Öltankschiffen)

Tab. 3.2 Einleitbedingungen von Öl aus dem Maschinenraum, unter 400 BRZ (https://www.bsh.de/DE/THEMEN/Schifffahrt/Umwelt_und_Schifffahrt/MARPOL/marpol_node.htm)

Alle Schiffe mit einer BRZ unter 400 Regel 15 c der Anlage I zu MARPOL	
Bei einem Schiff mit einer BRZ von weniger als 400 sind Öl und ölhaltige Gemische entweder an Bord zur späteren Abgabe an Auffanganlagen zurückzubehalten oder in Übereinstimmung mit den folgenden Bestimmungen in das Meer einzuleiten:	
Alle Gebiete (mit Ausnahme des Antarktisgebiets[a])	EINLEITEN VERBOTEN, Es sei denn, es sind alle nachstehenden Bedingungen erfüllt: 1. das Schiff ist in Fahrt, 2. hat einen von der Verwaltung zugelassenen Anlagentyp in Betrieb, der sicherstellt, dass der Ölgehalt des Ausflusses unverdünnt nicht mehr als 15 ppm beträgt, 3. das ölhaltige Gemisch stammt nicht aus den Bilgen von Ladepumpenräume oder wird mit Ölladungsrückständen gemischt (bei Öltankschiffen)

[a]Im Antarktisgebiet ist gemäß Regel 15 Abs. 4 der Anlage I zum Übereinkommen jedes Einleiten von Öl und ölhaltigen Gemischen ins Meer aus Schiffen verboten

Werden auf oder unter der Wasseroberfläche in unmittelbarer Nähe eines Schiffes oder seines Kielwassers sichtbare Ölspuren bemerkt, so sollen die Regierungen der Vertragsparteien, soweit dies zumutbar und möglich ist, umgehend die mit der Frage, ob ein Verstoß gegen diese Regel vorliegt, zusammenhängenden Tatsachen untersuchen. Die Untersuchung soll im Besonderen die Wind- und Seeverhältnisse, den Kurs und die Geschwindigkeit des Schiffes, sonstige mögliche Ursachen der sichtbaren Spuren in der näheren Umgebung und alle infrage kommenden Aufzeichnungen über das Einleiten von Öl umfassen. Die Untersuchung innerhalb der deutschen Gerichtsbarkeit geht im Anfangsverdacht regelmäßig von einem Verstoß gegen das Strafrecht (§ 324 StGB) aus, weil die Einleitung nicht befugt, also rechtswidrig, stattgefunden hat.

Auf Schiffen, die dem MARPOL-Übereinkommen unterliegen mit einer BRZ von 4000 und mehr, die keine Öltankschiffe sind, und bei Öltankschiffen mit einer Bruttoraumzahl von 150 und mehr darf kein Ballastwasser in Brennstofftanks befördert werden. Ist es jedoch aufgrund der Notwendigkeit, große Mengen flüssigen Brennstoffs zu befördern, erforderlich, Ballastwasser in einem Brennstofftank mitzuführen, das kein sauberer Ballast ist, so muss dieses Ballastwasser an Auffanganlagen abgegeben oder unter Verwendung Bilgenwasser Anlage ins Meer eingeleitet werden; der Vorgang ist dann in das Öltagebuch einzutragen.

Öltagebuch, Teil I-Betriebsvorgänge im Maschinenraum[38]

Jedes Öltankschiff mit einer Bruttoraumzahl von 150 und mehr sowie jedes Schiff mit einer Bruttoraumzahl von 400 und mehr, das kein Öltankschiff ist, müssen ein Öltagebuch Teil I (Betriebsvorgänge im Maschinenraum) mitführen. Das Öltagebuch ist als Teil des amtlich vorgeschriebenen Schiffstagebuchs oder gesondert zu führen.

Das Öltagebuch Teil I ist auszufüllen, wenn einer der folgenden Betriebsvorgänge im Maschinenraum auf dem Schiff stattfindet:

- Füllen der Brennstofftanks mit Ballastwasser oder Reinigung der Brennstofftanks;
- Einleiten von schmutzigem Ballastwasser oder Reinigungswasser aus den Brennstofftanks;
- Sammeln und Abgabe bzw. Beseitigung von Ölrückständen (Ölschlamm);
- Einleiten über Bord oder sonstige Abgabe bzw. Beseitigung von Bilgenwasser, das sich in Maschinenräumen angesammelt hat;
- Übernahme von Brennstoff oder Schmieröl in loser Form.

Im Fall eines Einleitens von Öl oder ölhaltigen Gemischen nach Regel 4 oder im Fall eines unfallbedingten oder durch außergewöhnliche Umstände verursachten Einleitens

[38] Vgl. Anlage I Regel 17 MARPOL 73/78.

von Öl, für das jene Regel keine Ausnahme vorsieht, sind in das Öltagebuch Teil I die Umstände des Einleitens und die Gründe dafür gemäß nachstehendem Code einzutragen:

A) Füllen der Brennstofftanks mit Ballast oder Reinigen der Tanks
   1. Bezeichnung des (der) mit Ballast gefüllten Tanks
   2. Wurden die Tanks gereinigt, seit sie das letzte Mal Öl enthielten? Wenn nicht, Sorte des vorher beförderten Öls angeben.
   3. Reinigungsvorgang:
      3.1. Schiffsposition und Uhrzeit bei Beginn und bei Abschluss der Reinigung
      3.1. Tank(s) angeben, bei dem (denen) eine der folgenden Reinigungsmethoden angewandt wurde (Tankwaschen, Ausdampfen, Reinigen mit Chemikalien; Angabe von Art und Menge der verwendeten Chemikalien in m^3)
      3.3. Tank(s) angeben, in den (die) das Tankwaschwasser umgepumpt wurde.
   4. Füllen mit Ballast:
      4.1. Schiffsposition und Uhrzeit bei Beginn und Beendigung des Füllens mit Ballast
      4.2. Ballastmenge bei ungereinigten Tanks in m^3

B) Einleiten von schmutzigem Ballast- oder Waschwasser aus den unter Buchstabe A bezeichneten Brennstofftanks
   5. Bezeichnung des (der) Tanks
   6. Schiffsposition bei Beginn des Einleitens
   7. Schiffsposition bei Abschluss des Einleitens
   8. Geschwindigkeit(en) des Schiffes während des Einleitens
   9. Methode des Einleitens:
      9.1. über eine 15 ppm-Anlage
      9.2. Abgabe an Auffanganlagen
   10. eingeleitete Menge in m^3

C) Sammlung, Umpumpen und Abgabe bzw. Beseitigung von Ölrückständen (Ölschlamm und andere Ölrückstände)
   11. Sammlung von Ölrückständen
   Menge der an Bord behaltenen Ölrückstände (Ölschlamm und andere Ölrückstände). Die Menge ist einmal je Woche einzutragen (Das bedeutet, dass die Menge einmal je Woche eingetragen werden muss, auch wenn die Reise mehr als eine Woche dauert.):
      11.1. Bezeichnung des (der) Tanks
      11.2. Fassungsvermögen des (der) Tanks in m^3
      11.3. Gesamtmenge der an Bord behaltenen Rückstände in m^3
      11.4. Menge der manuell gesammelten Rückstände in m^3
      (vom Betreiber veranlasste manuelle Sammlung, bei der Ölrückstände (Ölschlamm) in den (die) Sammeltank(s) für Ölrückstände überführt werden)

12. Methoden der Abgabe bzw. Beseitigung des Rückstands
    Mengen der abgegebenen bzw. beseitigten Rückstände, geleerte(n) Tank(s) und an Bord behaltene Menge in m^3 angeben:
    12.1. Abgabe an Auffanganlagen (Hafen angeben)
    12.2. Umpumpen in einen (mehrere) andere(n) Tank(s) (Gesamtinhalt des (der) Tanks angeben)
    12.3. Verbrennung (Gesamtdauer des Vorgangs angeben)
    12.4. sonstige Methode (angeben, welche)

D) Nichtselbsttätiges Einleiten über Bord oder Abgeben bzw. sonstige Beseitigung von Bilgenwasser, das sich in Maschinenräumen angesammelt hat
    13. eingeleitete oder abgegebene bzw. beseitigte Menge in m^3
    14. Uhrzeit des Einleitens oder der Abgabe bzw. der Beseitigung (Beginn und Beendigung)
    15. Methode des Einleitens oder der Abgabe bzw. der Beseitigung:
        15.1. über eine 15 ppm-Anlage (Position bei Beginn und Beendigung angeben
        15.2. Abgabe an Auffanganlagen (Hafen angeben)
        15.3. Umpumpen in einen Sloptank oder Sammeltank (Angabe des (der) Tanks, die in dem (den) Tank(s) behaltene Gesamtmenge in m^3 angeben)

E) Selbsttätiges Einleiten über Bord oder Abgeben bzw. sonstige Beseitigung von Bilgenwasser, das sich in Maschinenräumen angesammelt hat
    16. Uhrzeit und Schiffsposition beim Umstellen des Pumpsystems auf selbsttätigen Betrieb zum Einleiten über Bord über eine 15 ppm-Anlage
    17. Uhrzeit beim Umstellen des Systems auf selbsttätigen Betrieb zum Umpumpen von Bilgenwasser in einen Sammeltank (Tank angeben)
    18. Uhrzeit beim Umstellen des Systems auf Handbetrieb

F) Zustand der Ölfilteranlage
    19. Uhrzeit bei Ausfall des Systems
    20. Uhrzeit bei Wiederherstellung der Betriebsfähigkeit des Systems
    21. Ursachen des Ausfalls

G) Unfallbedingtes oder durch andere außergewöhnliche Umstände verursachtes Einleiten von Öl
    22. Uhrzeit des Vorfalls
    23. Ort oder Schiffsposition zur Zeit des Vorfalls
    24. ungefähre Menge und Sorte des Öls
    25. Umstände des Einleitens oder Entweichens. Gründe dafür und allgemeine Bemerkungen

H) Bunkern von Brennstoff oder von Schmieröl als Massengut
  26. Bunkern
    26.1. Ort des Bunkerns
    26.2. Uhrzeit des Bunkerns
    26.3. Sorte und Menge des Brennstoffs und Bezeichnung des (der) Tanks (hinzugefügte Menge in metrischen Tonnen und Gesamtmenge in dem (den) Tank(s) angeben)
    26.4. Sorte und Menge des Schmieröls und Bezeichnung des (der) Tanks (hinzugefügte Menge und Gesamtmenge in dem (den) Tank(s) angeben)

I) Weitere Betriebsvorgänge und allgemeine Bemerkungen

Nach Beendigung eines jeden Vorgangs sind die entsprechenden Angaben von dem oder den für den betreffenden Vorgang verantwortlichen Offizieren zu unterschreiben, und nach dem letzten Eintrag ist jede Seite des Öltagebuchs vom Kapitän des Schiffes zu unterzeichnen. Die Eintragungen im Öltagebuch Teil I müssen bei Schiffen, die ein Internationales Zeugnis über die Verhütung der Ölverschmutzung mitführen, mindestens in englischer, französischer oder spanischer Sprache abgefasst sein. Werden Eintragungen auch in einer amtlichen Landessprache des Staates, dessen Flagge das Schiff zu führen berechtigt ist, vorgenommen, so ist diese im Fall einer Streitigkeit oder einer Unstimmigkeit maßgebend.

3.3.2.2 Einleiten von Öl aus dem Ladebereich im Schiffsbetrieb

Jedes Einleiten von Öl oder ölhaltigen Gemischen ins Meer aus dem Ladebereich eines Öltankschiffs ist verboten, es sei denn, dass alle nachstehenden Bedingungen der Tab. 3.3 erfüllt sind.

Dies gilt nicht für das Einleiten von sauberem oder getrenntem Ballast.

Innerhalb von Sondergebieten ist jedes Einleiten von Öl oder ölhaltigen Gemischen ins Meer aus dem Ladebereich eines Öltankschiffes verboten, es sei denn, es handelt sich um das Einleiten von sauberem oder getrenntem Ballast.

Einem Schiff, dessen Reise nur zum Teil durch ein Sondergebiet führt, ist das Einleiten außerhalb des Sondergebiets während der Reise jedoch nicht verboten.

Öltagebuch Teil II – Ladungs- oder Ballast-Betriebsvorgänge[39]

Jedes Öltankschiff mit einer Bruttoraumzahl von 150 und mehr, hat ein Öltagebuch Teil II (Ladungs- oder Ballast-Betriebsvorgänge) mitzuführen. Es ist jeweils auszufüllen, wenn einer der folgenden Ladungs- oder Ballast-Betriebsvorgänge auf dem Schiff stattfindet:

1. Übernahme vonÖlladung;
2. Umpumpen von Ölladung während der Reise;
3. Löschen von Ölladung;

[39] Vgl. Anlage I Regel 36 MARPOL 73/78.

Tab. 3.3 Einleitbedingungen von Öl aus dem Ladebereich (https://www.bsh.de/DE/THEMEN/Schifffahrt/Umwelt_und_Schifffahrt/MARPOL/marpol_node.htm)

Öltankschiffe aller Größen Regel 34 der Anlage I zu MARPOL	
Innerhalb der Sondergebiete bzw. außerhalb der Sondergebiete, jedoch weniger als 50 sm vom nächstgelegenen Land	EINLEITEN VERBOTEN Mit Ausnahme von sauberem und getrenntem Ballast
Außerhalb der Sondergebiete und mehr als 50 sm vom nächstgelegenen Land	EINLEITEN VERBOTEN Mit Ausnahme von sauberem und getrenntem Ballast, oder wenn alle nachstehenden Bedingungen erfüllt sind: 1. das Tankschiff ist in Fahrt 2. die jeweilige Öl-Einleitrate 30 l/sm nicht überschreitet, 3. die Gesamtmenge des ins Meer eingeleiteten Öls – bei Tankschiffe, die am oder vor dem 31.12.1979 abgeliefert worden sind, nicht mehr als 1/15 000 – bei Tankschiffen, die nach dem 31.12.1979 abgeliefert worden sind, nicht mehr als 1/30 000 der Gesamtmenge der einzelnen Ladungen beträgt, 1. das Tankschiff hat ein Überwachungs- und Kontrollsystem[a] für das Einleiten von Öl und eine Sloptank-Einrichtung[b] in Betrieb

[a]Anlage I Regel 31 MARPOL 73/78
[b]Anlage I Regel 29 MARPOL 73/78

4. Füllen von Ladetanks und eigens für sauberen Ballast bestimmten Tanks mit Ballastwasser;
5. Reinigung von Ladetanks einschließlich Tankwaschen mit Rohöl;
6. Einleiten von Ballastwasser außer aus Tanks für getrennten Ballast;
7. Einleiten von Wasser aus Sloptanks;
8. Schließen aller infrage kommenden Ventile oder ähnlichen Einrichtungen nach dem Einleiten aus Sloptanks;
9. Schließen der Absperrventile zwischen den eigens für sauberen Ballast bestimmten Tanks und den Lade- und Restlenzleitungen nach dem Einleiten aus Sloptanks;
10. Abgabe bzw. Beseitigung von Rückständen.

Das Öltagebuch Teil II ist auf jedem Öltankschiff mit einer Bruttoraumzahl von 150 und mehr zur Aufzeichnung bestimmter Betriebsvorgänge im Zusammenhang mit dem Füllen bzw. Entleeren von Lade- und Ballasttanks mitzuführen. Jedes derartige Öltankschiff hat außerdem das Öltagebuch Teil I zur Aufzeichnung bestimmter Betriebsvorgänge im Maschinenraum mitzuführen.

Im Fall eines unfallbedingten oder durch außergewöhnliche Umstände verursachten Einleitens von Öl sind in das Öltagebuch Teil II die Umstände des Einleitens und die Gründe dafür einzutragen.

Die Eintragungen im Öltagebuch Teil II müssen bei Schiffen, die ein IOPP-Zeugnis mitführen, mindestens in englischer, französischer oder spanischer Sprache abgefasst sein. Werden Eintragungen auch in einer Amtssprache des Staates vorgenommen, dessen Flagge das Schiff zu führen berechtigt ist, so ist diese im Fall einer Streitigkeit oder Unstimmigkeit maßgebend.

A) Übernahme von Ölladung
   1. Ort der Übernahme
   2. Sorte des übernommenen Öls und Bezeichnung des (der) Tanks
   3. Gesamtmenge des geladenen Öls (hinzugefügte Menge in m^3 bei 15 °C und Gesamtinhalt des (der) Tanks in m^3 angeben)

B) Umpumpen von Ölladung während der Reise
   4. Bezeichnung des (der) Tanks
      4.1. aus:
      4.2. in: (umgepumpte Menge und Gesamtmenge des (der) Tanks in m^3 angeben)
   5. Wurde(n) der (die) unter Nummer 4.1 genannte(n) Tank(s) geleert? (Wenn nicht, zurückbehaltene Menge in m^3 angeben)

C) Löschen von Ölladung
   6. Ort des Löschen
   7. Bezeichnung des (der) entladenen Tanks
   8. Wurde(n) der (die) Tanks geleert? (Wenn nicht, zurückbehaltene Menge in m^3 angeben)

D) Tankwaschen mit Rohöl (nur bei COW-Tankschiffen)
   (Für jeden mit Rohöl gewaschenen Tank sind Eintragungen vorzunehmen.)
   9. Hafen, in dem das Tankwaschen mit Rohöl erfolgte bzw. Schiffsposition, falls das Tankwaschen mit Rohöl zwischen zwei Entladehäfen erfolgte
   10. Bezeichnung des (der) gewaschenen Tanks
   11. Anzahl der benutzten Tankwaschmaschinen
   12. Uhrzeit bei Beginn des Tankwaschens
   13. Art des Waschprogramms
   14. Arbeitsdruck in den Waschleitungen
   15. Uhrzeit bei Abschluss oder Unterbrechung des Tankwaschens
   16. Auf welche Weise wurde festgestellt, ob der (die) Tank(s) trocken waren?
   17. Bemerkungen

E) Füllen von Ladetanks mit Ballast
   18. Schiffsposition bei Beginn und Beendigung des Füllens
   19. Ballastfüllvorgang:
      i. Bezeichnung des (der) mit Ballast gefüllten Tanks
      ii. Uhrzeit bei Beginn und Beendigung des Füllens mit Ballast
      iii. Menge des aufgenommenen Ballasts (Gesamtmenge des Ballasts in jedem während des Füllvorgangs benutzten Tank in m^3 angeben)

F) Füllen von eigens für sauberen Ballast bestimmten Tanks mit Ballast (nur bei CBT-Tankschiffen)
   20. Bezeichnung des (der) mit Ballast gefüllten Tanks
   21. Schiffsposition zu dem Zeitpunkt, in dem dem(den) eigens für sauberen Ballast bestimmte(n) Tank(s) Spülwasser bzw. Hafenballast zugeführt wurde
   22. Schiffsposition zu dem Zeitpunkt, in dem die Pumpe(n) und Leitungen bei anschließender Abgabe des Spülwassers in den Sloptank durchgespült wurden
   23. Menge des Öl-Wasser-Gemisches, das nach dem Durchspülen der Leitungen dem (den) Sloptank(s) oder Ladetank(s) zugeführt wurde, in dem (denen) Schmutzwasser vorübergehend aufbewahrt wird (Bezeichnung des (der) Tanks und Gesamtmenge in m^3 angeben)
   24. Schiffsposition zu dem Zeitpunkt, in dem (den) eigens für sauberen Ballast bestimmten Tank(s) zusätzliches Ballastwasser zugeführt wurde
   25. Uhrzeit und Schiffsposition zu dem Zeitpunkt, in dem die Absperrventile zwischen den eigens für sauberen Ballast bestimmten Tanks und den Lade- und Lenzleitungen geschlossen wurden
   26. Menge des an Bord genommenen sauberen Ballasts in m^3

G) Reinigung von Ladetanks
   27. Bezeichnung des (der) gereinigten Tanks
   28. Hafen bzw. Schiffsposition
   29. Dauer der Reinigung
   30. Reinigungsmethode
   31. Die Tankwaschrückstände wurden abgegeben an
      i. Auffanganlagen (Hafen und Menge in m^3 angeben)
      ii. (einen) Sloptank(s) bzw. (einen) zur Verwendung als Sloptank(s) bestimmte(n) Ladetank(s) (Tank(s) sowie die abgegebene Menge und die Gesamtmenge in m^3 angeben)

H) Einleiten bzw. Abgabe von schmutzigem Ballast
   32. Bezeichnung des (der) Tanks
   33. Uhrzeit und Schiffsposition bei Beginn des Einleitens ins Meer
   34. Uhrzeit und Schiffsposition bei Abschluss des Einleitens ins Meer
   35. Ins Meer eingeleitete Menge in m^3
   36. Schiffsgeschwindigkeit(en) während des Einleitens
   37. War das Überwachungs- und Kontrollsystem für das Einleiten von Öl während des Einleitens in Betrieb?
   38. Wurden der Ausfluss und die Wasseroberfläche im Einleitgebiet ordnungsgemäß überwacht?
   39. Menge des dem (den) Sloptank(s) zugeführten Öl-Wasser-Gemisches (Sloptanks angeben). Gesamtmenge in m^3 angeben
   40. Abgabe an Auffanganlagen an Land (Hafen und abgegebene Menge in m^3 angeben)

I) Einleiten von Wasser aus Sloptanks ins Meer

41. Bezeichnung des (der) Sloptanks
42. Absetzzeitraum seit dem letzten Zuführen von Rückständen bzw.
43. Absetzzeitraum seit dem letzten Einleiten
44. Uhrzeit und Schiffsposition bei Beginn des Einleitens
45. Feststellung des Gesamtinhalts durch Peilung von der Tankdecke aus bei Beginn des Einleitens
46. Feststellung der Grenzlinie zwischen Öl und Wasser durch Peilung von der Tankdecke aus bei Beginn des Einleitens
47. eingeleitete Hauptmenge in m^3 und Einleitrate in m^3/h
48. eingeleitete Restmenge in m^3 und Einleitrate in m^3/h
49. Uhrzeit und Schiffsposition bei Abschluss des Einleitens
50. War das Überwachungs- und Kontrollsystem für das Einleiten von Öl während des Einleitens in Betrieb?
51. Feststellung der Grenzlinie zwischen Öl und Wasser durch Peilung von der Tankdecke aus in Meter bei Abschluss des Einleitens
52. Schiffsgeschwindigkeit(en) während des Einleitens
53. Wurden der Ausfluss und die Wasseroberfläche im Einleitgebiet ordnungsgemäß überwacht?
54. Bestätigung, dass alle in Betracht kommenden Absperrventile im Rohrleitungssystem des Schiffes bei Abschluss des Einleitens aus den Sloptanks geschlossen wurden

J) Sammlung, Umpumpen und Abgabe bzw. Beseitigung von nicht anderweitig erfassten Rückständen und ölhaltigen Gemischen

55. Bezeichnung des (der) Tanks
56. aus den einzelnen Tanks umgepumpte oder abgegebene bzw. beseitigte Menge (zurückbehaltene Menge in m^3 angeben)
57. Methode des Umpumpens oder der Abgabe bzw. Beseitigung:
    i. Abgabe an Auffanganlagen (Hafen und abgegebene Menge angeben)
    ii. Vermischung mit der Ladung (Menge angeben)
    iii. Umpumpen in einen (mehrere) oder aus einem (mehreren) andere(n) Tank(s) einschließlich Umpumpen aus den Tanks für Ölrückstände (Ölschlamm) und Tanks für ölhaltiges Bilgenwasser im Maschinenraum (Tank(s), umgepumpte Menge und Gesamtmenge in dem (den) Tank(s) in m^3 angeben)
    iv. sonstige Methode (angeben, welche; abgegebene bzw. beseitigte Menge in m^3 angeben).

K) Einleiten von sauberem Ballast aus Ladetanks

58. Schiffsposition bei Beginn des Einleitens von sauberem Ballast
59. Bezeichnung des (der) Tanks, aus dem (denen) eingeleitet wurde
60. War(en) der (die) Tank(s) bei Abschluss des Einleitens leer?

61. Schiffsposition bei Abschluss des Einleitens, falls von der unter Nummer 58 angegebenen abweichend
62. Wurden der Ausfluss und die Wasseroberfläche im Einleitgebiet ordnungsgemäß überwacht?

L) Einleiten von Ballast aus eigens für sauberen Ballast bestimmten Tanks (nur bei CBT-Tankschiffen)

63. Bezeichnung des (der) Tanks, aus dem (denen) eingeleitet wurde
64. Uhrzeit und Schiffsposition bei Beginn des Einleitens von sauberem Ballast ins Meer
65. Uhrzeit und Schiffsposition bei Abschluss des Einleitens ins Meer
66. Menge in m^3, die
    i. ins Meer eingeleitet wurde oder
    ii. an eine Auffanganlage abgegeben wurde (Hafen angeben)
67. Gab es vor dem Einleiten oder während des Einleitens ins Meer irgendeinen Hinweis auf eine Verschmutzung des Ballastwassers mit Öl?
68. Wurde das Einleiten durch ein Ölgehaltsmessgerät überwacht?
69. Uhrzeit und Schiffsposition zu dem Zeitpunkt, in dem die Absperrventile zwischen den eigens für sauberen Ballast bestimmten Tanks und den Lade- und Lenzleitungen bei Abschluss der Abgabe bzw. des Einleitens von Ballast geschlossen wurden

M) Zustand des Überwachungs- und Kontrollsystems für das Einleiten von Öl

70. Uhrzeit bei Ausfall des Systems
71. Uhrzeit bei Wiederherstellung der Betriebsfähigkeit des Systems
72. Ursachen des Ausfalls

N) Unfallbedingtes oder durch andere außergewöhnliche Umstände verursachtes Einleiten von Öl

73. Uhrzeit des Vorfalls
74. Hafen oder Schiffsposition zur Zeit des Vorfalls
75. ungefähre Menge in m^3 und Sorte des Öls
76. Umstände des Einleitens oder Entweichens, Gründe dafür und allgemeine Bemerkungen

O) Weitere Betriebsvorgänge und allgemeine Bemerkungen

Tankschiffe. die in einem besonderen Verkehr eingesetzt sind

P) Übernahme von Ballastwasser

77. Bezeichnung des (der) mit Ballast gefüllten Tanks
78. Schiffsposition zur Zeit des Füllens des (der) Tanks mit Ballast
79. Gesamtmenge in m^3 des übernommenen Ballasts
80. Bemerkungen

Q) Umpumpen von Ballastwasser innerhalb des Schiffes

81. Gründe für das Umpumpen

R) Abgabe von Ballastwasser an Auffanganlagen
   82. Hafen oder Häfen, in dem (denen) Ballastwasser abgegeben wurde
   83. Name oder Bezeichnung der Auffanganlage
   84. Gesamtmenge in m^3 des abgegebenen Ballastwassers
   85. Datum, Unterschrift und Stempel des Bediensteten der Hafenbehörde.

3.3.2.3 Zeugnisse und Tanks[40]

Den unter die Bestimmungen der Anlage I MARPOL 73/78 fallenden Schiffen wird nach einer Besichtigung durch die für die Verwaltung der Vorschriften zuständigen Behörde[41] ein Internationales Zeugnis über die Verhütung der Ölverschmutzung (International oil pollution prevention certificate [IOPP]) ausgestellt.

Die Besichtigung wird periodisch durchgeführt

- als erstmalige Besichtigung, bevor das Schiff in Dienst gestellt,
- als Erneuerungsbesichtigung maximal nach 5 Jahren,
- als Zwischenbesichtigung innerhalb von drei Monaten vor oder nach dem zweiten Jahresdatum oder innerhalb von drei Monaten vor oder nach dem dritten Jahresdatum des Zeugnisses

oder

- als jährliche Besichtigung innerhalb von drei Monaten vor oder nach jedem Jahresdatum des Zeugnisses.

Zusätzlich kann je nach Sachlage eine Besichtigung, die nach Instandsetzungen nach wesentlichen Instandsetzungen oder Erneuerungen durchgeführt wird.

Das auf der Grundlage der Erstbesichtigung erstellte Zeugnis enthält die behördlichen Nachweise über die weiteren Besichtigungen. Das IOPP muss mindestens in englischer, französischer oder spanischer Sprache abgefasst sein und kann zusätzlich in der Landessprache des Flaggenstaates erstellt sein.

Als Anhang (supplement) wird dem Zeugnis eine Aufstellung der an Bord des Schiffes verwendeten Tanks beigegeben, in dem die Größen, die Bezeichnungen und die Positionen der Tanks nachzuweisen sind. Mindestens für Ölschlamm müssen Tanks[42] vorhanden sein und im Supplement nachgewiesen werden. Diese Tanks für Ölschlamm

[40]Zuständige Behörde in D ist die BG-Verkehr, Dienststelle Schiffssicherheit; vgl. § 9 i. V. m. Anlage 2 Teil A SchSV.

[41]In Deutschland: Berufsgenossenschaft Verkehr, Dienststelle Schiffssicherheit, Vgl. Anlage 2 SchSV zu § 9 – Schiffszeugnisse und -Bescheinigungen, Schiffsbesichtigungen.

[42]Vgl. Anlage I Regel 12 MARPOL 73/78.

- müssen mit einer für die Beseitigung bestimmten Pumpe ausgestattet sein, die geeignet ist, die Tanks für Ölrückstände (Ölschlamm) abzusaugen,

und

- dürfen keine Abflussanschlüsse zum Bilgensystem, zu den Sammeltanks für ölhaltiges Bilgenwasser, Tankdecken oder Separatorenanlagen für Öl-Wasser-Gemische haben.

Die Rohrleitungen zu und von den Tanks für Ölschlamm dürfen außer dem genormten Abflussanschluss[43] keine unmittelbare Verbindung nach außenbords (bypass) haben.

Darüber hinaus muss Öltankschiff mit einer Bruttoraumzahl von 150 und mehr und jedes sonstige Schiff mit einer Bruttoraumzahl von 400 und mehr einen genehmigten bordeigenen Notfallplan für Ölverschmutzungen mitführen.[44]

3.3.3 Anlage II Regeln zur Überwachung der Verschmutzung durch als Massengut beförderte schädliche flüssige Stoffe

Von dem Transport von Chemikalien und flüssigen Grundstoffen für die Lebensmittel- und Futtermittelindustrie gehen besonders große Gefahren für die Meeresumwelt aus. Um diese Risiken zu minimieren, trat am 6. April 1987 die Anlage II des MARPOL-Übereinkommens in Kraft. Die Anlage II enthält Vorschriften zum Bau, zur Ausrüstung und zum Betrieb von Chemikalientankern. Es geht dabei um den umweltgerechten Transport von schädlichen flüssigen Stoffen als Massengut.[45]

Die Anlage II MARPOL 73/78 gilt, soweit nicht ausdrücklich etwas anderes bestimmt ist, für alle Schiffe, die für die Beförderung schädlicher flüssiger Stoffe als Massengut zugelassen sind.

Für die Zwecke der Regeln dieser Anlage werden schädliche flüssige Stoffe in folgende vier Gruppen eingestuft (Kurzübersicht siehe Tab. 3.4):

- Gruppe X – Schädliche flüssige Stoffe, von denen angenommen wird, dass sie, wenn sie beim Reinigen der Tanks oder beim Lenzen von Ballast ins Meer eingeleitet werden, eine große Gefahr für die Schätze des Meeres oder die menschliche Gesundheit darstellen und dass deshalb das Verbot des Einleitens in die Meeresumwelt gerechtfertigt ist.

[43]Vgl. Anlage I Regel 13 MARPOL 73/78.

[44]Vgl. auch Anlage II Regel 17 MARPOL 73/78.

[45]https://www.deutsche-flagge.de/de/umweltschutz/marpol/fluessige-stoffe/fluessige-stoffe

Tab. 3.4 Einstufung der Schadstoffe in 4 Gruppen (VGl. Anlage II Regel 2 MARPOL 73/78)

Gruppe	Einfluss auf die Schätze des Meeres oder die menschliche Gesundheit	Einfluss auf die Annehmlichkeiten der Umwelt oder die sonstige Nutzung des Meeres
X	Große Gefahr	Ernstliche Schädigung
Y	Gefahr	Schädigung
Z	Geringere Gefahr	Geringfügige Schädigung
OS	Keine Zuordnung in die Gruppen X, Y und Z im Sinne der Regel 6.1	Derzeit nicht als schädlich betrachtet

- Gruppe Y – Schädliche flüssige Stoffe, von denen angenommen wird, dass sie, wenn sie beim Reinigen der Tanks oder beim Lenzen von Ballast ins Meer eingeleitet werden, eine Gefahr für die Schätze des Meeres oder die menschliche Gesundheit darstellen oder die Annehmlichkeiten der Umwelt oder die sonstige rechtmäßige Nutzung des Meeres schädigen, und dass deshalb eine Begrenzung der Beschaffenheit und Menge des Abflusses in die Meeresumwelt gerechtfertigt ist.
- Gruppe Z – Schädliche flüssige Stoffe, von denen angenommen wird, dass sie, wenn sie beim Reinigen der Tanks oder beim Lenzen von Ballast ins Meer eingeleitet werden, eine geringere Gefahr für die Schätze des Meeres oder die menschliche Gesundheit darstellen, und dass deshalb weniger strenge Beschränkungen auf die Beschaffenheit und Menge des Ausflusses in die Meeresumwelt gerechtfertigt ist.
- Sonstige Stoffe – Stoffe, die als OS (Other Substances) in der Spalte der Verschmutzungsgruppe des Kapitels 18 des Internationalen Chemikalientankschiff-Codes angegeben sind, die so beurteilt werden und bei denen festgestellt wurde, dass sie nicht in die Gruppe X, Y oder Z im Sinne der Regel 6.1 gehören, weil sie für die Schätze des Meeres, die menschliche Gesundheit, die Annehmlichkeiten oder die sonstigen rechtmäßigen Nutzungen des Meeres derzeit nicht als schädlich betrachtet werden, wenn sie beim Reinigen der Tanks oder beim Lenzen von Ballast ins Meer eingeleitet werden.

3.3.3.1 Einleiten von Rückständen mit schädlichen flüssigen Stoffen

Das Einleiten von Bilgenwasser, Ballastwasser, sonstigen Rückständen oder Gemischen, die nur als „sonstige Stoffe" bezeichnete Stoffe enthalten, unterliegen keinen Vorschriften der Anlage II.

Ein kontrolliertes Einleiten von Rückständen mit schädlichen flüssigen Stoffen oder von Ballastwasser, Tankwaschwasser oder sonstigen Gemischen, die solche Stoffe enthalten, das weder als Notfallmaßnahme noch mit behördlicher Genehmigung geschieht, ist dann erlaubt, wenn folgende Bedingungen (Tab. 3.5) erfüllt wurden:

Vorkehrungen für das Einleiten

- Das Einleiten ins Meer von Rückständen der den Gruppen X, Y oder Z zugeteilten Stoffe oder der vorläufig als solche bewerteten Stoffe oder von Ballastwasser, Tankwaschwasser oder sonstigen Gemischen, die solche Stoffe enthalten, ist verboten,

Tab. 3.5 Einleitbedingungen von Öl aus dem Ladebereich (https://www.bsh.de/DE/THEMEN/Schifffahrt/Umwelt_und_Schifffahrt/MARPOL/marpol_node.htm)

Gruppe	
X	• Tank muss vor Verlassen des Hafens vorgewaschen werden • Rückstände müssen an eine Auffanganlage abgegeben werden, bis die Konzentration des Stoffes im an die Auffanganlage abgegebenen Ausfluss bei oder unter dem Wert von 0,1 Gewichtsprozenten liegt (Probenanalyse!) • verbleibendes Tankwaschwasser muss ebenfalls an die Auffanganlage abgegeben werden Jedes nachfolgend in den Tank eingefüllte Wasser darf gemäß den Einleitstandards von Regel 13 Abs. 2 Anlage II ins Meer eingeleitet werden
Y	• Tank muss vor Verlassen des Hafens vorgewaschen werden, sofern das Löschen der Ladung nicht in Übereinstimmung mit dem Handbuch erfolgt • Tankwaschwasser muss an eine Auffanganlage abgegeben werden Zusätzlich bei Stoffen der Gruppe Y mit hoher Viskosität bzw. bei erstarrenden Stoffen: • Vorwaschverfahren ist entsprechend Anhang 6 der Anlage II durchzuführen • Rückstände bzw. Wassergemische müssen an eine Auffanganlage abgegeben werden Jedes nachfolgend in den Tank eingefüllte Wasser darf nach den Einleitstandards von Regel 13 Abs. 2 Anlage II ins Meer eingeleitet werden
Z	• Tank muss vor Verlassen des Hafens vorgewaschen werden, wenn das Löschen der Ladung nicht in Übereinstimmung mit dem Handbuch erfolgt • Tankwaschwasser muss an eine Auffanganlage abgegeben werden Jedes nachfolgend in den Tank eingefüllte Wasser darf nach den Einleitstandards von Regel 13 Abs. 2 Anlage II ins Meer eingeleitet werden
alle Stoffe der Gruppen X, Y und Z	• Schiff ist in Fahrt • Mindestgeschwindigkeit von 7 kn (bei eigenem Antrieb) bzw. 4 kn (ohne eigenen Antrieb) • Einleiten erfolgt unterhalb der Wasserlinie • mind. 12 sm vom nächstgelegenen Land entfernt • bei einer Wassertiefe von mind. 25 m

sofern solches Einleiten nicht in vollständiger Übereinstimmung mit den in der Anlage II MARPOL 73/78 enthaltenen anwendbaren betrieblichen Anforderungen vorgenommen wird.

- Bevor ein Vorwasch- oder Einleitverfahren nach dieser Regel durchgeführt wird, muss der betreffende Tank so weit wie praktisch möglich geleert sein.
- Das Befördern von Stoffen, die nicht in eine Gruppe eingestuft, vorläufig bewertet oder beurteilt worden sind, oder von Ballastwasser, Tankwaschwasser oder sonstigen Gemischen, die solche Rückstände enthalten, ist ebenso verboten wie jedes sich aus der Beförderung solcher Stoffe ergebende Einleiten ins Meer.

Die Anlage II des MARPOL-Übereinkommens wird durch den „International Code for the Construction and Equipment of Ships carrying Dangerous Chemicals in Bulk“

(IBC-Code)[46], ergänzt. Der IBC-Code enthält detaillierte Vorschriften für die Konstruktion und Ausrüstung von Chemikalientankern. Der IBC-Code enthält Vorgaben für die Beförderung gefährlicher Chemikalien und gesundheitsschädlicher Flüssigkeiten als Massengut in der Seeschifffahrt. Der IBC-Code ist als Kapitel VII Teil B Bestandteil der Regelungen des Internationalen Übereinkommens zum Schutz des menschlichen Lebens auf See (SOLAS-Übereinkommen)[47]. Der IBC-Code wird durch die Gefahrgutverordnung See in deutsches Recht umgesetzt.[48]

Zweck des IBC-Codes ist es, einen internationalen Standard für die sichere Beförderung von gefährlichen Chemikalien und gesundheitsschädlichen Flüssigkeiten als Massengut zu setzen. Der IBC-Code enthält Regelungen zur Konstruktion und zur Schiffsausrüstung insbesondere von Chemikalientankern.[49]

3.3.3.2 Zeugnis und Ladungstagebuch[50]

Den Schiffen, die für die Beförderung schädlicher flüssiger Stoffe als Massengut vorgesehen sind und die Reisen nach im Hoheitsbereich anderer Vertragsparteien gelegenen Häfen oder Umschlagplätzen durchführen, wird nach vorheriger Besichtigung ein Internationales Zeugnis über die Verhütung der Verschmutzung bei der Beförderung schädlicher flüssiger Stoffe als Massengut (International Pollution Prevention Certificate for the Carriage of Noxious Liquid Substances in Bulk [NLS]) ausgestellt.

Schiffe, die schädliche flüssige Stoffe als Massengut befördern, unterliegen den nachstehend aufgeführten Besichtigungen:

- erstmalige Besichtigung, bevor das Schiff in Dienst gestellt oder bevor das erforderliche Zeugnis zum ersten Mal ausgestellt wird;
- Erneuerungsbesichtigung in von der Verwaltung festgesetzten Zeitabständen, mindestens jedoch alle fünf Jahre
- Zwischenbesichtigung innerhalb von drei Monaten vor oder nach dem zweiten Jahresdatum oder innerhalb von drei Monaten vor oder nach dem dritten Jahresdatum des Zeugnisses;
- jährliche Besichtigung innerhalb von drei Monaten vor oder nach jedem Jahresdatum des Zeugnisses.

[46]Siehe Kap. 5.1.1.1.

[47]Siehe Kap. 3.2.

[48]https://www.deutsche-flagge.de/de/umweltschutz/marpol/fluessige-stoffe/fluessige-stoffe

[49]https://www.deutsche-flagge.de/de/sicherheit/ladung/ibc

[50]Zuständige Behörde in D ist die BG-Verkehr, Dienststelle Schiffssicherheit; vgl. § 9 i. V. m. Anlage 2 Teil A SchSV.

Zusätzlich je nach Sachlage kann eine allgemeine oder teilweise zusätzliche Besichtigung, die nach Instandsetzungen oder nach wesentlichen Instandsetzungen oder Erneuerungen durchgeführt werden.

Das NLS darf nur für einen Zeitabschnitt von höchstens fünf Jahren ausgestellt werden.

Jedem Schiff, hat als Teil des amtlich vorgeschriebenen Schiffstagebuchs oder gesondert ein Ladungstagebuch mitzuführen, in das folgende Eintragung vorzunehmen sind.

A) Übernahme der Ladung
   1. Ort der Übernahme
   2. Bezeichnung des (der) Tanks, Bezeichnung des (der) Stoffels) und Gruppe(n)
B) Umpumpen der Ladung
   3. Bezeichnung und Gruppe der um gepumpten Ladung
   4. Bezeichnung des (der) Tanks
      i. aus:
      ii. in:
   5. Wurde(n) der (die) unter 4.1 genannte(n) Tank(s) geleert?
   6. Wenn nicht, die in dem (den) Tank(s) verbleibende Menge
C) Löschen der Ladung
   7. Ort des Löschens
   8. Bezeichnung des (der) entladenen Tanks
   9. Wurde(n) der (die) Tank(s) geleert?
      i. Wenn ja, Bestätigung, dass das Verfahren zum Entleeren und Restlenzen in Übereinstimmung mit dem Handbuch des Schiffes über Verfahren und Vorkehrungen durchgeführt worden ist (d. h. Schlagseite, Vertrimmung, Restlenztemperatur)
      ii. Wenn nicht, die in dem (den) Tank(s) verbleibende Menge
   10. Ist nach dem Handbuch des Schiffes über Verfahren und Vorkehrungen eine Vorwäsche mit anschließender Abgabe an Auffanganlagen vorgeschrieben?
   11. Ausfall des Pump- und/oder Restlenzsystems:
      i. Uhrzeit und Art des Ausfalls
      ii. Ursachen des Ausfalls
      iii. Uhrzeit bei Wiederherstellung der Betriebsfähigkeit des Systems
D) Vorwaschpflicht in Übereinstimmung mit dem Handbuch des Schiffes über Verfahren und Vorkehrungen
   12. Bezeichnung des (der) Tanks, des (der) Stoffels) und der Gruppe(n)
   13. Waschverfahren:
      i. Anzahl der Waschmaschinen je Tank
      ii. Dauer des Waschvorgangs (der Waschvorgänge)
      iii. Heiß-/Kaltwäsche

14. Die Vorwaschrückstände wurden abgegeben an
    eine Auffanganlage im Löschhafen (Hafen angeben)
    eine anderweitige Auffanganlage (Hafen angeben)

E) Reinigen von Ladetanks mit Ausnahme der Pflichtvorwäsche (andere Vorwaschvorgänge, Abschlusswäsche, Lüftung usw.)

15. Uhrzeit, Bezeichnung des (der) Tanks, Bezeichnung des (der) Stoffels) und der Gruppe(n) unter Angabe
    i. des angewendeten Waschverfahrens
    ii. des (der) Reinigungsmittel(s) (Angabe des (der) Mittel(s) und der Menge(n))
    iii. des angewendeten Lüftungsverfahrens (Angabe der Anzahl der verwendeten Lüfter, Dauer der Lüftung)
16. Das Tankwaschwasser wurde
    i. ins Meer eingeleitet
    ii. an eine Auffanganlage abgegeben (Hafen angeben)
    iii. in einen Sloptank umgepumpt (Tank angeben)

F) Einleiten von Tankwaschwasser ins Meer

17. Bezeichnung des (der) Tanks
    i. Wurde Tankwaschwasser während der Tankreinigung eingeleitet?
    ii. Wenn ja, Angabe der Einleitrate
    iii. Wurde Tankwaschwasser aus einem Sloptank eingeleitet? Wenn ja, Angabe der Menge und Einleitrate
18. Uhrzeit bei Beginn und Ende des Pumpens
19. Schiffsgeschwindigkeit während des Einleitens

G) Füllen von Ladetanks mit Ballast

20. Bezeichnung des (der) gefüllten Tanks
21. Uhrzeit bei Beginn des Füllens

H) Einleiten bzw. Abgabe von Ballastwasser aus Ladetanks

22. Bezeichnung des (der) Tanks
23. Einleiten bzw. Abgabe von Ballast
    i. ins Meer
    ii. an Auffanganlagen (Hafen angeben)
24. Uhrzeit bei Beginn und Ende des Einleitens von Ballast
25. Schiffsgeschwindigkeit während des Einleitens

I) Unfallbedingtes oder durch andere außergewöhnliche Umstände verursachtes Einleiten

26. Uhrzeit des Vorfalls
27. ungefähre Menge, Stoff(e) und Gruppe(n)
28. Umstände des Einleitens oder Entweichens und allgemeine Bemerkungen

J) Überwachung durch ermächtigte Besichtiger

29. Angabe des Hafens
30. Bezeichnung des (der) Tanks, Bezeichnung des (der) Stoffe(s) und Gruppe(n) bei Abgabe an Land

31. Wurden Tank(s), Pumpe(n) und Rohrleitungssystem(e) geleert?
32. Wurde eine Vorwäsche nach dem Handbuch des Schiffes über Verfahren und Vorkehrungen durchgeführt?
33. Wurde das Tankwaschwasser aus dem Vorwaschverfahren an Land gegeben, und ist der Tank leer?
34. Es wurde eine Befreiung von der Vorwaschpflicht erteilt.
35. Gründe für die Befreiung
36. Name und Unterschrift des ermächtigten Besichtigers
37. Organisation, Unternehmen oder Behörde, für die der Besichtiger tätig ist

K) Weitere betriebliche Vorgänge und Bemerkungen

Jede Eintragung ist vom Schiffsoffizier oder dem für den betreffenden Vorgang verantwortlichen Offizier zu unterschreiben; außerdem ist jede Seite vom Kapitän des Schiffes zu unterschreiben.

Darüber hinaus muss jedes Schiff mit einem Bruttoraumgehalt von 150 und mehr, das für die Beförderung von schädlichen flüssigen Stoffen als Massengut zugelassen ist, genehmigten „Bordeigenen Notfallplan für Meeresverschmutzungen durch schädliche flüssige Stoffe“ mitführen.[51]

3.3.4 Anlage III Regeln zur Verhütung der Meeresverschmutzung durch Schadstoffe, die auf See in verpackter Form befördert werden

Anders als bei schädlichen flüssigen Massengutladungen werden die Schadstoffe in verpackter Form in der Anlage III nicht in Kategorien unterteilt. Eine solche Einstufung in Gattungen wird dagegen im „Internationalen Code für die Beförderung gefährlicher Güter mit Seeschiffen“, (IMDG-Code) vorgenommen. Die Anlage III des MARPOL-Übereinkommens muss man daher immer in Kombination mit dem IMDG-Code[52] lesen. Schadstoffe, die nach dem IMDG-Code als Meeresschadstoff („Marine Pollutant“) klassifiziert werden, sind damit auch Schadstoffe nach der Anlage III des MARPOL-Übereinkommens. Meeresschadstoffe sind danach solche Gefahrgüter, die über negative Eigenschaften für die Meeresumwelt verfügen, zum Beispiel:

- Gefahr für die Tier- und Pflanzenwelt im Wasser,
- Geschmacksveränderung von Meeresfrüchten oder
- Anreicherung von Schadstoffen in Meeresorganismen.[53]

[51]Vgl. auch Anlage I Regel 37 MARPOL 73/78; Siehe Kap. 3.3.2.

[52]Siehe Kap. 5.1.3.

[53]https://www.deutsche-flagge.de/de/umweltschutz/marpol/verpackte-schadstoffe

Die Anlage III, die am 01.07.1992 international in Kraft getreten ist, sieht vor, dass zur Verhütung der Meeresverschmutzung Schadstoffe in verpackter Form nur nach Maßgabe dieser Anlage befördert werden dürfen. National sind diese Vorschriften durch die Gefahrgutverordnung-See umgesetzt (beispielsweise für gefährliche Güter in Containern).[54]

Soweit nicht ausdrücklich etwas anderes bestimmt ist, gelten die Regeln der Anlage III für alle Schiffe, die Schadstoffe in verpackter Form befördern. Die Versandstücke müssen so geartet sein, dass unter Berücksichtigung ihres jeweiligen Inhalts die Gefährdung der Meeresumwelt auf ein Mindestmaß verringert wird. Sie müssen mit einer dauerhaften Beschriftung, Markierung oder Kennzeichnung versehen sein, die anzeigt, dass der Stoff ein Schadstoff nach den einschlägigen Bestimmungen des IMDG-Code ist.

3.3.5 Anlage IV Regeln zur Verhütung der Verschmutzung durch Schiffsabwasser

Die Anlage IV ist am 27.09.2003 international in Kraft getreten und regelt die Verhütung beziehungsweise Einschränkung von Verschmutzungen des Meeres durch Schiffsabwässer. Danach ist das Einleiten von Schiffsabwasser grundsätzlich verboten. Ausnahmen sind nur nach Maßgabe von Regel 11 Anlage IV zum MARPOL-Übereinkommen zulässig.[55]

Mit dem Inkrafttreten der Entschließung MEPC.200(62) ist die Ostsee ab dem 01.01.2013 das erste Sondergebiet[56] nach der Anlage IV des MARPOL-Übereinkommens für die Einleitung von Schiffsabwässern. Gemäß dem aktuellen Beschluss bei der letzten Sitzung des Meeresumweltausschusses der IMO (MEPC) vom 22.04.2016 gelten die strengeren Einleitgrenzwerte für Abwässer auf neuen Passagierschiffe jetzt verbindlich ab dem 1. Juni 2019 und für vorhandene Passagierschiffe zwei Jahre später ab dem 1. Juni 2021. Einzelne Reisen von Passagierschiffe in die weit östlich liegenden Seegebiete im Hoheitsgebiet Russlands östlich des 28°10′ Längengrades und zurück, welche keine weiteren Häfen auf Ihrem Weg dorthin oder von dort anlaufen, erhalten noch eine weitere zusätzliche Übergangszeit von zwei Jahren bis zum 1. Juni 2023.[57]

Anlage IV ist auf Schiffe auf Auslandfahrt[58] mit 400 BRZ und mehr oder mit weniger als 400 BRZ, die für die Beförderung von mehr als 15 Personen zugelassen sind anzuwenden.

[54]https://www.bsh.de/DE/THEMEN/Schifffahrt/Umwelt_und_Schifffahrt/MARPOL/marpol_node.htm

[55]Ebenda.

[56]Vgl. Glossar.

[57]https://www.deutsche-flagge.de/de/umweltschutz/marpol/abwasser

[58]Anlage IV Regel 2 Abs. 1 MARPOL 73/78; vgl. Glossar.

Grundsätzlich ist das Einleiten von Abwasser von Schiffen, die keine Fahrgastschiffe sind, in allen Gebieten und Einleiten von Abwasser von Fahrgastschiffen außerhalb von Sondergebieten verboten. Ausnahmen von diesem Verbot sind anzuwenden, für

- das Einleiten von Schiffsabwasser, wenn es aus Gründen der Sicherheit des Schiffes und der an Bord befindlichen Personen oder zur Rettung von Menschenleben auf See erforderlich ist,

oder

- das Einleiten von Abwasser infolge der Beschädigungen des Schiffes oder seiner Ausrüstung, sofern vor und nach Eintritt des Schadens alle angemessenen Vorsichtsmaßnahmen getroffen worden sind, um das Einleiten zu verhüten oder auf das Mindestmaß zu verringern.

Für Schiffe, wenn sie sich auf Inlandfahrt[59] befinden, gelten auch die in Tab. 3.6 dargestellten Einleitbestimmungen.

Schiffe in der Ostsee

In der Ostsee gilt das Einleitverbot auch für die in Regel 2 Abs. 1 Anlage IV zu MARPOL nicht genannten Schiffe, einschließlich Sportboote, sofern diese im Folgenden aufgeführten Schiffe über eine Toilette mit einer Abwasserrückhalteanlage verfügen:

- Schiffe, die nicht für Auslandfahrt zugelassen sind, unabhängig von ihrer BRZ,
- Schiffe, die für Auslandfahrt zugelassen sind mit weniger, als 400 BRZ oder die max. 15 Personen befördern dürfen,
- Sportboote.

Sofern die oben genannten Schiffe (Schiffe, die nicht unter Anlage IV MARPOL fallen, einschließlich Sportboote), über eine Toilette verfügen und nicht mit einer Abwasserrückhalteanlage ausgerüstet sind, dürfen sie die Ostsee nicht befahren.

Ausrüstungspflicht mit einer Abwasserrückhalteanlage[60]

Beim Befahren der Ostsee müssen Schiffe, die nicht unter Anlage IV MARPOL fallen, einschließlich Sportboote, sofern sie über eine Toilette verfügen, mit einer Abwasserrückhalteanlage ausgerüstet sein. Von der Ausrüstungspflicht sowie dem Befahrensverbot ausgenommen sind

[59]Als Inlandfahrt gilt eine Fahrt von einem deutschen Hafen zu einem deutschen Hafen.

[60]Vgl. § 6 b SchSV.

Tab. 3.6 Einleitbestimmungen nach Regel 11 Anlage IV MARPOL

Schiffe, die keine Fahrgastschiffe sind **Fahrgastschiffe**

<table>
<tr><th colspan="2">Innerhalb von Sondergebieten</th><th>Außerhalb von Sondergebieten</th><th colspan="2">Innerhalb von Sondergebieten</th></tr>
<tr><td colspan="3">Das Einleiten von Abwasser
von Schiffen, die keine Fahrgastschiffe sind, in allen Gebieten und
von Fahrgastschiffen außerhalb eines Sondergebietes
ist gemäß Regel 11 Abs. 1 Anlage IV MARPOL verboten,
es sei denn:</td><td colspan="2">Das Einleiten von Abwasser
von Fahrgastschiffen innerhalb eines Sondergebietes
ist gemäß Regel 11 Abs. 3 Anlage IV MARPOL verboten,
es sei denn:</td></tr>
<tr><td>aus Aufbereitungsanlagen
Regel 11 Abs. 1 Nr. 2</td><td>mechanisch behandelt und desinfiziert
Regel 11 Abs. 1 Nr. 1</td><td>unbehandelt
Regel 11 Abs. 1 Nr. 1</td><td>neue Fahrgastschiffe
ab 01.06.2019
Regel 11 Abs. 3 a)</td><td>vorhandene Fahrgast schiffe
ab 01.06.2021
Regel 11 Abs. 3 b)</td></tr>
<tr><td>- zugelassene Abwasser- Aufbereitungsanlage nach Regel 9 Abs. 1.1
- in umgebendem Wasser sind keine Festkörper und keine Verfärbungen sichtbar</td><td>- zugelassenes System zur mechanischen Behandlung und Desinfektion nach Regel 9 Abs. 1.2
- mindestens 3 sm vom nächstgelegenen Land</td><td>- aus einem Sammeltank
- in von der Verwaltung zugelassenen, mäßigen Einleitraten
- Schiff fährt auf seinem Kurs
- Mindestgeschwindigkeit 4 kn
- mindestens 12 sm vom nächstgelegenen Land</td><td colspan="2">- zugelassene Abwasser-Aufbereitungsanlage nach Regel 9 Abs. 2.1
- in umgebendem Wasser sind keine Festkörper und keine Verfärbungen sichtbar</td></tr>
</table>

- Schiffe, die vor dem 01.01.1980 gebaut sind,
- Schiffe, die zwischen dem 01.01.1980 und 01.01.2003 gebaut sind und eine Rumpflänge von weniger als 11,50 m oder eine Breite von weniger als 3,80 m aufweisen.

Zeugnis[61]

Jedem Schiff, das Reisen nach im Hoheitsbereich anderer Vertragsparteien gelegenen Häfen oder der Küste vorgelagerten Umschlagplätzen durchführt, wird nach einer erstmaligen Besichtigung oder einer Erneuerungsbesichtigung ein Internationales Zeugnis über die Verhütung der Verschmutzung durch Abwasser (International Sewage Pollution Prevention Certificate [ISPP]) ausgestellt, dessen Gültigkeit maximal Fünf Jahre betragen darf.

[61]Zuständige Behörde in D ist die BG-Verkehr, Dienststelle Schiffssicherheit; vgl. § 9 i. V. m. Anlage 2 Teil A SchSV.

3.3.6 Anlage V Regeln zur Verhütung der Verschmutzung durch Schiffsmüll

Die Anlage V ist bereits am 31.12.1988 international in Kraft getreten und enthält Bestimmungen zur Verhütung von Verschmutzungen durch Schiffsmüll. Die Voraussetzungen für eine Einbringung bestimmen sich nach der jeweiligen Art des Schiffsmülls (vgl. Tab. 3.7). In einem Mülltagebuch sind alle Vorgänge in Bezug auf den an Bord anfallenden Müll zu dokumentieren.[62] Gegenüber der vorherigen Rechtslage haben sich folgende wesentlichen Änderungen ergeben:

- es soll grundsätzlich kein Abfall mehr in das Meer gelangen,
- für bestimmte Arten von Abfall gibt es noch Ausnahmeregelungen,
- es werden Tierkadaver und Speiseöl als neue Abfallkategorie erfasst,
- Waschwässer aus Laderäumen dürfen unter Auflagen eingeleitet werden,
- verloren gegangenes Fischereigeschirr ist den zuständigen Behörden zu melden.[63]

Jede MARPOL-Vertragspartei muss in Häfen und an Umschlagplätzen für die Einrichtung von geeigneten Anlagen zu sorgen, die ohne unangemessene Verzögerung den Müll aufnehmen können.

Für Auffanganlagen innerhalb von Sondergebieten, wie der Nord- und Ostsee, gilt:

- Der jeweilige Vertragsstaat verpflichtet sich, dafür zu sorgen, dass so bald wie möglich in allen Häfen und an allen Umschlagplätzen innerhalb des Sondergebiets unter Berücksichtigung der Erfordernisse der in diesen Gebieten betriebenen Schiffe geeignete Auffanganlagen eingerichtet werden.
- Der jeweilige Vertragsstaat notifiziert der Organisation die getroffenen Maßnahmen zur Einrichtung der Auffanganlagen, um die Einhaltung der Vorschriften zum Einbringen von Müll einhalten zu können.

Auf Schiffen von 12 oder mehr Metern Länge über alles und auf festen oder schwimmenden Plattformen sind Aushänge zur Unterrichtung der Besatzungsmitglieder und Fahrgäste über die anzuwendenden Vorschriften über das Einbringen oder Einleiten von Müll anzubringen. Zusätzlich muss jedes Schiff ab 100 BRZ und jedes Schiff mit der Erlaubnis zur Beförderung von 15 oder mehr Personen sowie feste oder schwimmende Plattformen müssen einen Müllbehandlungsplan mitführen, der von der Besatzung zu befolgen ist. Dieser Plan muss in schriftlicher Form Verfahren für das Verringern, Sammeln, Lagern, Bearbeiten und Beseitigen von Müll sowie für den Gebrauch der

---

[62]https://www.bsh.de/DE/THEMEN/Schifffahrt/Umwelt_und_Schifffahrt/MARPOL/marpol_node.htm

[63]https://www.deutsche-flagge.de/de/umweltschutz/marpol/muell

Tab. 3.7 Einleitbestimmungen nach Regel 11 Anlage IV MARPOL

Art von Müll	Alle Schiffe mit Ausnahme von Plattformen		Offshore-Plattformen, die sich mehr als 12 Seemeilen vom nächstgelegenen Land entfernt befinden und Schiffe, die sich neben oder im Umkreis von 500 m von diesen Plattformen befinden Regel 5
	Außerhalb von Sondergebieten Regel 4 (Entfernungen vom nächstgelegenen Land) oder Schelfeis)	Innerhalb von Sondergebieten Regel 6 (Entfernungen vom nächstgelegenen Land)	
Lebensmittelabfälle zerkleinert oder zermahlen	≥3 Seemeilen auf Kurs und so weit entfernt wie möglich	≥12 Seemeilen auf Kurs und so weit entfernt wie möglich	Einbringen oder Einleiten zulässig
Lebensmittelabfälle nicht zerkleinert oder zermahlen	≥12 Seemeilen auf Kurs und so weit entfernt wie möglich	Einbringen oder Einleiten verboten	Einbringen oder Einleiten verboten
Ladungsrückstände, die nicht im Waschwasser enthalten sind	≥12 Seemeilen auf Kurs und so weit entfernt wie möglich	Einbringen oder Einleiten verboten	Einbringen oder Einleiten verboten
Ladungsrückstände, die im Waschwasser enthalten sind		≥12 Seemeilen und so weit entfernt wie möglich (vorbehaltlich der Bedingungen in Regel 6 Absatz 1.2)	
Reinigungsmittel und -zusätze die im Waschwasser aus Laderäumen enthalten sind	Einbringen oder Einleiten zulässig	12 Seemeilen und so weit entfernt wie möglich (vorbehaltlich der Bedingungen in Regel 6 Abs.1.2)	Einbringen oder Einleiten verboten
Reinigungsmittel und -zusätze, die im auf Deck und an den Außenflächen verwendeten Waschwasser enthalten sind.		Einbringen oder Einleiten zulässig	

(Fortsetzung)

Tab. 3.7 (Fortsetzung)

Art von Müll	Alle Schiffe mit Ausnahme von Plattformen		Offshore-Plattformen, die sich mehr als 12 Seemeilen vom nächstgelegenen Land entfernt befinden und Schiffe, die sich neben oder im Umkreis von 500 m von diesen Plattformen befinden Regel 5
	Außerhalb von Sondergebieten Regel 4 (Entfernungen vom nächstgelegenen Land) oder Schelfeis)	Innerhalb von Sondergebieten Regel 6 (Entfernungen vom nächstgelegenen Land)	
Tierkörper (sollen zerteilt oder in anderer Form behandelt werden, um sicherzustellen, dass die Körper unverzüglich sinken)	Schiff muss sich auf seinem Kurs und so weit wie möglich vom nächstgelegenen Land entfernt finden Möglichst bei >100 Seemeilen und größtmöglicher Wassertiefe.	Einbringen oder Einleiten verboten	Einbringen oder Einleiten verboten
Sonstiger Müll, einschließlich Kunststoffen, synthetischer Seile, Fanggerät, Kunststoffmülltüten, Asche aus Verbrennungsanlagen, Schlacke, Speiseöl, treibendes Stauholz, Verkleidungs- und Verpackungsmaterial, Papier, Lumpen, Glas, Metall, Flaschen, Steingut und ähnliche Abfälle	Einbringen oder Einleiten verboten	Einbringen oder Einleiten verboten	Einbringen oder Einleiten verboten

Ausrüstung an Bord enthalten. Er muss auch die Person oder Personen bezeichnen, die für die Ausführung des Plans zuständig sind. Dieser Plan muss in der Arbeitssprache der Besatzung abgefasst sein.

Jedes Schiff ab 400 BRZ und jedes Schiff, dass für die Beförderung von 15 oder mehr Personen zugelassen ist und das auf Reisen zu Häfen oder Offshore-Umschlagplätzen im Hoheitsbereich eines anderen MARPOL-Vertragsstaates eingesetzt wird, sowie jede feste oder schwimmende Plattform muss ein Mülltagebuch haben. Für die Führung des Mülltagebuches gilt:

- Jedes Einbringen oder Einleiten ins Meer, jede Abgabe an eine Auffanganlage oder jeder abgeschlossene Verbrennungsvorgang ist umgehend im Mülltagebuch einzutragen und am Tag des Einbringens oder Einleitens, der Abgabe beziehungsweise der Verbrennung von dem verantwortlichen Offizier durch Unterschrift zu bestätigen. Jede vollständig ausgefüllte Seite des Mülltagebuchs ist vom Kapitän des Schiffes zu unterschreiben.
- Die Eintragung über jedes Einbringen, jedes Einleiten, jede Abgabe oder jede Verbrennung muss Datum und Uhrzeit, die Schiffsposition, die Müllgruppe und eine Schätzung der eingebrachten, eingeleiteten, abgegebenen oder verbrannten Menge enthalten.
- Das Mülltagebuch ist an Bord des Schiffes oder auf der festen oder schwimmenden Plattform so aufzubewahren, dass es ohne Weiteres für eine Überprüfung zu jeder zumutbaren Zeit zur Verfügung steht. Nach dem Tag der letzten Eintragung muss es mindestens zwei Jahre lang aufbewahrt werden.
- Im Fall eines Einbringens, Einleitens oder unfallbedingten Verlusts ist eine Eintragung im Mülltagebuch beziehungsweise, bei Schiffen mit weniger als 400 BRZ, eine Eintragung im amtlich vorgeschriebenen Schiffstagebuch vorzunehmen, die den Ort, die Umstände und die Gründe für das Einbringen, das Einleiten oder den Verlust, Angaben über die eingebrachten, eingeleiteten oder verlorenen Gegenstände und die angemessenen Vorsichtsmaßnahmen, die zur Verhütung oder Verminderung des Einbringens, Einleitens oder unfallbedingten Verlusts getroffen wurden, enthält.

3.3.7 Anlage VI Regeln zur Verhütung der Luftverunreinigung durch Schiffe

Die Anlage VI ist seit dem 19.05.2005 in Kraft und dient der Verhütung der Verschmutzung der Luft durch Seeschiffe. In dieser Anlage wurden unter anderem Grenzwerte für Stickoxide und Schwefeloxide festgelegt.[64]

[64]https://www.bsh.de/DE/THEMEN/Schifffahrt/Umwelt_und_Schifffahrt/MARPOL/marpol_node.htm

Die Seeschifffahrt ist der mit Abstand umweltfreundlichste Verkehrsträger. Allerdings verursachen Seeschiffe durch die Verwendung von Schweröl als Treibstoff schädliche Schiffsabgase. Nach Angaben des Bundesumweltamtes sind 60 bis 90 % der verkehrsbedingten Schwefeldioxid-(SO_2)-Emissionen in den Hafenstädten auf den Schwerölverbrauch der Seeschiffe zurückzuführen.

Die Internationale Seeschifffahrtsorganisation IMO hat dieses Problem erkannt und dazu zahlreiche Maßnahmen beschlossen. Unter anderem hat die IMO die nordamerikanischen Gewässer und die Nord- und Ostsee zu Emissions-Sondergebieten erklärt. Außerdem soll die Energieeffizienz von Schiffen verbessert werden.[65]

3.3.7.1 Emissions-Überwachungsgebiete in der Nord- und Ostsee[66]

Die Nord- und die Ostsee sind von der IMO zu Schwefelemissions-Überwachungsgebieten, sogenannten (S)ECAs (Sulphur Emission Control Areas), ernannt worden (Übersicht siehe Abb. 3.3). In diesen Seegebieten darf der Schwefelgehalt im Brennstoff der dort verkehrenden Schiffe nur bei maximal 0,1 % liegen (Tab. 3.8). Mit dieser Vorgabe sollen die Schwefelemissionen durch die Seeschifffahrt verringert und die Luftqualität in den Häfen und Küstenmeeren verbessert werden.

Auch in den nordamerikanischen Seegebieten einschließlich Hawaii sowie in der Karibik unter US-Verwaltung ist im Bereich von 200 Seemeilen Abstand zur Küste ein maximaler Schwefelgehalt von 0,1 % im Schiffsbrennstoff vorgeschrieben (Emissions-Überwachungsgebiet, kurz: ECA). Zusätzlich gelten strengere Anforderungen an Stickoxidemissionen (NO_x) für neue Schiffe ab 2016.

Außerhalb der europäischen und nordamerikanischen Überwachungsgebiete liegt der Grenzwert derzeit noch bei 3,50 %. Spätestens bis 2025 wird dieser Grenzwert auf 0,50 % gesenkt.

3.3.7.2 Energieeffizienz-Kennwert für Schiffsneubauten (EEDI)

Schiffsabgase lassen sich nicht nur durch Verwendung von höherwertigem Treibstoff oder Abgasreinigung verringern, sondern auch durch Erhöhung der Energieeffizienz von Schiffen. Die Internationale Seeschifffahrtsorganisation IMO hat daher eine Änderung der Anlage VI des MARPOL-Übereinkommens beschlossen, um die Energieeffizienz von neuen Schiffen zu erhöhen.

Alle Neubauten müssen heute einen sogenannten Energieeffizienz-Kennwert (Energy Effciency Design Index, EEDI) haben. Der EEDI ist ein Kennwert, welcher die CO_2 Emissionen pro Tonne Ladung und gefahrener Seemeile für neue Schiffe angibt. Mit einer Formel lässt sich die Energieeffizienz für Tanker, Massengutschiffe und Containerschiffe in Abhängigkeit von ihrer Baugröße berechnen. Für andere Schiffstypen wie

[65]https://www.deutsche-flagge.de/de/umweltschutz/marpol/luft-energieeffizienz

[66]https://www.deutsche-flagge.de/de/umweltschutz/marpol/luft-energieeffizienz

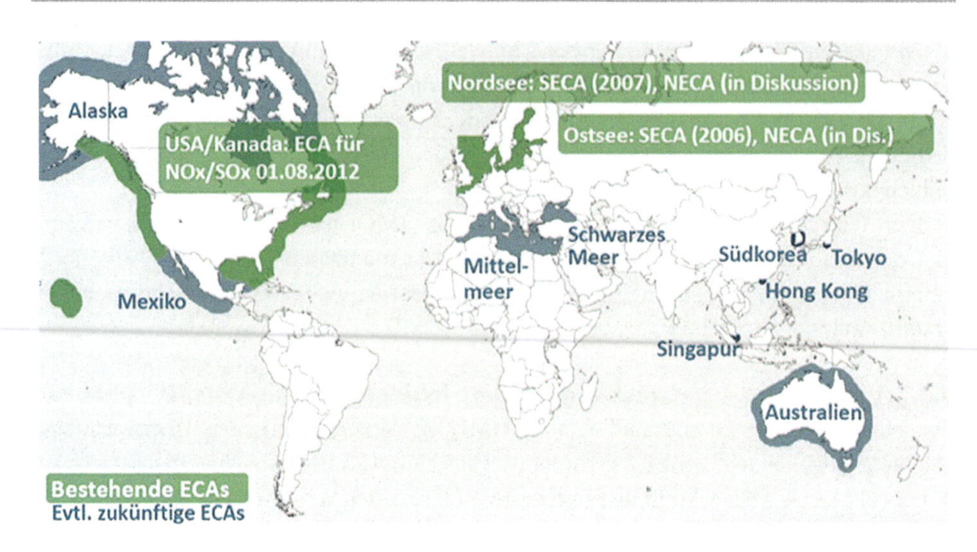

Abb. 3.3 Übersicht der SECA's (Ebenda)

Tab. 3.8 Schwefelgrenzwerte in Schiffskraftstoffen (https://www.bsh.de/DE/THEMEN/Schifffahrt/Umwelt_und_Schifffahrt/MARPOL/marpol_nod)

MARPOL Anlage VI, Regel 14 Schwefeloxide (SO_x) und Partikelmasse und Schwefelrichtlinie nach 2012/33/EU (SchwefelRL)[a]			
Schwefelnormen	2012 (% m/m)	2015 (% m/m)	2020 (% m/m)
Außerhalb (S)ECA nach SchwefelRL und Anlage VI MARPOL	3,50	3,50	0,50
Innerhalb (S)ECA nach SchwefelRL und Anlage VI MARPOL	1,00 (seit 01.01.2010)	0,10	0,10
Spezialfall EU-weit: Fahrgastschiffe (Linienverkehr zwischen EU-Häfen) nach SchwefelRL	1,5 (in SECA 1,00 % m/m)	1,5 (in SECA 0,10 % m/m)	0,5
Spezialfall EU-weit: EU-Häfen (mehr als zwei Stunden am Liegeplatz) nach SchwefelRL	0,1	0,1	0,1

Prozent m/m = Massenhundertteile im Schiffskraftstoff
[a]Vgl. Kap. 3.3.7.7

Fährschiffe, Passagierschiffe und Spezialschiffe (z. B. Schlepper und Versorgungsschiffe) sind ebenfalls Berechnungsformeln vorhanden.

Zusätzlich wird für jeden Schiffstyp eine sogenannte Referenzlinie ermittelt. Der EEDI des individuellen Schiffes darf nicht über dieser Referenzlinie liegen. Die Referenzlinie soll in festgelegten Zeitabständen (4 Phasen) dem technischen Fortschritt in der Schiffstechnik angepasst werden.

Ziel des EEDI ist eine zuverlässige und transparente Vergleichsgrundlage, um die Entwicklung effizienterer Schiffe zu fördern und zugleich eine Mindesteffizienz neuer Schiffe abhängig vom Schiffstyp und der Größe des Schiffes festzulegen. Die IMO strebt eine CO_2 Reduzierung für neue Schiffe von 20–30 % innerhalb eines Zeitraumes von 12 Jahren an.

3.3.7.3 Energieeffizienzmanagement an Bord (SEEMP)

Eine weitere Maßnahme zur Steigerung der Energieeffizienz von Schiffen ist die Einführung von Schiffsbetriebsplänen zum Energieeffizienzmanagement (SEEMP). Die Reeder von vorhandenen Schiffen (nicht nur Neubauten) sind verpflichtet, für jedes ihrer Schiffe einen solchen Betriebsplan auf der Grundlage von IMO-Richtlinien zu erstellen und ständig an Bord mitzuführen. In dem Plan sollen alle Parameter einfließen, die Einfluss auf den operativen Brennstoffverbrauch an Bord haben. Wichtige Kerngrößen sind neben der Berechnung der optimalen Geschwindigkeit auch die Beachtung von Wettervorhersagen, Meeresströmungen sowie Trimmungsoptimierung des Schiffes in Abhängigkeit von der Beladung. Der SEEMP ist flexibel gestaltet und enthält keine verbindlichen Vorgaben zur CO_2-Reduzierung. Die IMO erhofft sich durch die Betriebspläne eine Reduzierung der CO_2-Emissionen von 15 bis 20 % für alle vorhandenen Schiffe.

3.3.7.4 Vorschriften über die Bekämpfung von Emissionen aus Schiffen

Eine besondere Bedeutung innerhalb der Anlage VI erhält das Kapitel III – Vorschriften über die Bekämpfung von Emissionen aus Schiffen.

Regel 13 regelt die Vorschriften über die Bekämpfung von Emissionen durch Stickstoffoxide (NO_x) aus Schiffen. Dazu wurden drei Stufen für Schiffe, die nach dem 01.01.2000 gebaut wurden, eingeführt, die nacheinander die Emissionen verringern sollen. Danach ist der Betrieb eines Schiffsdieselmotors auf Schiffen nur erlaubt, wenn:

- Stufe I
  - Schiffe, die am oder nach dem 1. Januar 2000 und vor dem 1. Januar 2011 gebaut wurden
  - die Emission von Stickoxiden aus dem betreffenden Motor innerhalb der nachstehenden Grenzwerte liegt, wobei n die Nenndrehzahl des Motors (Kurbelwellenumdrehungen pro Minute) bezeichnet:

    17,0 g/kWh, wenn n weniger als 130 min^{-1} beträgt,

    45 $n^{(-0,2)}$ g/kWh, wenn n 130 min^{-1} oder mehr, aber weniger als 2000 min^{-1} beträgt,

    9,8 g/kWh, wenn n 2000 min^{-1} oder mehr beträgt,

- Stufe II
  - Schiffe, die am oder nach dem 1. Januar 2011 gebaut wurden,
  - die Emission von Stickoxiden aus dem betreffenden Motor innerhalb der nachstehenden Grenzwerte liegt, wobei n die Nenndrehzahl des Motors (Kurbelwellenumdrehungen pro Minute) bezeichnet:

    14,4 g/kWh, wenn n weniger als 130 min^{-1} beträgt,

    44 $n^{(-0,23)}$ g/kWh, wenn n 130 min^{-1} oder mehr, aber weniger als 2000 min^{-1} beträgt,

    7,7 g/kWh, wenn n 2000 min^{-1} oder mehr beträgt,
- Stufe III
  - Schiffe, die am oder nach dem 1. Januar 2016 gebaut wurden
  - die Emission von Stickoxiden aus dem betreffenden Motor innerhalb der nachstehenden Grenzwerte liegt, wobei n die Nenndrehzahl des Motors (Kurbelwellenumdrehungen pro Minute) bezeichnet:

    3,4 g/kWh, wenn n weniger als 130 min^{-1} beträgt (nur anzuwenden in Emissions-Überwachungsgebieten)[67],

    $9 \cdot n^{(-0,2)}$ g/kWh, wenn n 130 min^{-1} oder mehr, aber weniger als 2000 min^{-1} beträgt,

    2 g/kWh, wenn n 2000 min^{-1} oder mehr beträgt.

Besondere Bedeutung für die Praxis hat die mit Wirkung vom 01.01.2015 neugefasste Regel 14 zu Vorschriften über die Bekämpfung von Emissionen durch Schwefeloxide (SO_x) und Partikelmassen aus Schiffen.

Grundsätzlich darf der Schwefelgehalt des ölhaltigen Brennstoffs, der an Bord von Schiffen verwendet wird, die nachstehenden Grenzwerte nicht überschreiten:

- 4,5 % (m/m) vor dem 01.01.2012,
- 3,5 % (m/m) am und nach dem 01.01.2012,
- 0,5 % (m/m) am und nach dem 01.01.2020.

Werden Schiffe innerhalb eines Emissions-Überwachungsgebiets[68] betrieben, so darf der Schwefelgehalt des ölhaltigen Brennstoffs, der an Bord von Schiffen verwendet wird, die nachstehenden Grenzwerte nicht überschreiten:

---

[67] Weder Nord- noch Ostsee sind als Überwachungsgebiet für NO_x bekannt gemacht worden (vgl. Regel VI/13 Abs. 6 i. V. m. Anlage III MARPOL 73/78).

[68] SO_x-Überwachungsgebiete sind auch Ostsee (Anlage I Regel 1 Absatz 11.2) und Nordsee (Anlage V Regel 1 Absatz 14.6); vgl. (VkBl. 6/2013 Nr. 62 S. 267).

- 1,5 % (m/m) vor dem 01.07.2010,
- 1,0 % (m/m) am und nach dem 01.07.2010,
- 0,1 % (m/m) am und nach dem 01.01.2015.

3.3.7.5 Verfügbarkeit von ölhaltigem Brennstoff

Alle MARPOL-Unterzeichnerstaaten müssen gemäß Regel 18 Anlage VI MARPOL 73/78 zumutbaren Maßnahmen treffen, um die Verfügbarkeit von ölhaltigen Brennstoffen zu fördern, die nach der Anlage VI MARPOL 73/78 in den genannten Gebieten verwendet werden dürfen, und unterrichtet die anderen Mitgliedssaaten über die Verfügbarkeit von vorschriftsmäßigen ölhaltigen Brennstoffen in ihren Häfen und an ihren Umschlaganlage.

Ölhaltiger Brennstoff, der zum Zweck der Verbrennung an Bord von Schiffen geliefert und dort verwendet wird, muss folgende Anforderungen erfüllen:

Ölhaltiger Brennstoff

- muss ein Gemisch aus Kohlenwasserstoffen sein, die aus der Raffinade von Rohöl gewonnen werden. Diese Bestimmung schließt nicht aus, dass zur Verbesserung bestimmter Aspekte der Brennstoffleistung geringe Mengen von Additiven zugesetzt sein dürfen,
- muss frei von anorganischen Säuren sein,
- darf keine Zusatzstoffe oder chemischen Abfälle enthalten,
  - welche die Schiffssicherheit gefährden oder die Leistung der Maschinenanlage beeinträchtigen oder
  - die für Menschen gesundheitsschädigend sind oder
  - die insgesamt zu zusätzlicher Luftverunreinigung führen ein Gemisch aus Kohlenwasserstoffen sein, die aus der Raffinade von Rohöl gewonnen werden. Diese Bestimmung schließt nicht aus, dass zur Verbesserung bestimmter Aspekte der Brennstoffleistung geringe Mengen von Additiven zugesetzt sein dürfen,
- muss frei von anorganischen Säuren sein,
- darf keine Zusatzstoffe oder chemischen Abfälle enthalten,
  - welche die Schiffssicherheit gefährden oder die Leistung der Maschinenanlage beeinträchtigen oder
  - die für Menschen gesundheitsschädigend sind oder
  - die insgesamt zu zusätzlicher Luftverunreinigung führen.

Durch den Einbau von Scrubbern („Wäschern“) werden die Schwefelemissionen aus den Abgasen gereinigt, und die strengen Umweltschutzvorgaben verbindlich eingehalten. Scrubber waschen das durch die Treibstoffverbrennung entstehende Rauchgas und können platzsparend im Kamin der Hauptmaschine (Single-Line-Bauweise) oder an mehreren Komponenten des Schiffes – z. B. am Hauptmotor, an den Hilfsmaschinen, am

Kessel – eingebaut werden (Multi-Stream-Variante). Dabei können sowohl Open-Loop-, Closed-Loop- und Hybrid-Verfahren zum Einsatz kommen.[69]

Im Open-Loop-Betrieb wird das Waschwasser des Scrubbers an Bord von Schadstoffen gereinigt, bevor es ins Meer zurück geleitet wird. Da das Waschwasser einen sehr niedrigen pH-Wert hat, kommt dieser Betriebsmodus nur auf offener See zum Einsatz, da sich das Waschwasser dann sehr schnell mit großen Mengen Meerwasser vermischt und der pH-Wert sofort wieder ansteigt. Open Loop ist in manchen Gebieten bereits verboten, beispielsweise in den Schutzzonen in China, aber beispielsweise auch in Belgien und in den US-Bundesstaaten Kalifornien und Massachusetts und ab 2020 in Singapur.

Im geschlossenen Modus (closed loop) wird kein Wasser ins Meer abgegeben. Die in beiden Modi herausgefilterten Schadstoffe werden in Tanks gelagert und später an Land entsorgt.[70]

Gem. § 13 Abs. 7 See-Umweltverhaltensverordnung (SeeUmwVerhV) ist das Einleiten von Waschwasser aus Abgasreinigungssystemen (Scrubber) auf Seewasserstraßen und in der AWZ verboten, soweit nicht nachgewiesen ist, dass die Waschwassereinleitung die Kriterien der IMO-Richtlinie für Abgasreinigungssysteme erfüllt und bei Verwendung von Natronlauge der pH-Wert von 8,0 nicht überschritten wird. Ein solcher Nachweis kann beispielsweise durch Vorlage einer gültigen Zulassung sowie einer Dokumentation des ordnungsgemäßen Betriebs der Anlage erbracht werden.

3.3.7.6 Zeugnisse[71]

Nach einer erstmaligen Besichtigung oder einer Erneuerungsbesichtigung gemäß Regel 5 wird

- jedem Schiff mit einer Bruttoraumzahl von 400 oder mehr, das Reisen nach im Hoheitsbereich anderer Vertragsparteien gelegenen Häfen oder Offshore-Umschlagplätzen durchführt,

sowie

- Bohrplattformen und sonstigen Plattformen, die Reisen in Gewässer unter der Souveränität oder Hoheitsgewalt anderer Vertragsparteien durchführen,

[69] https://www.bilfinger.com/industrien/energie-versorgung/schiffsemissionen-gewaschen-und-gereinigt

[70] https://www.cruisetricks.de/wie-funktioniert-ein-scrubber-auf-einem-kreuzfahrtschiff

[71] Zuständige Behörde in D ist die BG-Verkehr, Dienststelle Schiffssicherheit; vgl. § 9 i. V. m. Anlage 2 Teil A SchSV.

ein Internationales Zeugnis über die Verhütung der Luftverunreinigung durch Schiffe (Internatonal air pollution prevention certificate [IAPP]) ausgestellt, das eine Gültigkeit von höchstens fünf Jahren besitzt.

Zusätzlich wird jedem Schiff mit einer Bruttoraumzahl von 400 und mehr nach einer Besichtigung ein schiffsbezogenes Internationales Zeugnis über die Energieeffizienz (International Energy Certificate[IEE]) ausgestellt, bevor es Reisen nach im Hoheitsbereich anderer Vertragsparteien gelegenen Häfen oder Offshore-Umschlagplätzen durchführen kann.

Darüber hinaus wird jedem Schiff ein sogenanntes Internationales Motorenzeugnis über die Verhütung der Luftverunreinigung (Engine International Air Pollution Prevention Certificate [EIAPP]) ausgestellt, dass den Vorschriften der revidierten Technischen NO_X-Vorschrift 2008 entspricht. Diese Vorschriften haben den Zweck, repräsentative Werte für den Normalbetriebsmodus des Motors zu liefern. Manipulationsvorrichtungen und nicht nachvollziehbare Emissions-Überwachungsstrategien widersprechen diesem Zweck und sind deshalb nicht erlaubt.

Jedes Schiff muss auch einen eigenen Plan für das Energieeffizienz-Management des Schiffes (SEEMP) mitführen, der Teil des schiffseigenen Systems zur Organisation von Sicherheitsmaßnahmen (SMS) sein kann.[72]

3.3.7.7 Richtlinie 2012/33/EG hinsichtlich des Schwefelgehalts von Schiffskraftstoffen (EU-Schwefelrichtlinie)

Nord- und Ostsee sind bereits als Schwefelemissions-Überwachungsgebiete (SECA) ausgewiesen.[73] Seit 2015 gilt dort ein noch strengerer Grenzwert von 0,1 %. In der EU-Schwefelrichtlinie ist bereits seit 2012 festgelegt, dass für die übrigen europäischen Gewässer – unabhängig von der IMO Entscheidung – ab 2020 die 0,5 %-Grenze gelten wird.[74]

Darüber hinaus hat die IMO Folgendes entschieden:

- Die Nord- und Ostsee wird zukünftig als Überwachungsgebiet für Stickoxid-Emissionen (NECA) ausgewiesen. Damit müssen Schiffsneubauten ab 2021 die strengen Vorgaben des Tier-III-NO_x-Standards des MARPOL-Übereinkommens erfüllen, die nur mit Anlagen zur Abgasnachbehandlung einzuhalten sind.

[72]Vgl. Anlage IX Regel 5 SOLAS 74/88 i. V. m. VO (EG) Nr. 336/2006.

[73]Vgl. Anhang VII Anlage VI MARPOL 73/78.

[74]Siehe Kap. 3.3.4.4.

- Um die Treibhausgasemissionen der Seeschifffahrt weiter zu reduzieren, soll eine umfassende Strategie erarbeitet und im Frühjahr 2018 verabschiedet werden.
- Ein verbindliches globales System zur Erhebung von Daten über den Kraftstoffverbrauch von Seeschiffen wird eingeführt.

Die Mitgliedstaaten stellen ab Januar 2015 sicher, dass Gasöl, dessen Schwefelgehalt 0,1 % überschreitet, in ihrem Hoheitsgebiet nicht verwendet wird.

Durch den neu eingeführten Absatz 1a des Artikels 4a werden die Mitgliedssaaten der EU verpflichtet, alle erforderlichen Maßnahmen zu ergreifen, um sicherzustellen, dass in ihren Hoheitsgewässern, ausschließlichen Wirtschaftszonen und Schadstoffkontrollgebieten keine Schiffskraftstoffe verwendet werden, deren Schwefelgehalt folgende Werte überschreitet:

a) 3,5 Massenhundertteile ab 18. Juni 2014,
b) 0,5 Massenhundertteile ab 1. Januar 2020.

Dieser Absatz gilt für Schiffe aller Flaggen, einschließlich Schiffen, die ihre Fahrt außerhalb der Union angetreten haben.

Im Linienverkehr von oder zu einem Hafen der Union betriebene Fahrgastschiffe dürfen in ihren Hoheitsgewässern, ausschließlichen Wirtschaftszonen und Schadstoffkontrollgebieten außerhalb von SO_x-Emissions-Überwachungsgebieten keine Schiffskraftstoffe verwenden, deren Schwefelgehalt 1,5 %[75] überschreitet. Die Verwendung dieser Schiffskraftstoffe hat für die europäischen Gewässer nur eine sehr geringe Bedeutung, weil in den inneren Gewässern nationale Regelungen Anwendung finden und die Bereiche der Hohen See sehr gering sind.

Um diese Ziele und die der Regel 18 der Anlage VI MARPOL 73/78[76] zu erfüllen, haben die Mitgliedstaaten folgende Maßnahmen durchzuführen:

a) sie führen ein öffentlich zugängliches Register der lokalen Lieferanten von Schiffskraftstoffen,
b) sie stellen sicher, dass der Schwefelgehalt aller in ihrem Hoheitsgebiet verkauften Schiffskraftstoffe vom Lieferanten auf einem Tanklieferschein vermerkt wird, dem eine versiegelte, vom Vertreter des empfangenden Schiffs gezeichnete Probe beigefügt ist,
c) sie leiten geeignete Schritte gegen Lieferanten von Schiffskraftstoffen ein, die Kraftstoff geliefert haben, der nicht den Angaben auf dem Tanklieferschein entspricht

---

[75]Vgl. auch § 4 10. BImSchV, siehe Kap. 7.3.1.

[76]Siehe Kap. 3.3.2.

und

d) sie stellen sicher, dass Abhilfemaßnahmen ergriffen werden, damit etwaige den Vorschriften nicht entsprechende Schiffskraftstoffe den Vorschriften angepasst werden.

Insgesamt wurden 6800 Schiffe von der SECA im Jahr 2015 untersucht. Davon hielten 315 Schiffe die Vorgabe der Richtlinie über Schwefelgrenzwerte für Schiffkraftstoffe nicht ein. Allerdings fielen nur 52 Fälle wegen dem zu hohen Schwefelanteil im Treibstoff auf. Die Schiffsindustrie klagt über zu hohe Preise für Kraftstoffe, die wenig Schwefel enthalten.

Hohe Schwefel- und Rußpartikelemissionen machen den Schiffsverkehr zu einem der größten Luftverschmutzer in der EU. Die neue EU-Schwefelrichtlinie wurde von allen betroffenen EU-Staaten eingeführt, die an Meere grenzen – Ausnahme bisher bleibt Belgien.[77]

Die Bundesrepublik Deutschland hat die Entscheidung der EU durch den Parlamentarischer Staatssekretär beim Bundesminister für Verkehr und digitale Infrastruktur, Enak Ferlemann, begrüßt, der sich dazu folgendermaßen äußerte:[78]

> Die Entscheidung der IMO für ein weltweites Schwefellimit in Kraftstoffen ab 2020 ist ein Meilenstein für den Umweltschutz in der Seeschifffahrt. Davon profitieren vor allem die Anwohner von Häfen und Küstenregionen. Deutschland hat sich in der IMO von Beginn an aktiv für die Anwendung ab 2020 eingesetzt und auf die deutlichen Verbesserungen für den Umwelt- und Gesundheitsschutz hingewiesen.

Die EU-Schwefelrichtlinie vom 21. November 2012 dient grundsätzlich der Änderung der Richtlinie 1999/32/EG des Rates hinsichtlich des Schwefelgehalts von Schiffskraftstoffen. Durch die See-Umweltverhaltensverordnung werden die Anforderungen der Richtlinie 2012/33/EU (Schwefel-Richtlinie) in deutsches Recht umgesetzt und werden bei Verstößen somit auch ahndbar.

3.4 London-Übereinkommen/London-Protokoll

Das „Übereinkommen über die Verhütung der Meeresverschmutzung durch Ablagerung von Abfällen und anderen Stoffen 1972", kurz „London-Übereinkommen", ist eines der ersten globalen Übereinkommen zum Schutz der Meeresumwelt vor menschlichen

[77] https://www.dnr.de/eu-koordination/eu-umweltnews/2016-emissionen/315-schiffe-verstossen-gegen-neue-schwefelrichtlinie-in-2015/

[78] https://www.bmvi.de/SharedDocs/DE/Pressemitteilungen/2016/171-ferlemann-imo-schwefellimit.html

Aktivitäten und seit 1975 in Kraft. Ziel ist es, die wirksame Kontrolle aller Quellen der Meeresverschmutzung zu fördern und alle praktikablen Schritte zu unternehmen, um die Verschmutzung des Meeres durch Ablagerung von Abfällen und andere Stoffe zu verhindern. Gegenwärtig sind 87 Staaten Vertragsparteien dieses Übereinkommens.[79]

Der Zweck des Londoner Übereinkommens besteht darin, alle Quellen der Meeresverschmutzung zu kontrollieren und eine Verschmutzung des Meeres durch eine Regulierung des Abladens von Abfallstoffen in das Meer zu verhindern. Ein sogenannter „Black- und Gray-List"-Ansatz wird für Abfälle angewendet, die je nach ihrer Gefährdung für die Umwelt zur Entsorgung auf See infrage kommen. Für die Soffe der Blacklist ist das Dumping verboten. Das Abladen der grau gelisteten Materialien erfordert eine spezielle Genehmigung einer bestimmten nationalen Behörde unter strenger Kontrolle und unter bestimmten Bedingungen. Alle anderen Materialien oder Stoffe können nach Erteilung einer Allgemeingenehmigung abgeladen werden.[80]

Im Jahr 1996 wurde durch das „Londoner Protokoll" vereinbart, das Übereinkommen weiter zu modernisieren und es schließlich zu ersetzen. Nach dem Protokoll ist jegliches Dumping verboten, mit Ausnahme von möglicherweise annehmbaren Abfällen auf der sogenannten „umgekehrten Liste". Das Protokoll ist am 24. März 2006 in Kraft getreten, und derzeit gibt es 50 Vertragsparteien des Protokolls.

Das Protokoll ersetzt seit seinem Inkrafttreten 2007 das Übereinkommen für alle unterzeichnenden Vertragsparteien des Übereinkommens. Während das London-Übereinkommen von 1972 Einbringungsverbote lediglich für bestimmte Stoffe (Black list) vorsieht, ist im Protokoll von 1996 ein generelles Einbringungsverbot verankert. Ausnahmen von diesem Verbot sind nur für bestimmte Abfallkategorien zulässig. Bei diesen Ausnahmen handelt es sich um:

- Baggergut,
- Klärschlamm,
- Fischereiabfälle,
- Abfälle von Schiffen, Plattformen und sonstigen auf See errichtete Bauwerken,
- inerte (träge), anorganische, geologische Stoffe,
- organische Stoffe natürlichen Ursprungs,
- sperrige Teile, die aus Stahl, Eisen, Beton oder ähnlichen Materialien bestehen, die vorwiegend zu physikalischen Umweltauswirkungen führen (gilt nur für Orte, die keine anderen Entsorgungsmöglichkeiten haben wie z. B. Inseln)

[79]http://www.imo.org/en/OurWork/Environment/LCLP/Pages/default.aspx

[80]Ebenda.

sowie

- CO_2-Ströme, soweit diese in Hohlräumen des Meeresbodens (subseabed geological formations) gespeichert werden.[81]

Die Ausnahme für CO_2-Ströme ist 2007 in den Annex I des Londoner Protokolls aufgenommen worden. Dadurch sollten Maßnahmen zur Abscheidung und Speicherung von CO_2-Strömen im Meeresuntergrund ermöglicht werden. Die Speicherung von CO_2-Strömen in der Wassersäule ist aber verboten. Die Vertragsstaaten haben darüber hinaus Bewertungskriterien („specific guidelines") beschlossen, die bei der Zulassung von CO_2-Speichervorhaben im Meeresuntergrund beachtet werden sollen.

Außerdem verbietet das London-Protokoll generell und weltweit die Abfallverbrennung auf See, die in der Bundesrepublik bereits 1989 eingestellt worden ist.

Die Vertragsstaaten des Londoner Protokolls haben am 18.10.2013 eine verbindliche Neuregelung für marine Geo-Engineering-Maßnahmen im Konsens angenommen. Die Neuregelung sieht vor, dass kommerzielle Aktivitäten im Bereich der Meeresdüngung verboten sind und dass entsprechende Forschungsaktivitäten genehmigungspflichtig sind. Die Vertragsstaaten müssen überprüfen, dass tatsächlich geforscht wird und dass negative Effekte auf die Meeresumwelt ausgeschlossen sind. Die Prüfkriterien ergeben sich aus dem ebenfalls rechtlich verbindlichen „Generic Assessment Framework" und dem unverbindlichen „Ocean Fertilization Assessment Framework". Die Neuregelung erlaubt es den Vertragsstaaten zudem, weitere marine Geo-Engineering-Maßnahmen einer Kontrolle zu unterstellen.

Diese Neuregelung stellt die erste völkerrechtlich verbindliche Regelung von Geo-Engineering Maßnahmen dar. Das Regelungskonzept für Meeresdüngung, das ein generelles Verbot mit Erlaubnisvorbehalt für Forschung und einen zukunftsorientierte Regelungsmechanismus (Leistungsprinzip) beinhaltet, könnte Vorbildfunktion für andere Bereiche haben. Damit wurden im Völkerrecht erstmalig rechtlich verbindlich Unterscheidungskriterien für Forschung und Anwendung festgelegt. Die Neuregelung tritt erst in Kraft, wenn zwei Drittel der Vertragsstaaten des Londoner Protokolls diese Änderung ratifiziert haben.[82]

3.5 Biodiversitätskonvention (CBD)

Die Biodiversitätskonvention (Convention on Biological Diversity, CBD) ist ein am 29. Dezember 1993 in Kraft getretenes internationales Umweltabkommen. Das ab November 1988 erarbeitete Dokument wurde auf einer eigens einberaumten UNEP[83]-Konferenz

[81] https://www.umweltbundesamt.de/themen/wasser/wasserrecht/meeresschutzrecht#textpart-2

[82] Ebenda.

[83] UNEP = United Nations Environment Programme (Umweltprogramm der Vereinten Nationen).

im Mai 1992 angenommen und konnte ab dem 5. Juni 1992 während der Rio-Konferenz unterzeichnet werden. Die Konvention hat 196 Vertragspartner und wurde von 168 Staaten sowie der Europäischen Union unterzeichnet.

Die Bestimmungen der Biodiversitätskonvention von 1992 gelten für Ökosysteme und Lebensräume in den nationalen Hoheitsbereichen einer jeden Vertragspartei, die auch die ausschließliche Wirtschaftszone und den Festlandsockel umfassen. Im Bereich der Hohen See und des Tiefseebodens finden die Bestimmungen der Biodiversitätskonvention lediglich Anwendung auf Handlungen von Staatsangehörigen eines Vertragsstaats. Für Regelungen zum Schutz von Ökosystemen jenseits der Gebiete mit nationalen Hoheitsbefugnissen ist auf Artikel 5 der Biodiversitätskonvention hinzuweisen, der eine weit gefasste Kooperationspflicht für die Bewahrung und die nachhaltige Nutzung der Biodiversität auch für staatsfreie Räume einführt.[84]

Übersicht

Artikel 5 CBD[85]

Jede Vertragspartei arbeitet so weit wie möglich und gegebenenfalls mit anderen Vertragsparteien unmittelbar oder gegebenenfalls über kompetente internationale Organisationen in Bereichen außerhalb der nationalen Zuständigkeiten und in anderen Angelegenheiten von gegenseitigem Interesse zusammen, um die Erhaltung und Nachhaltigkeit der Nutzung der biologischen Vielfalt zu gewährleisten.

Die Erhaltung der natürlichen Lebensräume vor Ort ist ein Ziel der Biodiversitätskonvention und soll durch ein System von Schutzgebieten erreicht werden. Die Vertragsstaaten haben sich wiederholt auf zweijährlichen Vertragsstaatenkonferenzen mit Fragen des Schutzes der biologischen Vielfalt im Meer beschäftigt. Auf der 9. Vertragsstaatenkonferenz im Jahr 2008 in Bonn sind für die Einrichtung von Schutzgebieten für Meeresökosysteme wissenschaftliche und ökologische Kriterien beschlossen worden.

In Europa wird die Erhaltung der biologischen Vielfalt entsprechend der Biodiversitätskonvention durch verschiedene Instrumente unterstützt. Neben der Umsetzung der EU-Flora-Fauna-Habitat-Richtlinie stehen für die Erhaltung der Meeresökosysteme aktuell die Maßnahmen zur Umsetzung der EU-Meeresstrategie-Rahmenrichtlinie im Vordergrund.[86]

---

[84]https://www.umweltbundesamt.de/themen/wasser/wasserrecht/meeresschutzrecht#textpart-2

[85]https://www.cbd.int/convention/articles/default.shtml?a=cbd-05

[86]Ebenda.

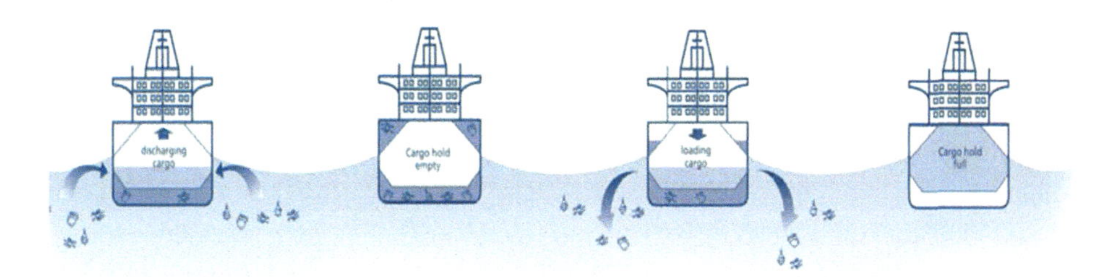

Abb. 3.4 Ballastwasseraufnahme und –abgabe (Ebenda)

3.6 Ballastwasserübereinkommen

Seeschiffe, die nur teilweise oder gar nicht beladen sind, pumpen üblicherweise Seewasser in spezielle Tanks, damit ihr Gewichtsschwerpunkt tief genug im Wasser liegt. Das sogenannte Fahren in Ballast stabilisiert die Schiffe und dient damit der Schiffssicherheit. Mit dem Ballastwasser gelangen aber auch Organismen, z. B. Bakterien, Algen, Krebse und anderes Meeresgetier, in die Tanks. Mit diesen „blinden Passagieren" fahren die Schiffe dann über die Ozeane und lassen das Ballastwasser in der Regel in den Küstengewässern wieder ab (siehe Abb. 3.4). Dort haben sie möglicherweise keine natürlichen Feinde und können ökonomische Schäden anrichten, wie auch das ökologische Gleichgewicht stören. Fremde Kleinstmeerestiere werden so weltweit verbreitet und können einheimische Organismen verdrängen. Aus diesem Grund hat die Internationalen Seeschifffahrts-Organisation (IMO) das Ballastwasser-Übereinkommen verabschiedet. Es legt unter anderem fest, dass Ballastwasser nur dann abgegeben werden darf, wenn bestimmte Grenzwerte oder Vorgaben eingehalten werden. Das schadet nicht nur der Meeresumwelt, sondern hat auch wirtschaftliche Bedeutung, wenn zum Beispiel Kühlwasserleitungen von Industrieunternehmen verstopft werden.[87]

Das Ballastwasser-Übereinkommen (International Convention for the Control and Management of Ships' Ballast Water and Sediments – BWM-Convention [BWM]) ist ein 2004 verabschiedetes, internationales Abkommen im Rahmen der Internationalen Seeschifffahrts-Organisation. Ziel des Abkommens ist, die durch Ballastwasser verursachten Schäden an der Meeresumwelt zu mildern. Am 8. September 2016 trat Finnland als 52. Staat dem Ballastwasser-Übereinkommen bei und ließ damit die Tonnage auf 35,14 % ansteigen. Damit ist das Übereinkommen ein Jahr später am 8. September 2017 in Kraft getreten.

[87]https://www.deutsche-flagge.de/de/umweltschutz/ballastwasser#"BlindeProzent20Passagiere"

Deutschland ist dem Ballastwasser-Übereinkommen am 3. Februar 2013 mit dem Ballastwasser-Gesetz beigetreten. Am 20. Juni 2013 wurde die entsprechende Ratifizierungsurkunde beim Generalsekretär der IMO hinterlegt. Ergänzende Bestimmungen zum Ballastwasser-Übereinkommen und zur Ahndung von Verstößen gegen das Übereinkommen wurden durch die See-Umweltverhaltensverordnung (SeeUmwVerhV)[88] und in einigen Regularien der Länder festgelegt.

Der Umweltausschuss (MEPC) der IMO hat auf seiner letzten Sitzung im Juli 2018 für Klarheit gesorgt, welche Schiffe wann eine Ballastwasser-Behandlungsanlage benötigen:

1. Vorhandene Schiffe (keine Neubauten)
   - für vorhandene Schiffe gilt eine um zwei Jahre verlängerte Übergangsfrist
   - diese Übergangsfrist ist an die Erneuerungsbesichtigung des IOPP-Zeugnisses gebunden:
     a) Grundsätzlich müssen vorhandene Schiffe dem D2-Standard (= Ballastwasser-Behandlungsanlage) ab der ersten Erneuerung des IOPP-Zeugnisses nach dem 08.09.2019 entsprechen.
     b) Ist das IOPP-Zeugnis bereits zwischen dem 08.09.2014 und dem 08.09.2017 erneuert worden, so muss eine Ballastwasser-Behandlungsanlage (= D 2-Standard) bis spätestens zum 08.09.2022 eingebaut werden (= spätestmöglicher Zeitpunkt für die folgende Erneuerung des IOPP-Zeugnisses).
     c) Wird das IOPP-Zeugnis zwischen dem 08.09.2017 und dem 08.09.2019 erneuert, so muss eine Ballastwasser-Behandlungsanlage bis spätestens zum 08.09.2024 eingebaut werden (= spätestmöglicher Zeitpunkt für die darauffolgende zweite Erneuerung).
2. Neubauten
   - Neubauten, die am oder nach dem 8. September 2017 auf Kiel gelegt werden, müssen von Anfang an eine zugelassene Ballastwasser-Behandlungsanlage an Bord haben und den weitergehenden D-2 Standard einhalten.
3. Kleinere Schiffe
   - Schiffe mit einer Größe von unter 400 BRZ erhalten eine Übergangszeit bis zum 08.09.2024 für die Einhaltung des D2-Standards.

Unter das Ballastwasser-Übereinkommen fallen alle Schiffe unabhängig von ihrer Größe unter der Flagge einer Vertragspartei. Deutschland hat das Übereinkommen ratifiziert und ist damit Vertragspartei. Auch Schiffe, die unter der Flagge einer Nicht-Vertragspartei fahren, müssen das Ballastwasser-Übereinkommen einhalten, sofern sie in den Hoheitsgewässern einer Vertragspartei fahren. Schiffe im Sinne des Ballastwasser-Übereinkommens sind alle Fahrzeuge, die im Wasser betrieben werden. Dies sind

[88] Siehe Kap. 7.4.

auch schwimmende Plattformen ohne eigenen Antrieb, Geräte und Lagereinheiten. Für Binnenschiffe gilt das Übereinkommen, wenn sie Seegewässer seewärts der Grenze des Küstenmeeres befahren.

Das Ballastwasser-Übereinkommen gilt nicht für:

1. Schiffe in der Inlandsfahrt; diese sind jedoch durch die See-Umweltverhaltensverordnung[89] erfasst.
2. Schiffe mit geschlossenem Ballastwasser-Tanksystemen,
3. Kriegsschiffe, Flottenhilfsschiffe oder sonstige Staatsschiffe,
4. Schiffe, die nicht entworfen oder gebaut wurden, um Ballastwasser zu befördern.

Das Ballastwasser-Übereinkommen enthält in den Kapiteln A–G Regularien für die Kontrolle und das Management von Ballastwasser:

- Kapitel A Allgemeine Bestimmungen
  - Regel A-1 Begriffsbestimmungen
  - Regel A-2 Allgemeine Anwendbarkeit
  - Regel A-3 Ausnahmen
  - Regel A-4 Befreiungen
  - Regel A-5 Gleichwertige Einhaltung
- Kapitel B Anforderungen an das Management und die Kontrolle für Schiffe
  - Regel B-1 Ballastwasser-Behandlungsplan
  - Regel B-2 Ballastwasser-Tagebuch
  - Regel B-3 Ballastwasser-Behandlung auf Schiffen
  - Regel B-4 Ballastwasser-Austausch
  - Regel B-5 Sediment-Behandlung auf Schiffen
  - Regel B-6 Aufgaben der Offiziere und der Besatzung
- Kapitel C Besondere Anforderungen in bestimmten Gebieten
  - Regel C-1 Zusätzliche Maßnahmen
  - Regel C-2 Warnhinweise hinsichtlich der Ballastwasser-Aufnahme in bestimmten Gebieten und damit zusammenhängende flaggenstaatliche Maßnahmen
  - Regel C-3 Übermittlung von Informationen
- Kapitel D Standards für das Ballastwassermanagement
  - Regel D-1 Norm für den Ballastwasser-Austausch
  - Regel D-2 Norm für die Qualität des Ballastwassers
  - Regel D-3 Zulassungsvorschriften für Ballastwasser-Behandlungssysteme
  - Regel D-4 Prototypen von Ballastwasser-Aufbereitungstechnologien
  - Regel D-5 Überprüfung der Normen durch die Organisation

[89]Siehe Kap. 7.5.

- Kapitel E Anforderungen an die Überwachung und Zertifizierung
  - Regel E-1 Besichtigungen
  - Regel E-2 Ausstellung oder Bestätigung eines Zeugnisses
  - Regel E-3 Ausstellung oder Bestätigung eines Zeugnisses durch eine andere Vertragspartei
  - Regel E-4 Form des Zeugnisses
  - Regel E-5 Geltungsdauer und Gültigkeit des Zeugnisses.

3.6.1 Ballastwasser-Standards

Das Übereinkommen legt im Wesentlichen zwei Standards fest, die Ballastwasser zu erfüllen hat, um beim Einleiten nicht als gefährdend im Sinne des Übereinkommens zu gelten:

- D-1 Standard (Ballastwasser-Austausch)

und

- D-2 Standard (Ballastwasser-Behandlung).

Der D-1 Standard, der für eine Übergangsfrist nach dem Inkrafttreten des Ballastwasser-Übereinkommens erlaubt ist, kann durch einen einfachen Ballastwasseraustausch erreicht werden. Der weitergehende D-2 Standard kann dagegen in der Regel nur durch ein entsprechendes Ballastwasser-Behandlungssystem an Bord eingehalten werden. Es besteht jedoch keine Ausrüstungspflicht.[90]

D-1 Standard
Regel D-1 Norm für den Ballastwasser-Austausch

1. Schiffe, die den Ballastwasser-Austausch nach dieser Regel durchführen, müssen eine effektive Volumenerneuerung von mindestens 95 % des Ballastwassers erreichen.
2. Bei Schiffen, die das Ballastwasser mit der Durchpumpmethode austauschen, gilt ein dreimaliges Durchpumpen des Volumens jedes Ballastwassertanks als Erfüllung der in Absatz 1 bezeichneten Norm. Wird das Volumen weniger als drei Mal durchgepumpt, so kann dies anerkannt werden, sofern das betreffende Schiff nachweisen kann, dass ein Austausch von mindestens 95 % des Ballastwasser-Volumens erreicht worden ist.

[90] https://www.deutsche-flagge.de/de/redaktion/dokumente/dokumente-bsh/2018_-ballastwasser_infotext_final.pdf

Ein Schiff, das zur Erfüllung der Norm in Regel D-1 einen Ballastwasser-Austausch durchführt, muss

1. diesen Ballastwasser-Austausch nach Möglichkeit mindestens 200 Seemeilen vom nächstgelegenen Land entfernt bei einer Wassertiefe von mindestens 200 m unter Berücksichtigung der von der Organisation ausgearbeiteten Richtlinien durchführen

und

2. in Fällen, in denen das Schiff nicht in der Lage ist, den Ballastwasser-Austausch so durchzuführen, diesen Austausch unter Berücksichtigung der genannten Richtlinien und so weit wie möglich vom nächstgelegenen Land entfernt durchführen, in jedem Fall jedoch mindestens 50 Seemeilen vom nächstgelegenen Land entfernt und bei einer Wassertiefe von mindestens 200 m.

Die Ballastwasser-Behandlung erfolgt zunächst auf der Basis ihres zugelassenen Ballastwasser-Behandlungsplans, bis für sie die Regel D-2 gilt (sofern keine Befreiung vorliegt). Schiffe, die von außerhalb der Nord- oder Ostsee einen deutschen Hafen anlaufen, müssen außerhalb von Nord- und Ostsee einen Austausch nach D-1 durchführen, soweit sie nicht bereits unter die Regel D-2 fallen.

Die Regel D-1 zum Austausch von Ballastwasser gibt vor, dass Schiffe, die den Ballastwasser-Austausch nach dieser Regel durchführen, eine effektive Volumenerneuerung von mindestens 95 % des Ballastwassers erreichen müssen. Bei Schiffen, die das Ballastwasser mit der Durchpumpmethode austauschen, gilt ein dreimaliges Durchpumpen des Volumens jedes Ballastwassertanks als Erfüllung der bezeichneten Norm. Wird das Volumen weniger als drei Mal durchgepumpt, so gilt die Regel D-1 trotzdem als erfüllt, sofern das betreffende Schiff nachweisen kann, dass ein Austausch von mindestens 95 % des Ballastwasser-Volumens erreicht worden ist.

Der Austausch von Ballastwasser kann nach drei verschiedenen Methoden erfolgen:

- die Lenzen-Füllen-Methode,
  - ein Prozess, bei dem ein zur Beförderung von Ballastwasser vorgesehener Balasttank zunächst gelenzt und dann mit Ersatz-Ballastwasser gefüllt wird, um einen Austausch von mindestens 95 % des Ballastwasser-Volumens zu erreichen
- die Durchfluss-Methode (Durchpump-Methode)
  - ein Prozess, bei dem Ersatz-Ballastwasser in einen zur Beförderung von Ballastwasser vorgesehenen Ballasttank gepumpt wird, wobei das Wasser durch einen Überlauf oder andere Einrichtungen strömen kann

und

- die Verdünnungs-Methode (Durchpump-Methode)
  - ein Prozess, bei dem neues Ballastwasser an der Oberseite des zur Beförderung von Ballastwasser vorgesehenen Ballasttanks bei gleichzeitigem Ablassen an der Unterseite mit gleicher Flussrate und mit Beibehaltung eines gleichbleibenden Wasserstandes während des gesamten Austauschvorgangs eingefüllt wird.

Als Regel gilt, dass ein Austausch bei einem Abstand von mindestens 200 sm Abstand vom nächstgelegenen Land, d. h. von der Basislinie und bei einer Wassertiefe von mindestens 200 m durchgeführt werden muss. Nur wenn dies unmöglich ist, kann bis zu einem Abstand von mindestens 50 sm Abstand reduziert werden. Die Wassertiefe von 200 m muss trotzdem eingehalten werden.

Alternativ kann auch in ausgewiesenen Gebieten ausgetauscht werden, sofern ein solches Gebiet für den Austausch festgelegt wurde und es auf der Route des Schiffes liegt.

Wenn die Vorgaben der Regel D-1 (Abstand zur Küste/Wassertiefe) auf der ganzen Reise nicht vorliegen und ein Austauschgebiet nicht existiert, muss kein Austausch vorgenommen werden. Der Umstand muss aber in das Tagebuch eingetragen werden. Ein Abweichen von der geplanten Route zur Einhaltung von D-1 ist nicht erforderlich. Auch ein Vorziehen der Regel D-2 findet nicht statt, wenn D-1 nicht möglich ist.

Wenn unterwegs nur ein teilweiser Austausch stattfinden kann, gilt, dass Tanks stets nur vollständig ausgetauscht werden sollen. Keinesfalls soll ein teilweiser Austausch innerhalb eines Tanks stattfinden. Aufgrund der Möglichkeit, dass ein teilweiser Austausch ein Neuwachstum von Organismen anregen kann, soll mit dem Ballastwasser-Austausch in jedem Tank nur dann begonnen werden, wenn ausreichend Zeit zur Verfügung steht, um den Austausch in Erfüllung der Regel D-1 auch abzuschließen. Es sollen so viele vollständige Tanks ausgetauscht werden, wie dies zeitlich möglich ist, ohne die Reise zu verzögern. Wenn die Regel D-1 nicht in jeder Hinsicht erfüllt werden kann, soll mit dem Austausch des jeweiligen Tanks nicht begonnen werden.

D-2 Standard

Regel D-2 Norm für die Qualität des Ballastwassers

1. Schiffe, die eine Ballastwasser-Behandlung nach dieser Regel durchführen, dürfen höchstens Konzentrationen von weniger als 10 lebensfähigen Organismen pro Kubikmeter mit einer Größe von mindestens 50 µm und von weniger als 10 lebensfähigen Organismen pro Milliliter mit einer Größe von weniger als 50 µm und mindestens 10 µm einleiten; außerdem darf die Einleitung von Indikatormikroben die in Absatz 2 angegebenen Konzentrationen nicht überschreiten.

2. Zu den als für die menschliche Gesundheit unbedenklich geltenden Indikatormikroben gehören
   i. toxigene *Vibrio cholerae* (O1 und O139) in einer Konzentration von weniger als 1 koloniebildenden Einheit (KBE) je 100 ml oder von weniger als 1 KBE je 1 g (Nassgewicht) Zooplankton,
   ii. *Escherichia coli* in einer Konzentration von weniger als 250 KBE je 100 ml,
   iii. Darm-Enterokokken in einer Konzentration von weniger als 100 KBE je 100 ml.

Der weitergehende D-2-Standard kann in erster Linie durch ein entsprechendes Ballastwasser-Behandlungssystem an Bord oder durch die Abgabe des Ballastwassers an eine Hafen-Auffanganlage eingehalten werden. Es besteht keine Ausrüstungspflicht. Auch eine Abgabe an ein externes Ballastwasser-Behandlungssystem (zum Beispiel auf einem anderen Schiff oder an Land) ist möglich, sofern diese die Voraussetzungen der Zulassungsrichtlinien G8/G9 einhalten. Der Umgang mit dem Ballastwasser muss entsprechend im Ballastwasser-Behandlungsplan festgelegt sein. Sämtliche Ballastwasservorgänge sind entsprechend im Ballastwasser-Tagebuch zu vermerken.[91]

Sonderregelungen zum Ballastwasser-Austausch in der Nordsee[92]

Die OSPAR-Staaten haben für Intra-Nordsee-Verkehre ein Ballastwasser-Austauschgebiet ausgewiesen (Abb. 3.5). Danach gilt:

Schiffe, die sich im Intra-Nordsee-Verkehr befinden (und nur diese), müssen im ausgewiesenen Austauschgebiet der Nordsee einen Austausch durchführen, soweit das Austauschgebiet auf ihrem Weg liegt. Ein Schiff ist dabei nicht verpflichtet, von seiner geplanten Reiseroute abzuweichen oder die Reise zu verzögern, um einen Ballastwasser-Austausch vorzunehmen. Unter Umständen muss dann nur ein teilweiser Austausch vorgenommen werden.

Intra-Nordsee Verkehr beinhaltet alle Verkehre die nur die Nordsee als Seegebiet befahren und dort Ballastwasser aufnehmen bzw. abgeben. Dazu zählen auch die in die Nordsee mündenden Flüsse und der Nord-Ost-see-Kanal, der dem Flusssystem Elbe zuzuordnen ist.

Dabei sind die verschiedenen Abschnitte der Reise zu betrachten, d. h. selbst wenn das Schiff planmäßig weiter in die Ostsee fährt, handelt es sich um Intra-Nordsee-Verkehr auf der Strecke, wo das Schiff in der Nordsee/NOK Ballastwasser aufnimmt bzw. abgibt.

[91]https://www.deutsche-flagge.de/de/redaktion/dokumente/dokumente-bsh/2018_-ballastwasser_infotext_final.pdf

[92]Ebenda.

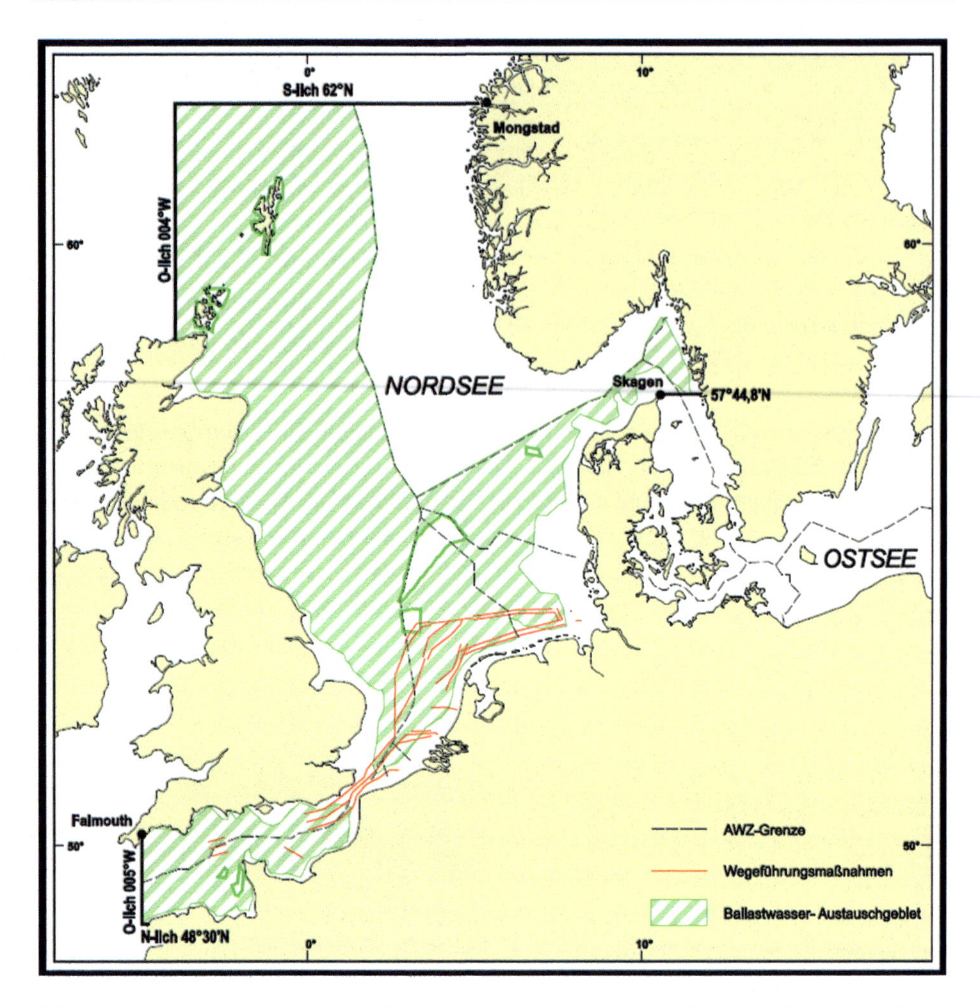

Abb. 3.5 Ballastaustauschgebiete Nordsee (https://www.deutsche-flagge.de/de/redaktion/dokumente/dokumente-bsh/karte_austauschgebiete_gruen2018_info_final.pdf)

Schiffe mit Abfahrtshafen oder mit Ziel außerhalb der Nordsee sollen nicht im Nordsee-Austauschgebiet ihr Ballastwasser austauschen, sondern müssen für den Austausch des Ballastwassers die 200 sm und mind. 200 m Wassertiefe auf ihrem Weg nutzen, bevor bzw. nachdem sie die Nordsee befahren (oder wenn unmöglich: alternativ 50 sm/200 m Wassertiefe).

Für Schiffe die aus der Ostsee kommen oder aus der Nordsee einen Ostseehafen anlaufen gilt das Intra-Nordsee-Austauschgebiet ebenfalls nicht; Schiffe auf solchen Fahrten müssen keinen Austausch nach D-1 durchführen.

Die Regel D-2 muss nicht vorzeitig vom Schiff angewendet werden, wenn das Schiff noch dem Regime der Regel D-1 unterfällt aber kein Austauschgebiet erreicht (vgl. Allgemeinverfügung des BSH).

Sämtliche Ballastwasser-Vorgänge sind entsprechend im Ballastwasser-Tagebuch zu vermerken.

Sonderregelungen zum Ballastwasser-Austausch in der Ostsee[93]

Schiffe, die zwischen zwei Ostseehäfen verkehren, müssen keinen Austausch nach D-1 durchführen. In der Ostsee gibt es kein Austauschgebiet.

Schiffe, die aus Gebieten der Nordsee kommend in die Ostsee einfahren, müssen ebenfalls keinen Austausch nach D-1 durchführen, da sie auf ihrer Reise kein Austauschgebiet durchfahren, das für sie gilt. Die Intra-Nordsee-Austauschgebiete gelten nur für Intra-Nordsee-Verkehr.

Schiffe, die aus anderen Gebieten (z. B. Atlantik) in die Ostsee einfahren führen einen Ballastwasser-Austausch nach Maßgabe des D1-Standards aus. Der Austausch erfolgt daher auf längeren Reisen vor Einfahrt in die Ostsee, sofern die Gegebenheiten (200 sm/200 m oder 50 sm/200 m Abstand vom nächstgelegenen Land, d. h. von der Basislinie/Wassertiefe oder ein anwendbares Austauschgebiet) vorliegen.

Die Regel D-2 muss nicht vorzeitig vom Schiff angewendet werden, wenn das Schiff noch dem Regime der Regel D-1 unterfällt aber kein Austauschgebiet erreicht (vgl. Allgemeinverfügung des BSH).

Sämtliche Ballastwasser-Vorgänge sind entsprechend im Ballastwasser-Tagebuch zu vermerken.

Tipp

Allgemeinverfügung des BSH zum BWM[94]

Verkehrt ein Schiff, das gemäß Regel B-3 des Anhangs zum Ballastwasser-Übereinkommen noch nicht die Norm D-2 einhalten muss, in der Nord- oder Ostsee und besteht keine Möglichkeit des Ballastwasser-Austausches im Sinne von § 18 Abs. 1 Nr. 1 SeeUmwVerhV[95] i. V. m. Regel B-4.1 und D-1 der Anlage zum Ballastwasser-Übereinkommen, so gilt:

1. Das Schiff ist nicht verpflichtet, vorzeitig eine Behandlung von Ballastwasser nach der Norm D-2 durchzuführen.
2. Das Schiff ist nicht verpflichtet, nach den Regelungen B-3.6 (Abgabe an Hafenauffangeinrichtung), B-3.7 (andere Methode) oder A-4 (Befreiungen) des Ballastwasser-Übereinkommens vorzugehen

[93]https://www.deutsche-flagge.de/de/redaktion/dokumente/dokumente-bsh/2018_-ballastwasser_infotext_final.pdf

[94]https://www.deutsche-flagge.de/en/redaktion-englisch/documents/documents-bsh/offentliche-bekanntmachung_d1engl.pdf

[95]Siehe Kap. 7.4.

Vorgesehene Ausnahmen von der Ballastwasser-Behandlung sind:

1. Gefährdung der Schiffssicherheit in Notfallsituationen oder Maßnahmen zur Rettung von Menschenleben;
2. unfallbedingtes Einleiten infolge von Beschädigung, wenn alle angemessenen Vorsichtsmaßnahmen zur Verhütung/Verringerung getroffen worden sind und kein Vorsatz/leichtfertige Verursachung vorliegt;
3. das Aufnehmen und Einleiten von Ballastwasser und Sedimenten, sofern es dazu dient, von dem Schiff ausgehende Verschmutzungsereignisse zu vermeiden oder auf ein Mindestmaß zu verringern;
4. das Aufnehmen und spätere Wiedereinleiten desselben Ballastwassers und derselben Sedimente auf Hoher See;
5. das Einleiten von Ballastwasser und Sedimenten von einem Schiff an dem Ort[96], von dem das gesamte Ballastwasser und alle Sedimente stammen, sofern keine Vermischung mit unbehandeltem Ballastwasser und Sedimenten stattfand.

3.6.2 Ballastwassermanagementsystem (BWMS)

Ein Ballastwassermanagementsystem (BWMS) kann in Deutschland vom BSH für den Einbau an Bord von Schiffen zugelassen werden, wenn es die Anforderungen der IMO für die Zulassung eines BWMS in jeder Hinsicht erfüllt. Die Zulassung wird in Form eines Zeugnisses über die Baumusterzulassung (Type Approval) des Systems erteilt. Der Hersteller muss im Rahmen des Baumusterzulassungsverfahrens die biologische Wirksamkeit der Anlage durch die Durchführung umfangreicher landseitiger Tests („landbased tests") nach den Vorgaben des BWMS Code (früher Richtlinien für die Genehmigung von Ballastwasser-Behandlungssystemen (G8)) nachweisen. Entscheidend ist hierbei das Erreichen des D-2-Standards des Ballastwasser-Übereinkommens.

Darüber hinaus muss nach den Vorgaben des BWMS Code anhand bordseitiger Tests (shipboard tests) die Leistung des an Bord eines Schiffes eingebauten BWMS geprüft und bewertet werden. Dabei ist ein reibungsloser Betrieb des Systems an Bord ohne Beeinträchtigung oder Gefährdung der Schiffssicherheit, der Besatzung, der Umwelt und der menschlichen Gesundheit nachzuweisen. Für ein BWMS, in dem aktive Substanzen zum Einsatz kommen, ist zusätzlich das Verfahren zur Genehmigung von Ballastwasser-Behandlungssystemen, die aktive Substanzen einsetzen, durchzuführen. Hierzu muss im Wesentlichen die Umweltverträglichkeit und Anwendungssicherheit der aktiven Substanz umfassend nachgewiesen werden. Die Zulassung der aktiven Substanzen

[96]Die Definition dieser „same location" für die Häfen wird von den Ländern im Rahmen ihrer Kompetenz wahrgenommen.

gliedert sich in zwei Stufen, der Grundgenehmigung und der endgültigen Genehmigung (Basic Approval und Final Approval). Das Basic Approval berechtigt den Hersteller, die aktiven Substanzen im Rahmen der Testverfahren für die Baumusterzulassungsprüfung einzusetzen. Mit dem Final Approval wird abschließend die Unbedenklichkeit der aktiven Substanzen im Rahmen der Tests bescheinigt.[97]

3.6.3 Mitzuführende Dokumente nach dem Ballastwasser-ÜE

3.6.3.1 Ballastwasser-Behandlungsplan[98]

Jedes Schiff muss einen zugelassenen, für das Schiff spezifischen Ballastwasser-Behandlungsplan an Bord mitführen und durchführen, der folgende Tätigkeiten darstellt:

1. die Sicherheitsverfahren für das Schiff und die Besatzung im Zusammenhang mit der nach diesem Übereinkommen vorgeschriebenen Ballastwasser-Behandlung ausführlich darstellen;
2. eine ausführliche Beschreibung der Maßnahmen enthalten, die zur Durchführung der in diesem Übereinkommen niedergelegten Vorschriften und ergänzenden Verfahren für die Ballastwasser-Behandlung zu ergreifen sind;
3. die Verfahren für die Entsorgung von Sedimenten
   i. auf See und
   ii. an Land.

Darüber hinaus muss der Plan

4. die Verfahren für die Koordinierung der Ballastwasser-Behandlung an Bord des Schiffes, bei der es zu einem Einleiten ins Meer kommt, mit den Behörden des Staates, in dessen Gewässer das Einleiten erfolgen wird, enthalten;
5. den Offizier an Bord benennen, der dafür verantwortlich ist, die ordnungsgemäße Durchführung des Plans sicherzustellen;
6. eine Darstellung der nach diesem Übereinkommen vorgeschriebenen Meldevorschriften für Schiffe enthalten;
7. in der Arbeitssprache des Schiffes abgefasst sein. Ist die verwendete Sprache nicht Englisch, Französisch oder Spanisch, so ist eine Übersetzung in eine dieser Sprachen beizufügen.

[97]https://www.bsh.de/DE/THEMEN/Schifffahrt/Umwelt_und_Schifffahrt/Ballastwasser/Ballastwassermanagementsysteme/Zulassungsverfahren/zulassungsverfahren_node.html
[98]Regel B-1 Anlage zum Ballastwasser-Übereinkommen.

3.6.3.2 Ballastwasser-Tagebuch[99]

Alle Schiffe, die unter das Ballastwasser-Übereinkommen fallen und die Flagge einer Vertragspartei führen, müssen in nationaler und internationaler Fahrt – unabhängig von ihrer Größe – einen zugelassenen Ballastwasser-Behandlungsplan und ein Ballastwasser-Tagebuch mitführen. Im deutschen Recht ist dies in § 20 See-Umweltverhaltensverordnung geregelt. Das Ballastwasser-Tagebuch kann auch elektronisch vorliegen oder in ein anderes Tagebuch integriert sein und ist mindestens zwei Jahre an Bord vorzuhalten (zudem weitere drei Jahre in der Verfügungsgewalt des Unternehmens). Jeder Ballastwasser-Vorgang ist unverzüglich vollständig einzutragen und vom verantwortlichen Offizier zu unterschreiben. Jede Seite ist vom Kapitän zu unterzeichnen. Einzutragen sind z. B. die Gründe für einen nicht durchgeführten Austausch nach Regel D-1 (siehe Richtlinie G6[100]) und Befreiungen (siehe Richtlinie G4[101]). Das Ballastwasser-Tagebuch ist so aufzubewahren, dass es für eine Überprüfung ohne Weiteres zur Verfügung steht. Bei unbemannten geschleppten Schiffen kann es an Bord des Schleppschiffs aufbewahrt werden. Das Tagebuch ist in Arbeitssprache des Schiffes abzufassen. Ist diese Sprache nicht Englisch, Französisch oder Spanisch, so müssen die Eintragungen eine Übersetzung in eine dieser Sprachen enthalten. Die IMO hat im Rahmen der Überarbeitung der Richtlinie G6 bei der 71. Sitzung des Umweltschutzausschusses (MEPC 71) eine überarbeitete Fassung des Ballast Water Reporting Form erstellt.

3.6.3.3 Zeugnis

Nach einer erfolgreichen Besichtigung des Schiffes mit einer Bruttoraumzahl von 400 und mehr durch ordnungsgemäß Ermächtige wird dem Schiff ein Zeugnis zum Ballastwasser-Übereinkommen ausgestellt.

Schiffe in der nationalen Fahrt erhalten standardmäßig kein internationales Zeugnis über die Ballastwasser-Behandlung und sind von der Besichtigungspflicht nach Abschnitt E des Ballastwasser-Übereinkommens befreit. Allerdings können Reedereien solcher Schiffe ein Zeugnis beantragen, wenn sie es wünschen. Auch können Vorschriften der zuständigen Klassifikationsgesellschaft Besichtigungen für das Ballastwasser-Zeugnis erfordern, z. B. aufgrund des Klassezeichens.

3.6.4 Richtlinien des MEPC zum Ballastwasser-ÜE

Der Ausschuss für den Schutz der Meeresumwelt (MEPC) der Internationalen Seeschifffahrts-Organisation hat 14 Richtlinien (G1–G14) zum Internationalen Übereinkommen

[99]Regel B-2 Anlage zum Ballastwasser-Übereinkommen.

[100]Siehe Kap. 3.6.4.6.

[101]Siehe Kap. 3.6.4.4.

von 2004 zur Kontrolle und Behandlung von Ballastwasser und Sedimenten von Schiffen (BallastwasserÜbereinkommen) beschlossen, die folgende Einzelheiten regeln:[102]

- Richtlinien für Sediment-Auffanganlagen (G1)
- Richtlinien für die Entnahme von Proben aus dem Ballastwasser (G2)
- Richtlinien für die Ballastwasser-Behandlung – Gleichwertige Einhaltung (G3)
- Richtlinien für die Ballastwasser-Behandlung und die Erstellung von Ballastwasser-Behandlungsplänen (G4)
- Richtlinien für Ballastwasser-Auffanganlagen (G5)
- Richtlinien für den Ballastwasser-Austausch (G6)
- Richtlinien für die Risikobewertung nach Regel A-4 des Ballastwasser-Übereinkommens (G7)
- Richtlinien für die Zulassung von Ballastwasser-Behandlungssystemen (G8)
  Jetzt: BWMS-Code[103]
- Verfahren für die Zulassung von Ballastwasser-Behandlungssystemen, die aktive Substanzen verwenden (G9)
- Richtlinien für die Zulassung und Beaufsichtigung von Prototypen von Ballastwasser-Aufbereitungstechnologieprogrammen (G10)
- Richtlinien für Entwurfs- und Bauvorschriften für den Ballastwasser-Austausch (G11)
- Richtlinien für Entwurf und Bau zur Erleichterung der Sedimentkontrolle auf Schiffen (G12)
- Richtlinien für zusätzliche Maßnahmen im Zusammenhang mit der Behandlung von Ballastwasser einschließlich Notfallsituationen (G13)
- Richtlinien für die Festlegung von Gebieten für den Ballastwasser-Austausch (G14).

3.6.4.1 Richtlinien des MEPC für Sediment-Auffanganlagen (G1)

Der Zweck dieser Richtlinien besteht darin, eine Anleitung für die Bereitstellung von Sediment-Auffanganlagen nach Artikel 5 des Übereinkommens zu geben:

> Jede Vertragspartei verpflichtet sich sicherzustellen, dass in von ihr benannten Häfen und an von ihr benannten Umschlagplätzen, wo Reinigungs- oder Reparaturarbeiten an Ballasttanks stattfinden, ausreichende Auffanganlagen zur Aufnahme von Sedimenten unter Berücksichtigung der von der Organisation ausgearbeiteten Richtlinien bereitgestellt werden.[104]

[102]https://www.bsh.de/DE/THEMEN/Schifffahrt/Nautische_Informationen/Weitere_Informationen/Schifffahrtsvorschriften/Downloads

[103]Siehe Kap. 3.6.2.

[104]Art. 5 Ballastwasser-ÜE.

Diese auch als Leitfaden bezeichnete Richtlinie soll eine weltweit einheitliche Schnittstelle zwischen solchen Anlagen und den Schiffen fördern, ohne bestimmte Auffanganlagen an Land vorzuschreiben. Eine Anlage soll möglichst von allen Schiffen genutzt werden können, die Sedimente aus Ballastwassertanks abgeben wollen.[105] Sie sollen unter Berücksichtigung der Schiffstypen, die sie möglicherweise benutzen können, konstruiert werden, und es sollen die Anforderungen für die Reinigung von Ballasttanks und von Instandsetzungseinrichtungen in dem Bereich (den Bereichen), für den (die) die Auffanganlage dient, beachtet werden. Gleichzeitig sollen Schiffen, die die Anlage benutzen wollen, Einzelheiten zu den Fähigkeiten und zu etwaigen Kapazitätseinschränkungen des Aufnahmeprozesses (Anlagen und Ausrüstungen), zur Verfügung gestellt werden.

3.6.4.2 Richtlinie des MEPC für die Entnahme von Proben aus dem Ballastwasser (G2)

Ziel dieser Richtlinien ist es, den Vertragsparteien, einschließlich der Hafenstaatkontrolleure, eine technische und praktische Anleitung für die Probenentnahme aus dem Ballastwasser und dessen Analyse zu geben, um festzustellen, ob das Schiff nach Artikel 9 „Überprüfungen von Schiffen" dem Ballastwasser-Übereinkommen (Übereinkommen) entspricht:

Übersicht

Ein Schiff, für das dieses Übereinkommen gilt, kann in jedem Hafen und an jedem Offshore-Umschlagplatz einer anderen Vertragspartei durch von dieser Vertragspartei ordnungsgemäß ermächtigte Bedienstete überprüft werden, damit festgestellt werden kann, ob das Schiff diesem Übereinkommen entspricht.[106]

Diese Richtlinien befassen sich nur mit den allgemeinen technischen Verfahren zur Probenentnahme und nicht mit den rechtlichen Anforderungen. Die Anforderungen für die Probenentnahme zur Kontrolle der Einhaltung der Regeln D-1 und D-2 des Übereinkommens weichen voneinander ab, da diese beiden Regeln erheblich unter schiedliche Parameter beinhalten.

Die Richtlinie G2 enthält in der Anlage Hinweise zur Beprobung, die in die folgenden Teile strukturiert ist:

Teil 1 Probenentnahme aus der Abflussleitung für Ballastwasser
Teil 2 Probenentnahme aus Ballastwassertanks
Teil 3 Probenentnahme- und Analyseprotokolle
Teil 4 Formulare zur Erfassung der Probendaten

[105]Richtlinien für Sediment-Auffanganlagen (G1), Pkt. 3.2.

[106]Art. 9 Ballastwasser-ÜE.

Teil 5 Gesundheits- und Sicherheitsaspekte

Teil 6 Empfehlung für einen Ballastwasser-Probenentnahmekoffer der Hafenstaatkontrolle

Teil 7 Wartung, Aufbewahrung, Kennzeichnung und Beförderung

Teil 8 Aufzeichnungen zur Kontrollkette

Die Anlage enthält somit praktische Empfehlungen bezüglich der Techniken und Verfahren für die Probenentnahme für die Nutzung durch die Mitgliedstaaten, die Kontrollbeamten der Hafenstaaten und andere ermächtigte Bedienstete bei der Bewertung der Einhaltung der Standards D-1 oder D-2.

3.6.4.3 Richtlinien des MEPC für die Ballastwasser-Behandlung – Gleichwertige Einhaltung (G3)

Diese Richtlinien gelten für ausschließlich für Sport- und Erholungszwecke verwendete Sportfahrzeuge oder für vorwiegend zur Seenotrettung verwendete Fahrzeuge von weniger als 50 m Länge über alles und mit einem Ballastwasser-Fassungsvermögen von höchstens 8 m^3.

Bei der Aufnahme von Ballastwasser soll es, wo immer dies möglich ist, außerhalb der Hafengewässer und möglichst weit von der Küste entfernt aufgenommen werden. Bei dem Einleiten von Ballastwasser soll, um die Übertragung schädlicher Wasserorganismen und Krankheitserreger in dem größtmöglichen Ausmaß zu verhüten, auf ein Mindestmaß zu verringern und letztendlich ganz zu beseitigen, Ballastwasser entweder vor dem Einleiten nach Regel B-4 ausgetauscht oder entsprechend den Vorschriften der Verwaltung anderweitig behandelt werden.

> Ein Schiff, das zur Erfüllung der Norm in Regel D-1 einen Ballastwasser-Austausch durchführt, muss diesen Ballastwasser-Austausch nach Möglichkeit mindestens 200 Seemeilen vom nächstgelegenen Land entfernt bei einer Wassertiefe von mindestens 200 m oder in Fällen, in denen das Schiff nicht in der Lage ist, den Ballastwasser-Austausch so durchzuführen, diesen Austausch unter Berücksichtigung der in Absatz 1.1 genannten Richtlinien und so weit wie möglich vom nächstgelegenen Land entfernt durchführen, in jedem Fall jedoch mindestens 50 Seemeilen vom nächstgelegenen Land entfernt und bei einer Wassertiefe von mindestens 200 m.[107]

Bei chemischen Behandlungen dürfen nur aktive Substanzen verwendet werden, die von der Organisation nach Regel D-3 des Übereinkommens zugelassen worden sind.

[107] Regel B-4 Ballastwasser-ÜE.

3.6.4.4 Richtlinien für die Ballastwasser-Behandlung und die Erstellung von Ballastwasser-Behandlungsplänen (G4)

Bei der Auswahl geeigneter Methoden der Ballastwasser-Behandlung ist sicherzustellen, dass die zur Erfüllung dieses Übereinkommens angewandten Verfahren für die Ballastwasser-Behandlung von der Umwelt, der menschlichen Gesundheit, Sachwerten oder Naturschätzen unter der Hoheitsgewalt jedes beliebigen Staates oder der Sicherheit von Schiffen nicht größeren Schaden zufügen als durch sie verhütet wird. Die Richtlinien für die Ballastwasser-Behandlung und die Erstellung von Ballastwasser-Behandlungsplänen zielen darauf ab, die Regierungen, die zuständigen Behörden, Schiffskapitäne, Betreiber und Eigentümer von Schiffen und die Hafenbehörden sowie andere beteiligte Parteien dabei zu unterstützen, die Gefahr des Einleitens schädlicher Wasserorganismen und Krankheitserreger durch Ballastwasser von Schiffen und die dazugehörigen Sedimente zu verhüten, zu mindern und letztendlich ganz zu beseitigen, bei gleichzeitigem Schutz der Schiffssicherheit durch die Anwendung des internationalen Übereinkommens zur Kontrolle und Behandlung von Ballastwasser und Sedimenten von Schiffen.

Die Richtlinien G4 bestehen aus zwei Teilen:

- Teil A Richtlinien für die Ballastwasser-Behandlung, die einen Leitfaden über die allgemeinen Grundsätzen der Ballastwasser-Behandlung enthalten
  - Betriebsabläufe des Schiffes
  - Verfahren im Zusammenhang mit den Eintragungen
  - Ausbildung und Schule

und

- Teil B Richtlinien für die Erstellung von Ballastwasser-Behandlungsplänen, die eine Anleitung für den Aufbau und Inhalt der in Regel B-1 des Übereinkommens vorgeschriebenen Ballastwasser-Behandlungspläne enthalten
  - Einführung
  - Allgemeines
  - Verbindliche Bestimmungen
  - Nicht verbindliche Angaben.

Die Richtlinien G4 finden Anwendung auf alle Schiffe sowie auf Flaggenverwaltungen, Hafenstaaten, Küstenstaaten, Schiffseigentümer, Schiffsbetreiber, Besatzungsmitglieder, die an der Ballastwasser-Behandlung beteiligt sind sowie Schiffskonstrukteure, Schiffsbauer, Klassifizierungsgesellschaften und andere beteiligte Parteien.

Bei den Betriebsabläufen der Schiffe ist zur Vermeidung unnötigen Einleitens von Ballastwasser ist darauf zu achten, dass, wenn sich das Aufnehmen und das Einleiten von Ballastwasser im gleichen Hafen als erforderlich erweist, um einen sicheren Ladebetrieb zu gewährleisten, darauf geachtet werden soll, dass ein unnötiges Einleiten von Ballastwasser, das in einem anderen Hafen aufgenommen wurde, vermieden wird. Behandeltes

Ballastwasser, das mit unbehandeltem Ballastwasser gemischt ist, erfüllt nicht mehr die Bestimmungen der Regeln D-1 und D-2 des Ballastwasser-Übereinkommens.

Bei der Aufnahme von Ballastwasser soll besonders darauf geachtet werden, dass keine potenziell schädlichen Wasserorganismen, Krankheitserreger und Sedimente aufgenommen werden, die solche Organismen enthalten können. Die Aufnahme von Ballastwasser soll auf das Mindestmaß beschränkt oder, wo durchführbar, in folgenden Gebieten und Situationen vermieden werden:

- in Gebieten, in denen Schiffe aufgrund bekannter Umstände kein Ballastwasser aufnehmen sollen,
- bei Dunkelheit, wenn Organismen in der Wassersäule aufsteigen können,
- in sehr seichtem Wasser,
- wo Sedimente durch Propeller aufgewirbelt werden können,

oder

- wo Ausbaggerungen vorgenommen werden oder vor kurzem durchgeführt wurden.

Aufgrund der Möglichkeit, dass ein teilweiser Austausch ein Neuwachstum von Organismen anregen kann, soll mit dem Ballastwasser-Austausch in jedem Tank nur dann begonnen werden, wenn ausreichend Zeit zur Verfügung steht, um den Austausch in Erfüllung der Norm in Regel D-1 abzuschließen, und wenn das Schiff die Kriterien in Regel B-4 zur Entfernung zum Land und der Mindestwassertiefe erfüllen kann. Es sollen so viele vollständige Tanks nach Maßgabe der Norm in Regel D-1 ausgetauscht werden wie dies zeitlich möglich ist; wenn für einen Tank die Norm in Regel D-1 nicht in jeder Hinsicht erfüllt werden kann, soll mit dem Austausch für diesen Tank nicht begonnen werden.

In Teil B der Richtlinien G4 sind einzelne Richtlinien für die sieben verbindlichen Vorschriften der Regel B-1 der Anlage zum Übereinkommen enthalten. Nach dieser Regel muss der Ballastwasser-Behandlungsplan ein für jedes Schiff spezifischer Plan sein und mindestens

1. die Sicherheitsverfahren für das Schiff und die Besatzung im Zusammenhang mit der nach diesem Übereinkommen vorgeschriebenen Ballastwasser-Behandlung ausführlich darstellen,
2. eine ausführliche Beschreibung der Maßnahmen enthalten, die zur Durchführung der in diesem Übereinkommen niedergelegten Vorschriften und ergänzenden Verfahren für die Ballastwasser-Behandlung zu ergreifen sind,
3. die Verfahren für die Entsorgung von Sedimenten
   a) auf See und
   b) an Land

ausführlich darstellen,

4. die Verfahren für die Koordinierung der Ballastwasser-Behandlung an Bord des Schiffes, bei der es zu einem Einleiten ins Meer kommt, mit den Behörden des Staates, in dessen Gewässer das Einleiten erfolgen wird, enthalten,
5. den Offizier an Bord benennen, der dafür verantwortlich ist, die ordnungsgemäße Durchführung des Plans sicherzustellen,
6. eine Darstellung der nach diesem Übereinkommen vorgeschriebenen Meldevorschriften für Schiffe enthalten,
7. in der Arbeitssprache des Schiffes abgefasst sein. Ist die verwendete Sprache nicht Englisch, Französisch oder Spanisch, so ist eine Übersetzung in eine dieser Sprachen beizufügen.

Darüber hinaus kann der Eigentümer/Betreiber dem Plan zusätzliche zu den in den Artikeln und Regeln des Übereinkommens vorgeschriebenen Bestimmungen Informationen als Anhänge anfügen. Nationale oder regionale Bestimmungen, die vom Übereinkommen abweichen, können ebenfalls als Bezugsangaben aufgenommen werden.

Die nicht verbindlichen Angaben können auch Handbücher des Herstellers (entweder auszugsweise oder vollständig) oder Hinweise auf den Aufbewahrungsort für solche Handbücher und andere relevante Unterlagen an Bord des Schiffes umfassen.

3.6.4.5 Richtlinien für Ballastwasser-Auffanganlagen (G5)

Eine Ballastwasser-Auffanganlage muss in der Lage sein, Ballastwasser von Schiffen ohne Gefährdung der Umwelt, der menschlichen Gesundheit, von Sachwerten und Ressourcen durch die Freisetzung von schädlichen Wasserorganismen und Krankheitserregern in die Umwelt aufzunehmen.

Eine solche Anlage muss über Rohrleitungen, Sammelrohre, Reduzierstücke, Einrichtungen und sonstige Vorrichtungen verfügen, um – soweit möglich – von allen Schiffen, die Ballastwasser in einem Hafen abgeben wollen, genutzt werden zu können. Die Anlage muss über entsprechende Vorrichtungen zum Festmachen von Schiffen verfügen, die die Anlage benutzen, und gegebenenfalls sichere Ankerplätze bieten.

Die Entsorgung von Ballastwasser aus einer Auffanganlage soll nicht zu einer Gefährdung der Umwelt, der menschlichen Gesundheit, von Sachwerten und Ressourcen durch die Freisetzung oder Übertragung von schädlichen Wasserorganismen und Krankheitserregern in die Umwelt führen.

Auf das Ballastwasser angewandte Aufbereitungsmethoden sollen keine Auswirkungen haben, die zu einer Gefährdung der Umwelt, der menschlichen Gesundheit, von Sachwerten und Ressourcen führen können. In Fällen, in denen Ballastwasser in der Meeresumwelt entsorgt wird, soll es mindestens die in Regel D-2 bezeichnete Norm für die Qualität des Ballastwassers erfüllen. Bei der Entsorgung in eine andere Umgebungen ist eine für den jeweiligen Hafenstaat akzeptable Norm einzuhalten, die nicht zu einer Gefährdung der Umwelt, der menschlichen Gesundheit, von Sachwerten und Ressourcen durch die Freisetzung oder Übertragung von schädlichen Wasserorganismen und Krankheitserregern in die Umwelt führen soll.

Jede Ballastwasser-Auffanganlage muss über Schiff-zu-Land-Anschlüsse verfügen, die einer anerkannten Norm, wie den „Empfehlungen für Ladeleitungen für Öltanker und dazugehörige Ausrüstungsgegenstände" des Internationalen Schifffahrtsforums der Ölgesellschaften (OCIMF).

3.6.4.6 Richtlinien des MEPC für Richtlinien für den Ballastwasser-Austausch (G6)

Die Richtlinien gelten für alle am Ballastwasser-Austausch Beteiligten, einschließlich Eigentümer und Betreiber von Schiffen, Konstrukteure, Klassifikationsgesellschaften und Schiffbauer. Die Betriebsabläufe und Anleitungen, die die in diesen Richtlinien aufgeworfenen Fragen aufnehmen, sollen sich im Ballastwasser-Behandlungsplan des Schiffes wiederfinden.

In dieser Richtlinie werden die drei anerkannten Methoden beschrieben, mit denen ein Ballastwasser-Austausch durchgeführt werden kann:

1. Lenzen-Füllen-Methode
   - ein Prozess, bei dem ein zur Beförderung von Ballastwasser vorgesehener Ballasttank zunächst gelenzt und dann mit Ersatz-Ballastwasser gefüllt wird, um einen Austausch von mindestens 95 % des Ballastwasser-Volumens zu erreichen.
2. Durchflussmethode
   - ein Prozess, bei dem Ersatz-Ballastwasser in einen zur Beförderung von Ballastwasser vorgesehenen Ballasttank gepumpt wird, wobei das Wasser durch einen Überlauf oder andere Einrichtungen strömen kann.
3. Verdünnungsmethode
   - ein Prozess, bei dem neues Ballastwasser an der Oberseite des zur Beförderung von Ballastwasser vorgesehenen Ballasttanks bei gleichzeitiger Einleitung an der Unterseite mit gleicher Einleitrate und mit Beibehaltung eines gleichbleibenden Wasserstands während des gesamten Austauschvorgangs eingefüllt wird.

3.6.4.7 Richtlinien für die Risikobewertung nach Regel A-4 des Ballastwasser-Übereinkommens (G7)

Die Risikobewertung ist ein logisches Verfahren, um die Wahrscheinlichkeit und Auswirkungen von bestimmten Ereignissen – wie Eintrag, Ansiedlung oder Ausbreitung von schädlichen Wasserorganismen und Krankheitserregern zu bestimmen. Risikobewertungen können qualitativ oder quantitativ erfolgen und eine wertvolle Entscheidungshilfe darstellen, wenn sie systematisch und genau durchgeführt wird. Eine wissenschaftlich solide Risikobewertung untermauert das Verfahren der Vertragsparteien zur Gewährung von Befreiungen nach Regel A-4 des Übereinkommens:

Regel A-4 Befreiungen

1. Eine Vertragspartei oder mehrere Vertragsparteien können in Gewässern unter ihrer Hoheitsgewalt Befreiungen von jeder Verpflichtung, Regel B-3 oder C-1 anzuwenden, zusätzlich zu den an anderer Stelle in diesem Übereinkommen vorgesehenen Befreiungen gewähren, jedoch nur, wenn diese Befreiungen
   i. einem oder mehreren Schiffen auf einer oder mehreren Reisen zwischen bestimmten Häfen oder Orten oder einem Schiff gewährt werden, das ausschließlich zwischen bestimmten Häfen oder Orten betrieben wird;
   ii. vorbehaltlich einer Zwischenprüfung nicht mehr als fünf Jahre lang gelten;
   iii. Schiffen gewährt werden, die Ballastwasser oder Sedimente nur zwischen den in Absatz 1.1 genannten Häfen oder Orten vermischen;
   iv. nach Maßgabe der von der Organisation ausgearbeiteten Richtlinien über die Risikobewertung gewährt werden.
2. Ausnahmen nach Absatz 1 werden erst wirksam, nachdem sie der Organisation mitgeteilt und die einschlägigen Informationen an die Vertragsparteien weitergeleitet worden sind.
3. Ausnahmen nach dieser Regel dürfen nicht die Umwelt, die menschliche Gesundheit, Sachwerte oder Ressourcen angrenzender oder anderer Staaten beeinträchtigen oder schädigen. Stellt die Vertragspartei fest, dass ein Staat Nachteile erleiden könnte, so ist dieser zu konsultieren, um etwa erkannte Probleme zu lösen.
4. Alle Ausnahmen nach dieser Regel sind in das Ballastwasser-Tagebuch einzutragen.

In den Richtlinien G7 wurden die Art und Durchführung einheitlicher Risikobewertungen festgelegt:

- Effektivität,
- Transparenz,
- Konsistenz,
- Ganzheitlichkeit,
- Risikomanagement,
- Sicherheitsvorkehrungen,
- Wissenschaftliche Grundlage

und

- Ständige Verbesserung.

Als Methoden zur Risikobewertung schreiben die Richtlinien G7 folgende Arten vor:

- Risikobewertung zur Umweltanpassung,
- Biogeografische Risikobewertung von Arten

sowie

- Artenspezifische Risikobewertung.

Die Vertragsparteien können die Risikobewertungen zur Gewährung von Befreiungen selbst durchführen oder vom Schiffseigentümer oder -betreiber verlangen, diese durchzuführen. In jedem Fall ist die Vertragspartei, die die Befreiung gewährt, verantwortlich für die Beurteilung der Risikobewertung, die Überprüfung der verwendeten Daten und Informationen und die Sicherstellung, dass die Risikobewertung gewissenhaft und objektiv nach den Richtlinien durchgeführt wird.

3.6.4.8 Richtlinien für Entwurfs- und Bauvorschriften für den Ballastwasser-Austausch (G11)

Diese Richtlinien geben Empfehlungen für den Entwurf und den Bau von Schiffen, um die Einhaltung der Regel D-1 (Norm für den Ballastwasser-Austausch) des Ballastwasser-Übereinkommens zu unterstützen.

Beim Entwurf und Bau neuer Schiffe, die mit Ballastwasser-Austausch fahren, sollen folgende Erwägungen berücksichtigt werden:

- Maximierung der Effizienz des Ballastwasser-Austauschs,
- Erhöhung des Bereichs der Seeverhältnisse, unter denen ein Ballastwasser-Austausch sicher durchgeführt werden kann,
- Verkürzung der Zeit für die Durchführung des Ballastwasser-Austauschs (bei gleichzeitiger Erhöhung der Arten von Fahrten, bei denen der Ballastwasser-Austausch sicher durchgeführt werden kann),
- Verringerung der Ansammlung von Sedimenten.

Beim Entwurf von Ballastwassersystemen für neue Schiffe sollen die Entwürfe explizit die Notwendigkeit der Entnahme einer Probe aus dem Ballastwasser durch die Hafenstaatkontrolle oder andere dazu befugte Organisationen berücksichtigen.

3.7 Internationales Übereinkommen von 2001 über die Beschränkung des Einsatzes schädlicher Bewuchsschutzsysteme auf Schiffen (International Convention on the Control of Harmful Antifouling Systems on Ships [AFS-Übereinkommen])

Am 17. September 2008 ist das Internationale Übereinkommen von 2001 über die Beschränkung des Einsatzes schädlicher Bewuchsschutzsysteme auf Schiffen (International Convention on the Control of Harmful Antifouling Systems on Ships, 2001) weltweit in Kraft getreten. Dieses Übereinkommen verbietet verbindlich den Einsatz von TBT-haltigen Antifoulingfarben auf Schiffen.[108]

Das AFS-Übereinkommen besteht aus dem sogenannten Artikelteil und folgenden Anlagen und Anhänge, die thematische Regelungen zu den Artikeln enthalten:

- Anlage 1 Maßnahmen zur Beschränkung des Einsatzes von Bewuchsschutzsystemen
- Anlage 2 Vorgeschriebene Bestandteile eines ersten Vorschlags
- Anlage 3 Vorgeschriebene Bestandteile eines umfassenden Vorschlags
- Anlage 4 Besichtigungen und Vorschriften über die Erteilung von Zeugnissen für Bewuchsschutzsysteme
- Anhang 1 Mustervordruck des internationalen Zeugnisses über ein Bewuchsschutzsystem
- Anhang 2 Mustervordruck der Erklärung über ein Bewuchsschutzsystem

Umgesetzt wurde das AFS-Übereinkommen durch das Gesetz zu dem Internationalen Übereinkommen von 2001 über die Beschränkung des Einsatzes schädlicher Bewuchsschutzsysteme auf Schiffen (AFS-Gesetz) vom 2. Juni 2008. In Artikel 2 des Gesetzes wird der Hersteller eines zugelassenen, registrierten oder freigegebenen Bewuchsschutzsystems verpflichtet, die Angaben nach Artikel 9 Abs. 3 des Übereinkommens einer anderen Vertragspartei auf deren Anforderung zu liefern. Diese Angaben sind in Art. 9 Abs. 1 des AFS-Übereinkommens aufgeführt:

- ein Verzeichnis der ernannten Besichtiger oder anerkannten Stellen, die ermächtigt sind, bei der Verwaltung von Angelegenheiten im Zusammenhang mit der Beschränkung des Einsatzes von Bewuchsschutzsystemen im Sinne dieses Übereinkommens im Namen der betreffenden Vertragspartei tätig zu werden, zur Weiterleitung an die Vertragsparteien zur Unterrichtung ihrer Bediensteten. Die Verwaltung teilt deshalb der Organisation die einzelnen Verantwortlichkeiten und Bedingungen der den ernannten Besichtigern oder anerkannten Stellen übertragenen Befugnis mit;

[108] https://www.deutsche-flagge.de/de/umweltschutz/antifouling-afs

- jährlich Angaben über jedes nach ihrem innerstaatlichen Recht zugelassene, beschränkte oder verbotene Bewuchsschutzsystem.

Ein Nichteinhaltung dieser Meldeverpflichtung durch den Hersteller stellt nach Artikel 2 Absatz 2 AFS-Gesetz eine Ordnungswidrigkeit dar, die mit zehntausend Euro geahndet werden kann.[109]

Soweit nichts anderes bestimmt ist, gilt dieses Übereinkommen nach Artikel 3 für

a) Schiffe, die berechtigt sind, die Flagge einer Vertragspartei zu führen;
b) Schiffe, die nicht berechtigt sind, die Flagge einer Vertragspartei zu führen, die aber unter der Hoheitsgewalt einer Vertragspartei betrieben werden;
c) Schiffe, die einen Hafen, eine Werft oder einen der Küste vorgelagerten Umschlagplatz einer Vertragspartei anlaufen, ohne unter den Buchstaben a oder b zu fallen.

Alle Schiffe ab 400 BRZ und in der internationalen Fahrt müssen über einen TBT[110]-freien Unterwasseranstrich verfügen oder bis dahin die noch vorhandene TBT-haltige Antifoulingfarbe auf der Außenhaut mit einem zugelassenen Versiegelungsanstrich versehen. Nähere Details über den Anstrich ergeben sich aus dem internationalen AFS-Zeugnis (IAFS-Zeugnis) oder der AFS-Erklärung (IAFS-Erklärung).

Schiffe unter 400 BRZ müssen nur über eine entsprechende Erklärung über ein Bewuchsschutzsystem (IAFS-Erklärung)[111] verfügen, welche die Reederei nach den Angaben des Farbherstellers selbst erstellen kann.

Auch nach europäischem Recht ist die Verwendung von TBT-haltigen Unterwasseranstrichen auf Schiffen ab 400 BRZ verboten. Im Gegensatz zur internationalen Antifouling-Konvention gilt dieses Verbot, das in der Verordnung (EG) Nr. 782/2003 enthalten ist, auch für Schiffe in der Inlandfahrt.

3.7.1 Maßnahmen[112]

Jede Vertragspartei des AFS-Übereinkommens verbietet und/oder beschränkt die Aufbringung, Wiederaufbringung, Anbringung oder Verwendung schädlicher Bewuchsschutzsysteme auf den unter Artikel 3 Absatz 1 Buchstabe a) und b) (siehe oben) genannten Schiffen und die Aufbringung, Wiederaufbringung, Anbringung oder Verwendung solcher

[109] Verwaltungsbehörde im Sinne des § 36 Abs. 1 Nr. 1 des Gesetzes über Ordnungswidrigkeiten ist die nach Landesrecht zuständige Behörde.

[110] TBT = Tributyltin (Tributylzinn-Verbindungen).

[111] Vgl. Anlage 4 zum AFS-Übereinkommen.

[112] Vgl. Anlage 1 zum AFS-Übereinkommen.

Systeme auf den in Artikel 3 Absatz 1 Buchstabe c) genannten Schiffen während deren Aufenthalts in einem Hafen, in einer Werft oder an einem der Küste vorgelagerten Umschlagplatz einer Vertragspartei.

Der jeweilige Vertragsstaat trifft somit wirksame Maßnahmen nach Anlage 1 des AFS-Übereinkommens, um sicherzustellen, dass diese Schiffe die betreffenden Vorschriften erfüllen (s. a. Tab. 3.9).

3.7.2 Zeugnisse und Besichtigung[113]

Jedem Schiff, für das das AFS-Übereinkommen Anwendung findet und das in Auslandsfahrt eingesetzt wird, wird ein Internationales Zeugnis über ein Bewuchsschutzsystem (International Anti-Fouling System Certificate [IAFS]) nach vorheriger Besichtigung ausgestellt. Besichtigungen werden als

- erstmalige Besichtigung, bevor das Schiff in Dienst gestellt oder bevor das internationale Zeugnis über ein Bewuchsschutzsystem (Zeugnis) zum ersten Mal ausgestellt wird,

und

- einer Besichtigung, wenn die Bewuchsschutzsysteme geändert oder ersetzt werden. Diese Besichtigungen sind auf dem nach Regel 2 oder 3 ausgestellten Zeugnis zu bestätigen

durchgeführt.

Ein ausgestelltes Zeugnis wird ungültig,

a) wenn das Bewuchsschutzsystem geändert oder ersetzt und das Zeugnis nicht nach Maßgabe dieses Übereinkommens bestätigt wurde;
b) sobald das Schiff zur Flagge eines anderen Staates überwechselt
   - ein neues Zeugnis wird nur ausgestellt, wenn die das neue Zeugnis ausstellende Vertragspartei sich vergewissert hat, dass das Schiff diesem Übereinkommen entspricht
   - bei einem Überwechseln zwischen Vertragsparteien übermittelt die Vertragspartei, deren Flagge das Schiff bisher zu führen berechtigt war, wenn sie innerhalb von drei Monaten nach dem Überwechseln darum ersucht wird, der Verwaltung so bald wie möglich eine Abschrift der von dem Schiff vor dem Überwechseln mitgeführten Zeugnisse sowie, falls vorhanden, eine Abschrift der entsprechenden Besichtigungsberichte.

---

[113]Vgl. Anlage 4 zum AFS-Übereinkommen.

Tab. 3.9 Maßnahmen zur Beschränkung des Einsatzes von Bewuchsschutzsystemen

Bewuchsschutzsystem	Beschränkungs-maßnahmen	Anwendungsbereich	Tag des Wirksamwerdens der Maßnahme
Zinnorganische Verbindungen, die in Bewuchsschutzsystemen als Biozide wirken	Solche Verbindungen dürfen auf Schiffen nicht aufgebracht oder wieder aufgebracht werden	Alle Schiffe	1. Januar 2003
Zinnorganische Verbindungen, die in Bewuchsschutzsystemen als Biozide wirken	Schiffe 1. dürfen solche Verbindungen nicht auf dem Schiffskörper, auf Schiffsaußenteilen oder -flächen aufweisen oder 2. müssen eine Deckschicht tragen, die als Barriere ein Austreten dieser Verbindungen aus dem darunter liegenden, nicht vorschriftsmäßigen Bewuchsschutzsystemen verhindert	Alle Schiffe (mit Ausnahme von festen und schwimmenden Plattformen, schwimmenden Lagereinheiten sowie schwimmenden Produktions-, Lager- und Verladeeinheiten, die vor dem 1. Januar 2003 gebaut worden sind und am oder nach dem 1. Januar 2003 noch nicht im Trockendock waren)	1. Januar 2008

Für in der Auslandfahrt eingesetztes Schiff mit einer Länge von 24 m oder mehr und einer Bruttoraumzahl von weniger als 400 ist eine vom Eigentümer oder von dessen ermächtigtem Beauftragten unterzeichnete Erklärung auszustellen und mitzuführen. Dieser Erklärung müssen geeignete Unterlagen beigefügt sein oder sie muss eine entsprechende Bestätigung enthalten.

3.7.3 Richtlinien zum AFS-Übereinkommen

Zur Durchsetzung des AFS-Übereinkommens wurden von der IMO Richtlinien erlassen, die als Entschließungen des MEPC bekannt gemacht wurden:

- Richtlinien für Besichtigungen von Bewuchsschutzsystemen an Schiffen und für die Erteilung von Zeugnissen über solche Besichtigungennlage,
- Richtlinien für die Entnahme kleiner Stichproben des Bewuchsschutzsystems an Schiffen

und

- Richtlinien für die Überprüfung von Bewuchsschutzsystemen an Schiffen.

3.7.3.1 Richtlinien für Besichtigungen von Bewuchsschutzsystemen

Diese Richtlinien bestimmen das Besichtigungsverfahren, mit dem sichergestellt wird, dass das Bewuchsschutzsystem eines Schiffes dem Obereinkommen entspricht, und die Verfahren, die für die Ausstellung und Bestätigung eines Internationalen Zeugnisses über ein Bewuchsschutzsystem für Schiffe notwendig sind. Im Anhang zur Anlage dieser Richtlinien wird eine Leitlinie für konforme Bewuchsschutzsystemen gegeben. Diese Leitlinien besagen, dass geringe Mengen an zinnorganischen Verbindungen als chemische Katalysatoren als zugelassen gelten, sofern diese lediglich in einer Konzentration vorhanden sind, durch die die Beschichtung keine Wirkung als Biozid entfaltet. Praktisch gesehen sollen zinnorganische Verbindungen bei Verwendung als Katalysatoren in keiner größeren Konzentration als 2500 mg reines Zinn je Kilogramm Farbe in Trockenmasse vorhanden sein.

Eine erstmalige Besichtigung soll nach der Anlage zu diesen Richtlinien durchgeführt werden

1. bei einem Neubau

und

2. bei einem vorhandenen Schiff vor der erstmaligen Ausstellung des Internationalen Zeugnisses über ein Bewuchsschutzsystem für Schiffe

Eine Besichtigung soll auch immer dann durchgeführt werden, wenn ein Bewuchsschutzsystem geändert oder ersetzt wird.

Ein Internationales Zeugnis über ein Bewuchsschutzsystem samt Spezifikation der Bewuchsschutzsysteme soll dann

- bei zufrieden stellendem Abschluss der erstmaligen Besichtigung ausgestellt werden,
- im Falle der Anerkennung eines von einer anderen Vertragspartei ausgestellten Internationalen Zeugnisses über ein Bewuchsschutzsystem ausgestellt werden,
- bei zufrieden stellendem Abschluss einer Besichtigung nach dem Austausch oder Ersatz eines Bewuchsschutzsystems bestätigt werden.

3.7.3.2 Richtlinien für die Entnahme kleiner Stichproben des Bewuchsschutzsystems

Diese Richtlinien bestimmen Verfahren für Probenentnahmen zur Unterstützung der Wirksamkeit von Besichtigungen und Überprüfungen, um sicherzustellen, dass das Bewuchsschutzsystem eines Schiffes das Übereinkommen einhält und dadurch:

- den Verwaltungen und anerkannten Organisationen bei der einheitlichen Anwendung der Bestimmungen des Übereinkommens hilft,
- den Kontrollbeamten des Hafenstaats Leitlinien über Verfahrensweisen und Erledigung bei der Entnahme kleiner Stichproben gemäß Artikel 11 Abs. 1 Buchstabe b des Übereinkommens gibt

und

- den Unternehmen, Schiffbauern, Herstellern von Bewuchsschutzsystemen und ebenso allen anderen interessierten Beteiligten hilft, den Ablauf der im Sinne des Übereinkommens erforderlichen Probenentnahme zu verstehen.

Der einzige Zweck der in diesen Richtlinien beschriebenen Maßnahmen zur Probenentnahme ist die Feststellung der Übereinstimmung mit den Bestimmungen des Übereinkommens. Infolgedessen beziehen sich solche Maßnahmen auf keine Bereiche, die nicht durch das Übereinkommen geregelt werden.

Diese Richtlinien enthalten

- einen Hauptteil, der sich auf allgemeine Aspekte der „Verfahren zur Probenentnahme" im Zusammenhang mit der Regelung der unter die Maßnahmen zur Beschränkung des Einsatzes nach dem Übereinkommens fallenden Bewuchsschutzsysteme bezieht

und

- Anhänge, die die einzelnen Verfahren im Zusammenhang mit der Probenentnahme und der Analyse der unter die Maßnahmen zur Beschränkung des Einsatzes nach dem Übereinkommens fallenden Bewuchsschutzsysteme beschreiben
  - diese Anhänge dienen lediglich als Beispiele für Probenentnahmen und analytische Methoden; es können auch andere Verfahren der Probenentnahme, die nicht in einem dieser Anhänge beschrieben werden, vorbehaltlich der Zustimmung der Verwaltung oder des Hafenstaates angewendet werden.

Während der Probenentnahme soll darauf geachtet werden, dass die Gesundheit und Sicherheit des Personals, das die Proben entnimmt, nicht gefährdet wird sowie die Unversehrtheit und die Funktionsfähigkeit des Bewuchsschutzsystems nicht beeinträchtigt werden.

3.8 Internationales Übereinkommen von 2001 über die zivilrechtliche Haftung für Bunkerölverschmutzungsschäden (International Convention on Civil Liability for Bunker Oil Pollution Damage [Bunkeröl-Übereinkommen])

Eingetragene Eigentümer eines Schiffes haften für Verschmutzungsschäden durch Bunkeröl. Sie benötigen eine entsprechende Versicherung oder sonstige finanzielle Sicherheit[114] (z. B. die Bürgschaft einer Bank), um ihre Haftung für Verschmutzungsschäden nach dem Bunkeröl-Übereinkommen abzudecken, wenn das Schiff

- eine Bruttoraumzahl von mehr als 1000 hat

und

- entweder in das Schiffsregister eines Vertragsstaates des Bunkeröl-Übereinkommens eingetragen ist oder die Flagge eines Vertragsstaates des Bunkeröl-Übereinkommens führt

oder

- in das Schiffsregister eines Nicht-Vertragsstaates des Bunkeröl-Übereinkommens eingetragen ist oder die Flagge eines Nicht-Vertragsstaates des Bunkeröl-Übereinkommens führt, sich aber im Geltungsbereich des Ölschadengesetzes befindet.

---

[114]Wird die Versicherung nicht nachgewiesen, führt der Verstoß zu einer Strafanzeige nach § 7 Abs. 2 ÖlSG.

Schiffe im Sinne dieses Übereinkommen sind jede Art von Seeschiffen oder sonstigem seegängigen Gerät. Transformiert wurde das Übereinkommen in Deutschland durch das Gesetz zu dem Internationalen Übereinkommen von 2001 über die zivilrechtliche Haftung für Bunkerölverschmutzungsschäden.

Gehaftet wird vom Schiffseigentümer für

- für Verschmutzungsschäden, die verursacht worden sind
  - im Hoheitsgebiet einschließlich des Küstenmeers eines Vertragsstaats
    und
  - in der ausschließlichen Wirtschaftszone[115] eines Vertragsstaats oder, wenn ein Vertragsstaat eine solche Zone nicht festgelegt hat, in einem jenseits des Küstenmeers dieses Staates gelegenen, an dieses angrenzenden Gebiet, das von diesem Staat nach dem Völkerrecht festgelegt wird und sich nicht weiter als 200 Seemeilen von den Basislinien erstreckt, von denen aus die Breite seines Küstenmeers gemessen wird;
- für Schutzmaßnahmen zur Verhütung oder Einschränkung dieser Schäden, gleichviel wo sie getroffen worden sind.
  Wenn der Schiffseigentümer nachweisen kann,
- dass die Schäden durch Kriegshandlung, Feindseligkeiten, Bürgerkrieg, Aufstand oder ein außergewöhnliches, unvermeidliches und unabwendbares Naturereignis entstanden sind,
- dass die Schäden ausschließlich durch eine Handlung oder Unterlassung verursacht wurden, die von einem Dritten in Schädigungsabsicht begangen wurde,
  oder
- dass die Schäden ausschließlich durch die Fahrlässigkeit oder eine andere rechtswidrige Handlung einer Regierung oder einer anderen für die Unterhaltung von Lichtern oder sonstigen Navigationshilfen verantwortlichen Stelle in Wahrnehmung dieser Aufgabe verursacht wurden,
- ist er von der Haftung für die o. g. Verschmutzungsschäden ausgenommen.

Gleichfalls kann er ganz oder teilweise von der Haftung befreit werden, wenn er nachweist, dass die Verschmutzungsschäden entweder auf eine in Schädigungsabsicht begangene Handlung oder Unterlassung der geschädigten Person oder auf deren Fahrlässigkeit zurückzuführen sind.

[115]Siehe Kap. 3.1.2.

3.8.1 Ölhaftungsbescheinigung

Für registrierte Schiffe ab 1000 BRZ wird eine Bescheinigung darüber ausgestellt, dass eine Versicherung oder sonstige finanzielle Sicherheit nach dem Bunkerölübereinkommen in Kraft ist und muss folgende Angaben zu enthalten:

- Name des Schiffes, Unterscheidungssignal und Heimathafen;
- Name und Hauptgeschäftssitz des eingetragenen Eigentümers;
- IMO-Schiffsidentifizierungsnummer;
- Art und Laufzeit der Sicherheit;
- Name und Hauptgeschäftssitz des Versicherers oder sonstigen Sicherheitsgebers und gegebenenfalls Geschäftssitz, an dem die Versicherung oder Sicherheit gewährt wird;
- Geltungsdauer der Bescheinigung, die nicht länger sein darf als die Geltungsdauer der Versicherung oder sonstigen Sicherheit.

Die Bescheinigung wird in der entsprechenden Landessprache und, wenn nicht identisch, zusätzlich in Englisch, Französisch oder Spanisch.

Die zuständige Verwaltung des Flaggenstaates[116] bestätigt mit der Ölhaftungsbescheinigung nach dem Bunkeröl-Übereinkommen das Bestehen einer entsprechenden Versicherung oder sonstigen finanziellen Sicherheit.

Gemäß § 8 Abs. 1 Nr. 3 ÖlSchG handelt ordnungswidrig, wer vorsätzlich oder fahrlässig entgegen § 3 Abs. 1 Satz 2 nicht eine dort genannte Bescheinigung an Bord mitführt oder auf Verlangen vorweist. Der § 3 Abs. 1 Satz 2 verpflichtet den Kapitän eines unter den Geltungsbereich des Bunkerölübereinkommens fallenden Seeschiffs, die Ölhaftungsbescheinigung an Bord mitzuführen und der zuständigen Behörde auf Verlangen vorzuweisen. Nach § 8 Abs. 3 ÖlSchG kann diese Ordnungswidrigkeit mit einer Geldbuße bis zu 5000 EUR geahndet werden.

3.8.2 Gesetz über die Haftung und Entschädigung für Ölverschmutzungsschäden durch Seeschiffe (Ölschadengesetz – ÖlSG)

Nach dem Gesetz über die Haftung und Entschädigung für Ölverschmutzungsschäden durch Seeschiffe (Ölschadengesetz – ÖlSG) richten sich Haftung und Entschädigung für Ölverschmutzungsschäden auch nach dem Haftungsübereinkommen von 1992, dem Fondsübereinkommen von 1992 und dem Zusatzfondsübereinkommen von 2003. Somit

[116]Für Schiffe, die berechtigt sind, die Bundesflagge zu führen, ist das BSH zuständige Behörde nach § 3 Ölhaftungs-Verordnung.

sind die Vorschriften auch auf Seeschiffe anzuwenden, die nicht im Schiffsregister eines Vertragsstaats eingetragen sind oder die nicht die Flagge eines Vertragsstaats führen dürfen. Im § 2 Abs. 2 des ÖlSG wird der Anwendungsbereich des Bunkerölübereinkommens für die Zeit, in der sich das Schiff im Geltungsbereich des Gesetzes aufhält, erweitert:

> Der Eigentümer eines weder im Schiffsregister eines Vertragsstaats des Bunkeröl-Übereinkommens eingetragenen noch die Flagge eines Vertragsstaats des Bunkeröl-Übereinkommens führenden Seeschiffs mit einer Bruttoraumzahl von mehr als 1000 hat eine Artikel 7 Abs. 1 des Bunkeröl-Übereinkommens entsprechende Versicherung oder sonstige finanzielle Sicherheit für die Zeit aufrecht zu erhalten, in der sich das Schiff im Geltungsbereich dieses Gesetzes befindet.

Dabei muss vom Eigentümer des Schiffes diese Bescheinigung dem Kapitän zum Mitführen zur Verfügung gestellt werden. Die Kontrolle der Bescheinigung und das Anordnen von Maßnahmen bei Verstößen obliegt nach § 3 ÖlSG der BG-Verkehr.

Der Eigentümer eines weder im Schiffsregister eines Vertragsstaats des Haftungsübereinkommens von 1992 eingetragenen noch die Flagge eines Vertragsstaats des Haftungsübereinkommens von 1992 führenden Seeschiffs, das mehr als zweitausend Tonnen Öl als Bulkladung befördert, hat eine Artikel VII Abs. 1 des Haftungsübereinkommens von 1992 entsprechende Versicherung oder sonstige finanzielle Sicherheit für die Zeit aufrechtzuerhalten, in der sich das Schiff im Geltungsbereich dieses Gesetzes befindet.

3.8.3 Verordnung über die Ausstellung von Bescheinigungen nach dem Ölschadengesetz (Ölhaftungsbescheinigungs-Verordnung – ÖlHaftBeschV)

Die ÖlHaftBeschV wurde auf Grundlage des ÖlSG erlassen und macht die Vorschriften als Ordnungswidrigkeit ahndbar.

Die Ausstellung einer Ölhaftungsbescheinigung setzt einen schriftlichen oder elektronischen Antrag des Eigentümers voraus, der folgendes enthalten muss:

1. den Namen, das Unterscheidungssignal und den Heimathafen des Schiffes;
2. den Namen des Eigentümers;
3. die Anschrift des Hauptgeschäftssitzes des Eigentümers einschließlich der Telefon- und, sofern vorhanden, der Telefax-Nummer.

Diesem Antrag ist folgendes beizufügen:

- eine Erklärung des Sicherheitsgebers, dass
  - die Sicherheit den Voraussetzungen des Haftungsübereinkommens von 1992 entspricht
    und
  - eine vorzeitige Beendigung oder Änderung, die dazu führt, dass die Sicherheit den Voraussetzungen nicht mehr genügt, Dritten gegenüber erst drei Monate nach Anzeige der Beendigung oder der Änderung an das Bundesamt für Seeschifffahrt und Hydrographie wirksam wird,
- ein Nachweis über den Raumgehalt des Schiffes,
- für Schiffe, die nicht zur Führung der Bundesflagge berechtigt sind, die Angabe eines Zustellungsbevollmächtigten mit ständigem Wohnsitz im Geltungsbereich der Verordnung und schriftlicher Vollmacht.

Dem Antrag des Eigentümers, der nicht dem Haftungsübereinkommens von 1992 unterliegt, ist beizufügen:

- eine Erklärung des Sicherheitsgebers, dass
  - die Sicherheit den Voraussetzungen des Bunkeröl-Übereinkommens entspricht und
  - eine vorzeitige Beendigung oder Änderung, die dazu führt, dass die Sicherheit den Voraussetzungen nicht mehr genügt, Dritten gegenüber erst drei Monate nach Anzeige der Beendigung oder der Änderung an das Bundesamt für Seeschifffahrt und Hydrographie wirksam wird,
- ein Nachweis über den Raumgehalt des Schiffes,
- die Angabe der IMO-Schiffsidentifizierungsnummer,
- für Schiffe, die nicht zur Führung der Bundesflagge berechtigt sind, die Angabe eines Zustellungsbevollmächtigten mit ständigem Wohnsitz im Geltungsbereich der Verordnung und schriftlicher Vollmacht.

Für die Ausstellung und Einziehung der Ölhaftungsbescheinigungen ist das Bundesamt für Seeschifffahrt und Hydrographie zuständig. Das Bundesamt für Seeschifffahrt und Hydrographie kann eine Ölhaftungsbescheinigung einziehen, wenn

1. eine Voraussetzung für deren Ausstellung nicht gegeben war oder später wieder entfallen ist,
2. zur Erlangung der Ölhaftungsbescheinigung unrichtige oder unvollständige Angaben gemacht worden sind.

3.9 Wrackbeseitigungs-Übereinkommen

Eingetragene Eigentümer von seegängige Wasserfahrzeugen jeder Art einschließlich Tragflächenboote, Luftkissenfahrzeuge, Unterwassergerät, schwimmende Geräte und schwimmende Plattformen, ausgenommen diese Plattformen befinden sich zur Erforschung, Ausbeutung oder Gewinnung mineralischer Ressourcen des Meeresbodens vor Ort im Einsatz, haften für die Beseitigung von Wracks nach dem Wrackbeseitigungsübereinkommen. Sie benötigen eine entsprechende Versicherung oder sonstige finanzielle Sicherheit (z. B. die Bürgschaft einer Bank), um ihre Haftung nach dem Wrackbeseitigungsübereinkommen abzudecken, wenn das Schiff

- eine Bruttoraumzahl (BRZ) von mindestens 300 hat und die Flagge eines Vertragsstaates führt

oder

- die Flagge eines Staates führt, der Nicht-Vertragsstaat des Wrackbeseitigungsübereinkommens ist, und einen Hafen im Inland anläuft oder verlässt oder eine vor der Küste gelegene Einrichtung innerhalb des Küstenmeeres der Bundesrepublik Deutschland anläuft oder verlässt.

Das Übereinkommen findet grundsätzlich in der dem Küstenmeer vorgelagerten Ausschließlichen Wirtschaftszone (AWZ) eines Vertragsstaates Anwendung. Es enthält die verbindliche Verpflichtung für eingetragene Eigentümer eines Schiffes, ein Wrack auf eigene Kosten zu beseitigen, wenn der betroffene Küstenstaat festgestellt hat, dass dieses Wrack eine Gefahr für die Schifffahrt oder die Meeresumwelt oder für die Küste oder für damit zusammenhängende Interessen darstellt. Der betroffene Küstenstaat kann selbst auf Kosten des eingetragenen Eigentümers tätig werden, wenn dieser untätig bleibt oder Gefahr im Verzug ist.[117]

Der Schiffs-Eigentümer mit 300 BRZ und mehr haftet für die Kosten, die für die Lokalisierung, Markierung und Beseitigung des Wracks anfallen, sofern nicht der eingetragene Eigentümer nachweist, dass der Seeunfall, der zu dem Wrack geführt hat,

- durch Kriegshandlung, Feindseligkeiten, Bürgerkrieg, Aufstand oder ein außergewöhnliches, unvermeidliches und unabwendbares Naturereignis verursacht wurde,
- ausschließlich durch eine Handlung oder Unterlassung verursacht wurde, die von einem Dritten in Schädigungsabsicht begangen wurde

oder

[117]http://www.deutsche-flagge.de/de/haftung/wrackbeseitigung

- ausschließlich durch die Fahrlässigkeit oder eine andere rechtswidrige Handlung einer Regierung oder einer anderen für die Unterhaltung von Lichtern oder sonstigen Navigationshilfen verantwortlichen Stelle in Wahrnehmung dieser Aufgabe verursacht wurde.[118]

3.9.1 Wrackbeseitigungshaftungsbescheinigung

Die zuständige Behörde[119] bestätigt mit einer Wrackbeseitigungshaftungsbescheinigung nach dem Wrackbeseitigungsübereinkommen das Bestehen einer entsprechenden Versicherung oder sonstigen finanziellen Sicherheit.[120]

Die Bescheinigung wird in der entsprechenden Landessprache und, wenn nicht identisch, zusätzlich in Englisch, Französisch oder Spanisch ausgestellt. Sie muss an Bord des Schiffes mitgeführt werden.

3.9.2 Gesetz über bestimmte Versicherungsnachweise in der Seeschifffahrt (Seeversicherungsnachweisgesetz – SeeVersNachwG) und Verordnung über die Ausstellung von Haftungsbescheinigungen nach dem Seeversicherungsnachweisgesetz (Seeversicherungsnachweisverordnung – SeeVersNachwV)

Zur Regelung der Versicherungspflichten und des Nachweises von Versicherungen in der Seeschifffahrt u. a. für Wrackbeseitigungskosten im Sinne des Wrackbeseitigungsübereinkommens wurde das Gesetz über bestimmte Versicherungsnachweise in der Seeschifffahrt (Seeversicherungsnachweisgesetz (SeeVersNachwG) vom 04.06.2013 verabschiedet. Danach hat der eingetragene Eigentümer eines Schiffes im Sinne des Wrackbeseitigungsübereinkommens mit mindestens 300 BRZ, das

1. die Bundesflagge führt

oder

2. einen Hafen im Inland anläuft oder verlässt oder eine vor der Küste gelegene Einrichtung innerhalb des Küstenmeeres der Bundesrepublik Deutschland anläuft oder verlässt,

---

[118] Artikel 10 Wrackbeseitigungsübereinkommen.

[119] Für Schiffe, die berechtigt sind, die Bundesflagge zu führen, ist das BSH zuständige Behörde.

[120] Wird die Versicherung nicht nachgewiesen, führt der Verstoß zu einer Strafanzeige nach § 11 SeeVersNachwG.

eine dem Wrackbeseitigungsübereinkommens entsprechende Versicherung oder sonstige finanzielle Sicherheit aufrechtzuerhalten, um seine Haftung nach dem Wrackbeseitigungsübereinkommen abzudecken. Sollte die Wrackbeseitigungshaftungsbescheinigung nicht an Bord mitgeführt werden oder kann sie auf Verlangen nicht vorgelegt werden, so kann das Schiff festgehalten werden, bis die jeweilige Bescheinigung vorgelegt worden ist.

Das BMVI wird ermächtigt, durch Rechtsverordnung ohne Zustimmung des Bundesrates nähere Bestimmungen zu erlassen über die Voraussetzungen und das Verfahren für die Ausstellung, Gültigkeit und Einziehung der Wrackbeseitigungshaftungsbescheinigung. Diese Ermächtigung wurde wahrgenommen durch das Erlassen der SeeVersNachwV.

Eine Wrackbeseitigungshaftungsbescheinigung ist schriftlich oder elektronisch zu beantragen und der Antrag muss folgendes enthalten:[121]

- den Namen des Schiffes, die Bruttoraumzahl, das Unterscheidungssignal, die IMO-Schiffsidentifikationsnummer und den Heimathafen des Schiffes,
- den Namen und die vollständige Anschrift des Hauptgeschäftssitzes des eingetragenen Eigentümers einschließlich der Telefon- und, sofern vorhanden, der Telefax-Nummer,
- Art und Laufzeit der Sicherheit

und

- den Namen und die vollständige Anschrift des Hauptgeschäftssitzes des Versicherers oder sonstigen Sicherheitsgebers und des Geschäftssitzes, an dem die Versicherung oder Sicherheit gewährt wird.

3.10 Internationales Übereinkommen von Hong-Kong

Das Internationale Übereinkommen von Hongkong sieht ein sicheres und umweltgerechtes Recycling von Schiffen vor. Bisher wurden und werden viele Schiffe ohne Umweltauflagen in Südostasien verschrottet, dies soll durch das Übereinkommen eingedämmt werden. Außerdem sollen die Arbeitsbedingungen verbessert werden. Dies ist auch eine Kostenfrage.

Im Mai 2009 haben 67 Mitgliedsstaaten der Internationalen Seeschifffahrts-Organisation (IMO) weltweite Verbesserungen für umweltfreundliches Recycling von Schiffen und für die Arbeitsbedingungen in den Recyclingwerften beschlossen. Die „Hong Kong International Convention for the Safe and Environmentally Sound Recycling of Ships, 2009 (HKC)" tritt zwei Jahre nachdem bestimmte Kriterien erfüllt wurden in Kraft. Hierzu gehören unter anderem, dass 15 Staaten die Konvention ratifizieren, die zugleich mehr als 40 % der Welthandelstonnage repräsentieren.

Große deutsche Reedereien wie Hapag-Lloyd entsorgen ihre ausgedienten Frachtschiffe schon seit Jahren umweltgerecht auf spezialisierten Abwrackwerften.

---

[121] § 2 SeeNachVersV.

4 Abfallrecht

Zentrales Anliegen der Abfallpolitik ist es, Abfälle zu vermeiden und zu verwerten. So sollen natürliche Ressourcen geschützt werden. Mittelfristiges Ziel ist es, alle Siedlungsabfälle umweltverträglich zu verwerten. Dazu bedarf es neben technischen, gesellschaftlichen und politischen Rahmenbedingungen auch rechtlicher Weichenstellungen.[1]

Das Abfallrecht ist durch eine Vielzahl europäischer Rechtsakte geprägt. Während Verordnungen unmittelbare Geltung in den Mitgliedstaaten entfalten, müssen Richtlinien in das jeweilige nationale Recht umgesetzt werden. Zu den zentralen Richtlinien im Bereich der Abfallwirtschaft zählt die Abfallrahmenrichtlinie (Richtlinie 2008/98/EG). Sie definiert wesentliche abfallbezogene Begrifflichkeiten und legt unter anderem eine fünfstufige Abfallhierarchie fest. Die Richtlinie enthält wichtige Vorgaben für das deutsche Abfallrecht.

In Deutschland wurde 1972 mit dem Gesetz über die Beseitigung von Abfall (Abfallbeseitigungsgesetz, AbfG) die erste bundeseinheitliche Regelung des Abfallrechts geschaffen. Heute bildet das Gesetz zur Förderung der Kreislaufwirtschaft und Sicherung der umweltverträglichen Bewirtschaftung von Abfällen (Kreislaufwirtschaftsgesetz, KrWG) die Kernregelung abfallrechtlicher Vorschriften. Das KrWG behält als Nachfolgeregelung die wesentlichen Strukturelemente des aufgehobenen Kreislaufwirtschafts- und Abfallgesetzes (KrW-/AbfG) bei.[2]

Für den Bereich der Binnen- und Seewirtschaft sind neben dem Strafrecht (§ 326 StGB) die europäischen Rechtsetzungen und das KrWG von Bedeutung. Darüber hinaus findet für diesen Bereich das Basler-Übereinkommen und, hauptsächlich in der Binnenschifffahrt, das Übereinkommen über die Sammlung, Abgabe und Annahme von Abfällen in der Rhein- und Binnenschifffahrt (CDNI)[3] Anwendung.

[1] https://www.umweltbundesamt.de/themen/abfall-ressourcen/abfallwirtschaft/abfallrecht

[2] Ebenda.

[3] Siehe Kap. 6.2.

U. Jacobshagen, *Umweltschutz und Gefahrguttransport für Binnen- und Seeschifffahrt*,
https://doi.org/10.1007/978-3-658-25929-7_4

4.1 Basler Übereinkommen über die Kontrolle der grenzüberschreitenden Verbringung gefährlicher Abfälle und ihrer Entsorgung (Basler-Übereinkommen)

Das Basler Übereinkommen über die Kontrolle der grenzüberschreitenden Verbringung gefährlicher Abfälle und ihrer Entsorgung (Basel Convention on the Control of Transboundary Movements of Hazardous Wastes and Their Disposal) vom 22. März 1989 ist ein internationales Umweltabkommen, das ein umweltgerechtes Abfallmanagement eingeführt hat und die Kontrolle der grenzüberschreitenden Transporte gefährlicher Abfälle regelt. In Kraft getreten ist die Vereinbarung am 5. Mai 1992. Deutschland ist seit dem 20. Juli 1995 Vertragspartner und die Europäische Union hat die Richtlinien in der EU-Abfallverbringungsverordnung für alle Mitgliedstaaten rechtsverbindlich umgesetzt (in Kraft getreten 1993, in Anwendung seit dem 6. Mai 1994, 2007 außer Kraft getreten). Sie wurde durch die Verordnung (EG) Nr. 1013/2006 über die Verbringung von Abfällen ersetzt.

Das Basler Übereinkommen wurde mit dem Ziel erarbeitet, die Ausfuhr gefährlicher Abfälle in Entwicklungsländer einzuschränken. Parallel zum Basler Übereinkommen wurde für die OECD-Staaten[4] mit dem OECD-Ratsbeschluss ein System für die Notifizierung, Identifizierung und Kontrolle der grenzüberschreitenden Verbringung von Abfällen zur Verwertung geschaffen.[5]

Ergänzt werden diese Vorschriften durch das Abfallverbringungsgesetz (AbfVerbrG). Es beinhaltet die notwendigen rechtlichen Regelungen unter anderem zur Umsetzung des Basler Übereinkommens in Deutschland. Gleichzeitig enthält es notwendige Ergänzungen zur VVA, beispielsweise ergänzende Regelungen zu Wiedereinfuhrpflichten, zur Sicherheitsleistung, zur Zuweisung von Behördenzuständigkeiten (Genehmigungsbehörden für Export und Import in den Bundesländern und für den Transit das Umweltbundesamt), zum Datenaustausch sowie zu Bußgeldvorschriften.[6]

Mit der Verordnung (EG) Nr. 1013/2006 über die Verbringung von Abfällen wurde die Verordnung (EWG) Nr. 259/93 zur Überwachung und Kontrolle der Verbringung von Abfällen in der, in die und aus der Gemeinschaft abgelöst. Die Verordnung wird seit 12. Juli 2007 angewendet. Damit erfolgte zum einen eine Anpassung an die Entwicklungen im Rahmen des „Basler Übereinkommens über die Kontrolle der grenzüberschreitenden Verbringung von gefährlichen Abfällen und ihrer Entsorgung" der Vereinten Nationen und an den „OECD-Beschluss über die Kontrolle der grenzüberschreitenden Verbringung

[4]Organization for Economic Cooperation and Development (Organisation für wirtschaftliche Zusammenarbeit und Entwicklung).

[5]https://www.umweltbundesamt.de/themen/abfall-ressourcen/grenzueberschreitende-abfallverbringung

[6]Ebenda.

von zur Verwertung bestimmten Abfällen“ von 2001. Zum anderen wurde eine grundlegende Verbesserung der rechtlichen Anforderungen aufgrund der Erfahrungen aus der Anwendung der bisherigen Verordnung erreicht.[7]

Zur Verordnung (EG) Nr. 1013/2006 wurden Europäische Anlaufstellen-Leitlinien verabschiedet. Zur Umsetzung und Weiterentwicklung der Verordnung (EG) Nr. 1013/2006 finden auf europäischer Ebene Zusammenkünfte der Anlaufstellen statt.[8]

Abfälle, die durch den üblichen Betrieb eines Schiffes entstehen und deren Einleiten durch eine andere internationale Übereinkunft (z. B. MARPOL 73/78[9], CDNI[10]) geregelt ist, sind von dem Geltungsbereich dieses Übereinkommens ausgenommen.

4.1.1 Struktur des Basler Übereinkommens

Das Basler Übereinkommen besteht aus 29 Artikeln und 9 Anlagen, die besonders überwachungspflichtige Abfälle auflisten. Als Geltungsbereich gelten gefährliche Abfälle, die Gegenstand grenzüberschreitender Verbringung sind. Als gefährliche Abfälle gelten

- Abfälle, die einer in Anlage I[11] enthaltenen Gruppe angehören, es sei denn, sie besitzen keine der in Anlage III[12] aufgeführten Eigenschaften, und
- Abfälle, die nicht unter die Bedingungen der Anlagen I oder II fallen, aber nach den innerstaatlichen Rechtsvorschriften der Vertragspartei, die Ausfuhr-, Einfuhr- oder Durchfuhrstaat ist, als gefährliche Abfälle bezeichnet sind oder als solche gelten.

Abfälle, die einer in Anlage II enthaltenen Gruppe angehören und Gegenstand grenzüberschreitender Verbringung sind, gelten im Sinne dieses Übereinkommens als „andere Abfälle“.

Darüber hinaus kann jede Vertragspartei teilt binnen sechs Monaten, nachdem sie Vertragspartei dieses Übereinkommens geworden ist, dem Sekretariat des Übereinkommens mitteilen, welche außer den in den Anlagen I und II aufgeführten Abfälle aufgrund innerstaatlicher Rechtsvorschriften als gefährlich gelten oder bezeichnet sind, sowie die Vorschriften für die Verfahren der grenzüberschreitenden Verbringung, die auf solche Abfälle Anwendung finden.

[7]http://www.bmu.de/themen/wasser-abfall-boden/abfallwirtschaft/internationales/abfallverbringung/sachstand-und-gesetzgebung/#c15602

[8]Ebenda.

[9]Siehe Kap. 3.3.

[10]Siehe Kap. 6.2.

[11]Gruppen der zu kontrollierenden Abfälle.

[12]Liste der gefährlichen Eigenschaften.

Grundsätzlich teilt der Ausfuhrstaat der zuständigen Behörde der betroffenen Staaten schriftlich jede vorgesehene grenzüberschreitende Verbringung gefährlicher Abfälle oder anderer Abfälle mit oder verlangt vom Erzeuger oder Exporteur, dass er dies tut. Diese Notifikation[13] enthält die folgenden angegebenen Erklärungen und Informationen in einer für den Einfuhrstaat annehmbaren Sprache:

1. Begründung für die Ausfuhr der Abfälle
2. Abfallexporteur
3. Abfallerzeuger und Entstehungsort
4. Abfallentsorger und tatsächlicher Ort der Entsorgung
5. Vorgesehene(r) Abfallbeförderer oder, sofern bekannt, ihre Beauftragten
6. Abfallausfuhrland
   Zuständige Behörde
7. Voraussichtliche Durchfuhrländer
   Zuständige Behörde
8. Abfalleinfuhrland
   Zuständige Behörde
9. Allgemeine Notifikation oder Einzelnotifikation
10. Voraussichtliche(r) Versandtermin(e) und Dauer der Abfallausfuhr sowie vorgesehener Weg (einschließlich Ort der Einfuhr und der Ausfuhr)
11. Vorgesehene Beförderungsart (Straße, Schiene, Seeweg, Luftweg, Binnengewässer)
12. Informationen über die Versicherung
13. Bezeichnung und Beschreibung der Beschaffenheit des Abfalls, einschließlich der Y-Nummer und der VN-Nummer und seiner Zusammensetzung sowie Angaben über etwaige besondere Handhabungsvorschriften, einschließlich bei der Unfällen zu ergreifenden Sofortmaßnahmen
14. Art der vorgesehenen Verpackung (z. B. als Schüttgut, in Fässern oder in Tanks)
15. Geschätzte Menge nach Gewicht/Volumen
16. Verfahren, bei dem der Abfall anfällt
17. Für die in Anlage I aufgeführten Abfälle Einteilungen nach Anlage III: Gefahreneigenschaft, H-Nummer und VN-Klasse
18. Entsorgungsverfahren nach Anlage IV
19. Erklärung des Erzeugers und des Exporteurs, dass die Informationen zutreffend sind
20. Informationen (einschließlich einer technischen Beschreibung der Anlage) des Abfallentsorgers an den Exporteur oder Erzeuger, auf die der Entsorger seine Feststellung gestützt hat, dass kein Grund zu der Annahme vorliegt, die Abfälle würden nicht umweltgerecht in Übereinstimmung mit den Gesetzen und sonstigen Vorschriften des Einfuhrlands behandelt werden
21. Informationen über den Vertrag zwischen dem Exporteur und dem Entsorger.

[13]Notifikation – Antrag auf Erteilung einer Genehmigung zur grenzüberschreitenden Verbringung von Abfällen.

Der Einfuhrstaat bestätigt der notifizierenden Stelle den Eingang der Notifikation, wobei er seine Zustimmung zu der Verbringung mit oder ohne Auflagen erteilt, die Erlaubnis für die Verbringung verweigert oder zusätzliche Informationen verlangt. Eine Abschrift der endgültigen Antwort des Einfuhrstaats wird den zuständigen Behörden der betroffenen Staaten übersandt, die Vertragsparteien sind. Auch jeder Durchfuhrstaat, der Vertragspartei ist, bestätigt der notifizierenden Stelle umgehend den Eingang der Notifikation.

Jedem grenzüberschreitenden Verkehr mit gefährlichen und anderen Abfällen vom Ausgangspunkt der Verbringung bis zum Ort der Entsorgung wird ein Begleitpapier beigefügt. Dieses wird von jeder Person, die für eine grenzüberschreitende Verbringung gefährlicher oder anderer Abfälle die Verantwortung übernimmt, das Begleitpapier entweder bei Lieferung oder bei Übernahme des betreffenden Abfalls unterzeichnet. Das Begleitpapier muss folgende Angaben enthalten:

1. Abfallexporteur
2. Abfallerzeuger und Entstehungsort
3. Abfallentsorger und tatsächlicher Ort der Entsorgung1
4. Beförderer des Abfalls1) oder seine Beauftragter seine Be) oder seine Beauftragten
5. Gegenstand einer allgemeinen oder einer Einzelnotifikation
6. Tag, an dem die grenzüberschreitende Verbringung begonnen hat, sowie Tag(e) des Eingangs und Unterschrift jeder Person, die den Abfall übernimmt
7. Beförderungsart (Straße, Schiene, Binnengewässer, Seeweg, Luftweg), einschließlich Ausfuhr-, Durchfuhr- und Einfuhrländer sowie Ort der Einfuhr und der Ausfuhr, sofern diese bekannt sind
8. Allgemeine Beschreibung des Abfalls (physische Beschaffenheit, genaue VN-Versandbezeichnung und -klasse, VN-Nummer, Y-Nummer und H-Nummer, soweit zutreffend
9. Informationen über besondere Handhabungsvorschriften, einschließlich der bei Unfällen zu ergreifenden Sofortmaßnahmen
10. Art und Zahl der Versandstücke
11. Menge nach Gewicht/Volumen
12. Erklärung des Erzeugers oder Exporteurs, dass die Informationen zutreffend sind
13. Erklärung des Erzeugers oder Exporteurs, in der er bestätigt, dass vonseiten der zuständigen Behörden aller betroffenen Staaten, dies Vertragsparteien sind, kein Einspruch erhoben wird.
14. Bestätigung des Entsorgers über den Eingang bei der bezeichneten Entsorgungsanlage sowie Angabe des Entsorgungsverfahrens und des ungefähren Entsorgungstermins.

Die im Begleitpapier anzugebenen Informationen sind nach Möglichkeit zusammen mit den nach den Beförderungsregeln vorgeschriebenen Angaben in einem einzigen Dokument zusammenzufassen. Ist dies nicht möglich, so sollen diese Informationen die nach den Beförderungsregeln vorgeschriebenen Angaben nicht wiederholen, sondern ergänzen. Das Begleitpapier enthält Anweisungen darüber, wer die Angaben beizubringen und die Vordrucke auszufüllen hat.

Als unerlaubter Verkehr im Sinne des Basler Übereinkommens gilt jede grenzüberschreitende Verbringung gefährlicher Abfälle oder anderer Abfälle,

a) die ohne eine nach dem Übereinkommen erforderliche Notifikation an alle betroffenen Staaten erfolgt
b) die ohne die nach dem Übereinkommen erforderliche Zustimmung eines betroffenen Staates erfolgt,
c) die mit einer durch Fälschung, irreführende Angaben oder Betrug erlangten Zustimmung der betroffenen Staaten erfolgt,
d) die im Wesentlichen nicht mit den Papieren übereinstimmt oder
e) die zu einer vorsätzlichen Beseitigung [z. B. Einbringen (dumping)] gefährlicher Abfälle

oder

f) anderer Abfälle entgegen diesem Übereinkommen und allgemeinen Grundsätzen des Völkerrechts führt.

Die Anlagen enthalten die Gruppen und Stoffe, die als gefährlich einzustufen sind und somit einem Notifizierungsverfahren zu unterliegen haben:

Anlage I	Gruppen der zu kontrollierenden Abfälle
Anlage II	Gruppen von Abfällen, die besonderer Prüfung bedürfen
Anlage III	Liste der gefährlichen Eigenschaften
Anlage IV	Entsorgungsverfahren
Anlage V A	Bei der Notifikation anzugebende Informationen
Anlage V B	Im Begleitpapier anzugebende Informationen
Anlage VI	Schiedsverfahren
Anlage VII[14]	
Anlage VIII	Liste A[15]

[14]Anlage VII ist noch nicht in Kraft getreten. Anlage VII ist integraler Bestandteil eines Abänderungsbeschusses.Dieser das Basler Übereinkommen abändernde Beschluss III/1 wurde 1995 angenommen.

[15]In dieser Anlage aufgeführte Abfälle gelten nach Artikel 1 Absatz 1 Buchstabe a) dieses Übereinkommens als gefährlich; die Nennung eines Abfalls in dieser Anlage schließt nicht die Anwendung der Anlage III aus, um nachzuweisen, dass ein Abfall nicht gefährlich ist

Die Einteilung dieser Stoffe und Stoffgruppen in Listen, die einem Notifizierungsverfahren unterliegen („grüne" und „gelbe" Liste) erfolgt durch die europäische Verordnung (EG) 1013/2006 für die EU und im Weiteren durch das AbfVerbrG für die Bundesrepublik.

4.1.2 Anlaufstelle Basler Übereinkommen

Um die Durchführung dieses Übereinkommens zu erleichtern, richten die Vertragsparteien u. a. eine Anlaufstelle ein[16]. Die deutsche Anlaufstelle Basler Übereinkommen wurde auf Grundlage des Abfallverbringungsgesetzes im Umweltbundesamt eingerichtet. Sie hat die Aufgabe, über die Abfallverbringung durch Deutschland zu entscheiden (Erteilung von Transitgenehmigungen), sowie Informationsanfragen zu beantworten und Behörden und die Wirtschaft zu beraten.[17]

Die Anlaufstelle erteilt allgemeine Auskünfte und vertritt ihre fachliche Auffassung zu Fragen der grenzüberschreitenden Abfallverbringung. Sie ist ferner Kontaktstelle für andere Anlaufstellen, das Sekretariat des Basler Übereinkommens und der EU-Kommission. Sie arbeitet eng mit den für Abfallexport und -import zuständigen Landesbehörden zusammen. So wird ein Daten- und Informationsaustausch zwischen der Anlaufstelle und den Bundesländern und den internationalen Gremien unmittelbar und ohne Zeitverzögerung gewährleistet. Sie hat darüber hinaus die Aufgabe, die jährliche Statistik über die verbrachten Abfallmengen zu erstellen.[18]

4.1.3 Verordnung (EG) 1013/2006 über die Verbringung von Abfällen (VVA)

Mit der Verordnung (EG) Nummer 1013/2006 vom 14. Juni 2006 über die Verbringung von Abfällen (VVA) wurde die Verordnung (EWG) Nummer 259/93 zur Überwachung und Kontrolle der Verbringung von Abfällen in der, in die und aus der Gemeinschaft (EG-Abfallverbringungsverordnung) novelliert. Als EG-Verordnung ist sie in den Mitgliedstaaten unmittelbar geltendes Recht.[19]

In der VVA werden Verfahren und Kontrollregelungen für die Verbringung von Abfällen festgelegt, die von dem Ursprung, der Bestimmung, dem Transportweg, der Art der verbrachten Abfälle und der Behandlung der verbrachten Abfälle am Bestimmungsort abhängen.

[16]Vgl. Artikel 5 Basler Übereinkommen.

[17]https://www.umweltbundesamt.de/themen/abfall-ressourcen/grenzueberschreitende-abfallverbringung/anlaufstelle-basler-uebereinkommen#textpart-2

[18]Ebenda.

[19]https://www.bmu.de/gesetz/verordnung-eg-nummer-10132006-ueber-die-verbringung-von-abfaellen/

Die Verordnung gilt für die Verbringung von Abfällen:

a) zwischen Mitgliedstaaten innerhalb der Gemeinschaft oder mit Durchfuhr durch Drittstaaten,
b) aus Drittstaaten in die Gemeinschaft,
c) aus der Gemeinschaft in Drittstaaten,
d) mit Durchfuhr durch die Gemeinschaft von und nach Drittstaaten.

Sie gilt nicht für

- das Abladen von Abfällen an Land, einschließlich der Abwässer und Rückstände, aus dem normalen Betrieb von Schiffen und Offshore-Bohrinseln, sofern diese Abfälle unter das Internationale Übereinkommen zur Verhütung der Meeresverschmutzung durch Schiffe von 1973 in der Fassung des Protokolls von 1978 (Marpol 73/78) oder andere bindende internationale Übereinkünfte fallen:
  a) Abfälle, die in Fahrzeugen und Zügen sowie an Bord von Luftfahrzeugen und Schiffen anfallen, und zwar bis zum Zeitpunkt des Abladens dieser Abfälle zwecks Verwertung oder Beseitigung,
  b) die Verbringung radioaktiver Abfälle im Sinne des Artikels 2 der Richtlinie 92/3/Euratom des Rates vom 3. Februar 1992 zur Überwachung und Kontrolle der Verbringungen radioaktiver Abfälle von einem Mitgliedstaat in einen anderen, in die Gemeinschaft und aus der Gemeinschaft,
  c) die Verbringung von Abfällen, die unter die Zulassungsanforderungen der Verordnung (EG) Nr. 1774/2002 fallen,
  d) die Verbringung von Abfällen im Sinne des Artikels 2 Absatz 1 Buchstabe b Ziffern ii, iv und v der Richtlinie 2006/12/EG, sofern für diese Verbringung bereits andere gemeinschaftsrechtliche Vorschriften mit ähnlichen Bestimmungen gelten,
  e) die Verbringung von Abfällen aus der Antarktis in die Gemeinschaft im Einklang mit dem Umweltschutzprotokoll zum Antarktis-Vertrag (1991),
  f) die Einfuhr in die Gemeinschaft von Abfällen, die beim Einsatz von Streitkräften oder Hilfsorganisationen in Krisensituationen oder im Rahmen friedenschaffender oder friedenserhaltender Maßnahmen anfallen, sofern diese Abfälle von den betreffenden Streitkräften oder Hilfsorganisationen oder in ihrem Auftrag direkt oder indirekt in den Empfängerstaat verbracht werden. In diesen Fällen ist jede für die Durchfuhr zuständige Behörde sowie die zuständige Behörde am Bestimmungsort in der Gemeinschaft im Voraus über die Verbringung und den Bestimmungsort zu unterrichten.

Die Verbringung folgender Abfälle unterliegt dem Verfahren der vorherigen schriftlichen Notifizierung und Zustimmung im Sinne der Bestimmungen dieses Titels:

a) falls zur Beseitigung bestimmt:
   alle Abfälle;
b) falls zur Verwertung bestimmt:
   i. in Anhang IV aufgeführte Abfälle, einschließlich u. a. der in den Anhängen II und VIII des Basler Übereinkommens aufgeführten Abfälle;
   ii. in Anhang IVA aufgeführte Abfälle;
   iii. nicht als Einzeleintrag in Anhang III, IIIB, IV oder IVA eingestufte Abfälle;
   iv. nicht als Einzeleintrag in Anhang III, III B, IV oder IVA eingestufte Abfallgemische, sofern sie nicht in Anhang IIIA aufgeführt sind.

Die Notifizierung erfolgt anhand folgender Unterlagen:

a) Notifizierungsformular gemäß Anhang IA

und

b) Begleitformular gemäß Anhang IB.

Beabsichtigt der Notifizierende die Verbringung der o.g. Abfälle, so muss er bei und über die zuständige Behörde am Versandort eine vorherige schriftliche Notifizierung einreichen.

Die beabsichtigte Verbringung von Abfällen ist an folgenden Verfahrensvorschriften gebunden:

a) Damit die Verbringung solcher Abfälle besser verfolgt werden kann, hat die der Gerichtsbarkeit des Versandstaats unterliegende Person, die die Verbringung veranlasst, sicherzustellen, dass das in Anhang VII[20] enthaltene Dokument mitgeführt wird.
b) Das in Anhang VII enthaltene Dokument ist von der Person, die die Verbringung veranlasst, vor Durchführung derselben und von der Verwertungsanlage oder dem Labor und dem Empfänger bei der Übergabe der betreffenden Abfälle zu unterzeichnen.

Eine Liste die den allgemeinen Informationspflichten unterliegen („grüne Abfallliste“) enthält Anhang III der Verordnung.

Die Liste der Abfälle, die dem Verfahren der vorherigen Notifizierung und der Informationspflicht unterliegen („gelbe Abfallliste“) ist in Anhang IV der VO enthalten.

[20]Versandinformation für die in Artikel 3 Absätze 2 und 4 genannten Abfälle.

4.1.4 Gesetz zur Ausführung der Verordnung (EG) Nr. 1013/2006 des Europäischen Parlaments und des Rates vom 14. Juni 2006 über die Verbringung von Abfällen 1) und des Basler Übereinkommens vom 22. März 1989 über die Kontrolle der grenzüberschreitenden Verbringung gefährlicher Abfälle und ihrer Entsorgung 2) (Abfallverbringungsgesetz – AbfVerbrG)

Das Gesetz zur Ausführung der Verordnung (EG) Nr. 1013/2006 vom 14. Juni 2006 über die Verbringung von Abfällen und des Basler Übereinkommens vom 22. März 1989 über die Kontrolle der grenzüberschreitenden Verbringung gefährlicher Abfälle und ihrer Entsorgung (Abfallverbringungsgesetz – AbfVerbrG) wurde am 19.07.2007 erlassen und gilt für:

1. die Verbringung von Abfällen in das, aus dem oder durch das Bundesgebiet,
2. die Verbringung von Abfällen zwischen Orten im Bundesgebiet, die mit einer Durchfuhr durch andere Staaten verbunden ist,
3. die Verbringung von Abfällen, bei deren Notifizierung eine deutsche zuständige Behörde gemäß Artikel 15 Buchstabe f Nr. ii der Verordnung (EG) Nr. 1013/2006 als ursprüngliche zuständige Behörde im ursprünglichen Versandstaat zu beteiligen ist,

sowie

4. die mit der Verbringung verbundene Verwertung oder Beseitigung.

Bei aus dem Bundesgebiet zu verbringenden Abfällen hat die Beseitigung im Inland Vorrang vor der Beseitigung im Ausland. Genauso hat eine zugelassene Beseitigung in einem Mitgliedsstaat der EU Vorrang vor der Beseitigung in einem anderen Staat. Während der Beförderung der genannten Abfälle müssen die Begleitpapiere sowie die Kopien der Notifizierungen mitgeführt werden. Fahrzeuge für den Transport von Abfällen nach dem Basler Übereinkommen und der Abfallverbringungsverordnung müssen, mit der Kennzeichnung für Abfälle nach dem KrwG[21] gekennzeichnet werden. Verstöße gegen die Vorschriften können nach § 18 AbfVerbrG mit einem Bußgeld geahndet werden.

[21]Siehe Kap. 4.3.

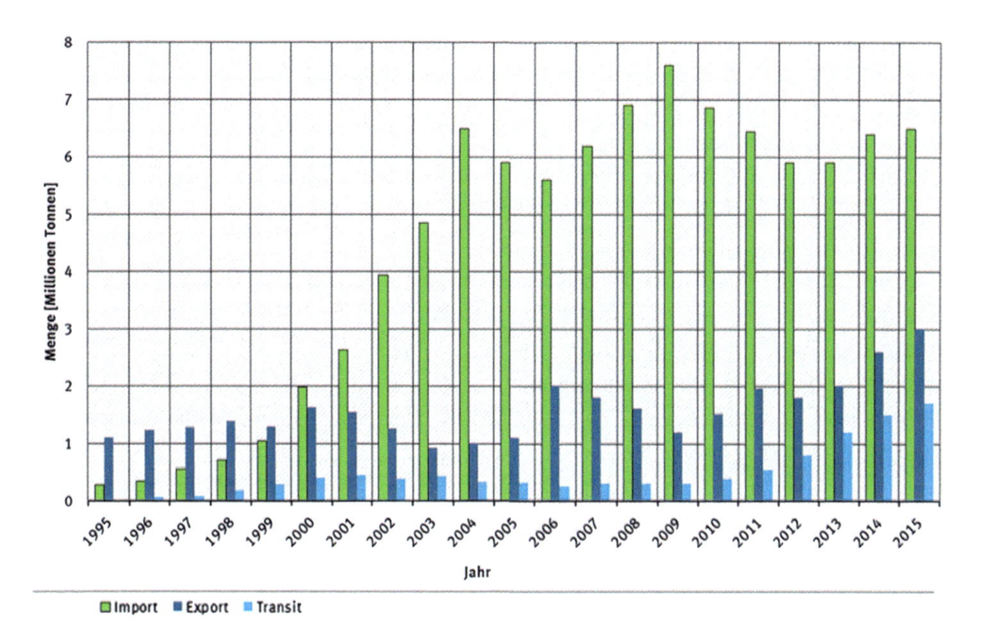

Grenzüberschreitende Abfallverbringung

4.2 Stockholm-Übereinkommen

Das Stockholmer Übereinkommen über persistente organische Schadstoffe, auch Stockholm-Konvention oder POP-Konvention, ist eine Übereinkunft über völkerrechtlich bindende Verbots- und Beschränkungsmaßnahmen für bestimmte langlebige organische Schadstoffe (persistent organic pollutants, POP).

Als persistente (langlebige) organische Schadstoffe werden organische Chemikalien bezeichnet, die bestimmte Eigenschaften aufweisen:

- Persistenz über einen langen Zeitraum,
- Potenzial zum weiträumigen Transport,
- Anreicherung in der Nahrungskette,
- Giftigkeit für Mensch und Tier.

Prinzipiell unterscheidet man einerseits zwischen den zu kommerziellen Zwecken synthetisch hergestellten POPs und andererseits den bei verschiedenen thermischen Prozessen unbeabsichtigt gebildeten POPs („unintentionally produced POPs", uPOPs).

POPs stellen aufgrund ihrer Eigenschaften ein globales Problem dar, welches nur international geregelt werden kann. Um den resultierenden Gefahren für Mensch und

Umwelt durch POPs zu begegnen, wurden in der Vergangenheit verschiedene internationale Umwelt-Abkommen vereinbart.[22]

Ziel des Stockholmer Übereinkommens von 2001 ist der Schutz der menschlichen Gesundheit und der Umwelt vor persistenten organischen Chemikalien. Viele POPs sind Pflanzenschutzmittel, die häufig in Deutschland schon seit langem verboten sind. Diese schwer abbaubaren Stoffe werden inzwischen weltweit, oft fernab vom Herstellungs- oder Einsatzort nachgewiesen. Sie reichern sich im Fettgewebe von Lebewesen an und können schädliche Auswirkungen für Mensch und Tier haben.[23]

In den meisten Industrieländern – auch in Deutschland – sind Produktion und Gebrauch dieser Chemikalien bereits verboten oder weitestgehend reguliert. Die Hauptemissionsquellen für unerwünschte Nebenprodukte, wie zum Beispiel Müllverbrennungsanlagen, sind mit scharfen Grenzwertvorschriften belegt, sodass gesundheitliche Risiken und Umweltgefährlichkeit minimiert sind. Anders ist dies hingegen in Entwicklungsländern und in verschiedenen osteuropäischen Staaten, in denen diese Chemikalien weiterhin als Pestizide oder in Holzschutzmitteln eingesetzt werden oder wo PCB zum Beispiel in Transformatoren noch in Gebrauch sind. In Osteuropa und auf dem afrikanischen Kontinent bereiten Alt- und Lagerbestände von Pflanzenschutzmitteln, die häufig in alten Fässern vor sich hin rotten, Anlass zu großer Sorge. Gefährliche Stoffe gelangen mancherorts in hohen Konzentrationen oftmals völlig ungefiltert in die Luft, sei es durch die Verbrennung von Müll oder, wie zum Teil in Südostasien, durch andere Emissionsquellen, wie Krematorien. Ob und wie die Vereinbarungen in den Entwicklungsländern umgesetzt werden, ist daher maßgeblich für den Erfolg der Konvention. Nicht ohne Grund fordern die Entwicklungsländer deshalb ein starkes finanzielles Engagement und umfangreiche technische Hilfe seitens der Industrieländer. Oberstes Entscheidungsorgan des Übereinkommens ist die alle zwei Jahre stattfindende Vertragsstaatenkonferenz (VSK). Die letzte VSK tagte vom 24. April bis 5. Mai 2017 in Genf im Rahmen der ordentlichen VSK der Übereinkommen von Rotterdam, Stockholm und Basel (Triple-COP). Herausragendes Ergebnis war die Aufnahme von drei weiteren Stoffen in die Anlagen A und C. Decabromidphenylether (DecaBDE) und die kurzkettigen Chlorparaffine (SCCP) wurden in Anlage A aufgenommen, das als Nebenprodukt bestimmter Verbrennungsprozesse entstehende Hexachlorbutadien (HBCD) wurde in Anlage C aufgenommen. Insgesamt sind nunmehr 29 Stoffe im Stockholmer Übereinkommen gelistet. Die Aufnahme eines Vertragseinhaltemechanismus für das Stockholmer Übereinkommen scheiterte jedoch erneut.[24]

---

[22]https://www.umweltbundesamt.de/themen/chemikalien/chemikalien-management/stockholm-konvention

[23]https://www.bvl.bund.de/DE/04_Pflanzenschutzmittel/03_Antragsteller/13_Rechtsvorschriften/03_intern_abk/03_pop/psm_intern_abk_pop_node.html

[24]https://www.bmu.de/themen/gesundheit-chemikalien/chemikaliensicherheit/pops/

In der Europäischen Union wurde das Stockholmer Übereinkommen durch die Verordnung (EG) 850/2004 umgesetzt. Die Aufnahme von fünf zusätzlichen Stoffen in das Stockholmer Übereinkommen wurde durch die Verordnungen (EG) 757/2010 und 756/2010 umgesetzt.[25]

4.3 Kreislaufwirtschaftsgesetz (KrWG)

Am 1. Juni 2012 ist das Gesetz zur Förderung der Kreislaufwirtschaft und Sicherung der um-weltverträglichen Bewirtschaftung von Abfällen (Kreislaufwirtschaftsgesetz, KrWG) in Kraft getreten. Das KrWG, das als Artikel 1 des Gesetzes zur Neuordnung des Kreislaufwirtschafts- und Abfallrechts verkündet wurde, löst das Kreislaufwirtschafts- und Abfallgesetz (KrW-/AbfG) ab. Mit dem KrWG werden Vorgaben der EU-Abfallrahmenrichtlinie (Richtlinie 2008/98/EG) in nationales Recht umgesetzt. Die Kreislaufwirtschaft soll noch stärker auf den Ressourcen-, Klima- und Umweltschutz ausgerichtet werden (siehe § 1 KrWG).[26]

Das KrWG wird ergänzt durch eine ganze Reihe von Rechtsverordnungen, die aufgrund von entsprechenden Ermächtigungsgrundlagen im vorherigen KrW-/AbfG ergangen sind. Sie dienen in der Regel dazu, die Bestimmungen des KrWG für Abfallverzeichnisse und Abfallüberwachung, Anforderungen an die Abfallbeseitigung, betriebliche Regelungen, produkt- und produktionsbezogene Regelungen sowie die Behandlung von Klärschlamm und Bioabfällen zu konkretisieren und zu vervollständigen. Zu diesen Rechtsverordnungen gehören u. a.

- die Abfallablagerungsverordnung (AbfAblV), seit 16. Juli 2009 aufgehoben,
- die Abfallverzeichnis-Verordnung (AVV),
- die Altfahrzeugverordnung (AltfahrzeugV),
- die Altholzverordnung (AltholzV),
- die Altölverordnung (AltölV),
- die Bioabfallverordnung (BioAbfV),
- die Deponieverordnung (DepV),
- die Entsorgungsfachbetriebeverordnung (EfbV),
- die Gewerbeabfallverordnung (GewAbfV),
- die Klärschlammverordnung (AbfKlärV),
- die Nachweisverordnung (NachwV),
- die PCB/PCT-Abfallverordnung (PCBAbfallV),
- die Transportgenehmigungsverordnung (TgV),

[25] https://www.bvl.bund.de/DE/04_Pflanzenschutzmittel/03_Antragsteller/13_Rechtsvorschriften/03_intern_abk/03_pop/psm_intern_abk_pop_node.html .

[26] https://www.umweltbundesamt.de/themen/abfall-ressourcen/abfallwirtschaft/abfallrecht

- die Verpackungsverordnung (VerpackV),
- die Versatzverordnung (VersatzV).

Gegliedert ist das KrWG in 9 Teile mit insgesamt 4 Anlagen:

Teil 1 Allgemeine Vorschriften
Teil 2 Grundsätze und Pflichten der Erzeuger und Besitzer von Abfällen sowie der öffentlich-rechtlichen Entsorgungsträger
Teil 3 Produktverantwortung
Teil 4 Planungsverantwortung
Teil 5 Absatzförderung und Abfallberatung
Teil 6 Überwachung
Teil 7 Entsorgungsfachbetriebe
Teil 8 Betriebsorganisation, Betriebsbeauftragter für Abfall und Erleichterungen für auditierte Unternehmensstandorte
Teil 9 Schlussbestimmungen
Anlage 1 Beseitigungsverfahren
Anlage 2 Verwertungsverfahren
Anlage 3 Kriterien zur Bestimmung des Standes der Technik
Anlage 4 Beispiele für Abfallvermeidungsmaßnahmen nach § 33

Der Zweck des Gesetzes ist es, die Kreislaufwirtschaft zur Schonung der natürlichen Ressourcen zu fördern und den Schutz von Mensch und Umwelt bei der Erzeugung und Bewirtschaftung von Abfällen sicherzustellen.[27]

Der Geltungsbereich des Gesetzes nennt bereits eine Hierarchie für die Kreislaufwirtschaft:

1. die Vermeidung von Abfällen sowie
2. die Verwertung von Abfällen,
3. die Beseitigung von Abfällen und
4. die sonstigen Maßnahmen der Abfallbewirtschaftung.

Diese Abfallhierarchie konkretisiert der § 6 KrWG indem die Rangfolge von Maßnahmen der Vermeidung und der Abfallbewirtschaftung festgelegt wird:

1. Vermeidung,
2. Vorbereitung zur Wiederverwendung,
3. Recycling,
4. sonstige Verwertung, insbesondere energetische Verwertung und Verfüllung,
5. Beseitigung.

[27] Vgl. § 1 KrWG.

Abfälle im Sinne des KrWG sind alle Stoffe oder Gegenstände, derer sich ihr Besitzer entledigt, entledigen will oder entledigen muss. Abfälle zur Verwertung sind Abfälle, die verwertet werden; Abfälle, die nicht verwertet werden, sind Abfälle zur Beseitigung. Zur Abfallhierarchie des KrWG siehe Abb. 4.1.

Eine Entledigung ist anzunehmen, wenn der Besitzer Stoffe oder Gegenstände einer Verwertung oder einer Beseitigung zuführt oder die tatsächliche Sachherrschaft über sie unter Wegfall jeder weiteren Zweckbestimmung aufgibt.

Der Wille zur Entledigung ist hinsichtlich solcher Stoffe oder Gegenstände anzunehmen, die bei der Energieumwandlung, Herstellung, Behandlung oder Nutzung von Stoffen oder Erzeugnissen oder bei Dienstleistungen anfallen, ohne dass der Zweck der jeweiligen Handlung hierauf gerichtet ist, oder deren ursprüngliche Zweckbestimmung entfällt oder aufgegeben wird, ohne dass ein neuer Verwendungszweck unmittelbar an deren Stelle tritt.

Der Besitzer muss sich Stoffen oder Gegenständen entledigen, wenn diese nicht mehr entsprechend ihrer ursprünglichen Zweckbestimmung verwendet werden, aufgrund ihres konkreten Zustandes geeignet sind, gegenwärtig oder künftig das Wohl der Allgemeinheit, insbesondere die Umwelt, zu gefährden und deren Gefährdungspotenzial nur durch eine ordnungsgemäße und schadlose Verwertung oder gemeinwohlverträgliche Beseitigung ausgeschlossen werden kann.

Vermeidung von Abfällen ist jede Maßnahme, die ergriffen wird, bevor ein Stoff, Material oder Erzeugnis zu Abfall geworden ist, und dazu dient, die Abfallmenge, die schädlichen Auswirkungen des Abfalls auf Mensch und Umwelt oder den Gehalt an schädlichen Stoffen in Materialien und Erzeugnissen zu verringern.

Verwertung von Abfällen ist jedes Verfahren, als dessen Hauptergebnis die Abfälle innerhalb der Anlage oder in der weiteren Wirtschaft einem sinnvollen Zweck zugeführt werden, indem sie entweder andere Materialien ersetzen, die sonst zur Erfüllung einer bestimmten Funktion verwendet worden wären, oder indem die Abfälle so vorbereitet werden, dass sie diese Funktion erfüllen (siehe auch Abb. 4.2).

Grundsätzlich sind die Erzeuger oder Besitzer von Abfällen zur Verwertung ihrer Abfälle verpflichtet. Die Verwertung von Abfällen hat Vorrang vor deren Beseitigung, außer die Beseitigung der Abfälle gewährleistet den Schutz von Mensch und Umwelt am besten. Die Verwertung von Abfällen, insbesondere durch ihre Einbindung in

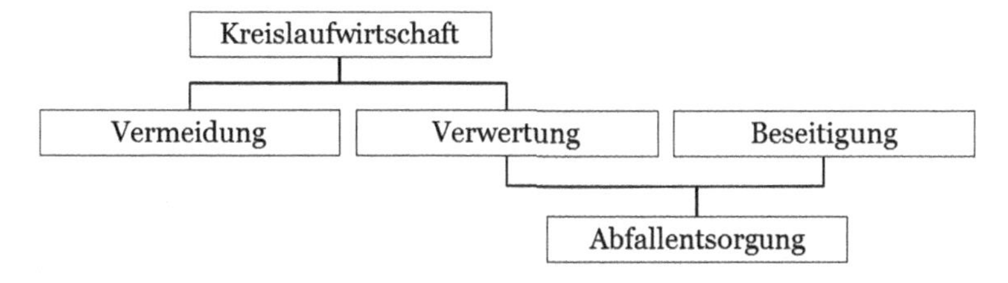

Abb. 4.1 Abfallhierarchie des KrWG

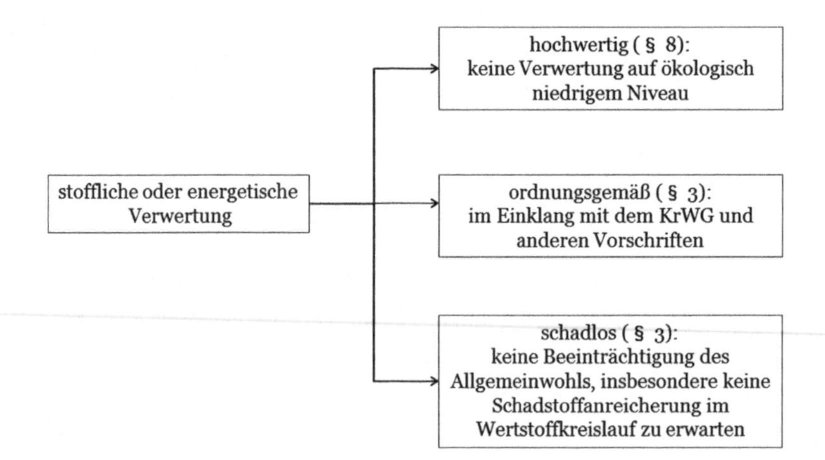

Abb. 4.2 Verwertung von Abfällen

Erzeugnisse, hat ordnungsgemäß und schadlos zu erfolgen. Die Verwertung erfolgt ordnungsgemäß, wenn sie im Einklang mit den Vorschriften dieses Gesetzes und anderen öffentlich-rechtlichen Vorschriften steht (hierzu Abb. 4.3). Sie erfolgt schadlos, wenn nach der Beschaffenheit der Abfälle, dem Ausmaß der Verunreinigungen und der Art der Verwertung Beeinträchtigungen des Wohls der Allgemeinheit nicht zu erwarten sind, d. h. keine Schadstoffanreicherung im Wertstoffkreislauf erfolgt.

Die Verwertungs- und Beseitigungsverfahren sind in den Anlagen 1 und 2 des KrWG abschließend festgeschrieben. Jedoch bieten diese Listen Möglichkeiten zur Lagerung bis zur Schaffung weiterer technischer Verfahren.

Das KrWG gilt hingegen nicht für die Erfassung und Übergabe von Schiffsabfällen und Ladungsrückständen, soweit dies aufgrund internationaler oder supranationaler Übereinkommen durch Bundes- oder Landesrecht geregelt wird, z. B. durch das CDNI.[28]

4.3.1 Anzeige- und Erlaubnisverordnung (AbfAEV)

Am 10. Dezember 2013 ist die Verordnung zur Fortentwicklung der abfallrechtlichen Überwachung im Bundesgesetzblatt (BGBl. I Seite 4043) verkündet worden und am 1. Juni 2014 in Kraft getreten. Mit der Verordnung zur Fortentwicklung der abfallrechtlichen Überwachung, werden im Nachgang zum neuen Kreislaufwirtschaftsgesetz (KrWG), welches am 1. Juni 2012 in Kraft getreten ist, notwendige Änderungen des untergesetzlichen Regelwerks vorgenommen.

[28]Siehe Kap. 6.2.

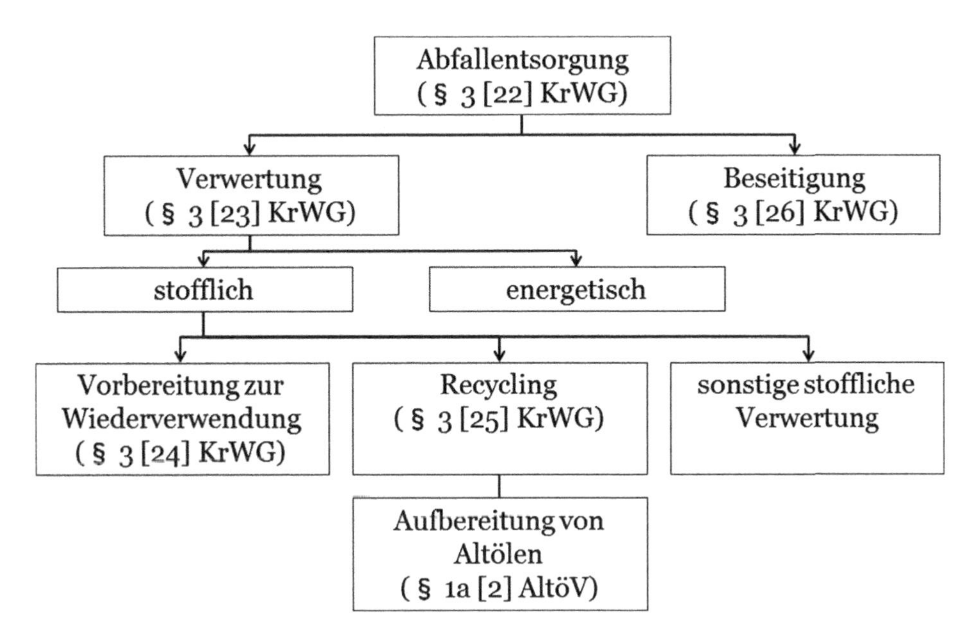

Abb. 4.3 Verwertungsarten

Kernstück dieser Mantelverordnung ist die in Artikel 1 enthaltene Verordnung über das Anzeige- und Erlaubnisverfahren für Sammler, Beförderer, Händler und Makler von Abfällen (Anzeige- und Erlaubnisverordnung – AbfAEV). Die AbfAEV ist, wie die früher gültige Beförderungserlaubnisverordnung, an Beförderer und Sammler von Abfällen adressiert, zusätzlich wurden auch Händler und Makler von Abfällen in den Adressatenkreis einbezogen.

Die Verordnung präzisiert die nach dem KrWG geforderten materiellen Voraussetzungen der Zuverlässigkeit sowie der Sach- und Fachkunde und schafft bundesweit einheitliche materielle Standards. Zudem werden für die Verfahrensregelungen zur Anzeige nach § 53 KrWG beziehungsweise zur Erlaubnis nach § 54 KrWG Möglichkeiten zur elektronischen Abwicklung der Verfahren geschaffen. Die Nutzbarmachung elektronischer Kommunikationsmöglichkeiten unterstützt den Bürokratieabbau und vereinfacht die Verwaltungsverfahren sowohl für Behörden als auch für die betroffenen Wirtschaftsunternehmen. Durch verschiedene Privilegierungen, insbesondere für wirtschaftliche Unternehmen, werden unnötige bürokratische Belastungen abgebaut beziehungsweise entstehen jene erst gar nicht.

Die AbfAEV löste die bis zum 31. Mai 2013 geltende Beförderungserlaubnisverordnung (BefErlV) ab, die ihrerseits die Nachfolgeregelung der noch auf dem KrW-/AbfG fußenden Transportgenehmigungsverordnung (TgV) war.[29]

[29]https://www.bmu.de/gesetz/verordnung-ueber-das-anzeige-und-erlaubnisverfahren-fuer-sammler-befoerderer-haendler-und-makler-von

4.3.2 Abfallverzeichnis-Verordnung (AVV)

Abfallverzeichnis-Verordnung vom 10. Dezember 2001 (BGBl. I Seite 3379), die zuletzt durch Artikel 3 der Verordnung vom 17. Juli 2017 (BGBl. I Seite 2644) geändert worden ist.

Die Verordnung über das Europäische Abfallverzeichnis (Abfallverzeichnis-Verordnung – AVV) setzt die Entscheidung der Kommission über ein Abfallverzeichnis (2000/532/EG) und bestimmte Vorgaben der Abfallrahmenrichtlinie (2008/98/EG) in nationales Recht um.

Die AVV ist sowohl für die Bezeichnung von Abfällen als auch für Einstufung von Abfällen nach ihrer Gefährlichkeit maßgeblich. Ein Abfall wird entsprechend den Vorgaben der AVV einer Abfallart zugeordnet, die aus dem sechsstelligen Abfallschlüssel und der Abfallbezeichnung besteht, zum Beispiel 20 03 01 gemischte Siedlungsabfälle. Diese Abfallarten sind im Anhang der AVV im sogenannten Abfallverzeichnis abschließend aufgeführt, das heißt ein Abfall muss einer dieser Abfallarten zugeordnet werden. Es gibt insgesamt 842 Abfallarten. Es gibt drei Typen von Abfallarten.

288 Abfallarten sind gefährlich, da bei diesen Abfällen wird angenommen, dass sie eine oder mehrere der in Anhang III der Abfallrahmenrichtlinie aufgeführten gefahrenrelevanten Eigenschaften HP 1 bis HP 15 (HP von „hazardous properties“) aufweisen. Bei den gefährlichen Abfallarten wird der Abfallschlüssel mit einem Sternchen (*) gekennzeichnet, zum Beispiel 13 07 01* (Heizöl und Diesel).

236 Abfallarten sind ungefährlich, da bei diesen Abfällen angenommen wird, dass sie keine der oben genannten gefahrenrelevanten Eigenschaften aufweisen.

Es gibt insgesamt 378 Abfallarten, die als „Spiegeleinträge“ bezeichnet werden. Bei diesen Spiegeleinträgen wird einer gefährlichen Abfallart mindestens eine nichtgefährliche Abfallart direkt zugeordnet, zum Beispiel 20 01 37* (Holz, das gefährliche Stoffe enthält) und 20 01 38 (Holz mit Ausnahme desjenigen, das unter 20 01 37) fällt. Bei den Spiegeleinträgen richtet sich die Unterscheidung zwischen gefährlichen und nicht gefährlichen Abfallarten danach, ob ein Abfall eine oder mehrere der oben genannten gefahrenrelevanten Eigenschaften aufweist. Diese Eigenschaften können entweder anhand von Stoffkonzentrationen oder anhand der Ergebnisse international anerkannter Testmethoden bewertet werden.

Dies gilt grundsätzlich auch für Abfälle, die persistente organische Schadstoffe (POP) enthalten. Für Abfälle, die bestimmte POP enthalten, gelten allerdings strengere Vorgaben. Überschreiten die in der AVV aufgeführten, EU-rechtlich vorgegebenen 16 POP die entsprechenden Grenzwerte des Anhang IV der EU-POP-Verordnung, so sind diese Abfälle als gefährlich einzustufen. Zu diesen 16 POP gehören zum Beispiel PCB oder Dioxine (PCDD). Abfälle, die andere POP enthalten als die EU-rechtlich vorgegebenen, sind nicht als gefährlich einzustufen, wenn nur die Grenzwerte in Anhang IV der EU-POP-Verordnung überschritten werden. Für diese Abfälle gelten die Anforderungen der POP-Abfall-Überwachungs-Verordnung.[30]

---

[30]https://www.bmu.de/gesetz/verordnung-ueber-das-europaeische-abfallverzeichnis

4.3.3 Altölverordnung (AltölV)

Seit Ende 1987 gibt es die Altölverordnung. Danach dürfen Öle für Maschinen, Motoren, Turbinen und ähnliches nur an den Endverbraucher abgegeben werden, wenn sie auf der Verpackung den Hinweis enthalten, dass das Öl nach Gebrauch in eine Altölannahmestelle zu bringen ist. Kann der Verkäufer von Schmierölen eine Annahmestelle für Altöl nicht selbst einrichten (zum Beispiel Kaufhäuser, SB-Märkte, Einzelhandelsgeschäfte), so muss er sich auf eigene Rechnung Dritter bedienen, um eine Annahmestelle in räumlicher Nähe vorzuweisen.

Am 1. Mai 2002 ist die Novelle der Altölverordnung in Kraft getreten. Der zentrale Regelungsinhalt der Altölverordnungsnovelle ist in § 2 mit dem Vorrang der Aufbereitung in analoger Weise zu Artikel 3 Absatz 1 der EU-Altölrichtlinie festgelegt.

In § 4 wird der Vorrang der Aufbereitung von Altölen vor sonstigen Entsorgungsverfahren durch die Getrennthaltungsgebote beziehungsweise Vermischungsverbote für Altöle abgesichert. Zur klaren Unterscheidung wurden vier Sammelkategorien von Altölen entsprechend ihrer Eignung zur Aufbereitung definiert, die in Anlage 1 AltölV aufgeführt sind:

Sammelkategorie 1:

- 13 01 10 nichtchlorierte Hydrauliköle auf Mineralölbasis
- 13 02 05 nichtchlorierte Maschinen-, Getriebe- und Schmieröle auf Mineralölbasis
- 13 02 06 synthetische Maschinen-, Getriebe- und Schmieröle
- 13 02 08 andere Maschinen-, Getriebe- und Schmieröle
- 13 03 07 nichtchlorierte Isolier- und Wärmeübertragungsöle auf Mineralölbasis

Sammelkategorie 2:

- 12 01 07 halogenfreie Bearbeitungsöle auf Mineralölbasis (außer Emulsionen und Lösungen)
- 12 01 10 synthetische Bearbeitungsöle
- 13 01 11 synthetische Hydrauliköle
- 13 01 13 andere Hydrauliköle

Sammelkategorie 3:

- 12 01 06 halogenhaltige Bearbeitungsöle auf Mineralölbasis (außer Emulsionen und Lösungen)
- 13 01 01 Hydrauliköle, die PCB enthalten, mit einem PCB-Gehalt von nicht mehr als 50 mg/kg
- 13 01 09 chlorierte Hydrauliköle auf Mineralölbasis
- 13 02 04 chloriere Maschinen-, Getriebe- und Schmieröle auf Mineralölbasis

- 13 03 01 Isolier- und Wärmeübertragungsöle, die PCB enthalten, mit einem PCB-Gehalt von nicht mehr als 50 mg/kg
- 13 03 06 chlorierte Isolier- und Wärmeübertragungsöle auf Mineralölbasis mit Ausnahme derjenigen, die unter 13 03 01 fallen

Sammelkategorie 4:

- 13 01 12 biologisch leicht abbaubare Hydrauliköle
- 13 02 07 biologisch leicht abbaubare Maschinen-, Getriebe- und Schmieröle
- 13 03 08 synthetische Isolier- und Wärmeübertragungsöle
- 13 03 09 biologisch leicht abbaubare Isolier- und Wärmeübertragungsöle
- 13 03 10 andere Isolier- und Wärmeübertragungsöle
- 13 05 06 Öle aus Öl-/Wasserabscheidern
- 13 07 01 Heizöl und Diesel.[31]

Die genannten Altöle unterschiedlicher Sammelkategorien dürfen nicht untereinander gemischt werden. Die Altöle der Sammelkategorie 1 der Anlage 1 sind im Weiteren zur Aufbereitung geeignet. Für die Aufbereitung wurden in § 3 AltölV Grenzwerte festgelegt, bei deren Überschreiten eine Aufbereitung nicht mehr vorgesehen ist, wenn sie

- mehr als 20 mg PCB/kg,

oder

- mehr als 2 g Gesamthalogen/kg

enthalten. Das gilt nicht, wenn diese Schadstoffe durch das Aufbereitungsverfahren zerstört werden oder zumindest die Konzentration dieser Schadstoffe in den Produkten der Aufbereitung unterhalb der genannten Grenzwerte liegt.

Altöle dürfen nicht mit anderen Abfällen vermischt werden, unterschiedliche Sammelkategorien sind voneinander getrennt zu halten. Das Fraunhofer Institut für Zuverlässigkeit und Mikrointegration in München hat hierzu im Auftrag des Bundesumweltministeriums ein Forschungsvorhaben durchgeführt. Ausnahmen von diesen Getrennthaltungs-/Vermischungsverboten sind möglich, soweit eine Getrennthaltung der Altöle zur Einhaltung der Pflicht zur ordnungsgemäßen und schadlosen Verwertung sowie zur vorrangigen Aufbereitung der Altöle nicht erforderlich und eine Vermischung der Altöle in der Zulassung der Altölentsorgungsanlage vorgesehen ist. Diese Ausnahmen vom Vermischungsverbot finden grundsätzlich auch auf die Einsammlung und

---

[31] Siehe auch Kap. 4.3.2.

Beförderung von Altölen Anwendung. Lediglich die Altöle der Sammelkategorie 1 (gut aufbereitbare Altöle) sind im Rahmen der Einsammlung und Beförderung von den anderen Sammelkategorien kategorisch getrennt zu halten. Eine Vermischung darf in diesem Zusammenhang frühestens in der Entsorgungsanlage erfolgen, soweit dies in der jeweiligen Anlagenzulassung vorgesehen ist.[32]

[32]https://www.bmu.de/themen/wasser-abfall-boden/abfallwirtschaft/abfallarten-abfallstroeme/altoel/altoel-gesetzgebung

5 Gefahrgutrecht

Gefährliche Güter werden in einer industrialisierten Gesellschaft häufig verwendet und natürlich auch befördert. Wichtig dabei ist es, Leben und Gesundheit von Menschen und Tieren zu schützen sowie Gefahren für die Umwelt, öffentliche Sicherheit und Ordnung abzuwenden. Zu diesem Zweck wurden Regelwerke geschaffen, die die sichere Beförderung dieser sensiblen Güter gewährleisten. Die Vorschriften werden unter Berücksichtigung von Erkenntnissen in Wissenschaft und Technik laufend überprüft und weiterentwickelt.[1] Diese internationalen Regelwerke werden durch nationale Regelungen, die unter anderem Zuständigkeiten, Pflichten und Ordnungswidrigkeiten festlegen, ergänzt.[2]

5.1 Gefahrgutbeförderung auf Seeschiffen

Gefährliche Güter in verpackter Form sind Ladungen auf Seeschiffen, von denen aufgrund ihrer Eigenschaft und ihres Zustands beim Transport Gefahren für Leben, Gesundheit und die Umwelt entstehen können.

Für die Beförderung gefährlicher Güter im Seeverkehr und für die Behandlung und Stauung der Ladung enthält der „International Maritime Code for Dangerous Goods" (IMDG-Code) international verbindliche Vorgaben. Der IMDG-Code wird ergänzt durch Regelungen des Internationalen Übereinkommens zum Schutz des menschlichen Lebens auf See (SOLAS-Übereinkommen). Im deutschen Recht ist der IMDG-Code Bestandteil der Gefahrgutverordnung See.[3]

---

[1] https://www.bag.bund.de/DE/Navigation/Rechtsvorschriften/Gefahrgutrecht/gefahrgutrechtnode.html.

[2] https://www.bmvi.de/SharedDocs/DE/Artikel/G/Gefahrgut/gefahrgut-recht-vorschriften.html.

[3] https://www.deutsche-flagge.de/de/sicherheit/ladung/imdg/imdg.

U. Jacobshagen, *Umweltschutz und Gefahrguttransport für Binnen- und Seeschifffahrt*,
https://doi.org/10.1007/978-3-658-25929-7_5

5.1.1 Kapitel VII SOLAS 74/88

Anders als in den Anwendungsbereichen des Kapitel I SOLAS 74/88 vorgesehen, ist das Kapitel VII SOLAS 74/88, soweit nicht ausdrücklich etwas anderes bestimmt ist, anzuwenden auf gefährliche Güter, die in verpackter Form auf allen Schiffen sowie auf Frachtschiffen mit einem Bruttoraumgehalt von weniger als 500 BRZ befördert werden. Die Beförderung gefährlicher Güter in verpackter Form muss nach Maßgabe der einschlägigen Vorschriften des IMDG -Codes erfolgen.[4]

Alle Angaben, die sich auf die Beförderung gefährlicher Güter in verpackter Form beziehen, und das Container-/Fahrzeugpackzertifikat[5] müssen mit den Bestimmungen des IMDG-Codes im Einklang stehen. Jedes Schiff muss darüber hinaus eine besondere Liste, ein besonderes Verzeichnis oder einen besonderen Stauplan mitführen, worin die an Bord befindlichen gefährlichen Güter und deren Stauplatz im Einklang angegeben sind.

Ladung, Ladungseinheiten und Beförderungseinheiten sind während der gesamten Reise nach Maßgabe des von der Verwaltung genehmigten Ladungssicherungshandbuchs zu laden, zu stauen und zu sichern. Die bei der Abfassung des Ladungssicherungshandbuchs zu berücksichtigenden Anforderungen müssen mindestens den von der Organisation ausgearbeiteten Richtlinien[6] gleichwertig sein. Bereits in Regel 5 Kapitel VI SOLAS 74/88 ist die Sicherung der Ladung auf Grundlage eines Ladungssicherungshandbuches vorgeschrieben:

> Alle Ladungen mit Ausnahme fester oder flüssiger Massengüter, alle Ladungseinheiten und Beförderungseinheiten sind während der gesamten Reise nach Maßgabe des von der Verwaltung genehmigten Ladungssicherungshandbuchs zu laden, zu stauen und zu sichern. Auf Schiffen mit Ro-Ro-Laderäumen im Sinne der Regel II-2/3.41 muss die Sicherung solcher Ladung, Ladungseinheiten und Beförderungseinheiten nach Maßgabe des Ladungssicherungshandbuchs vor dem Auslaufen des Schiffes abgeschlossen sein.

Das Kapitel VII SOLAS 74/88 regelt in fünf Teilen die Gefahrgutbeförderung und Bauart der dafür vorgesehenen Schiffe:

Teil A Beförderung gefährlicher Güter in verpackter Form
Teil A-1 Beförderung gefährlicher Güter in fester Form als Massengut

---

[4]Vgl. Regel 3 Kapitel VII SOLAS 74/88.

[5]Dokument für die Beförderung gefährlicher Güter auf See, gefordert vom IMDG-Code. Das Packzertifikat muss für alle Güterbeförderungseinheiten (CTU) auf dem Seeweg erstellt und vom Stauer unterschrieben werden.

[6]Neufassung der Richtlinien für die Erstellung des Ladungssicherungshandbuchs (CSS-Code) MSC.1/Circ.1353.

Teil B Bauart und Ausrüstung von Schiffen zur Beförderung gefährlicher flüssiger Chemikalien als Massengut[7]

Teil C Bauart und Ausrüstung von Schiffen zur Beförderung verflüssigter Gase als Massengut[8]

Teil D Besondere Vorschriften für die Beförderung von verpackten bestrahlten Kernbrennstoffen, Plutonium und hochradioaktiven Abfällen auf Seeschiffen[9]

Grundsätzlich müssen die Schiffe über Zeugnisse i.S.d. Regel 12 Kapitel I, Regel 14 Kapitel V und Regel 4 Kapitel IX sowie Regel 4 XI-2 SOLAS 74/88 verfügen:

- Bau-Sicherheitszeugnis für Frachtschiffe (Cargo Ship Safety Construction Certificate),
- Ausrüstungs-Sicherheitszeugnis für Frachtschiffe (Cargo Ship Safety Equipment Certificate),
- Funksicherheitszeugnis für Frachtschiffe (Cargo Ship Safety Radio Certficate),
- Schiffsbesatzungszeugnis (Minimum Safe Manning Certificate),
- Lückenlose Schiffsstammdatendokumentation (Continuous Synopsis Record),
- Zeugnis über die Organisation von Sicherheitsmaßnahmen (Safety Management Certificate),
- Zeugnis über die Erfüllung der einschlägigen Vorschriften (Document of Compliance)

und

- Internationales Gefahrenabwehrzeugnis (ISSC, International Ship Security Certificat).

Darüber hinaus verfügt jedes Schiff über folgende Zeugnisse, die nicht in Umweltvorschriften genannt sind, soweit das Schiff den Anwendungsbedingungen entspricht:

- Internationaler Schiffsmessbrief/Nationaler Schiffsmessbrief (International Tonnage Certificate 1969/Special Tonnage Certificate 1969),
- Seearbeitszeugnis (Maritime Labour Certificate)

und

- Internationales Freibordzeugnis International Load Line Certificate.

Durch die Teile des Kapitel VII SOLAS 74/88 werden die Codes für die Beförderung gefährlicher Güter umgesetzt und konkretisiert. Damit erhalten die Codes eine Umsetzungsvorschrift für die Unterzeichnerstaaten des SOLAS-Übereinkommens sowie darüber hinaus

---

[7]Vgl. IBC-Code, siehe Kap. 5.1.1.1.

[8]Vgl. IGC-Code, siehe Kap. 5.1.1.2.

[9]Vgl. INF-Code, siehe Kap. 5.1.1.3

für Nicht-SOLAS-Unterzeichnerstaaten, wenn deren Schiffe Häfen von SOLAS-Staaten anlaufen.[10] Zusätzlich enthält das Kapitel VI SOLAS 74/88 die Umsetzungspflicht für den Internationalen Code für die Beförderung von Schüttgut über See.

5.1.1.1 Internationaler Chemikalientankschiff-Code (International Code for the Construction and Equipment of Ships carrying Dangerous Chemicals in Bulk [IBC])

Der „International Code for the Construction and Equipment of Ships carrying Dangerous Chemicals in Bulk", kurz: IBC-Code, enthält Vorgaben für die Beförderung gefährlicher Chemikalien und gesundheitsschädlicher Flüssigkeiten als Massengut in der Seeschifffahrt. Der IBC-Code ist als Kapitel VII Teil B Bestandteil der Regelungen des Internationalen Übereinkommens zum Schutz des menschlichen Lebens auf See (SOLAS-Übereinkommen). Der IBC-Code wird durch die Gefahrgutverordnung See in deutsches Recht umgesetzt. Zweck des IBC-Codes ist es, einen internationalen Standard für die sichere Beförderung von gefährlichen Chemikalien und gesundheitsschädlichen Flüssigkeiten als Massengut zu setzen. Der IBC-Code enthält Regelungen zur Konstruktion und zur Schiffsausrüstung insbesondere von Chemikalientankern.[11]

Der IBC-Code enthält eine Stoffliste, in der alle Stoffe, die dem IBC-Code unterliegen, aufgelistet sind. Diese Stoffliste enthält Informationen zur Gefährlichkeit dieser Stoffe und zu den Mindestanforderungen für deren Beförderung.[12]

Auf Grundlage der Vorschriften des IBC-Codes wird jedem Schiff ein Internationales Zeugnis über die Eignung zur Beförderung verflüssigter Gase als Massengut (International Certificate of Fitness for the Carriage of Liquified Gases in Bulk) ausgestellt.

5.1.1.2 Internationaler Gastankschiff-Code (IGC)

Der IGC-Code besteht aus 19 Kapiteln und einem Anhang. Diese Regeln enthalten Mindestanforderungen hinsichtlich u. a. folgender Punkte:

- Schiffsstabilität, Freibord, Anordnung der Ladungstanks,
- Trennung der Ladungstanks von anderen Schiffsbereichen,
- Einrichtungen zur Druck- und Temperaturkontrolle,
- Elektrische Einrichtungen,
- Lüftungssysteme, Systeme zur Gasdetektion,
- Brandschutz- und Löscheinrichtungen,
- Personenschutz- und Sicherheitsausrüstung,
- Einsatz der Ladung als Schiffstreibstoff.

---

[10]Vgl. Nichtbegünstigungsklausel, Artikel I Absatz 3 Protokoll von 1988 zu dem Internationalen Übereinkommen von 1974 zum Schutz des menschlichen Lebens auf See.

[11]https://www.deutsche-flagge.de/de/sicherheit/ladung/ibc/ibc.

[12]Ebenda.

Auf Grundlage der Vorschriften des IGC-Codes wird dem Schiff ein Internationales Zeugnis über die Eignung zur Beförderung verflüssigter Gase als Massengut (International Certificate of Fitness for the Carriage of Liquified Gases in Bulk) ausgestellt.

5.1.1.3 Internationaler Code für die sichere Beförderung von verpackten bestrahlten Kernbrennstoffen, Plutonium und hochradioaktiven Abfällen mit Seeschiffen (INF)

Auf Grundlage der Vorschriften des INF-Codes wird dem Schiff eine Bescheinigung über die Eignung zur Beförderung von bestrahlten Kernbrennstoffen, Plutonium und hochradioaktivem Abfällen in Transportbehältern mit Seeschiffen (Document of Compliance for the Carriage of Irradiated Nuclear Fuel, Plutonium and High-Level Radioactive Wastes in Flasks on Board of Ships) ausgestellt.

5.1.1.4 Internationalen Code für die Beförderung von Schüttgut über See (IMSBC)

Um einen sicheren und zuverlässigen Transport von Schüttgütern mit hochwertigen Produkten über See zu gewährleisten, hat der Schiffsicherheitsausschuss der Internationalen Schifffahrtsorganisation (IMO) den IMSBC-Code verabschiedet. Die Abkürzung IMSBC steht für "International Maritime Solid Bulk Cargoes Code", Internationaler Code für die Beförderung von Schüttgut über See. Durch die Einbeziehung in das SOLAS-Übereinkommen (Kapitel VI und Kapitel VII, Teil A1) ist der IMSBC-Code ab dem 1. Januar 2011 verbindlich vorgeschrieben.[13]

Zweck des IMSBC-Codes ist es, unbekannte Schüttgüter ohne gekennzeichnete Eigenschaft oder jegliche Gefahreneinstufung besser zu kontrollieren und zu klassifizieren. Dazu muss der Hersteller oder Versender des Schüttgutes eine Vereinbarung mit den beteiligten Flaggenstaaten und den Häfen abschließen (sogenanntes „tripartite agreement").

Nach der Überprüfung durch die Dienststelle wird das Schüttgut in Abhängigkeit von seiner Eigenschaft und dem Ladungscharakter in eine entsprechende Gruppe eingestuft:[14]

- Gruppe A:
  Eine Gruppe von Ladungen, die breiartig werden können, wenn sie mit einem Feuchtigkeitsgehalt befördert werden, der über ihrer Feuchtigkeitsgrenze für die Beförderung liegt.
- Gruppe B:
  Eine Gruppe von Ladungen, die chemische Eigenschaften besitzen, durch die auf einem Schiff eine gefährliche Situation herbeigeführt werden könnte.

[13]https://www.deutsche-flagge.de/de/sicherheit/ladung/imsbc.

[14]Ebenda.

- Gruppe C:
  Die Gruppe derjenigen Ladungen, die weder dazu neigen, breiartig zu werden (Gruppe A), noch chemische Eigenschaften besitzen, die zu Gefährdungen führen können (Gruppe B).

> Im Mai 2015 kam es westlich von Helgoland an Bord des mit Düngemitteln beladenen Massengutfrachters „Purple Beach" zu einer starken Rauchentwicklung im Bereich der Laderäume. Durch das Kühlen der Außenhaut des Schiffes und das Fluten der Laderäume mit Wasser konnte die Selbsterhitzung des Düngemittels gestoppt werden. Zwei Jahre später, am 12. August 2017, entzündete sich an Bord des Massengutfrachters „Cheshire" ein Teil des insgesamt 42.500 Tonnen geladenen Ammoniumnitrats. Die Versuche der Besatzung, das Feuer unter Kontrolle zu bringen, scheiterten. Die 24köpfige Besatzung wurde abgeborgen. Das Schiff driftete danach führerlos vor den Kanarischen Inseln, bevor der Brand nach zweieinhalb Wochen gelöscht werden konnte.[15]

Aufgrund dieser beiden Schiffsunfälle hat der Unterausschuss "Carriage of Cargoes and Containers" (CCC) der Internationalen Seeschifffahrtsorganisation IMO ein Rundschreiben zu den Transportbedingungen von ammoniumnitrathaltigem Düngemittel herausgegeben. Diese Düngemittel sind im IMSBC-Code zwar in der Gruppe C (nicht gefährlich) eingestuft, die beiden Unglücke haben aber gezeigt, dass sich einige Düngemittel unter ungünstigen Umständen beim Transport zersetzen und dadurch hochgiftige Dämpfe austreten können.[16]

5.1.1.5 Richtlinien für die Erstellung des Ladungssicherungshandbuchs (CSS-Code)

Nach den Regeln VI/5 und VII/5 des SOLAS-Übereinkommens müssen Ladungseinheiten und Beförderungseinheiten nach Maßgabe des von der Verwaltung genehmigten Ladungssicherungshandbuchs geladen, gestaut und während der gesamten Reise gesichert werden; diese Ladungssicherungshandbücher sind entsprechend einer Norm zu erstellen, die mindestens den einschlägigen von der Organisation ausgearbeiteten Richtlinien gleichwertig ist.

Das Ladungssicherungshandbuch soll unter Berücksichtigung der in den Richtlinien gegebenen Empfehlungen und in der Arbeitssprache des Schiffes erstellt werden. Ist keine der dabei verwendeten Sprachen Englisch, Französisch oder Spanisch, so soll eine Übersetzung in eine dieser Sprachen beigefügt werden.

Ladungssicherungshandbücher sind auf allen Schiffstypen mitzuführen, die für die Beförderung anderer Ladungen als fester und flüssiger Massengüter eingesetzt sind.

---

[15]https://www.deutsche-flagge.de/de/sicherheit/ladung/imsbc/imsbc.

[16]https://www.deutsche-flagge.de/de/sicherheit/ladung/imsbc/imsbc.

Das Ladungssicherungshandbuch kann dann aus folgenden Kapiteln bestehen:

- Kapitel 1 Allgemeines
  - Allgemeine Angaben
- Kapitel 2 Sicherungsvorrichtungen und -Vorkehrungen
  - Spezifikationen für fest angebrachte Zurrmittel
  - Spezifikationen für bewegliche Zurrmittel
  - Überprüfungs- und Instandhaltungsprogramme
- Kapitel 3 Stauung und Sicherung von Nichtstandardisierter und teilstandardisierter Ladung
  - Anweisungen zu Handhabung und Sicherheit
  - Beurteilung der auf Ladungseinheiten einwirkenden Kräfte
  - Verwendung beweglicher Zurrmittel bei verschiedenen Ladungseinheiten, Fahrzeugen und Staublöcken
  - Ergänzende Vorschriften für Ro-Ro-Schiffe
  - Massengutschiffe
- Kapitel 4 Stauung und Sicherung von Containern und sonstiger standardisierter Ladung
  - Anweisungen für Stauung und Sicherung
  - Stau- und Sicherungsplan
  - Grundsätze für die Stauung und Sicherung an Deck und unter Deck
  - Weitere zulässige Stausituationen
  - Auf Ladungseinheiten einwirkende Kräfte
- Kapitel 5 Plan für den sicheren Zugang zur Ladung (Cargo Safe access plan – CSAP).

5.1.2 Kapitel II-2 SOLAS 74/88

In Regel 19 des Kapitels II-2 SOLAS 74/88 sind für die Beförderung gefährlicher Güter zusätzliche Sicherheitsmaßnahmen vorgesehen, um die Zielsetzungen der Brandsicherheit für Schiffe zu erfassen, die gefährliche Güter befördern. Dazu müssen

- Brandschutzsysteme vorhanden sein, um das Schiff vor den zusätzlichen Brandgefahren, die mit der Beförderung gefährlicher Güter verbunden sind, zu schützen;
- die gefährlichen Güter von Zündquellen ausreichend getrennt sein, und
- für die mit der Beförderung von gefährlichen Gütern ausgehenden Gefahren geeignete persönliche Schutzausrüstung vorhanden sein.

Für die Beförderung gefährlicher Güter schreibt die Regel 19 des Kapitels II-2 SOLAS 74/88 aus Sicht des Brandschutzes folgendes vor:

- Wasserversorgung
  - Es müssen Vorkehrungen getroffen sein, um die sofortige Verfügbarkeit von Löschwasser sicherzustellen.
  - Die verfügbare Wassermenge muss ausreichen, um die Versorgung von vier Strahlrohren mit einem Durchmesser ermöglichen.
  - Es sind Einrichtungen vorzusehen, mit denen der vorgesehene Laderaum unter Deck gekühlt werden kann,.
- Zündquellen
  - Elektrische Geräte und Leitungen dürfen nicht in geschlossenen Laderäumen oder Fahrzeugräumen eingebaut sein, sofern sie nicht für Betriebszwecke erforderlich sind. Anzeigesystem
  - In Ro-Ro-Räumen muss ein fest eingebautes Feuermelde- und Feueranzeigesystem vorhanden sein, das den Vorschriften des Codes für Brandsicherheitssysteme entspricht.
  - In allen anderen Arten von Laderäumen muss entweder ein fest eingebautes Feuermelde-und Feueranzeigesystem oder ein Absaugrauchmeldesystem vorhanden sein.
- Lüftungseinrichtungen
  - In geschlossenen Laderäumen muss eine angemessene kraftbetriebene Lüftung vorgesehen sein. Die Lüfter müssen so beschaffen sein, dass die Möglichkeit der Entzündung entzündbarer Gas-Luft-Gemische vermieden wird.
  - Sind in geschlossenen Laderäumen, die für die Beförderung fester gefährlicher Güter als Schüttladung vorgesehen sind, keine Einrichtungen für eine mechanische Lüftung vorhanden, so muss eine natürliche Lüftung vorgesehen sein.
- Lenzeinrichtungen
  - Ist die Beförderung entzündbarer oder giftiger flüssiger Stoffe in geschlossenen Laderäumen beabsichtigt, so muss das Lenzpumpensystem so ausgelegt sein, dass ein unbeabsichtigtes Pumpen solcher flüssiger Stoffe durch Leitungen oder Pumpen im Maschinenraum vermieden wird.
  - Wenn entzündbare oder giftige flüssige Stoffe befördert werden, muss die Lenzleitung zum Maschinenraum am Maschinenraumschott durch Blindflanschen oder eine geschlossene verschließbare Absperreinrichtung abgetrennt sein.
- Persönliche Schutzausrüstung
  - Zusätzlich zu den vorgeschriebenen Brandschutzausrüstungen muss vollständiger Körperschutz für vier Personen vorgesehen sein, der gegen die Einwirkung von Chemikalien unempfindlich ist und der unter Berücksichtigung der mit den beförderten Chemikalien verbundenen Gefahren zu wählen ist.
  - Der Körperschutz muss die gesamte Haut bedecken, so. dass kein Teil des Körpers ungeschützt bleibt.
  - Mindestens zwei umluftunabhängige Atemschutzgeräte müssen zusätzlich zu den vorgeschriebenen vorhanden sein.

- Tragbare Feuerlöscher
  - Für die Laderäume müssen tragbare Feuerlöscher mit einer Gesamtmenge von mindestens 12 kg Löschpulver oder einem gleichwertigen Löschmittel vorgesehen sein.
  - Isolierung der Maschinenraumbegrenzungen
  - Schotte, welche die Begrenzungen zwischen Laderäumen und Maschinenräumen der Kategorie A bilden, müssen isoliert sein, sofern nicht die gefährlichen Güter in waagerechter Richtung mindestens 3 m von diesen Schotten entfernt gestaut sind.
- Wassersprühsystem
  - In jedem offenen Ro-Ro-Raum, über dem sich ein Deck befindet, und in jedem Raum, der als geschlossener Ro-Ro-Raum angesehen wird, der sich nicht verschließen lässt, muss ein zugelassenes, fest eingebautes Druckwasser-Sprühsystem mit Handauslösung vorhanden sein, das alle Decks und Fahrzeugplattformen in diesem Raum schützt; gleichwohl kann die Verwaltung die Verwendung eines anderen fest eingebauten Feuerlöschsystems gestatten, das sich in einem Versuch in Originalgröße als ebenso wirksam erwiesen hat.

5.1.3 International Maritime Code for Dangerous Goods (IMDG-Code)

Für die Beförderung gefährlicher Güter im Seeverkehr und für die Behandlung und Stauung der Ladung enthält der „International Maritime Code for Dangerous Goods" (IMDG-Code) international verbindliche Vorgaben. Er enthält Vorschriften speziell für die Klassifizierung, Verpackung, Kennzeichnung und Dokumentation gefährlicher Güter und für den Umgang während der Beförderung, zum Beispiel in Form von Stauvorschriften [1].

Das SOLAS-Übereinkommen zahlreiche Aspekte der Sicherheit im Seeverkehr und enthält in Kapitel VII die verbindlichen Bestimmungen zur Beförderung gefährlicher Güter in verpackter Form oder in fester Form als Massengut. Die Beförderung gefährlicher Güter ist verboten, sofern sie nicht in Übereinstimmung mit den entsprechenden Bestimmungen des Kapitels VII erfolgt, die durch den International Maritime Dangerous Goods Code (IMDG-Code) ergänzt werden.

MARPOL 73/78 regelt zahlreiche Aspekte der Verhütung der Meeresverschmutzung und enthält in Anlage III die verbindlichen Bestimmung zur Verhütung der Meeresverschmutzung durch Schadstoffe, die mit Seeschiffen in verpackter Form befördert werden. Regel 1(2) verbietet die Beförderung von Schadstoffen mit Seeschiffen, sofern sie nicht nach den Bestimmungen der Anlage III erfolgt, die ebenfalls durch den IMDG-Code ergänzt werden.

Die Beförderung gefährlicher Güter im Seeverkehr wird durch Vorschriften geregelt, damit Verletzungen von Personen oder Schäden am Schiff und seiner Ladung so weit wie möglich verhindert werden. Die Beförderung von Meeresschadstoffen wird im Wesentlichen durch Vorschriften geregelt, um Schäden von der Meeresumwelt abzuwenden. Zielsetzung des IMDG-Codes ist es, die Sicherheit bei der Beförderung gefährlicher Güter zu erhöhen und dabei gleichzeitig den freien ungehinderten Transport dieser Güter zu erleichtern und die Verschmutzung der Umwelt zu verhindern.[17]

5.1.3.1 Aufbau des IMDG-Codes

Der IMDG-Code besteht aus 7 Teilen, die jeweils in Kapitel unterteilt sind und die Einzelvorschriften in Form von Regeln enthalten:

- Teil 1Allgemeine Vorschriften, Begriffsbestimmungen, Unterweisung
- Teil 2 Klassifizierung
- Teil 3 Gefahrgutliste, Sondervorschriften und Ausnahmen
- Teil 4 Verwendung von Verpackungen und Tanks
- Teil 5 Verfahren für den Versand
- Teil 6 Bau- und Prüfvorschriften für Umschließungen
- Teil 7 Vorschriften für die Beförderung

▶ Durch die Novellierung der Gefahrgutschriften für die Verkehrsträger Seeschiffsverkehr, Binneschiffsverkehr, Straße und Eisenbahn ist der Aufbau des IMDG-Codes mit dem des ADN, des ADR und des RID nahezu identisch. Die Regelwerke unterscheiden sich ausschließlich durch verkehrsträgertypische Vorschriften und Hinweise auf Verkehrsträgerübergreifende Regelungen – wie z. B. die fehlende Regelungen für Verpackungen im ADN und gleichzeitigen Verweis auf das ADR, RID den IMDG-Code oder den Technischen Anweisungen der ICAO.

Bereits in den allgemeinen Vorschriften des IMDG-Codes ist geregelt, dass dieser Codes auf alle Schiffe anzuwenden sind, auf die das SOLAS-Übereinkommen Anwendung findet und die gefährliche Güter gemäß Begriffsbestimmung nach Regel 1Kapitel VII dieses Übereinkommens befördern.

5.1.3.2 Teil 2 des IMDG-Codes

Für die Anwendung des IMDG-Codes ist es notwendig, gefährliche Güter in verschiedene Klassen einzustufen, einige dieser Klassen zu unterteilen und die Eigenschaften der Stoffe

[17]IMDG-Code Präambel.

und Gegenstände, die den einzelnen Klassen oder Unterklassen zuzuordnen sind, zu bezeichnen und zu beschreiben. Darüber hinaus sind etliche gefährliche Stoffe in den verschiedenen Klassen nach den Kriterien für die Auswahl von Meeresschadstoffen im Sinne der Anlage III MARPOL 73/78 als Stoffe, die die Meeresumwelt schädigen, identifiziert.

Gefährlichen Gütern werden durch die Klassifizierung UN-Nummern und richtige technische Namen entsprechend ihrer Einstufung und ihrer Zusammensetzung zugeordnet. Häufig beförderte gefährliche Güter sind in der Gefahrgutliste in Kapitel 3.2 aufgeführt. Ein Gegenstand oder ein Stoff, der namentlich besonders genannt ist, muss bei der Beförderung mit dem richtigen technischen Namen gemäß der Gefahrgutliste bezeichnet werden.

Jeder Eintragung in der Gefahrgutliste ist eine UN-Nummer zugeordnet. Diese Liste enthält zu jedem Eintrag auch wichtige Angaben wie Gefahrenklasse, (gegebenenfalls) Zusatzgefahr(en), Verpackungsgruppe (sofern zugeordnet), Vorschriften für das Verpacken und für die Beförderung in Tanks, EmS, Trennung und Stauung, Eigenschaften und Bemerkungen usw.

Es gibt die folgenden vier Arten von Eintragungen in der Gefahrgutliste:

1. Einzeleintragungen für genau definierte Stoffe und Gegenstände:
   z. B.
   - UN 1090 Aceton
   - UN 1194 Ethylnitrit, Lösung
2. Gattungseintragungen für genau definierte Gruppen von Stoffen oder Gegenständen:
   z. B.
   - UN 1133Klebstoffe
   - UN 1266Parfümerieerzeugnisse
   - UN 2757Carbamat-Pestizid, fest, giftig
   - UN 3101Organisches Peroxid Typ B, flüssig
3. spezifische N.A.G.[18]-Eintragungen, die eine Gruppe von Stoffen oder Gegenständen von bestimmter chemischer oder technischer Beschaffenheit umfassen:
   z. B.
   - UN 477Nitrate, anorganisch, N.A.G.
   - UN 1987Alkohole, N.A.G.
4. allgemeine N.A.G.-Eintragungen, die eine Gruppe von Stoffen oder Gegenständen umfassen, die die Kriterien einer oder mehrerer Klassen erfüllen:
   z. B.
   - UN 1325Entzündbarer fester Stoff, organisch, N.A.G.
   - UN 1993Entzündbarer flüssiger Stoff, N.A.G.

Abfälle, die gefährliche Güter sind, müssen in Übereinstimmung mit den anwendbaren internationalen Empfehlungen und Übereinkommen und, gerade im Falle der Beförderung

[18]NAG – nicht anderweitig genannt, vgl. 3.2.2. IMDG-Code.

über See, in Übereinstimmung mit den Bestimmungen dieses Codes befördert werden. Die grenzüberschreitende Verbringung von Abfällen darf erst beginnen, wenn:

- die zuständige Behörde des Ursprungslandes oder der Abfallerzeuger oder Abfallexporteur über die zuständige Behörde des Ursprungslandes eine Notifizierung[19] an das endgültige Bestimmungsland übermittelt hat und
- die zuständige Behörde des Ursprungslandes die Verbringung genehmigt hat, nachdem sie die schriftliche Zustimmung des endgültigen Bestimmungslandes mit der Erklärung erhalten hat, dass die Abfälle sicher verbrannt oder durch andere Verfahren beseitigt werden.

Zusätzlich vorgeschriebenen Beförderungsdokumenten[20] ist jeder grenzüberschreitenden Verbringung von Abfällen ein Abfallverbringungsdokument (Begleitschein)[21] beizufügen, das die Sendung von dem Ort, an dem die grenzüberschreitende Verbringung beginnt, bis zum Ort der Beseitigung begleitet. Dieses Dokument muss jederzeit für die zuständigen Behörden und für alle bei der Durchführung der Abfallverbringung beteiligten Personen verfügbar sein.

Die unter die Vorschriften dieses Codes fallenden Stoffe (einschließlich Mischungen und Lösungen) und Gegenstände sind entsprechend der von ihnen ausgehenden Gefahr bzw. der von ihnen ausgehenden vorherrschenden Gefahr einer der Klassen 1 bis 9 zugeordnet. Einige dieser Klassen sind in Unterklassen unterteilt. Es gibt folgende Klassen und Unterklassen:

- Klasse 1:Explosive Stoffe und Gegenstände mit Explosivstoff
  - Unterklasse 1.1:Stoffe und Gegenstände, die massenexplosionsfähig sind
  - Unterklasse 1.2:Stoffe und Gegenstände, die die Gefahr der Bildung von Splittern, Spreng- und Wurfstücken aufweisen, die aber nicht massenexplosionsfähig sind
  - Unterklasse 1.3:Stoffe und Gegenstände, von denen eine Brandgefahr sowie eine geringe Gefahr durch Luftstoß oder durch Splitter, Spreng- und Wurfstücke oder beides ausgeht, die aber nicht massenexplosionsfähig sind
  - Unterklasse 1.4:Stoffe und Gegenstände, die keine große Gefahr darstellen
  - Unterklasse 1.5:Sehr unempfindliche massenexplosionsfähige Stoffe
  - Unterklasse 1.6:Extrem unempfindliche, nicht massenexplosionsfähige Gegenstände
- Klasse 2:Gase
  - Klasse 2.1:Entzündbare Gase
  - Klasse 2.2: Gase
  - Klasse 2.3:Giftige Gase

[19] Vgl. Basler Übereinkommen, siehe Kap. 4.1

[20] Vgl. Kapitel 5.4 IMDG-Code, siehe Kap. 5.1.3.

[21] Vgl. Basler Übereinkommen, siehe Kap. 4.1.

- Klasse 3:Entzündbare Flüssigkeiten
- Klasse 4:Entzündbare feste Stoffe; selbstentzündliche Stoffe; Stoffe, die in Berührung mit Wasser entzündbare Gase entwickeln
  - Klasse 4.1:Entzündbare feste Stoffe, selbstzersetzliche Stoffe, desensibilisierte explosive feste Stoffe und polymerisierende Stoffe
  - Klasse 4.2:Selbstentzündliche Stoffe
  - Klasse 4.3:Stoffe, die in Berührung mit Wasser entzündbare Gase entwickeln
- Klasse 5:Entzündend (oxidierend) wirkende Stoffe und organische Peroxide
  - Klasse 5.1:Entzündend (oxidierend) wirkende Stoffe
  - Klasse 5.2:Organische Peroxide
- Klasse 6:Giftige und ansteckungsgefährliche Stoffe
  - Klasse 6.1:Giftige Stoffe
  - Klasse 6.2:Ansteckungsgefährliche Stoffe
- Klasse 7:Radioaktive Stoffe
- Klasse 8:Ätzende Stoffe
- Klasse 9:Verschiedene gefährliche Stoffe und Gegenstände

Die numerische Reihenfolge der Klassen und Unterklassen entspricht nicht ihrem Gefahrengrad.

Eine besondere Rolle im Klassifizierungssystem des IMDG-Codes nehmen die Meeresschadstoffe ein, die zusätzlich mit MP (Marine Pollutant) gekennzeichnet werden. Meeresschadstoffe sind Stoffe, die unter die Vorschriften der Anlage III von MARPOL 73/78[22] fallen. Sie werden im IMDG-Code als umweltgefährdende Stoffe für die aquatische Umwelt klassifiziert und somit der Klasse 9 zugeordnet.

In Teil 2 des IMDG-Codes werden die Verpackungsgruppen definiert, die in den Teilen 4 und 6 die Grundlage für die Vorschriften für die Verpackungen bilden. Mit Ausnahme von Stoffen der Klassen 1, 2, 5.2, 6.2 und 7 sowie mit Ausnahme der selbstzersetzlichen Stoffe der Klasse 4.1 sind die Stoffe für Verpackungszwecke aufgrund ihres Gefahrengrades drei Verpackungsgruppen zugeordnet:

- Verpackungsgruppe I: Stoffe mit hoher Gefahr;
- Verpackungsgruppe II: Stoffe mit mittlerer Gefahr

und

- Verpackungsgruppe III: Stoffe mit geringer Gefahr.[23]

Die Gefährlichkeit innerhalb der einzelnen Klassen wird im Weiteren in den Unterkapiteln des Teils 2 zu den Klassen festgelegt, z. B. 2.6.2.2.1 IMDG-Code für die Bedeutung der Verpackungsgruppe für Stoffe der Klasse 6:

---

[22]Siehe Kap. 3.3.

[23]Vgl. 2.0.13 IMDG-Code.

Giftige Stoffe sind für Verpackungszwecke nach dem Grad der bei der Beförderung von ihnen ausgehenden Vergiftungsgefahren in drei Verpackungsgruppen eingestuft:

Verpackungsgruppe I:

- Stoffe und Zubereitungen mit hoher Vergiftungsgefahr,

Verpackungsgruppe II:

- Stoffe und Zubereitungen mit mittlerer Vergiftungsgefahr,

Verpackungsgruppe III:

- Stoffe und Zubereitungen mit geringer Vergiftungsgefahr.

Darüber hinaus werden u. a. Schwellenwerte zur Einstufung festgelegt, um das Verständnis für die Gefährlichkeit zu erhöhen. Die Kriterien für die Einstufung in die Verpackungsgruppe für die orale und die dermale Applikationsart sowie für das Einatmen von Stäuben und Nebeln sind beispielhaft in Tab. 5.1 aufgeführt.

5.1.3.3 Teil 3 des IMDG-Codes

Das Kernstück des IMDG-Codes ist, wie in den Gefahrgut-Übereinkommen für andere Verkehrsträger, die Gefahrgutliste, die jeweils in der Tabelle 3.2 zusammengefasst wird. Trotz der Novellierung der Vorschriften von IMDG-Code, ADR, RID und ADN unterscheiden sich diese Listen in den jeweils für den Verkehrsträger besonderen Vorschriften oder Gefahrgut-Eigenschaften. So ist z. B. die Kennzeichnung als Meeresschadstoff ausschließlich für den Seeverkehr von Bedeutung, muss jedoch bei der Beförderung auf anderen Verkehrsträgern im gebrochenen Verkehr beachtet werden.

Die Gefahrgutliste des IMDG-Codes ist in 18 Spalten wie nachfolgend unterteilt:

Spalte 1 UN-Nummer

Diese Spalte enthält die UN-Nummer, die dem gefährlichen Gut durch das United Nations Sub-Committee of Experts on the Transport of Dangerous Goods zugeordnet wurde (UN-Liste).

Tab. 5.1 Schwellenwerte der Klasse 6

Verpackungsgruppe	Giftigkeit bei Einnahme LD_{50} (mg/kg)	Giftigkeit bei Absorption durch die Haut LD_{50} (mg/kg)	Inhalationstoxizität durch Staub und Nebel LC_{50} (mg/l)
I	$\leq 5{,}0$	≤ 50	$\leq 0{,}2$
II	$> 5{,}0$ und ≤ 50	> 50 und ≤ 200	$> 0{,}2$ und ≤ 2
III	>50 und ≤ 300	>200 und ≤ 1000	> 2 und ≤ 4

Spalte 2 Richtiger technischer Name

Diese Spalte enthält in Großbuchstaben die richtigen technischen Namen, denen gegebenenfalls ein zusätzlich beschreibender Text in Kleinbuchstaben angefügt ist (siehe 3.1.2). Die richtigen technischen Namen können im Plural aufgeführt werden, wenn Isomere gleicher Einstufung existieren. Hydrate können unter dem richtigen technischen Namen für wasserfreie Stoffe erfasst werden. Soweit nicht abweichend für einen Eintrag in der Gefahrgutliste aufgeführt, bedeutet der Begriff in einem richtigen technischen Namen einen oder mehrere namentlich genannte gefährliche Güter, die in einem flüssigen Stoff gelöst sind, der diesem Code nicht unterliegt. Wenn ein Flammpunkt in dieser Spalte angegeben ist, basieren die Daten auf den Prüfmethoden mit geschlossenem Tiegel (c.c.).

Spalte 3 Klasse oder Unterklasse

Diese Spalte enthält die Klasse und im Falle der Klasse 1 die Unterklasse und die Verträglichkeitsgruppe, die dem Stoff oder dem Gegenstand, entsprechend dem Einstufungssystem, beschrieben in Teil 2, Kapitel 2.1, zugeordnet wurde.

Spalte 4 Zusatzgefahr(en)

Diese Spalte enthält die Klassennummer(n) jeder (aller) Zusatzgefahr(en), die durch Anwendung des in Teil 2 beschriebenen Einstufungssystems ermittelt wurde(n). Zusätzlich ist in dieser Spalte wie nachfolgend kenntlich gemacht, welches gefährliche Gut ein Meeresschadstoff ist:

- P Meeresschadstoff
  - eine nicht erschöpfende Liste bekannter Meeresschadstoffe, auf Grundlage vorhergehender Kriterien und Zuordnung.

Spalte 5 Verpackungsgruppe

Diese Spalte enthält die Nummer der Verpackungsgruppe (z. B. I, II oder III), die dem Stoff oder dem Gegenstand zugeordnet wurde. Wenn mehr als eine Verpackungsgruppe für eine Eintragung aufgeführt ist, ist die Verpackungsgruppe des zu befördernden Stoffes oder der Zubereitung unter Berücksichtigung der Eigenschaften durch Anwendung der Einstufungskriterien für die Gefahren, wie in Teil 2 beschrieben, zu bestimmen.

Spalte 6 Sondervorschriften

In Bezug auf den Stoff oder den Gegenstand enthält diese Spalte eine Nummer, die jeder (allen) Sondervorschrift(en), wie in Kapitel 3.3 aufgeführt, entspricht. Diese Sondervorschriften gelten für einen bestimmten Stoff oder Gegenstand für alle Verpackungsgruppen, es sei denn, in der Sondervorschrift ist etwas anderes geregelt. Die Nummern der Sondervorschriften, die speziell für den Seeverkehr gelten, beginnen mit der Nummer 900.

Bemerkung: Wenn eine Sondervorschrift nicht länger benötigt wird, ist diese Sondervorschrift gestrichen worden und die Nummer nicht wieder verwendet worden, um die Anwender dieses Codes nicht zu verunsichern. Aus diesem Grunde fehlen einige Nummern.

Spalte 7a Begrenzte Mengen

Diese Spalte gibt die erlaubte Nettohöchstmasse für eine Innenverpackung oder einen Gegenstand an, die in Übereinstimmung mit den Vorschriften des Kapitels 3.4 für die Beförderung von Gefahrgütern als begrenzte Menge erlaubt ist.

Spalte 7b Freigestellte Mengen

Diese Spalte enthält einen unter 3.5.1.2 beschriebenen alphanumerischen Code, der die erlaubte Nettohöchstmasse für eine Innen- und Außenverpackung angibt, die in Übereinstimmung mit den Vorschriften des Kapitels 3.5 für die Beförderung gefährlicher Güter als freigestellte Menge erlaubt ist.

Code	Höchste Nettomenge je Innenverpackung (für feste Stoffe in Gramm und für flüssige Stoffe und Gase in ml)	Höchste Nettomenge je Außenverpackung (für feste Stoffe in Gramm und für flüssige Stoffe und Gase in ml oder bei Zusammenpackung die Summe aus Gramm und ml)
E0	In freigestellten Mengen nicht zugelassen	
E1	30	1000
E2	30	500
E3	30	300
E4	1	500
E5	1	300

Spalte 8 Verpackungsanweisungen

Diese Spalte enthält die alphanumerische Codierung, die der (den) anwendbaren Verpackungsanweisung(en) in 4.1.4 entspricht (entsprechen). Diese Verpackungsanweisungen legen die Verpackungen (einschließlich Großverpackungen), die für die Beförderung der Stoffe und Gegenstände verwendet werden dürfen, fest.

Eine Codierung, die mit dem Buchstaben beginnt, bezieht sich auf Verpackungsanweisungen für die Verwendung von Verpackungen, wie in Kapitel 6.1, 6.2 oder 6.3 beschrieben. Eine Codierung, die mit den Buchstaben beginnt, bezieht sich auf Verpackungsanweisungen für die Verwendung von Großverpackungen, wie in Kapitel 6.6 beschrieben.

Wenn eine Codierung, einschließlich Buchstaben LP, nicht vorgesehen ist, bedeutet das, dass der Stoff nicht in dieser Art Verpackung befördert werden darf.Wenn eine Codierung, einschließlich Buchstaben LP, nicht vorgesehen ist, bedeutet das, dass der Stoff nicht in dieser Art Verpackung befördert werden darf.

Spalte 9 Besondere Verpackungsvorschriften

Diese Spalte enthält alphanumerische Codierungen, die auf die entsprechenden besonderen Verpackungsvorschriften, wie in 4.1.4 festgelegt, hinweisen. Die Sondervorschriften legen die Verpackungen (einschließlich Großverpackungen) fest.

Eine besondere Verpackungsvorschrift, die die Buchstaben einschließt, bezieht sich auf eine besondere Verpackungsvorschrift, die sich auf die Verwendung der Verpackungsanweisungen mit dem Code entsprechend 4.1.4.1 bezieht.

Eine besondere Verpackungsvorschrift, die den Buchstaben einschließt, bezieht sich auf eine besondere Verpackungsvorschrift, die sich auf die Verwendung der Verpackungsanweisungen mit der Codierung entsprechend 4.1.4.3 bezieht.

Spalte 10 Anweisungen für Großpackmittel (IBC)

Diese Spalte enthält alphanumerische Codierungen, die sich auf die entsprechenden IBC-Anweisungen beziehen und die die Art der IBC, die für die Beförderung der in Betracht kommenden Stoffe eingesetzt werden dürfen, kenntlich machen. Eine Codierung, die den Buchstaben enthält, bezieht sich auf Verpackungsanweisungen für die Verwendung von IBC, wie in Kapitel 6.5 beschrieben. Wenn eine Codierung nicht vorgesehen ist, bedeutet das, dass der Stoff nicht in IBC befördert werden darf.

Spalte 11 Besondere Vorschriften für Großpackmittel (IBC)

Diese Spalte enthält eine alphanumerische Codierung einschließlich Buchstabe, die sich auf die besonderen Verpackungsvorschriften entsprechend der Verwendung der Verpackungsanweisungen mit der Codierung in 4.1.4.2 bezieht.

Spalte 12 (bleibt offen)

Spalte 13 Anweisungen für Tanks und Schüttgut-Container

Diese Spalte enthält Codierungen (siehe 4.2.5.2.6), die sich auf die Beförderung von gefährlichen Gütern in ortsbeweglichen Tanks und Straßentankfahrzeugen beziehen.

Wenn eine Codierung in dieser Spalte nicht angegeben ist, bedeutet das, dass die gefährlichen Güter nicht in ortsbeweglichen Tanks ohne besondere Zustimmung durch die zuständige Behörde befördert werden dürfen.

Ein Code, der die Buchstaben enthält, bezieht sich auf die in Kapitel 4.3 und Kapitel 6.9 beschriebenen Schüttgut-Container-Typen für die Beförderung von Schüttgütern.

Die für die Beförderung in MEGC zugelassenen Gase sind in der Spalte in den Tabellen 1 und 2 der Verpackungsanweisung P200 in 4.1.4.1 angegeben.

Spalte 14 Besondere Tankvorschriften

Diese Spalte enthält Bemerkungen (siehe 4.2.5.3), die für die Beförderung von gefährlichen Gütern in ortsbeweglichen Tanks oder Straßentankfahrzeugen zu beachten sind. Die in dieser Spalte aufgeführten Bemerkungen beziehen sich auf ortsbewegliche Tanks, wie sie in Spalte 13 kenntlich gemacht sind.

Spalte 15 EmS-Angaben

Diese Spalte bezieht sich auf die entsprechenden Unfallmerkblätter für FEUER oder LECKAGE wie im EmS-Leitfaden Unfallbekämpfungsmaßnahmen für Schiffe, die gefährliche Güter befördern beschrieben.

Der erste EmS-Code bezieht sich auf das entsprechende Unfallmerkblatt für Feuer (z. B. Feuerunfallmerkblatt Alpha Allgemeines Feuerunfallmerkblatt).

Der zweite EmS-Code bezieht sich auf das entsprechende Unfallmerkblatt für Leckagen (z. B. Leckagenunfallmerkblatt Alpha Giftige Stoffe).

Unterstrichene EmS-Codes (besondere Fälle) zeigen einen Stoff oder Gegenstand an, für den ein zusätzlicher Hinweis in den Unfallbekämpfungsmaßnahmen gegeben ist.

Bei gefährlichen Gütern, die N.A.G.- oder Gattungseintragungen zugeordnet worden sind, kann sich das entsprechende Unfallmerkblatt (EmS) mit den Eigenschaften der gefährlichen Bestandteile dieser Güter ändern. Entsprechend seinem Wissensstand darf der Versender andere, besser zutreffende EmS-Angaben als die im Code festgelegten, angeben.

Die Vorschriften in dieser Spalte sind völkerrechtlich nicht verbindlich.

Spalte 16a Stauung und Handhabung

Diese Spalte enthält die Stau- und Handhabungscodes wie in 7.1.5 und 7.1.6 festgelegt.

Spalte 16b Trennung

Diese Spalte enthält die Trenncodes wie in 7.2.8 festgelegt.

Spalte 17 Eigenschaften und Bemerkungen

Diese Spalte enthält Eigenschaften und Bemerkungen für das gefährliche Gut. Die Vorschriften in dieser Spalte sind völkerrechtlich nicht verbindlich.

Die meisten Gase enthalten unter Eigenschaften einen Hinweis auf ihre Dichte im Verhältnis zur Luft. Die Werte in Klammern geben die Dichte in Relation zur Luft an:

1. leichter als Luft, wenn die Dampfdichte bis zur Hälfte der von Luft beträgt,
2. viel leichter als Luft, wenn die Dampfdichte weniger als die Hälfte der von Luft beträgt,
3. schwerer als Luft, wenn die Dampfdichte bis zu zweimal die von Luft beträgt und
4. viel schwerer als Luft, wenn die Dampfdichte mehr als zweimal die von Luft beträgt.

Wenn Explosionsgrenzen angegeben sind, beziehen sich diese auf das Volumen des Dampfes des Stoffes, angegeben in Prozent, wenn er mit Luft gemischt ist.

Leichtigkeit und Ausmaß, in welchem sich flüssige Stoffe mit Wasser mischen, weichen stark voneinander ab; daher geben die meisten Eintragungen einen Hinweis auf die Wassermischbarkeit. Um eine vollständige homogene Flüssigkeit zu erhalten, wird unter mischbar mit Wasser normalerweise die Eigenschaft eines Stoffes beschrieben, sich mit allen Anteilen in Wasser zu mischen.

Spalte 18 UN-Nummer
Siehe Spalte 1.

Eine Besonderheit der Gefahrgutliste im Vergleich zu den Listen für andere Verkehrsträger stellt die Spalte 15 – EmS – dar. Die Angaben in dieser Spalte beziehen sich auf den EMS-Leitfaden – Unfallbekämpfungsmaßnahmen für Schiffe, die gefährliche Güter befördern. Darin werden die Notfallmaßnahmen unterschieden in Unfallmerkblätter für Feuer und Leckagen. Der IMDG-Code schreibt vor[24], dass für Sendungen mit gefährlichen Gütern geeignete Informationen über Notfallmaßnahmen bei Unfällen und Zwischenfällen mit gefährlichen Gütern während der Beförderung jederzeit sofort verfügbar sein müssen. Diese Informationen müssen getrennt von den Versandstücken mit gefährlichen Gütern bereitgehalten werden und müssen bei einem Zwischenfall sofort zugänglich sein – dies wird durch die Inhalte des EmS-Leitfadens realisiert. Der Zweck dieses Leitfadens ist es, Empfehlungen zum Umgang mit Feuer und Leckagen an Bord von Schiffen bereitzustellen, soweit gefährliche Güter betroffen sind, die im IMDG-Code erfasst werden.

Die Unfallmerkblätter für Maßnahmen bei Feuer sind mit einem F gekennzeichnet und von F–A (Alpha) bis F–J (Juliette) strukturiert. Grundsätzlich werden in den Unfallmerkblättern Angaben zusammengefasst zu:

- Allgemeine Hinweise
- brennende Ladung an Deck
  - Versandstücke
  - Beförderungseinheiten
- brennende Ladung unter Deck
- dem Feuer ausgesetzte Ladung
- Spezialfälle:

Darüber hinaus können in Blättern des EmS-Leitfadens zusätzliche Angaben zu Maßnahmen bei

- Temperaturanstieg

oder

- Rauchentwicklung

[24] Vgl. Kap.5.4.3.2.1 IMDG-Code.

gemacht werden.

Die Unfallmerkblätter für Maßnahmen bei Leckagen werden mit S gekennzeichnet und von S–A (Alpha) bis S–Z (Zulu) strukturiert. Sie enthalten grundsätzlich folgende Angaben zu:

- Allgemeine Hinweise
- Leckage an Deck
  - Versandstücke (kleine Leckage)
  - Beförderungseinheiten (große Leckage)
- Leckage unter Deck
  - Versandstücke (kleine Leckage)
  - Beförderungseinheiten (große Leckage)
- Spezialfälle.

Zusätzlich wird der Leitfaden für medizinische Erste-Hilfe-Maßnahmen bei Unfällen mit gefährlichen Gütern (MFAG) als mit der Beförderung gefährlicher Güter in Zusammenhang stehende Veröffentlichungen, die für die aufgabenspezifische Unterweisung einschlägig sein können, angegeben.[25] Für den Fall, dass Personen bei einem Unfall in Kontakt mit gefährlichen Gütern kommen, sind ausführliche Empfehlungen in diesem Leitfaden enthalten.

Eine weitere Abweichung von den Regelungsinhalten der Gefahrgutvorschriften für andere Verkehrsträger bilden die Spalten 16a und 16b.

Staukategorien an Bord von Seeschiffen werden unterschieden nach den Vorschriften für Stoffe der Klasse 1 und alle übrigen Klassen.

Gefährliche Güter der Klasse 1 mit Ausnahme von Gütern der Unterklasse 1.4 Verträglichkeitsgruppe S, die in begrenzten Mengen verpackt sind, sind unter Berücksichtigung der unten aufgeführten Staukategorien so zu stauen, wie es in Spalte 16a der Gefahrgutliste angegeben ist:[26]

- Staukategorie 01
  - Frachtschiffe (bis 12 Fahrgäste)
    An Deck in geschlossener Güterbeförderungseinheit oder unter Deck
  - Fahrgastschiffe
    An Deck in geschlossener Güterbeförderungseinheit oder unter Deck
- Staukategorie 02
  - Frachtschiffe (bis 12 Fahrgäste)
    An Deck in geschlossener Güterbeförderungseinheit oder unter Deck

[25] Vgl. Kap. 1.3.1.7 IMDG-Code.

[26] Vgl. Kap. 7.1.3.1 IMDG-Code.

  - Fahrgastschiffe
    An Deck in geschlossener Güterbeförderungseinheit oder unter Deck in geschlossener Güterbeförderungseinheit nach Maßgabe von 7.1.4.4.5
- Staukategorie 03
  - Frachtschiffe (bis 12 Fahrgäste)
    An Deck in geschlossener Güterbeförderungseinheit oder unter Deck
  - Fahrgastschiffe
    Verboten soweit nicht nach Maßgabe von 7.1.4.4.5 erlaubt
- Staukategorie 04
  - Frachtschiffe (bis 12 Fahrgäste)
    An Deck in geschlossener Güterbeförderungseinheit oder unter Deck in geschlossener Güterbeförderungseinheit
  - Fahrgastschiffe
    Verboten soweit nicht nach Maßgabe von 7.1.4.4.5 erlaubt
- Staukategorie 05
  - Frachtschiffe (bis 12 Fahrgäste)
    An Deck nur in geschlossener Güterbeförderungseinheit
    Fahrgastschiffe Verboten soweit nicht nach Maßgabe von 7.1.4.4.5 erlaubt.

Güter der Klassen 2 bis 9 sowie gefährliche Güter der Unterklasse 1.4 Verträglichkeitsgruppe S, die in begrenzten Mengen verpackt sind, sind unter Berücksichtigung der unten aufgeführten Staukategorien so zu stauen, wie es in Spalte 16a der Gefahrgutliste angegeben ist.[27]

- Staukategorie A
  - Frachtschiffe oder Fahrgastschiffe, deren Fahrgastzahl auf höchstens 25 oder 1 Fahrgast je 3 m der Gesamtschiffslänge begrenzt ist, je nachdem, welche Anzahl größer ist
    An Deck oder unter Deck
  - Andere Fahrgastschiffe, deren Fahrgastzahl die vorgenannte Höchstzahl überschreitet
    An Deck oder unter Deck
- Staukategorie B
  - Frachtschiffe oder Fahrgastschiffe, deren Fahrgastzahl auf höchstens 25 oder 1 Fahrgast je 3 m der Gesamtschiffslänge begrenzt ist, je nachdem, welche Anzahl größer ist
    An Deck oder unter Deck
  - Andere Fahrgastschiffe, deren Fahrgastzahl die vorgenannte Höchstzahl überschreitet
    Nur an Deck

[27] Vgl. Kap. 7.1.3.2 IMDG-Code.

- Staukategorie C
  - Frachtschiffe oder Fahrgastschiffe, deren Fahrgastzahl auf höchstens 25 oder 1 Fahrgast je 3 m der Gesamtschiffslänge begrenzt ist, je nachdem, welche Anzahl größer ist
    Nur an Deck
  - Andere Fahrgastschiffe, deren Fahrgastzahl die vorgenannte Höchstzahl überschreitet
    Nur an Deck
- Staukategorie D
  - Frachtschiffe oder Fahrgastschiffe, deren Fahrgastzahl auf höchstens 25 oder 1 Fahrgast je 3 m der Gesamtschiffslänge begrenzt ist, je nachdem, welche Anzahl größer ist
    Nur an Deck
  - Andere Fahrgastschiffe, deren Fahrgastzahl die vorgenannte Höchstzahl überschreitet
    Verboten
- Staukategorie E
  - Frachtschiffe oder Fahrgastschiffe, deren Fahrgastzahl auf höchstens 25 oder 1 Fahrgast je 3 m der Gesamtschiffslänge begrenzt ist, je nachdem, welche Anzahl größer ist
    An Deck oder unter Deck
  - Andere Fahrgastschiffe, deren Fahrgastzahl die vorgenannte Höchstzahl überschreitet
    Verboten.

Darüber hinaus sind in Spalte 16a der Tabelle 3.2 des IMDG-Codes die Staucodes (SW1–SW29)enthalten, deren Vorschriften für die Güter der entsprechenden UN-Nummer einzuhalten sind, z. B.

Staucode SW8

Lüftung kann erforderlich sein. Vor der Beladung ist in Betracht zu ziehen, dass es erforderlich sein kann, im Falle eines Brandes die Luken zu öffnen, um eine größtmögliche Durchlüftung zu erreichen, und im Notfall Wasser einzusetzen; dabei ist zu beachten, dass durch das Fluten der Laderäume eine Gefahr für die Stabilität des Schiffes entstehen kann.

Zusätzlich kann die Spalte 16a Handhabungscodes[28] enthalten, die folgende Bedeutung haben:

H1 So trocken wie möglich,

H2 So kühl wie möglich,

H3 Während der Beförderung möglichst an einem kühlen, gut belüfteten Ort stauen (oder halten),

[28] Vgl. Kap. 7.1.6 IMDG-Code.

H4 Wenn das Reinigen der Laderäume auf See durchgeführt werden muss, müssen die Sicherheitsmaßnahmen und die Qualität der verwendeten Ausrüstung mindestens so wirksam sein wie die in einem Hafen als bewährte Verfahren angewendeten. Bis zur Durchführung solcher Reinigungsarbeiten sind die Laderäume, in denen Asbest befördert worden ist, zu verschließen und der Zugang zu ihnen zu verbieten

In der Spalte 16b der Gefahrgutliste des IMDG-Codes sind die Trennvorschriften für die Beförderung verschiedener Gefahrgüter genannt. Dabei bedeuten[29]

- Entfernt von:
  Räumlich wirksam getrennt, damit unverträgliche Stoffe bei einem Unfall nicht in gefährlicher Weise miteinander reagieren können; sie können trotzdem im selben Laderaum, in derselben Abteilung oder an Deck befördert werden, vorausgesetzt, dass ein horizontaler Abstand von mindestens 3 m, auch bei vertikaler Projektion eingehalten wird.
- Getrennt von:
  In verschiedenen Abteilungen oder Laderäumen, wenn die Stauung unter Deck erfolgt. Unter der Voraussetzung, dass das dazwischenliegende Deck gegen Feuer und Flüssigkeit widerstandsfähig ist, kann eine vertikale Trennung als gleichwertig angesehen werden, z. B. in verschiedenen Abteilungen. Bei Stauung an Deck ist ein horizontaler Abstand von mindestens 6 m einzuhalten.
- Getrennt durch eine ganze Abteilung oder einen Laderaum von:
  Bedeutet entweder eine vertikale oder horizontale Trennung. Wenn die dazwischenliegenden Decks nicht gegen Feuer und Flüssigkeit widerstandsfähig sind, ist nur eine Trennung in Längsrichtung z. B. durch eine dazwischenliegende ganze Abteilung oder einen dazwischenliegenden Laderaum zulässig. Bei Stauung an Deck ist ein horizontaler Abstand von mindestens 12 m einzuhalten. Der gleiche Abstand ist einzuhalten, wenn ein Versandstück an Deck gestaut ist und das andere in einer oberen Abteilung.

Die Spalte 16b enthält Trenncodes[30], die von SG1 bis SG 75 nummeriert sind, z. B.

SG52 Getrennt von Eisenoxid stauen.

Für die unterschiedlichen Schiffstypen enthält der IMDG-Code weitere Trenn- und Stauvorschriften, die zusätzlich zu den Trenncodes eingehalten werden müssen und die u. a. eine vertikale Trennung in verschiedenen Laderäumen vorschreiben kann.

5.1.3.4 Teil 4 des IMDG-Codes

Der Teil 4 des IMDG-Codes enthält die wesentlichen Verpackungsvorschriften, die mit denjenigen des ADR und RID identisch sind, aber im ADN nicht aufgeführt wurden. Das ADN verweist in Teil 4 auf die entsprechenden Vorschriften der genannten Verkehrsträger.

[29]Vgl. Kap. 7.6.2.3 IMDG-Code.

[30]Vgl. Kap. 7.2.8 IMDG-Code.

Als Grundanforderung müssen Gefährliche Güter Verpackungen, einschließlich IBC und Großverpackungen, in guter Qualität verpackt sein. Diese müssen ausreichend stark sein, damit sie den Stößen und Belastungen, die unter normalen Beförderungsbedingungen auftreten können, standhalten, einschließlich des Umschlags zwischen Güterbeförderungseinheiten und zwischen Güterbeförderungseinheiten und Lagerhäusern sowie jeder Entnahme von einer Palette oder aus einer Umverpackung zur nachfolgenden manuellen oder mechanischen Handhabung. Die Verpackungen, einschließlich IBC und Großverpackungen, müssen für die Beförderung so hergestellt und so verschlossen sein, dass unter normalen Beförderungsbedingungen das Austreten des Inhalts aus der versandfertigen Verpackung, insbesondere infolge von Vibration, Temperaturwechsel, Feuchtigkeits- oder Druckänderung (z. B. hervorgerufen durch Höhenunterschiede) vermieden wird. Verpackungen, einschließlich Großpackmittel (IBC) und Großverpackungen, müssen gemäß den vom Hersteller gelieferten Informationen verschlossen sein. Während der Beförderung dürfen an der Außenseite von Versandstücken, einschließlich IBC und Großverpackungen, keine gefährlichen Rückstände anhaften. Diese Vorschriften gelten jeweils für neue, wieder verwendete, rekonditionierte und wieder aufgearbeitete Verpackungen und für neue, wieder verwendete, reparierte oder wieder aufgearbeitete IBC sowie für neue, wieder verwendete oder wieder aufgearbeitete Großverpackungen.[31]

Die in der Tabelle 3.2 IMDG-Code genannten Anweisungen zur Nutzung der Verpackungen sind im Kapitel 4.1.4 enthalten. Die Verpackungsanweisungen von P001 bis P 901 sind jeweils einzelnen UN-Nummern zugeordnet und müssen für die Beförderung dieser Güter eingehalten werden (vgl. Tab. 5.2).

Darüber hinaus enthalten die Verpackungsvorschriften für einzelne oder mehrere UN-Nummern Sondervorschriften, die die allgemeinen Verpackungsvorschriften konkretisieren und in der Spalte 9 der Tabelle 3.2 IMDG-Code enthalten sind (Beispiel siehe Tab. 5.3).

Für den Transport von IBC enthält der Code Anweisungen und Sondervorschriften (Tab. 5.4), die in den Spalten 10 und 11 der Tabelle 3.2. IMDG-Code aufgeführt sind.

5.1.3.5 Teil 5 des IMDG-Codes

Der Teil 5 IMDG-Code enthält die Vorschriften für Sendungen mit gefährlichen Gütern, die sich auf die Genehmigung von Sendungen und die vorherigen Benachrichtigungen, auf die Kennzeichnung, Bezettelung, Dokumentation (manuelle Verfahren, elektronische Datenverarbeitung (EDV) oder elektronischer Datenaustausch) und Plakatierung beziehen. Gefährliche Güter dürfen grundsätzlich nur dann zur Beförderung aufgegeben werden, wenn sie ordnungsgemäß gekennzeichnet, bezettelt, plakatiert und in einem Beförderungsdokument beschrieben und erklärt sind und wenn sie sich im Übrigen für die Beförderung in einem Zustand befinden, der den vorgeschriebenen Bedingungen entspricht.

[31] Vgl. Kap. 4.1.1.1 IMDG-Code.

Tab. 5.2 Verpackungsanweisung P001 (Auszug) (Vgl. Kap. 4.1.4.1 IMDG-Code.)

P001 VERPACKUNGSANWEISUNG (FESTE STOFFE) P002				
Folgende Verpackungen sind zugelassen, wenn die allgemeinen Vorschriften nach 4.1.1 und 4.1.3 erfüllt sind:				
Zusammengesetzte Verpackungen		Höchste Nettomasse (siehe 4.1.3.3)		
Innenverpackungen	Außenverpackungen	Verpackungsgruppe I	Verpackungsgruppe II	Verpackungsgruppe III
Aus Glas 10 l Aus Kunststoff 30 l Aus Metall 40 l	aus Stahl (1A1, 1A2)	75 kg	400 kg	400 kg
	aus Aluminium (1B1, 1B2)	75 kg	400 kg	400 kg
	aus einem anderen Metall (1N1, 1N2)	75 kg	400 kg	400 kg
	aus Kunststoff (1H1, 1H2)	75 kg	400 kg	400 kg
	aus Sperrholz (1D)	75 kg	400 kg	400 kg
	aus Pappe (1G)	75 kg	400 kg	400 kg
	Kisten …			
	Kanister …			
Einzelverpackungen				
Aus Stahl, mit nicht abnehmbarem Deckel (1A1)		250 l	450 l	450 l
Aus Stahl, mit abnehmbarem Deckel (1A2)		Verboten	250 l	250 l
Aus Aluminium, mit nicht abnehmbarem Deckel (1B1)		250 l	450 l	450 l
Aus Aluminium, mit abnehmbarem Deckel (1B2)		Verboten	250 l	250 l
Aus Metall (außer Stahl oder Aluminium), mit nicht abnehmbarem Deckel (1N1)		250al a	450al a	450al a
Aus Metall (außer Stahl oder Aluminium), mit abnehmbarem Deckel (1N2)		Verboten a	250al a	250al a
Aus Kunststoff, mit nicht abnehmbarem Deckel (1H1)		250 l	450 l	450 l
Aus Kunststoff, mit abnehmbarem Deckel (1H2)		Verboten	250 l	250 l

Tab. 5.3 Sondervorschriften zur Verpackungsanweisung P001 (Ebenda.)

Sondervorschriften für die Verpackung:

PP1 CTU-Code 10.2.9Die UN-Nummern 1133, 1210, 1263 und 1866 sowie Klebstoffe, Druckfarben, Druckfarbzubehörstoffe, Farben, Farbzubehörstoffe und Harzlösungen, die der UN-Nummer 3082 zugeordnet sind, dürfen als Stoffe der Verpackungsgruppen II und III in Mengen von höchstens 5 Litern je Verpackung in Verpackungen aus Metall oder Kunststoff, die nicht die Prüfungen nach Kapitel 6.1 bestehen müssen, verpackt werden, wenn sie wie folgt befördert werden:

a) als Palettenladung, in Gitterboxpaletten oder Ladeeinheiten (unit loads), z. B. einzelne Verpackungen, die auf eine Palette gestellt oder gestapelt sind und die mit Gurten, Dehn- oder Schrumpffolie oder einer anderen geeigneten Methode auf der Palette befestigt sind; für den Seetransport müssen die Palettenladungen, Gitterboxpaletten oder Ladeeinheiten (unit loads) in einer geschlossenen Güterbeförderungseinheit festgestaut und gesichert werden. Auf Roll-on/Roll-off-Schiffen dürfen die Ladeeinheiten (unit loads) in Fahrzeugen befördert werden, die keine gedeckten Fahrzeuge sind, sofern sie bis zur vollen Höhe der beförderten Ladung sicher vergittert sind; oder

b) als Innenverpackungen von zusammengesetzten Verpackungen mit einer höchsten Nettomasse von 40 kg.

PP2 Für die UN-Nummer 3065 dürfen Holzfässer mit einem höchsten Fassungsraum von 250 Litern, die nicht den Vorschriften des Kapitels 6.1 entsprechen, verwendet werden.

PP4 Für die UN-Nummer 1774 müssen die Verpackungen den Prüfanforderungen der Verpackungsgruppe II entsprechen.

...

Tab. 5.4 Verpackungsanweisung IBC05 (Vgl. Kap. 4.1.4.2 IMDG-Code.)

IBC05 VERPACKUNGSANWEISUNG IBC05
Folgende IBC dürfen verwendet werden, wenn die allgemeinen Vorschriften nach 4.1.1, 4.1.2 und 4.1.3 erfüllt sind: 1) Metallene IBC (11 A, 11B, 11 N, 21 A, 21B, 21 N, 31 A, 31B und 31 N); 2) Starre Kunststoff-IBC (11H1, 11H2, 21H1, 21H2, 31H1 und 31H2); 3) Kombinations-IBC (11HZ1, 21HZ1 und 31HZ1)
Sondervorschriften für die Verpackung: B1 Für Stoffe der Verpackungsgruppe I müssen die IBC in geschlossenen Güterbeförderungseinheiten oder in Frachtcontainern/Fahrzeugen, die starre Wände oder Gitter mindestens bis zur Bauhöhe des IBC haben, befördert werden. B21 Für feste Stoffe müssen die IBC, ausgenommen metallene und starre Kunststoff-IBC, in geschlossenen Güterbeförderungseinheiten oder in Frachtcontainern/Fahrzeugen, die starre Wände oder Gitter mindestens bis zur Bauhöhe des IBC haben, befördert werden

Kennzeichnung

Jedes Versandstückmuss mit dem festgelegten richtigen technischen Namen der gefährlichen Güter und der entsprechenden UN-Nummer, der die Buchstaben vorangestellt werden, gekennzeichnet werden. Bei unverpackten Gegenständen muss das Kennzeichen auf dem Gegenstand, auf dem Schlitten oder auf der Handhabungs- Lagerungs- oder Abschusseinrichtung angebracht werden.[32]

Die Kennzeichen auf Versandstücken müssen:[33]

1 gut sichtbar und lesbar sein;
2 so beschaffen sein, dass die Angaben auf den Versandstücken noch erkennbar sind, wenn diese sich mindestens drei Monate im Seewasser befunden haben. Bei Überlegungen bezüglich geeigneter Kennzeichnungsmethoden müssen die Haltbarkeit des verwendeten Verpackungsmaterials und die Oberfläche des Versandstücks berücksichtigt werden;
3 auf einem kontrastierenden Untergrund auf der Außenseite des Versandstücks aufgebracht sein

und

4 von anderen Versandstückkennzeichen, die ihre Wirkung wesentlich beeinträchtigen könnten, örtlich getrennt sein.

Darüber hinaus müssen Meeresschadstoffe mit dem Kennzeichen MP (marine pollutant) gekennzeichnet sein.

Bezettelung

Bei Stoffen oder Gegenständen, die in der Gefahrgutliste besonders aufgeführt sind, ist für die in Spalte 3 angegebene Gefahr ein Gefahrzettel für die Gefahrenklasse anzubringen. Es ist darüber hinaus ein Zusatzgefahrzettel für alle Gefahren anzubringen, die durch eine in Spalte 4 der Gefahrgutliste aufgeführte Klassen- oder Unterklassennummer angegeben sind. Die Sondervorschriften in Spalte 6 können auch dann einen Zusatzgefahrzettel erfordern, wenn in Spalte 4 keine Zusatzgefahr angegeben ist, oder sie können eine Ausnahme von der Pflicht zur Anbringung eines Zusatzgefahrzettels gestatten, auch wenn eine solche Gefahr in der Gefahrgutliste angegeben ist.[34]

Jeder Gefahrzettel muss, außer bei Flaschen für Gase der Klasse 2,

5 auf derselben Fläche des Versandstücks neben dem richtigen technischen Namen angebracht werden, sofern die Abmessungen des Versandstücks dies zulassen;
6 so auf dem Versandstück angebracht werden, dass sie nicht durch einen Teil der Verpackung, eine an der Verpackung angebrachte Vorrichtung, einen anderen Gefahrzettel oder ein Kennzeichen abgedeckt oder verdeckt werden;
7 nebeneinander angebracht werden, wenn Haupt- und Zusatzgefahrzettel vorgeschrieben sind.

[32]Vgl. Kap. 5.2.1.1 IMDG-Code.

[33]Vgl. Kap. 5.2.1.2 IMDG-Code.

[34]Vgl. Kap. 5.2.2.1.2 IMDG-Code.

Wenn die Form eines Versandstücks zu unregelmäßig oder das Versandstück zu klein ist, sodass ein Gefahrzettel nicht auf zufriedenstellende Weise angebracht werden kann, darf dieses mittels eines sicher befestigten Anhängers oder durch ein anderes geeignetes Mittel mit dem Versandstück verbunden werden.

Plakatierung

An den Außenflächen einer Güterbeförderungseinheit müssen vergrößerte Gefahrzettel (Placards), Kennzeichen und Warnzeichen angebracht werden. Sie sollen darauf hinweisen, dass ihr Inhalt aus gefährlichen Gütern besteht, von denen Gefahren ausgehen. Auf diese Plakatierung und Kennzeichnung kann verzichtet werden, wenn die auf den Versandstücken angebrachten Gefahrzettel und sonstigen Kennzeichen außerhalb der Güterbeförderungseinheit deutlich zu erkennen sind.

An eine Güterbeförderungseinheit, die gefährliche Güter oder Rückstände gefährlicher Güter enthält, müssen deutlich erkennbare Placards wie folgt angebracht werden:

1. bei Frachtcontainern, Sattelanhängern oder ortsbeweglichen Tanks eins an jeder Seite und eins an beiden Enden der Einheit. An ortsbeweglichen Tanks mit einem Fassungsraum von höchstens 3000 Litern dürfen Placards angebracht werden oder es dürfen stattdessen an nur zwei gegenüberliegenden Seiten Gefahrzettel angebracht werden;
2. bei Eisenbahnwagen mindestens an jeder Seite;
3. bei Mehrkammertanks, die mehr als einen gefährlichen Stoff oder deren Rückstände enthalten, an jeder Seite in Höhe der betreffenden Kammern. Wenn an allen Tankabteilen die gleichen Placards anzubringen sind, müssen diese Placards an beiden Längsseiten nur einmal angebracht werden und
4. bei allen anderen Güterbeförderungseinheiten zumindest an beiden Seiten und am rückwärtigen Ende der Einheit.

Werden gefährliche Güter in einen Container oder ein Fahrzeug gepackt oder verladen, müssen die für das Packen des Containers oder Fahrzeugs verantwortlichen Personen ein Container-/Fahrzeugpackzertifikat vorlegen, in dem die Identifikationsnummer(n) des Containers oder Fahrzeugs angegeben wird (werden) und in dem bescheinigt wird, dass das Packen gemäß den folgenden Bedingungen durchgeführt wurde:[35]

1. Der Container/das Fahrzeug war sauber, trocken und offensichtlich für die Aufnahme der Güter geeignet;
2. Versandstücke, die nach den anwendbaren Trennvorschriften voneinander getrennt werden müssen, wurden nicht zusammen in den Container/das Fahrzeug gepackt (es sei denn, dies wurde von der zuständigen Behörde gemäß 7.3.4.1 zugelassen);

[35] Vgl. Kap. 5.4.2 IMDG-Code.

3. Alle Versandstücke wurden äußerlich auf Schäden überprüft, und es wurden nur Versandstücke in einwandfreiem Zustand geladen;
4. Fässer wurden aufrecht gestaut, es sei denn, es wurde von der zuständigen Behörde etwas anderes zugelassen, und alle Güter wurden ordnungsgemäß geladen und, soweit erforderlich, mit Sicherungsmitteln angemessen verzurrt, damit sie für den (die) Verkehrsträger 4) der vorgesehenen Beförderung geeignet sind;
5. In loser Schüttung geladene Güter wurden gleichmäßig im Container/Fahrzeug verteilt;
6. Für Sendungen mit Gütern der Klasse 1 außer Unterklasse 1.4: Der Container/das Fahrzeug befindet sich in einem bautechnisch einwandfreien Zustand gemäß 7.1.2;
7. Der Container/das Fahrzeug und die Versandstücke sind ordnungsgemäß gekennzeichnet, bezettelt und plakatiert;
8. Werden Stoffe, die eine Erstickungsgefahr darstellen, zu Kühl- oder Konditionierungszwecken verwendet (wie Trockeneis (UN 1845) oder Stickstoff, tiefgekühlt, flüssig (UN 1977) oder Argon, tiefgekühlt, flüssig (UN 1951)), ist der Container/das Fahrzeug außen gemäß 5.5.3.6 gekennzeichnet;
9. Ein Beförderungsdokument für gefährliche Güter, wie in 5.4.1 angegeben, liegt für jede in den Container/das Fahrzeug gepackte Sendung mit gefährlichen Gütern vor.

Das Container-/Fahrzeugpackzertifikat kann Teil des Beförderungspapiers[36] oder der Informationen zur Gefahrgutbeförderung sein.

5.1.3.6 Teil 6 des IMDG-Codes

Jede Verpackung, die für eine Verwendung gemäß diesem Code vorgesehen ist, muss mit Kennzeichen versehen sein, die dauerhaft und lesbar sind und an einer Stelle in einem zur Verpackung verhältnismäßigen Format so angebracht sind, dass sie gut sichtbar sind. Bei Versandstücken mit einer Bruttomasse von mehr als 30 kg müssen die Kennzeichen oder ein Doppel davon auf der Oberseite oder auf einer Seite der Verpackung erscheinen.

Die Buchstaben, Ziffern und Zeichen müssen mindestens 12 mm hoch sein, ausgenommen an Verpackungen mit einem Fassungsvermögen von höchstens 30 Litern oder 30 kg, bei denen die Höhe mindestens 6 mm betragen muss, und ausgenommen Verpackungen mit einem Fassungsvermögen von höchstens 5 Litern oder 5 kg, bei denen sie eine angemessene Größe aufweisen müssen.

Die Kennzeichnung besteht:

- aus dem Symbol der Vereinten Nationen für Verpackungen
- aus dem Code für die Bezeichnung des Verpackungstyps nach 6.1.2.
- aus einem zweiteiligen Code:

[36]Vgl. 5.4.1.1.1 IMDG-Code.

  - aus einem Buchstaben, welcher die Verpackungsgruppe(n) angibt, für welche die Bauart erfolgreich geprüft worden ist:
    X für Verpackungsgruppe I, II und III
    Y für Verpackungsgruppe II und III
    Z nur für Verpackungsgruppe III
  - für flüssige Stoffe, aus der Angabe der auf die erste Dezimalstelle gerundeten relativen Dichte, für feste Stoffe, aus der Angabe der Bruttohöchstmasse in Kilogramm
- entweder aus dem Buchstaben S für feste Stoffe oder der Angabe des auf die nächsten 10 kPa abgerundeten hydraulischen Prüfdrucks für flüssige Stoffe
- aus den letzten beiden Ziffern des Jahres der Herstellung der Verpackung; bei Verpackungen der Verpackungsarten 1 H und 3 H zusätzlich aus dem Monat der Herstellung; dieser Teil der Kennzeichnung darf an anderer Stelle als die übrigen Angaben angebracht sein
- aus dem Zeichen des Staates, in dem die Erteilung der Kennzeichnung zugelassen wurde, angegeben durch das Unterscheidungszeichen für Kraftfahrzeuge im internationalen Verkehr
- aus dem Namen des Herstellers oder einer sonstigen von der zuständigen Behörde festgelegten Identifizierung der Verpackung.

Die folgenden Ziffern sind für die Verpackungsart zu verwenden:

1 Fass
2 (bleibt offen)
3 Kanister
4 Kiste
5 Sack
6 Kombinationsverpackung.

Die folgenden Großbuchstaben sind für die Werkstoffart zu verwenden:

A Stahl (alle Typen und alle Oberflächenbehandlungen)
B Aluminium
C Naturholz
D Sperrholz
F Holzfaserwerkstoff
G Pappe
H Kunststoff
L Textilgewebe
M Papier, mehrlagig
N Metall (außer Stahl oder Aluminium)
P Glas, Porzellan oder Steinzeug

Die zu verwendenden Verpackungen wurden im IMDG-Code zusammengefasst und können in der Tabelle Verpackungstypen nachgelesen werden – Auszug siehe Tab. 5.5:

Tab. 5.5 Auszug aus der Tabelle Verpackungstypen. (Vgl. Kap. 6.1.2.7 IMDG-Code.)

Art	Werkstoff	Kategorie	Code	Unterabschnitt
1 Fässer	A Stahl	Nicht abnehmbarer Deckel	1A1	6.1.4.1
		Abnehmbarer Deckel	1A2	
	B Aluminium	Nicht abnehmbarer Deckel	1B1	6.1.4.2
		Abnehmbarer Deckel	1B2	
	D Sperrholz	–	1D	6.1.4.5
	G Pappe	–	1G	6.1.4.7
	H Kunststoff	Nicht abnehmbarer Deckel	1H1	6.1.4.8
		Abnehmbarer Deckel	1H2	
	N Metall	Nicht abnehmbarer Deckel	1N1	6.1.4.3
		Abnehmbarer Deckel	1N2	

Die Kennzeichnung auf einer Verpackung kann dieser entnommen werden und muss den Vorschriften des Teils 6 des IMDG-Codes entsprechen, z. B.:

- 1A1/Y1.4/150/98/NL/RR824
  - 1A1 Fass aus Stahl mit nicht abnehmbaren Deckel
  - Y1.4 zugelassen für Stoffe der Verpackungsgruppen II und III mit einer relativen Dichte von 1.4
  - Prüfdruck von 150 kPa(1,5 bar)
  - Herstellungsjahr 1998
  - RR824 Hersteller oder Prüfbehörde mit Zulassungsnummer.

Für Verpackungen, die in Deutschland durch die Bundesanstalt für Materialforschung und -prüfung BAM) geprüft wurden, können die Prüfberichte online gelesen werden. Dazu wird die Verpackungsrecherche auf der Seite TES Technische Sicherheit der BAM aufgerufen und die Zulassungsscheinnummer eingegeben.[37]

5.1.3.7 Teil 7 des IMDG-Codes

Das Kapitel 7 enthält die allgemeinen Vorschriften für die Stauung gefährlicher Güter in Schiffen aller Art. Der Bezug der Tabelle 3.2 auf die Stau-, Handhabungs- und Trennvorschriften sind in den Spalten 16a und 16b enthalten.

Die Stauung gefährlicher Güter erfolgt dann nach den angegebenen Staukategorien:[38]

[37]www.tes.bam.de/php/d-bam/index.php.

[38]Vgl. Kap. 71.3.1 IMDG-Code.

- Staukategorie 01
  - Frachtschiffe (bis 12 Fahrgäste)
    An Deck in geschlossener Güterbeförderungseinheit oder unter Deck
  - Fahrgastschiffe
    An Deck in geschlossener Güterbeförderungseinheit oder unter Deck
- Staukategorie 02
  - Frachtschiffe (bis 12 Fahrgäste)
    An Deck in geschlossener Güterbeförderungseinheit oder unter Deck
  - Fahrgastschiffe
    An Deck in geschlossener Güterbeförderungseinheit oder unter Deck in geschlossener Güterbeförderungseinheit nach Maßgabe von 7.1.4.4.5:
      Güter der Unterklasse 1.4 Verträglichkeitsgruppe S dürfen auf Fahrgastschiffen in beliebiger Menge befördert werden. Andere Güter der Klasse 1 dürfen auf Fahrgastschiffen nicht befördert werden; ausgenommen sind folgende Güter:
      Güter der Verträglichkeitsgruppen C, D und E und Gegenstände der Verträglichkeitsgruppe G, sofern die gesamte Nettoexplosivstoffmasse 10 kg je Schiff nicht überschreitet und die Güter in geschlossenen Güterbeförderungseinheiten an Deck oder unter Deck befördert werden;
      Gegenstände der Verträglichkeitsgruppe B, sofern die gesamte Nettoexplosivstoffmasse 10 kg je Schiff nicht überschreitet und die Güter nur an Deck in geschlossenen Güterbeförderungseinheiten befördert werden.
- Staukategorie 03
  - Frachtschiffe (bis 12 Fahrgäste)
    An Deck in geschlossener Güterbeförderungseinheit oder unter Deck
  - Fahrgastschiffe
    Verboten soweit nicht nach Maßgabe von 7.1.4.4.5 erlaubt
- Staukategorie 04
  - Frachtschiffe (bis 12 Fahrgäste)
    An Deck in geschlossener Güterbeförderungseinheit oder unter Deck in geschlossener Güterbeförderungseinheit
  - Fahrgastschiffe
    Verboten soweit nicht nach Maßgabe von 7.1.4.4.5 erlaubt
- Staukategorie 05
  - Frachtschiffe (bis 12 Fahrgäste)
    An Deck nur in geschlossener Güterbeförderungseinheit
  - Fahrgastschiffe
    Verboten soweit nicht nach Maßgabe von 7.1.4.4.5 erlaubt.

Wenn die Stauung von Meeresschadstoffen an Deck oder unter Deck erlaubt ist, ist die Stauung unter Deck vorzuziehen. Wenn die Stauung nur an Deck vorgeschrieben ist, ist der Stauung auf gut geschützten Decks oder innerhalb geschützter Bereiche auf freiliegenden Decks der Vorzug zu geben.

In Tabelle 3.2 IMDG-Code werden in Spalte 16a die Staucodes für die einzelnen UN-Nummern angegeben, die in Kapitel 7.1.5 beschrieben sind. Dort sind alle Staucodes von SW1 bis SW 29 aufgeführt, z. B.:

SW8 Lüftung kann erforderlich sein. Vor der Beladung ist in Betracht zu ziehen, dass es erforderlich sein kann, im Falle eines Brandes die Luken zu öffnen, um eine größtmögliche Durchlüftung zu erreichen, und im Notfall Wasser einzusetzen; dabei ist zu beachten, dass durch das Fluten der Laderäume eine Gefahr für die Stabilität des Schiffes entstehen kann

Darüber hinaus werden die Handhabungscodes von H1 bis H4 beschrieben, z. B.:

H3 Während der Beförderung möglichst an einem kühlen, gut belüfteten Ort stauen (oder halten)

Die Trennvorschriften, die bei dem Transport verschiedener Klassen gefährlicher Güter zu beachten sind, wurden in einer sogenannten Trenntabelle angegeben (Abb. 5.1). Dabei unterscheiden sich die Trennmethoden dadurch, ob die Güter von einander

1. Entfernt,
2. Getrennt,
3. Getrennt durch eine ganze Abteilung oder einen Laderaum

oder

4. In Längsrichtung getrennt durch eine dazwischenliegende ganze Abteilung oder einen dazwischenliegenden Laderaum

befördert werden.

Um festzustellen, ob besondere Trennvorschriften anzuwenden sind, ist die Gefahrgutliste nach Tabelle 3.2 IMDG-Code heranzuziehen.

Zur Ladungssicherung von gefährlichen Gütern an Bord von Seeschiffen regelt der IMDG-Code, dass die Versandstücke und Güterbeförderungseinheiten sowie alle anderen Güter für die Reise ausreichend abzusteifen und zu sichern sind. Die Versandstücke

KLASSE		1.1 1.2 1.5	1.3 1.6	1.4	2.1	2.2	2.3	3	4.1	4.2	4.3	5.1	5.2	6.1	6.2	7	8	9
Explosive Stoffe und Gegenstände mit Explosivstoff	1.1, 1.2, 1.5	*	*	*	4	2	2	4	4	4	4	4	4	2	4	2	4	X
	1.3, 1.6	*	*	*	4	2	2	4	3	3	4	4	4	2	4	2	2	X
	1.4	*	*	*	2	1	1	2	2	2	2	2	2	X	4	2	2	X
Entzündbare Gase	2.1	4	4	2	X	X	X	2	1	2	2	2	2	X	4	2	1	X
Nicht giftige, nicht entzündbare Gase	2.2	2	2	1	X	X	X	1	X	1	X	X	1	X	2	1	X	X
Giftige Gase	2.3	2	2	1	X	X	X	2	X	2	X	X	2	X	2	1	X	X
Entzündbare flüssige Stoffe	3	4	4	2	2	1	2	X	X	2	2	2	2	X	3	2	X	X
Entzündbare feste Stoffe (einschließlich selbstzersetzliche Stoffe sowie desensibilisierte explosive feste Stoffe)	4.1	4	3	2	1	X	X	X	X	1	X	1	2	X	3	2	1	X
Selbstentzündliche Stoffe	4.2	4	3	2	2	1	2	2	1	X	1	2	2	1	3	2	1	X
Stoffe, die in Berührung mit Wasser entzündbare Gase entwickeln	4.3	4	4	2	2	X	X	2	X	1	X	2	2	X	2	2	1	X
Entzündend (oxidierend) wirkende Stoffe	5.1	4	4	2	2	X	X	2	1	2	2	X	2	1	3	1	2	X
Organische Peroxide	5.2	4	4	2	2	1	2	2	2	2	2	2	X	1	3	2	2	X
Giftige Stoffe	6.1	2	2	X	X	X	X	X	X	1	X	1	1	X	1	X	X	X
Ansteckungsgefährliche Stoffe	6.2	4	4	4	4	2	2	3	3	3	2	3	3	1	X	3	3	X
Radioaktive Stoffe	7	2	2	2	2	1	1	2	2	2	2	1	2	X	3	X	2	X
Ätzende Stoffe	8	4	2	2	1	X	X	X	1	1	1	2	2	X	3	2	X	X
Verschiedene gefährliche Stoffe und Gegenstände	9	X	X	X	X	X	X	X	X	X	X	X	X	X	X	X	X	X

Abb. 5.1 Trenntabelle. (Vgl. Kap. 7.2.4 IMDG-Code.)

sind so zu laden, dass eine Beschädigung der Versandstücke und ihrer Ausrüstungsteile während der Beförderung wenig wahrscheinlich ist. Die Ausrüstungsteile an Versandstücken oder ortsbeweglichen Tanks müssen ausreichend geschützt sein. Versandstücke und Güterbeförderungseinheiten mit Beschädigungen, Leckagen oder Undichtheit dürfen nicht auf ein Stückgutschiff verladen werden. Es muss darauf geachtet werden, dass übermäßige Mengen an Wasser, Schnee oder Eis oder Fremdstoffen auf oder an den Verpackungen und Güterbeförderungseinheiten vor der Verladung entfernt werden.

5.1.4 Bescheinigung

Nach dem SOLAS-Übereinkommen[39] benötigen Schiffe, die gefährliche Güter in verpackter Form befördern, eine Bescheinigung des Flaggenstaates. Diese Bescheinigung für die Beförderung von gefährlichen Gütern wird nach einer Schiffsbesichtigung durch eine anerkannte Organisation (Klassifikationsgesellschaft) von der Dienststelle Schiffssicherheit der BG Verkehr ausgestellt.

5.1.5 Gefahrgutverordnung See (GGVSee)

Die Gefahrgutverordnung See ist die nationale Vorschrift für den Gefahrguttransport mit Seeschiffen. Neben der Einführung des IMDG-Codes in deutsches Recht werden unter anderem Regelungen zu Zuständigkeiten, Pflichten und Ordnungswidrigkeiten getroffen. Die Gefahrgutverordnung See wurde mit Artikel 1 der 10. Verordnung zur Änderung gefahrgutrechtlicher Verordnungen vom 07. Dezember 2017 neu gefasst. Gleichzeitig wurde die Neufassung der GGVSee vom 07. Dezember 2017 bekannt gegeben.[40]

Die GGVSee regelt die Beförderung gefährlicher Güter ausschließlich mit Seeschiffen auf Seeschifffahrtsstraßen und angrenzenden Seehäfen. Für die Beförderung gefährlicher Güter mit Seeschiffen auf schiffbaren Binnengewässern in Deutschland gelten die Vorschriften der Gefahrgutverordnung Straße, Eisenbahn und Binnenschifffahrt.[41] In Häfen und an sonstigen Liegeplätzen gelten für das Einbringen, den zeitweiligen Aufenthalt im Verlauf der Beförderung und den Umschlag gefährlicher Güter zusätzlich die jeweiligen örtlichen Sicherheitsvorschriften, z. B. nach Maßgabe der hafenrechtlichen Vorschriften auch die GGVSEB.

Gefährliche Güter dürfen zur Beförderung auf Seeschiffen nur übergeben, nur auf Seeschiffe verladen und mit Seeschiffen nur befördert werden, wenn die folgenden auf die einzelne Beförderung zutreffenden Vorschriften eingehalten sind:

---

[39]Vgl. Kap.II-2, Regel 19 und Kapital VII SOLAS 74/88.

[40]https://www.bmvi.de/SharedDocs/DE/Artikel/G/Gefahrgut/gefahrgut-recht-vorschriften-see-schifffahrt.html.

[41]Siehe Kap. 5.5.

- bei der Beförderung gefährlicher Güter in verpackter Form die Vorschriften des Kapitels II-2 Regel 19 und des Kapitels VII Teil A des SOLAS-Übereinkommens sowie die Vorschriften des IMDG-Codes;
- bei der Beförderung gefährlicher Güter in fester Form als Massengut
  - bei Gütern, denen die Klassifizierung MHB[42] zugeordnet ist, die Vorschriften des Kapitels VI des SOLAS-Übereinkommens sowie die Vorschriften des IMSBC-Codes[43] und
  - bei Gütern, denen eine UN-Nummer zugeordnet ist, zusätzlich die Vorschriften des Kapitels II-2 Regel 19 und des Kapitels VII Teil A-1 des SOLAS-Übereinkommens;
- bei der Beförderung flüssiger gefährlicher Güter in Tankschiffen die Vorschriften des Kapitels II-2 Regel 16 Absatz 3 und, sofern anwendbar, des Kapitels VII Teil B des SOLAS-Übereinkommens sowie die Vorschriften des IBC-Codes[44] oder des BCH-Codes;
- bei der Beförderung verflüssigter Gase in Tankschiffen die Vorschriften des Kapitels II-2 Regel 16 Absatz 3 und des Kapitels VII Teil C des SOLAS-Übereinkommens sowie die Vorschriften des IGC-Codes[45] oder des GC-Codes;
- bei der Beförderung von verpackten bestrahlten Kernbrennstoffen, Plutonium und hochradioaktiven Abfällen zusätzlich zu den in Nummer 1 aufgeführten Vorschriften die Vorschriften des Kapitels VII Teil D des SOLAS-Übereinkommens sowie die Vorschriften des INF-Codes[46].

Vor der Verladung gefährlicher Güter sind Stauanweisungen unter Beachtung der anwendbaren Stau-und Trennvorschriften des IMDG-Codes und des IMSBC-Codes sowie der Vorschriften des Kapitels II-2 Regel 19 des SOLAS-Übereinkommens festzulegen, die dann als sogenanntes Recht des Ladehafens auch nach § 20 GGVSee bei Verstößen geahndet werden können.

Auf einem Seeschiff, das gefährliche Güter befördert, sind folgende Unterlagen mitzuführen:

1. wenn das Seeschiff die Bundesflagge führt,
   a) einen Abdruck dieser Verordnung
      und
   b) den MFAG;

[42]Materials Hazardous only in Bulk.

[43]Siehe Kap. 5.1.1.4.

[44]Siehe Kap. 5.1.1.1.

[45]Siehe Kap. 5.1.1.2.

[46]Siehe Kap. 5.1.1.3.

2. bei der Beförderung gefährlicher Güter in verpackter Form,
   a) den IMDG-Code,
   b) den EmS-Leitfaden,
   c) die in Abschnitt 5.4.3 des IMDG-Codes[47] geforderten Unterlagen,
   d) bei der grenzüberschreitenden Beförderung gefährlicher Abfälle zusätzlich die in Absatz 2.0.5.3.2 des IMDG-Codes geforderten Unterlagen,
   e) die erforderliche Bescheinigung nach Kapitel II-2 Regel 19 des SOLAS-Übereinkommens und
   f) ein Zeugnis nach dem INF-Code, wenn radioaktive Stoffe befördert werden, die dem INF-Code unterliegen
3. bei der Beförderung gefährlicher Güter in fester Form als Massengut,
   a) ein Beförderungsdokument, das mindestens die Anforderungen nach Kapitel VI Teil A Regel 2 des SOLAS-Übereinkommens erfüllt,
   b) die erforderliche Bescheinigung nach Kapitel II-2 Regel 19 des SOLAS-Übereinkommens,
   c) bei der grenzüberschreitenden Beförderung gefährlicher Abfälle zusätzlich die in Abschnitt 10 des IMSBC-Codes geforderten Unterlagen und
   d) den IMSBC-Code;
4. bei der Beförderung flüssiger Stoffe, die dem IBC-Code, oder verflüssigter Gase, die dem IGC-Code unterliegen,
   a) den IBC-Code oder den IGC-Code,
   b) den BCH-Code oder den GC-Code, wenn zutreffend und das Schiff die Bundesflagge führt,
   c) die in Abschnitt 16.2 des IBC-Codes oder Abschnitt 18.1 des IGC-Codes geforderten Unterlagen,
   d) die in Abschnitt 5.2 des BCH-Codes oder Abschnitt 18.1 des GC-Codes geforderten Unterlagen, wenn zutreffend und das Schiff die Bundesflagge führt, und
   e) bei der grenzüberschreitenden Beförderung gefährlicher Abfälle zusätzlich die in Abschnitt 20.5.1 des IBC-Codes oder Abschnitt 8.5 des BCH-Codes geforderten Unterlagen.

Vor der Verladung gefährlicher Güter sind Stauanweisungen unter Beachtung der anwendbaren Stau- und Trennvorschriften des IMDG-Codes und des IMSBC-Codes sowie der Vorschriften des Kapitels II-2 Regel 19 des SOLAS-Übereinkommens festzulegen.

Bei der Beförderung verpackter gefährlicher Güter ist die Ladung unter Beachtung des CSS-Codes zu sichern. Die Ladungsstauung und -sicherung muss vor dem Auslaufen abgeschlossen sein und beim Anlegen im Bestimmungshafen noch vorhanden sein.

[47]Siehe Kap. 5.1.3.

5.2 Europäisches Übereinkommen vom 26. Mai 2000 über die internationale Beförderung von gefährlichen Gütern auf Binnenwasserstraßen (Accord européen relatif au transport international des marchandises dangereuses par voies de navigation intérieure [ADN])

Das Europäische Übereinkommen über die internationale Beförderung gefährlicher Güter auf den Binnenwasserstraßen (ADN) und die Gefahrgutverordnung Straße, Eisenbahn und Binnenschifffahrt (GGVSEB) bilden das umfassende Basisregelwerk für die Beförderung gefährlicher Güter auf Binnenwasserstraßen. Das ADN enthält Vorschriften insbesondere für die Klassifizierung, Verpackung, Kennzeichnung und Dokumentation gefährlicher Güter, für den Bau, die Ausrüstung und Zulassung der Schiffe und für den Umgang während der Beförderung, die weitestgehend mit denen des IMDG-Codes harmonisiert wurden [2].

Das Übereinkommen selbst ist, nach der Ratifizierung seitens Deutschlands, am 29. Februar 2008 in Kraft getreten. Die Anlage zum ADN mit den umfänglichen technischen und betrieblichen Vorschriften gilt vertragsgemäß seit dem 28. Februar 2009. Durch die GGVSEB wird das ADN für alle schiffbaren Binnengewässer (Bundeswasserstraßen und schiffbare Landesgewässer) zur Anwendung gebracht.[48]

Das ADN besteht aus dem Artikelteil und der Verordnung in der Anlage mit folgenden Teilen:

- Teil 1 Allgemeine Vorschriften
- Teil 2 Klassifizierung
- Teil 3 Verzeichnisse der gefährlichen Güter, Sondervorschriften und Freistellungen im Zusammenhang mit begrenzten und freigestellten Mengen
- Teil 4 Vorschriften für die Verwendung von Verpackungen, Tanks und CTU für die Beförderung in loser Schüttung
- Teil 5 Vorschriften über den Versand
- Teil 6 Bau- und Prüfvorschriften für Verpackungen (einschl. Großpackmittel (IBC) und Großverpackungen), Tanks und CTU für die Beförderung in loser Schüttung
- Teil 7 Vorschriften für das Laden, Befördern, Löschen und sonstiges Handhaben der Ladung
- Teil 8 Vorschriften für die Besatzung, die Ausrüstung, den Betrieb und die Dokumentation
- Teil 9 Bauvorschriften.

Die politischen und wirtschaftlichen Veränderungen in Europa im Bereich der Binnenschifffahrt wurden im Jahr 1993 zum Anlass genommen, für die Beförderung gefährlicher Güter auf Binnenwasserstraßen eine einheitliche und verbindliche Regelung zu erarbeiten.

[48]https://www.bmvi.de/SharedDocs/DE/Artikel/G/Gefahrgut/gefahrgut-recht-vorschriften-binnenschifffahrt.html.

Hierfür wurde aufgrund seines gesamteuropäischen geografischen Anwendungsbereiches das ADN, die Regelung der UN-ECE[49], unter Beibehaltung des Sicherheitsniveaus des ADNR, zugrunde gelegt. Um eine für alle Aspekte des Gefahrguttransports im Binnenland geltende Regelung zu schaffen, wurden das ADR-Übereinkommen für die Beförderung auf der Straße und die RID-Verordnung für die Eisenbahnbeförderung zusammen mit den Vorschriften für die Beförderung auf Binnenwasserstraßen durch eine einzige Richtlinie ersetzt: die Richtlinie 2008/68/EG über die Beförderung gefährlicher Güter im Binnenland vom 24. September 2008. Aufgrund dieser Richtlinie gilt die ADN-Verordnung neben der Straße und der Eisenbahn spätestens seit 30. Juni 2011 ebenso für die Binnenschifffahrt.[50]

Zur Erhöhung der Sicherheit bei der Beförderung gefährlicher Güter muss an Bord von Schiffen, die entsprechende Güter befördern, der Schiffsführer ein Sachkundiger sein. Dieser Sachkundige muss besondere Kenntnisse des ADN nachweisen. Eine solche Bescheinigung wird nach Teilnahme an einem anerkannten Lehrgang und nach erfolgreich abgeschlossener Prüfung zeitlich befristet (fünf Jahre) ausgestellt.[51]

5.2.1 Die Verordnung in der Anlage des ADN

Verordnung in der Anlage des ADN-Übereinkommens (i. W. Anlage des ADN) ist fester Bestandteil dieses Übereinkommens. Jeder Hinweis auf dieses Übereinkommen bedeutet gleichzeitig einen Hinweis auf die in der Anlage beigefügte Verordnung.

Dabei umfasst die Verordnung in den neun Teilen:

a) Vorschriften über die internationale Beförderung von gefährlichen Gütern auf Binnenwasserstraßen
b) Vorschriften und Verfahren für Untersuchungen, Ausstellung der Zulassungszeugnisse, Anerkennung der Klassifikationsgesellschaften, Abweichungen, Ausnahmegenehmigungen, Kontrollen, Ausbildung und Prüfungen von Sachkundigen
c) Allgemeine Übergangsbestimmungen
d) Zusätzliche Übergangsbestimmungen, die auf besonderen Binnenwasserstraßen gelten.

Gefährliche Güter, deren Beförderung nach der Verordnung ausgeschlossen ist, nicht Gegenstand einer internationalen Beförderung sein[52]. Ausnahmen dazu werden in den Artikeln 7[53] und 8[54] des ADN genannt.

---

[49]United Nations Economic Commission for Europe.

[50]https://www.elwis.de/DE/Untersuchung-Eichung/Befoerderung-gefaehrlicher-Gueter/ADN/ADN-node.html.

[51]Ebenda.

[52]Vgl. Artikel 4 ADN.

[53]Sonderregelungen, Ausnahmegenehmigungen.

[54]Übergangsbestimmungen.

5.2.2 Teil 2 der Anlage des ADN – Klassifizierung

In Kapitel 2.4 des ADN sind Kriterien für die aquatische Umwelt gefährdende Stoffe enthalten und diese für die Anwendung des Gefahrgutrechts definiert. Umweltgefährdende Stoffe umfassen danach unter anderem flüssige oder feste gewässerverunreinigende Stoffe sowie Lösungen und Gemische mit solchen Stoffen (wie Präparate, Zubereitungen und Abfälle). Als aquatische Umwelt werden die aquatischen Organismen, die im Wasser leben und das aquatische Ökosystem, zu dem sie gehören, betrachtet. Gewässerverunreinigende Stoffe, für die es notwendig sein kann, die Auswirkungen über die aquatische Umwelt hinaus, wie z. B. auf die menschliche Gesundheit, zu berücksichtigen, werden dabei nicht erfasst.

Die Grundelemente für die Einstufung umweltgefährdender Stoffe (aquatische Umwelt) sind nach dem ADN

- die akute aquatische Toxizität,
- die chronische aquatische Toxizität,
- die potenzielle oder tatsächliche Bioakkumulation

sowie

- der Abbau (biotisch oder abiotisch) bei organischen Chemikalien.

Stoffe sind als „umweltgefährdende Stoffe (aquatische Umwelt)“ einzustufen

- für die Beförderung in Versandstücken
  - wenn sie den Kriterien für Akut 1, Chronisch 1 oder Chronisch 2 gemäß der Tabelle 2.4.3.1 ADN entsprechen

und

- für die Beförderung in Tankschiffen,
  - wenn sie den Kriterien für Akut 1, Akut 2, Akut 3, Chronisch 1, Chronisch 2 oder Chronisch 3 gemäß der Tabelle 2.4.3.1 ADN entsprechen.

In der Tabelle 2.4.3.1 ADN (Auszug siehe Tab. 5.6) sind dann die Kategorien von Stoffen, die für die aquatische Umwelt gefährlich sind, zusammengefasst.

Die Verpackungsgruppen, die in den Tabellen A und C des Kapitels 3 ADN genannt sind, wurden in 2.1.1.3 ADN definiert als:

- Verpackungsgruppe I
  - Stoffe mit hoher Gefahr,
- Verpackungsgruppe II
  - Stoffe mit mittlerer Gefahr,
- Verpackungsgruppe III
  - Stoffe mit geringer Gefahr.

Tab. 5.6 Auszug aus Tabelle 2.4.3.1 ADN

a) akute (kurzzeitige) aquatische Gefahr	
Kategorie Akut 1(siehe Bem. 1)	
96-h-LC50-Wert (für Fische)	≤ 1 mg/l und/oder
48-h-EC50-Wert (für Krebstiere)	≤ 1 mg/l und/oder
72- oder 96-h-ErC50-Wert (für Algen oder andere Wasserpflanzen)	≤ 1 mg/l
Kategorie Akut 2	
96-h-LC50-Wert (für Fische	> 1 bis ≤ 10 mg/l und/oder
48-h-EC50-Wert (für Krebstiere)	> 1 bis ≤ 10 mg/l und/oder
72- oder 96-h-ErC50-Wert (für Algen oder andere Wasserpflanzen)	> 1 bis ≤ 10 mg/l
…	

5.2.3 Teil 3 der Anlage des ADN – Verzeichnis der gefährlichen Güter, Sondervorschriften und Freistellungen im Zusammenhang mit begrenzten und freigestellten Mengen

Während die Klassifizierung der gefährlichen Güter für alle Verkehrsträger harmonisiert wurde und somit, mit verkehrsträgertypischen Ausnahmen, identisch erfolgen soll, weicht die Gefahrgutliste des Kapitels 3.2 wesentlich von denjenigen des IMDG-Codes und des ADR/RID ab.

Die Gefahrgutliste besteht aus folgenden drei Tabellen:

Tabelle A[55] Verzeichnis der gefährlichen Güter in numerischer Reihenfolge,
Tabelle B[56] Verzeichnis der gefährlichen Güter in alphabetischer Reihenfolge

und

Tabelle C[57] Verzeichnis der zur Beförderung in Tankschiffen zugelassenen gefährlichen Güter in numerischer Reihenfolge

5.2.3.1 Tabelle A der Anlage des ADN – Verzeichnis der gefährlichen Güter in numerischer Reihenfolge

In den Zeilen der Tabelle A des Kapitels 3.2 ADN sind die Stoffe oder Gegenstände, die durch eine bestimmte UN-Nummer oder Stoffnummer erfasst werden, zusammengefasst. Die Bezeichnung mit einer UN-Nummer ist identisch mit denen in den Tabellen 3.2 der Vorschriften für weiteren Verkehrsträger, z. B. IMDG-Code[58] oder ADR.

---

[55]Vgl. Kapitel 3.2.1 Anlage des ADN.

[56]Vgl. Kapitel 3.2.2 Anlage des ADN.

[57]Vgl. Kapitel 3.2.3 Anlage des ADN.

[58]Siehe Kap. 5.1.3.

Die Spalten der Tabelle A sind ebenso einem bestimmten Thema gewidmet. Der Schnittpunkt von Spalten und Zeilen (Zelle) enthält Informationen zu dem in der Spalte behandelten Thema für die Stoffe oder Gegenstände dieser Zeile:

- die ersten vier Zellen identifizieren den (die) zu dieser Zeile gehörenden Stoff(e) oder Gegenstand (Gegenstände) (die Sondervorschriften in Spalte (6) können diesbezügliche zusätzliche Informationen angeben);
- die nachfolgenden Zellen geben die anwendbaren besonderen Vorschriften entweder als vollständige Information oder in kodierter Form an. Die Codes verweisen auf detaillierte Informationen, die in den in dem nachstehenden erläuternden Bemerkungen angegebenen Teil, Kapitel, Abschnitt und/oder Unterabschnitt enthalten sind. Eine leere Zelle bedeutet entweder, dass es keine besonderen Vorschriften gibt und nur die allgemeinen Vorschriften anwendbar sind oder dass die in den erläuternden Bemerkungen angegebene Beförderungseinschränkung gilt. Ein in dieser Tabelle verwendeter mit den Buchstaben „SV" beginnender alphanumerischer Code bezeichnet eine Sondervorschrift des Kapitels 3.3.

Die Themen der Spalten und deren Informationen unterscheiden sich z. T. von denen anderer Verkehrsträger und sind auf die Bedürfnisse der Binnenschifffahrt angepasst. Teilweise wurde auf Informationen verzichtet, deren man sich durch das Nutzen anderer Vorschriften bedienen kann, z. B. Verpackungsvorschriften.

Die Spalten der Tabelle A des Kapitels 3.2 ADR haben folgende Themen, die in Abweichung zu den gleichlautenden der Tabelle 3.2 IMDG-Code[59] kurz erläutert werden:

- Spalte 1 UN-Nummer/Stoffnummer
- Spalte 2 Benennung und Beschreibung
- Spalte 3a Klasse
- Spalte 3b Klassifizierungscode
  - Diese Spalte enthält den Klassifizierungscode des gefährlichen Stoffes oder Gegenstandes.

    Für gefährliche Stoffe oder Gegenstände der Klasse 1 besteht der Code aus der Nummer der Unterklasse und dem Buchstaben der Verträglichkeitsgruppe, die nach den Verfahren und Kriterien des Absatzes 2.2.1.1.4 zugeordnet werden.

    Für gefährliche Stoffe oder Gegenstände der Klasse 2 besteht der Code aus einer Ziffer und einem oder mehreren, die Gruppe der gefährlichen Eigenschaften wiedergebenden Buchstaben, die in den Absätzen 2.2.2.1.2 und 2.2.2.1.3 erläutert werden.

    Für gefährliche Stoffe oder Gegenstände der Klassen 3, 4.1, 4.2, 4.3, 5.1, 5.2, 6.1, 6.2 und 9 werden die Codes in Absatz 2.2.x.1.21) erläutert.

[59]Siehe Kap. 5.1.3.

Für gefährliche Stoffe oder Gegenstände der Klasse 8 werden die Codes in Absatz 2.2.8.1.4.1 erläutert.

Gefährliche Stoffe oder Gegenstände der Klasse 7 haben keinen Klassifizierungscode.

- Spalte 4 Verpackungsgruppe
- Spalte 5 Gefahrzettel
- Spalte 6 Sondervorschriften
  - Diese Spalte enthält die numerischen Codes der einzuhaltenden Sondervorschriften. Diese Vorschriften betreffen einen ausgedehnten Themenbereich, der hauptsächlich mit dem Inhalt der Spalten (1) bis (5) zusammenhängt (z. B. Beförderungsverbote, Freistellungen von bestimmten Vorschriften, Erläuterungen zur Klassifizierung bestimmter Formen der betreffenden gefährlichen Güter sowie zusätzliche Bezettelungs- und Kennzeichnungsvorschriften), und sind in Kapitel 3.3 in numerischer Reihenfolge aufgeführt. Enthält die Spalte (6) keinen Eintrag, gelten für das betreffende gefährliche Gut in Bezug auf den Inhalt der Spalten (1) bis (5) keine Sondervorschriften. Die speziellen Sondervorschriften für die Binnenschifffahrt beginnen bei 800, z.B.

    800 Ölschrote, Ölsaatkuchen und Ölkuchen, welche pflanzliches Öl enthalten, lösemittelbehandelt und nicht selbstentzündlich sind, sind der UN-Nummer 3175 zuzuordnen. Diese Stoffe unterliegen nicht den Vorschriften des ADN, wenn sie so vorbereitet oder behandelt sind, dass sie während der Beförderung keine gefährlichen Gase in gefährlichen Mengen freisetzen können (keine Explosionsgefahr) und dies im Beförderungspapier vermerkt ist.
- Spalte 7a Begrenzte Mengen
- Spalte 7b Freigestellte Mengen
- Spalte 8 Beförderung zugelassen
  - Diese Spalte enthält die alphabetischen Codes über die Art und Weise, wie der Stoff oder Gegenstand in Binnenschiffen befördert werden darf. Wenn in der Zelle nichts eingetragen ist, ist die Beförderung des Stoffes oder Gegenstandes nur in Versandstücken zugelassen. Wenn in der Zelle ein „B“ eingetragen ist, ist die Beförderung in Versandstücken und in loser Schüttung zugelassen (siehe Unterabschnitt 7.1.1.11). Wenn in der Zelle ein „T“ eingetragen ist, ist die Beförderung in Versandstücken und in Tankschiffen zugelassen. Bei der Beförderung in Tankschiffen gelten die Vorschriften der Tabelle C (siehe Unterabschnitt 7.2.1.21).
- Spalte 9 Ausrüstung erforderlich
  - Diese Spalte enthält die alphanumerischen Codes für die bei der Beförderung der gefährlichen Stoffe oder Gegenstände erforderliche Ausrüstung gemäß Abschnitt 8.1.5:

    Sofern dies in Kapitel 3.2 Tabelle A oder C gefordert wird, muss die nachstehende Ausrüstung an Bord sein:

PP Je Besatzungsmitglied eine Schutzbrille, ein Paar Schutzhandschuhe, ein Schutzanzug und ein Paar geeignete Schutzschuhe (ggf. Schutzstiefel). An Bord von Tankschiffen in jedem Fall Schutzstiefel;

EP Ein geeignetes Fluchtgerät für jede an Bord befindliche Person;

EX Ein Gasspürgerät sowie eine Gebrauchsanweisung für dieses Gerät;

TOX Ein für die aktuelle und vorhergehende Ladung geeignetes Toximeter sowie Zubehörteile und eine Gebrauchsanweisung für dieses Gerät;

A Ein geeignetes umluftabhängiges Atemschutzgerät.

- Spalte 10 Lüftung
  - Diese Spalte enthält die alphanumerischen Codes der anzuwendenden Sondervorschriften für die Beförderung:

    die mit den Buchstaben „VE" beginnenden alphanumerischen Codes beziehen sich auf zusätzlich einzuhaltende Sondervorschriften für die Lüftung während der Beförderung. Diese sind in Unterabschnitt 7.1.6.12 in numerischer Reihenfolge aufgeführt und legen die besonderen Anforderungen fest:

    VE01 Laderäume, die diese Stoffe enthalten, müssen mit der vollen Leistung der Ventilatoren gelüftet werden, wenn nach Messung festgestellt wird, dass die Konzentration an von aus der Ladung herrührenden entzündbaren Gasen und Dämpfen 10 % der UEG übersteigt. Diese Messung ist sofort nach dem Beladen durchzuführen. Eine Kontrollmessung muss nach einer Stunde wiederholt werden. Diese Messergebnisse müssen schriftlich festgehalten werden.

    VE02 Laderäume, die diese Stoffe enthalten, müssen mit der vollen Leistung der Ventilatoren gelüftet werden, wenn nach Messung festgestellt wird, dass die Laderäume nicht frei von aus der Ladung herrührenden giftigen Gasen und Dämpfen sind. Diese Messung ist sofort nach dem Beladen durchzuführen. Eine Kontrollmessung muss nach einer Stunde wiederholt werden. Diese Messergebnisse müssen schriftlich festgehalten werden. Abweichend davon müssen auf Schiffen, welche gefährliche Güter nur in Containern in offenen Laderäumen befördern, diese Laderäume nur dann mit der vollen Leistung der Ventilatoren gelüftet werden, wenn ein Verdacht besteht, dass sie nicht frei von aus der Ladung herrührenden giftigen Gasen und Dämpfen sind. Vor dem Löschen muss der Entlader über den Verdacht informiert werden.

    VE03 Räume, wie Laderäume, Wohnungen und Maschinenräume, die an einem Laderaum angrenzen, der diese Stoffe enthält, müssen gelüftet werden. Die Laderäume, die diese Stoffe enthalten haben, müssen nach dem Löschen zwangsbelüftet werden. Nach dem Belüften muss die Konzentration von aus der Ladung herrührenden entzündbaren oder giftigen Gasen und Dämpfen in diesen Laderäumen gemessen werden. Diese Messergebnisse müssen schriftlich festgehalten werden.

    VE04 Werden Druckgaspackungen gemäß Sondervorschrift 327 des Kapitels 3.3 für Wiederaufarbeitungs- oder Entsorgungszwecke befördert, sind die Sondervorschriften VE01 und VE02 anwendbar

- Spalte 11 Maßnahmen während des Ladens/Löschens/Beförderns
  - Diese Spalte enthält die alphanumerischen Codes der anzuwendenden Sondervorschriften für die Beförderung:

    die mit den Buchstaben „CO", „ST" und „RA" beginnenden alphanumerischen Codes beziehen sich auf zusätzlich einzuhaltende Sondervorschriften während der Beförderung in loser Schüttung. Diese sind in Unterabschnitt 7.1.6.11 aufgeführt und legen die besonderen Anforderungen fest:

    CO01 Die Innenflächen der Laderäume müssen so ausgekleidet oder behandelt sein, dass sie schwer entflammbar sind und eine Durchtränkung mit Ladegut ausgeschlossen ist.

    CO02 Alle Teile der Laderäume und die Lukenabdeckungen, die mit diesen Stoffen in Berührung kommen können, müssen aus Metall oder aus Holz mit einer spezifischen Dichte von mindestens 0,75 kg/dm^3 (lufttrocken) hergestellt sein.

    CO03 Die Innenflächen der Laderäume müssen so ausgekleidet oder behandelt sein, dass Korrosion ausgeschlossen ist.

    ST01 Dieser Stoff muss stabilisiert sein und diese Stabilisierung muss den auf ammoniumnitrathaltige Düngemittel bezogenen Vorschriften des IMSBC-Codes entsprechen. Die erfolgte Stabilisierung ist durch den Absender im Beförderungspapier zu bestätigen. In den Staaten, in denen dies erforderlich ist, ist die Beförderung dieses Stoffes in loser Schüttung nur mit Zustimmung der zuständigen Behörde zulässig.

    ST02 Die Beförderung dieser Stoffe in loser Schüttung ist nur zulässig, wenn mithilfe des Trog- Testes nach Unterabschnitt 38.2 des Handbuchs Prüfungen und Kriterien festgestellt wurde, dass die Fortpflanzungsrate der selbstunterhaltenden fortschreitenden Zersetzung nicht mehr als 25 cm/h beträgt.

    RA01 Die Beförderung dieser Stoffe in loser Schüttung ist nur zugelassen, wenn:

    a) bei allen Stoffen, mit Ausnahme von Naturerzen, die Beförderung unter ausschließlicher Verwendung erfolgt und unter normalen Beförderungsbedingungen kein Entweichen des Inhalts und kein Verlust der Abschirmung auf dem Schiff eintreten kann; oder

    b) bei Naturerzen die Beförderung unter ausschließlicher Verwendung erfolgt.

    RA02 Die Beförderung dieser Stoffe in loser Schüttung ist nur zugelassen, wenn:

    a) sie so in einem Schiff befördert werden, dass unter normalen Beförderungsbedingungen kein Entweichen des Inhalts und kein Verlust der Abschirmung eintritt;

b) sie unter ausschließlicher Verwendung befördert werden, wenn an den berührbaren und an den unzugänglichen Oberflächen die Kontamination für Beta- und Gammastrahler und Alphastrahler niedriger Toxizität 4 Bq/cm^2 (10–4 μCi/cm^2) oder für alle anderen Alphastrahler 0,4 Bq/cm^2 (10–5 μCi/cm^2) überschreitet;

c) Maßnahmen getroffen werden, um sicherzustellen, dass der radioaktive Stoff nicht im Schiff freigesetzt wird, wenn vermutet wird, dass die nicht festhaftende Kontamination auf den unzugänglichen Oberflächen 4 Bq/cm^2 (10–4 μCi/cm^2) für Beta- und Gammastrahler und Alphastrahler niedriger Toxizität oder 0,4 Bq/cm^2 (10–5 μCi/cm^2) für alle anderen Alphastrahler überschreitet. Oberflächenkontaminierte Gegenstände der Gruppe SCO-II dürfen nicht in loser Schüttung befördert werden.

RA03 Zusammengefasst mit RA02

die mit den Buchstaben „LO" beginnenden alphanumerischen Codes beziehen sich auf zusätzlich einzuhaltende Sondervorschriften vor dem Laden. Diese sind in Unterabschnitt 7.1.6.13 aufgeführt und legen die besonderen Anforderungen fest:

LO01 Vor dem Laden dieser Stoffe oder Gegenstände muss sichergestellt sein, dass im Innern des Laderaums metallene Gegenstände, die kein integrierter Bestandteil des Schiffes sind, nicht vorhanden sind.

LO02 Das Laden dieser Stoffe in loser Schüttung darf nur dann stattfinden, wenn ihre Temperatur nicht höher als 55 °C ist.

LO03 Vor dem Laden dieser Stoffe in loser Schüttung oder unverpackt muss sichergestellt sein, dass die entsprechenden Laderäumen so trocken wie möglich sind.

LO04 Vor dem Laden dieser Stoffe in loser Schüttung muss sichergestellt sein, dass im Innern des Laderaums keine losen organischen Materialien vorhanden sind.

LO05 Vor der Beförderung der Druckgefäße ist sicherzustellen, dass sich der Druck infolge einer potenziellen Wasserstoffbildung nicht erhöht hat.

die mit den Buchstaben „HA" beginnenden alphanumerischen Codes beziehen sich auf zusätzlich einzuhaltende Sondervorschriften beim Handhaben und Stauen der Ladung. Diese sind in Unterabschnitt 7.1.6.14 aufgeführt und legen die besonderen Anforderungen fest:

HA01 Diese Stoffe oder Gegenstände müssen mindestens 3 m von Wohnungen, Maschinenräumen, vom Steuerhaus und von Wärmequellen entfernt gestaut werden.

HA02 Diese Stoffe oder Gegenstände müssen mindestens 2 m von den senkrechten Ebenen, die mit den Seitenwänden des Schiffes zusammenfallen, entfernt gestaut werden.

HA03 Bei der Handhabung dieser Stoffe oder Gegenstände muss Reibung, Stoß, Erschütterung, Umkippen und Sturz vermieden werden. Alle sich im gleichen Laderaum befindenden Versandstücke müssen so gestaut und verkeilt werden, dass Erschütterungen und Reibungen während der Beförderung ausgeschlossen sind. Es ist verboten, Versandstücke, die diese Stoffe oder Gegenstände enthalten, mit ungefährlichen Stoffen zu überstapeln. Beim Zusammenladen dieser Stoffe oder Gegenstände im gleichen Laderaum müssen diese nach allen anderen geladen und vor allen anderen gelöscht werden. Das Laden nach allen anderen und das Löschen vor allen anderen beim Zusammenladen dieser Stoffe oder Gegenstände im gleichen Laderaum ist nicht erforderlich, wenn diese Stoffe oder Gegenstände in Containern enthalten sind. Während diese Stoffe oder Gegenstände geladen oder gelöscht werden, dürfen andere Laderäume nicht beladen oder gelöscht und Brennstofftanks nicht befüllt oder entleert werden. Die zuständige Behörde kann Ausnahmen zulassen.

HA04 Zusammengefasst mit HA03

HA05 Zusammengefasst mit HA03

HA06 Zusammengefasst mit HA03

HA07 Es ist verboten, diese Stoffe in loser Schüttung oder unverpackt zu laden oder zu löschen, wenn die Gefahr besteht, dass die Stoffe durch Witterungseinflüsse nass werden.

HA08 Wenn die Versandstücke, die diese Güter enthalten, nicht in einem Container enthalten sind, müssen sie auf Lattenroste gesetzt und mit undurchlässigen Planen abgedeckt werden, die so angebracht sind, dass das Wasser nach außen abfließt und die Lüftung nicht behindert wird.

HA09 Bei der Beförderung dieser Stoffe in loser Schüttung dürfen im gleichen Laderaum keine brennbaren Stoffe gestaut werden.

HA10 Diese Stoffe müssen an Deck im geschützten Bereich gestaut werden. Für Seeschiffe gelten diese Stauvorschriften als eingehalten, wenn die Vorschriften des IMDG-Codes erfüllt sind.

die mit den Buchstaben „IN“ beginnenden alphanumerischen Codes beziehen sich auf zusätzlich einzuhaltende Sondervorschriften zur Überwachung des Laderaums während der Beförderung. Diese sind in Unterabschnitt 7.1.6.16 aufgeführt und legen die besonderen Anforderungen fest:

IN01 Nach dem Laden und Löschen dieser Stoffe in loser Schüttung oder unverpackt und vor dem Verlassen der Umschlagstelle muss vom Verlader oder vom Entlader oder von einem Sachkundigen nach Unterabschnitt 8.2.1.2 in den Wohnungen, Maschinenräumen und angrenzenden Laderäumen die Konzentration von aus der Ladung herrührenden entzündbaren Gasen und Dämpfen mit einem

Gasspürgerät gemessen werden. Die Messergebnisse müssen schriftlich festgehalten werden. Bevor Personen die Laderäume betreten und vor dem Löschen muss die Konzentration von aus der Ladung herrührenden entzündbaren Gasen und Dämpfen vom Entlader der Ladung oder von einem Sachkundigen nach Unterabschnitt 8.2.1.2 gemessen werden. Die Messergebnisse müssen schriftlich festgehalten werden. Der Laderaum darf erst betreten und mit dem Löschen darf erst begonnen werden, wenn die Konzentration von aus der Ladung herrührenden entzündbaren Gasen und Dämpfen im freien Luftraum über der Ladung unter 50 % der UEG liegt. Liegt in diesen Räumen die Konzentration von aus der Ladung herrührenden entzündbaren Gasen und Dämpfen nicht unter 50 % der UEG, müssen durch den Verlader, den Entlader oder den Schiffsführer die für die Sicherheit notwendigen Sofortmaßnahmen getroffen werden.

IN02 Wenn ein Laderaum diese Stoffe in loser Schüttung oder unverpackt enthält, muss in allen anderen Räumen des Schiffes, die von der Besatzung betreten werden, die Konzentration von aus der Ladung herrührenden giftigen Gasen und Dämpfen mindestens einmal in acht Stunden mit einem Toximeter gemessen werden. Die Messergebnisse müssen schriftlich festgehalten werden.

IN03 Wenn ein Laderaum diese Stoffe in loser Schüttung oder unverpackt enthält, muss der Schiffsführer sich täglich an den Lenzbrunnen oder Pumpenrohren davon überzeugen, dass in die Laderaumbilgen kein Wasser eingedrungen ist. Wenn in die Laderaumbilgen Wasser eingedrungen ist, muss dieses unverzüglich entfernt werden.

- Spalte 12 Anzahl der blauen Kegel/Lichter
  - Diese Spalte enthält die Anzahl der Kegel/Lichter, mit denen das Schiff bei der Beförderung dieses gefährlichen Stoffes oder Gegenstandes bezeichnet werden muss (siehe Abschnitt 7.1.5).
- Spalte 13 Zusätzliche Anforderungen/Bemerkungen.
  - Die Spalte enthält die zusätzlichen Anforderungen oder Bemerkungen, die bei der Beförderung dieses gefährlichen Stoffes oder Gegenstandes beachtet werden müssen, z. B.

    UN-Nummer 2506 – CO03 (Spalte 11) gilt nur, wenn der Stoff in loser Schüttung oder unverpackt befördert wird.

5.2.3.2 Tabelle B der Anlage des ADN – Verzeichnis der gefährlichen Güter in alphabetischer Reihenfolge

Die Tabelle B der Anlage des ADN enthält das alphabetische Verzeichnis der Stoffe und Gegenstände, die in der Tabelle A in UN-numerischer Reihenfolge dargestellt sind. Sie ist aber nicht Bestandteil des ADN und wurde erstellt, um das Nachschlagen in den

Anlagen A und B des ADN zu erleichtern. Sie kann in keinem Fall die Vorschriften der Anlagen des ADN ersetzen, die im Zweifelsfall verbindlich sind und die daher sorgfältig zu prüfen und beachten sind.

5.2.3.3 Tabelle C der Anlage des ADN – Verzeichnis der zur Beförderung in Tankschiffen zugelassenen gefährlichen Güter in numerischer Reihenfolge

Die Zeilen der Tabelle C behandeln in der Regel die Stoffe, die durch eine bestimmte UN-Nummer oder Stoffnummer erfasst werden. Wenn Stoffe, die zu ein und derselben UN-Nummer oder Stoffnummer gehören, unterschiedliche chemische Eigenschaften, physikalische Eigenschaften und/oder Beförderungsvorschriften haben, können für diese UN-Nummer oder Stoffnummer mehrere aufeinanderfolgende Zeilen verwendet werden.

Die ersten vier Spalten der Tabelle C sind identisch mit der Tabelle A, sich die weiteren Spalten Vorschriften zu der Beförderung mit Tankschiffen enthält.

- Spalte 5 Gefahren
  - Diese Spalte enthält Angaben über die Gefahren, die von dem gefährlichen Stoff oder der gefährlichen Mischung ausgehen können. Dabei werden im Allgemeinen die Angaben über die Gefahrzettel in Tabelle A Spalte 5 übernommen.
  - Handelt es sich um einen chemisch instabilen Stoff, werden diese Angaben durch den Code „inst." ergänzt.
  - Handelt es sich um einen Stoff oder um eine Mischung mit CMR-Eigenschaften[60] werden diese Angaben durch den Code CMR ergänzt.
  - Handelt es sich um einen wasserverunreinigenden Stoff oder eine wasserverunreinigende Mischung, werden diese Angaben durch den Code N1, N2 oder N3 ergänzt[61]:

    Der Gruppe N1 wird ein als wasserverunreinigend klassifizierter Stoff zugeordnet, wenn er die Kriterien für die Kategorien „Akute Giftigkeit 1" oder „Chronische Giftigkeit 1" erfüllt.

    Der Gruppe N2 wird ein als wasserverunreinigend klassifizierter Stoff zugeordnet, wenn er die Kriterien für die Kategorien „Chronische Giftigkeit 2" oder „Chronische Giftigkeit 3" erfüllt.

    Der Gruppe N3 wird ein als wasserverunreinigend klassifizierter Stoff zugeordnet, wenn er die Kriterien für die Kategorien „Akute Giftigkeit 2" oder „Akute Giftigkeit 3" erfüllt.

[60]CMR dient zur Kennzeichnung von Stoffen mit längerfristigen Wirkungen (krebserzeugend, erbgutverändernd oder fortpflanzungsgefährdend, Kategorien 1 A und 1B).

[61]Vgl. Absatz 2.2.9.1.10 ADN.

- Handelt es sich um einen Stoff oder um eine Mischung, der oder die auf der Wasseroberfläche aufschwimmt, nicht verdampft und schlecht wasserlöslich ist bzw. auf den Gewässergrund absinkt und schlecht wasserlöslich ist, werden diese Angaben durch den Code F (für den englischen Begriff Floater) bzw. S (für den englischen Begriff Sinker) ergänzt.
- Bei Angaben über Gefahren in Klammern sind nur die für den konkret beförderten Stoff zutreffenden Codes zu verwenden.

• Spalte 6 Tankschiffstyp
  - Diese Spalte enthält den Typ des Tankschiffs, Typ G, C oder N. Dabei sind die Schiffstypen folgendermaßen zu unterscheiden:[62]

    Typ G

      Ein Tankschiff, das für die Beförderung von Gasen unter Druck oder in tiefgekühltem Zustand bestimmt ist;

    Typ C

      Ein Tankschiff, das für die Beförderung von flüssigen Stoffen bestimmt ist. Das Schiff muss als Glattdeck-Doppelhüllenschiff mit Wallgängen, Doppelboden und ohne Trunk ausgeführt sein, wobei die Ladetanks vom Schiffskörper gebildet werden oder als unabhängige Ladetanks in den Aufstellungsräumen angeordnet sein können;

    Typ N

      Ein Tankschiff, das für die Beförderung von flüssigen Stoffen bestimmt ist;

    Typ N geschlossen

      Ein Tankschiff, das für die Beförderung von flüssigen Stoffen in geschlossenen Ladetanks bestimmt ist;

    Typ N offen mit Flammendurchschlagsicherungen

      Ein Tankschiff, das für die Beförderung von flüssigen Stoffen in offenen Ladetanks bestimmt ist, wobei die Ladetanks an den Öffnungen zur Atmosphäre mit einer dauerbrandsicheren Flammendurchschlagsicherung versehen sind;

    Typ N offen

      Ein Tankschiff, das für die Beförderung von flüssigen Stoffen in offenen Ladetanks bestimmt ist.

• Spalte 7 Ladetankzustand
  - Diese Spalte enthält Angaben über den Zustand des Ladetanks:
    1. Drucktank
    2. Ladetank, geschlossen
    3. Ladetank, offen mit Flammendurchschlagsicherung
    4. Ladetank, offen

[62] Vgl. 1.2 ADN.

- Spalte 8 Ladetanktyp
  - Diese Spalte enthält Angaben über den Typ des Ladetanks.
    1. Unabhängiger Ladetank
    2. Integraler Ladetank
    3. Ladetankwandung nicht Außenhaut
- Spalte 9 Ladetankausrüstung
  - Diese Spalte enthält Angaben über die Ausrüstung des Ladetanks.
    1. Kühlanlage
    2. Ladungsheizmöglichkeit
    3. Berieselungsanlage
    3. Ladungsheizungsanlage an Bord
- Spalte 10 Öffnungsdruck des Überdruck-/Hochgeschwindigkeitsventils in kPa
  - Diese Spalte enthält Angaben über den vorgeschriebenen Mindestöffnungsdruck des Überdruck-/Hochgeschwindigkeitsventils in kPa.
- Spalte 11 Maximal zulässiger Füllungsgrad in %
  - Diese Spalte enthält Angaben über den maximal zulässigen Füllungsgrad des Ladetanks in %.
- Spalte 12 Relative Dichte
  - Diese Spalte enthält Angaben über die relative Dichte des Stoffes bei 20 °C. Die Angaben zur relativen Dichte haben nur informatorischen Charakter.
- Spalte 13 Art der Probeentnahmeeinrichtung
  - Diese Spalte enthält Angaben über die vorgeschriebene Probeentnahmeeinrichtung.
    1. Geschlossene Probeentnahmeeinrichtung
    2. Teilweise geschlossene Probeentnahmeeinrichtung
    3. Probeentnahmeöffnung
- Spalte 14 Pumpenraum unter Deck erlaubt
  - Diese Spalte enthält Angaben, ob ein Pumpenraum unter Deck erlaubt ist:
    Ja Pumpenraum unter Deck erlaubt
    Nein Pumpenraum unter Deck nicht erlaubt
- Spalte 15 Temperaturklasse
  - Diese Spalte gibt die Temperaturklasse des Stoffes an. Temperaturklasse ist die Einteilung der brennbaren Gase und der Dämpfe brennbarer Flüssigkeiten nach ihren Zündtemperaturen sowie der zum Einsatz in explosionsgefährdeten Bereichen zugelassenen Betriebsmittel nach der Oberflächentemperatur.

5.2.4 Teil 4 der Anlage des ADN – Vorschriften für die Verwendung von Verpackungen, Tanks und CTU

Die Verwendung von Verpackungen und Tanks muss den Vorschriften einer internationalen Regelung unter Berücksichtigung der in der Liste der Stoffe in diesen internationalen Regelungen angeführten Bedingungen entsprechen und zwar:

- Für Verpackungen (einschließlich Großpackmittel [IBC] und Großverpackungen)
  - Spalte (8), (9a) und (9b) von Kapitel 3.2 Tabelle A des ADR oder des RID oder Liste der Stoffe des Kapitels 3.2 des IMDG-Codes oder der Technischen Anweisungen der ICAO;
- Für ortsbewegliche Tanks
  - Spalte (10) und (11) von Kapitel 3.2 Tabelle A des ADR oder des RID oder Liste der Stoffe des IMDG-Codes;
- Für ADR- oder RID-Tanks
  - Spalte (12) und (13) von Kapitel 3.2 Tabelle A des ADR oder des RID.

Die anwendbaren Vorschriften sind:

- Für Verpackungen (einschließlich Großpackmittel (IBC) und Großverpackungen)
  - Kapitel 4.1 des ADR[63], des RID, des IMDG-Code[64] oder der Technischen Anweisungen der ICAO;
- Für ortsbewegliche Tanks
  - Kapitel 4.2 des ADR, des RID oder des IMDG-Codes;
- Für RID- oder ADR-Tanks
  - Kapitel 4.3 des ADR oder des RID und, gegebenenfalls, Abschnitt 4.2.5 oder 4.2.6 des IMDG-Codes;
- Für Tanks aus faserverstärkten Kunststoffen
  - Kapitel 4.4 des ADR;
- Für Saug-Druck-Tanks für Abfälle
  - Kapitel 4.5 des ADR;
- Für mobile Einheiten zur Herstellung von explosiven Stoffen (MEMU)
  - siehe Kapitel 4.7 des ADR.

5.2.5 Teil 6 der Anlage des ADN – Bau- und Prüfvorschriften für Verpackungen (einschließlich Großpackmittel (IBC) und Großverpackungen), Tanks und CTU für die Beförderung in loser Schüttung

Grundsätzlich dürfen nur Verpackungen und Tanks für den Transport auf Binnenschiffen verwendet werden, die den Vorschriften des Teils 6 des ADR[65] oder RID entsprechen.

Verpackungen (einschließlich Großpackmittel (IBC) und Großverpackungen) und Tanks müssen hinsichtlich Bau und Prüfung folgenden Vorschriften des ADR entsprechen:

[63]Siehe Kap. 5.3.

[64]Siehe Kap. 5.1.3.

[65]Siehe Kap. 5.3.

- Kapitel 6.1 Bau- und Prüfvorschriften für Verpackungen;
- Kapitel 6.2 Bau- und Prüfvorschriften für Druckgefäße, Druckgaspackungen, Gefäße, klein, mit Gas (Gaspatronen) und Brennstoffzellen-Kartuschen mit verflüssigtem entzündbarem Gas;
- Kapitel 6.3 Bau- und Prüfvorschriften für Verpackungen für ansteckungsgefährliche Stoffe der Kategorie A der Klasse 6.2;
- Kapitel 6.4 Bau-, Prüf- und Zulassungsvorschriften für Versandstücke und Stoffe der Klasse 7;
- Kapiel 6.5 Bau- und Prüfvorschriften für Großpackmittel (IBC);
- Kapitel 6.6 Bau- und Prüfvorschriften für Großverpackungen;
- Kapitel 6.7 Vorschriften für die Auslegung, den Bau und die Prüfung von ortsbeweglichen Tanks und von UN-Gascontainern mit mehreren Elementen (MEGC);
- Kapitel 6.8 Vorschriften für den Bau, die Ausrüstung, die Zulassung des Baumusters, die Prüfung und die Kennzeichnung von festverbundenen Tanks (Tankfahrzeugen), Aufsetztanks, Tankcontainern und Tankwechselaufbauten (Tankwechselbehältern), deren Tankkörper aus metallenen Werkstoffen hergestellt sind, sowie von Batterie-Fahrzeugen und Gascontainern mit mehreren Elementen (MEGC);
- Kapitel 6.9 Vorschriften für die Auslegung, den Bau, die Ausrüstung, die Zulassung des Baumusters, die Prüfung und die Kennzeichnung von festverbundenen Tanks (Tankfahrzeugen), Aufsetztanks, Tankcontainern und Tankwechselaufbauten (Tankwechselbehältern) aus faserverstärkten Kunststoffen (FVK);
- Kapitel 6.10 Vorschriften für den Bau, die Ausrüstung, die Zulassung, die Prüfung und die Kennzeichnung von Saug-Druck-Tanks für Abfälle;
- Kapitel 6.11 Vorschriften für die Auslegung, den Bau und die Prüfung von Schüttgut-Containern;
- Kapitel 6.12 Vorschriften für den Bau, die Ausrüstung, die Zulassung des Baumusters, die Prüfung und die Kennzeichnung von Tanks, Schüttgut-Containern und besonderen Laderäumen für explosive Stoffe oder Gegenstände mit Explosivstoff in mobilen Einheiten zur Herstellung von explosiven Stoffen (MEMU).

Darüber hinaus dürfen Ortsbewegliche Tanks auch den Vorschriften des Kapitels 6.7 oder gegebenenfalls des Kapitels 6.9 des IMDG-Codes entsprechen. Tankfahrzeuge dürfen auch den Vorschriften des Kapitels 6.8 des IMDG-Codes entsprechen. Auch die Aufbauten der Fahrzeuge zur Beförderung in loser Schüttung müssen gegebenenfalls den Vorschriften des Kapitels 6.11 oder 9.5 des ADR entsprechen.

5.2.6 Teil 7 der Anlage des ADN – Vorschriften für Laden, Befördern, Löschen, und sonstiges Handhaben der Ladung

Während des Handhabens und Stauens der Ladung auf Binnenschiffen sind zusätzliche Maßnahmen nur erforderlich, wenn dies in 7.1.4.14 oder durch eine zusätzliche Vorschrift HA... in 3.2, Tabelle A, Spalte 11[66] vorgeschrieben ist.

Grundsätzlich müssen die einzelnen Teile einer Ladung so gestaut werden, dass sie ihre Lage zueinander und zum Schiff nicht verändern können und nicht von anderer Ladung beschädigt werden können. Gefährliche Güter müssen mindestens 1,00 m von Wohnungen, Maschinenräumen, vom Steuerhaus und von Wärmequellen entfernt gestaut werden.

Wenn Wohnungen oder das Steuerhaus über einem Laderaum angeordnet sind, dürfen gefährliche Güter unter diesen Wohnungen oder dem Steuerhaus nicht gestaut werden.

Gefährliche Güter müssen innerhalb der Laderäume untergebracht sein, jedoch dürfen Güter in:

- Containern mit vollwandigen spritzwasserdichten Wänden,
- MEGC,
- Straßenfahrzeugen mit vollwandigen spritzwasserdichten Wänden,
- Tankcontainern oder ortsbeweglichen Tanks

und

- Tankfahrzeugen oder Kesselwagen

im geschützten Bereich an Deck befördert werden.

Versandstücke, Umpackungen, Container, MEGC, Straßenfahrzeuge und Wagen sind während der Beförderung getrennt zu halten:

- von Bereichen, zu denen andere als Beschäftigten in regelmäßig benutzten Arbeitsbereichen regelmäßigen Zugang haben
  - gemäß Tabelle A oder
  - durch einen Abstand, der so berechnet ist, dass die sich in diesem Bereich aufhaltenden Personen der kritischen Gruppe weniger als 1 mSv pro Jahr erhalten

und

[66]Siehe Kap. 5.2.3.

- von unentwickelten Filmen sowie von Postsäcken gemäß Tabelle B

und

- von Beschäftigten in regelmäßig benutzten Arbeitsbereichen
  - gemäß Tabelle A oder
  - durch einen Abstand, der so berechnet ist, dass die sich in diesem Bereich aufhaltenden Beschäftigten weniger als 5 mSv pro Jahr erhalten.

und

- von anderen gefährlichen Gütern.

Für Seeschiffe und für Binnenschiffe, wenn letztere nur Container geladen haben, gelten die Zusammenladeverbote als eingehalten, wenn die Stau- und Trennvorschriften des IMDG Codes[67] erfüllt sind.

5.2.7 Richtlinie 2008/68/EG über die Beförderung gefährlicher Güter im Binnenland

Diese Richtlinie gilt für die Beförderung gefährlicher Güter auf der Straße, mit der Eisenbahn oder auf Binnenwasserstraßen[68] innerhalb eines Mitgliedstaats oder von einem Mitgliedstaat in einen anderen, einschließlich der vom Anhang erfassten Tätigkeiten des Ein- und Ausladens der Güter, des Umschlags auf einen oder von einem anderen Verkehrsträger sowie der transportbedingten Aufenthalte. Sie gilt u. a. nicht für die Beförderung gefährlicher Güter mit Seeschiffen auf Seewasserstraßen, die Teil von Binnenwasserstraßen sind.[69] Diese Formulierung findet auf die deutsche Umsetzung keine Anwendung, weil nach § 1 WStrG Seewasserstraßen nicht Teil der Binnenwasserstraßen sein können. Korrigiert wurde diese Anwendungsvorschrift durch § 1 GGVSEB, die auch die als Umsetzungsvorschrift dieser europäischen Richtlinie in nationales Recht darstellt. Danach regelt sie nicht die Beförderung gefährlicher Güter mit Seeschiffen auf Seeschifffahrtsstraßen[70] und in angrenzenden Seehäfen.

Die RL 2008/68/EG wurde durch die Richtlinie (EU) 2016/2309 vom 16. Dezember 2016 an den wissenschaftlichen und technischen Fortschritt angepasst.

---

[67] Siehe Kap. 5.1.3.7.

[68] Vgl. § 1 WStrG.

[69] Art. 1 Abs. 1 BSt a RiLi 2008/68/EU.

[70] Vgl. § 1 SeeSchStrO.

5.3 Europäisches Übereinkommen über die internationale Beförderung gefährlicher Güter auf der Straße (Accord européen relatif au transport international des marchandises Dangereuses par Route [ADR])

Das Europäische Übereinkommen über die internationale Beförderung gefährlicher Güter auf der Straße enthält Vorschriften für die Klassifizierung, Verpackung, Kennzeichnung und Dokumentation gefährlicher Güter, für den Umgang während der Beförderung und für die verwendeten Straßenfahrzeuge. Beschlossen wurde das ADR-Abkommen bereits 1957, in Kraft getreten ist es allerdings erst 1968. Heute haben alle Mitgliedstaaten der EU dieses unterzeichnet. Durch eine EU-Verordnung ist es daher auch in all diesen Staaten rechtsgültig. Neben den EU-Mitgliedsstaaten haben sich auch weitere europäische Länder in Bezug auf den Umgang mit Gefahrgut dem ADR angeschlossen [3].

Der Aufbau des ADR sieht wie folgt aus:

- Band I – Übereinkommen (Art. 1–17)
  - Anlage A Vorschriften über die gefährlichen Stoffe und Gegenstände

    Teil 1 Allgemeine Vorschriften

    Teil 2 Definition der Gefahrgutklasse

    Teil 3 Verzeichnis über gefährliche Güter sowie Sondervorschriften, Freistellungen in Zusammenhang mit der Beförderung von in begrenzten Mengen verpackter gefährlicher Gütern
- Band II – Anlage A Fortsetzung
  - Teil 4 Verpackungen, Großpackmittel (IBC), Großverpackungen, Tanks
  - Teil 5 Versandvorschriften
  - Teil 6 Bau- sowie Prüfvorschriften für Verpackungen, Großpackmittel (IBC), Großverpackungen und Tanks
  - Teil 7 Vorschriften für die Beförderung, die Be- und Entladung und die Handhabung
  - Anlage B Vorschriften für die Beförderungsausrüstung und die Durchführung der Beförderung

    Teil 8 Vorschriften für die Fahrzeugbesatzungen, die Ausrüstung, den Betrieb der Fahrzeuge und die Dokumentation

    Teil 9 Vorschriften für den Bau und die Zulassung der Fahrzeuge

Besondere Bedeutung für den Binnenschiffsverkehr haben die Vorschriften der Teile 4 und 6 des ADR, weil diese direkt für die Verpackungen hinsichtlich Bau und Prüfung bei dem Transport nach dem ADN[71] anzuwenden sind.

[71]Siehe Kap. 5.2.4 und 5.2.5.

Tab. 5.7 Tabelle 3.2 ADR (Auszug)

Verpackung			Ortsbewegliche Tanks		ADR-Tanks	
Anweisung 4.1.4	Sondervor-schriften 4.1.4	Zusammen-packung 4.1.10	Anweisungen 4.2.4.2	Sondervor-schriften 4.2.4.3	Tank-codierung 4.3	Sondervor-schriften 4.3.5
(8)	(9a)	(9b)	(10)	(11)	(12)	(13)

5.3.1 Tabelle 3.2 des ADR

Zur Anwendung der Vorschriften für die Verpackungen im Binnenschiffsverkehr sowie zum Transport von Tanks und Tankcontainer mit Ro-Ro-Schiffen wird die Tabelle 3.2 des ADR verwendet, die zusätzlich die Spalten aus der Übersicht in Tab. 5.7 enthält:

Die Verweise der Spalten der Tabelle 3.2 des ADR beziehen sich auf die Teile des ADR, die nach dem Teil 4 des ADN auch für den Transport mit Binnenschiffen gilt[72].

5.3.2 Teil 4 des ADR

Die Vorschriften für Verpackungen in 4.1.4 ADR entspricht grundsätzlich denen des IMDG-Codes[73], sodass nach dem ADN sowohl die Vorschriften der Spalten (8), (9a) und (9b) der Tabelle 3.2 des ADR und des IMDG-Codes verwendet werden können.

Die Verpackungen müssen grundsätzlich so hergestellt und so verschlossen sein, dass unter normalen Beförderungsbedingungen das Austreten des Inhalts vermieden wird. Innenverpackungen müssen in einer Außenverpackung so verpackt sein, dass sie unter normalen Beförderungsbedingungen nicht zerbrechen oder durchlöchert werden können. Gefährliche Güter dürfen nicht mit gefährlichen oder anderen Gütern zusammen in dieselbe Außenverpackung oder in Großverpackungen verpackt werden, wenn sie miteinander gefährlich reagieren. Jede Verpackung gemäß Kapitel 6.1, die für flüssige Stoffe verwendet wird, muss erfolgreich einer geeigneten Dichtheitsprüfung unterzogen werden.

Für die Verwendung von Ortsbeweglichen Tanks können wahlweise die Vorschriften des ADR oder des IMDG-Codes verwendet werden. Die Beförderung von ADR-Tanks auf Binnenschiffen unterliegt den Vorschriften der Tabelle 3.2 ADR zu.

Die grundsätzlichen Anforderungen an zu verwendende Verpackungen im ADR entsprechen denen des IMDG-Codes.

Als Sondervorschriften sind in 4.3.5 ADR insgesamt 36 Vorschriften genannt, die anzuwenden sind, wenn diese in Spalte 13 der Tabelle 3.2 ADR zu einer Eintragung genannt werden, z. B.

---

[72]Siehe Kap. 5.2.4.

[73]Siehe Kap. 5.1.3.4.

TU 1 Tanks dürfen erst nach vollständigem Erstarren des Stoffes und Überdecken mit einem inerten Gas zur Beförderung aufgegeben werden. Ungereinigte leere Tanks, die diese Stoffe enthalten, müssen mit einem inerten Gas gefüllt sein

Die Verwendung von ADR-Tanks ist auch auf Binnenschiffen erlaubt, wenn diese der Tankcodierung nach Spalte 12 der Tabelle 3.2 des ADR entspricht (siehe Tab. 5.8). Diese Spalte enthält einen alphanumerischen Code, der bestimmten einen Tanktyp beschreibt. Dieser Tanktyp entspricht den am wenigsten strengen Tankvorschriften, die für die Beförderung des betreffenden Stoffes in ADR-Tanks zugelassen sind. Wenn keine Codierung angegeben ist, ist die Beförderung in ADR-Tanks nicht zugelassen.

Die Anwendung der Codierung ergibt sich aus den Vorschriften der Tabelle 3.2 ADR, z. B.

UN-Nummer	Benennung und Beschreibung	ADR-Tanks	
		Tankcodierung 4.3	Sondervorschriften 4.3.5, 6.8.4
(1)	(2)	(3)	(4)
1153	ETHYLENGLYCOLDIETHYLETHER	LGBF	

Der zu verwendende Tank für den genannten Soff muss dann folgende Voraussetzungen nach der Codierung einhalten

L Tank für Stoffe in flüssigem Zustand (flüssige Stoffe oder feste Stoffe, die in geschmolzenem Zustand zur Beförderung aufgegeben werden),

G Mindestberechnungsdruck gemäß allgemeinen Vorschriften des Absatzes 6.8.2.1.14 Wenn ein «G» angegeben ist, gelten folgende Vorschriften:
  a) Tankkörper mit Entleerung durch Schwerkraft, die für Stoffe bestimmt sind, die bei 50 °C einen Dampfdruck von höchstens 110 kPa (1,1 bar) (absolut) haben, sind nach einem Druck zu bemessen, der dem doppelten statischen Druck des zu befördernden Stoffes, mindestens jedoch dem doppelten statischen Druck von Wasser entspricht;
  b) Tankkörper mit Druckfüllung oder -entleerung für Stoffe, die bei 50 °C einen Dampfdruck von höchstens 110 kPa (1,1 bar) (absolut) haben, sind nach einem Druck zu bemessen, der das 1,3fache des Füll- oder Entleerungsdrucks beträgt.

B Tank mit Bodenöffnungen mit 3 Verschlüssen für das Befüllen oder Entleeren

F Tank mit Lüftungseinrichtung gemäß Absatz 6.8.2.2.6 mit Flammendurchschlagsicherung oder explosionsdruckstoßfester Tank
  – Tanks zur Beförderung von flüssigen Stoffen mit einem Dampfdruck bei 50 °C bis 110 kPa (1,1 bar) (absolut) müssen entweder eine Lüftungseinrichtung und eine Sicherung gegen Auslaufen des Tankinhalts beim Umstürzen haben oder dem Absatz 6.8.2.2.7 oder 6.8.2.2.8 entsprechen

Tab. 5.8 Die vier Teile der Tankcodierung nach Spalte 12 Tabelle 3.2 ADR

Teil	Art der Vorschrift	Beschreibung	Tankcodierung
1	Batteriefahrzeug/ MEGC[1)]	Tanktyp/Typ des Batterie-Fahrzeugs oder des MEGC	C = Tank, Batterie-Fahrzeug oder MEGC für verdichtete Gase P = Tank, Batterie-Fahrzeug oder MEGC für verflüssigte oder gelöste Gase R = Tank für tiefgekühlt verflüssigte Gase
1	Sondervorschrift[2)]	Tanktyp	L = Tank für Stoffe in flüssigem Zustand (flüssige Stoffe oder feste Stoffe, die in geschmolzenem Zustand zur Beförderung aufgegeben werden) S = Tank für Stoffe in festem (pulverförmigem oder körnigem) Zustand
2	Batteriefahrzeug/ MEGC	Berechnungsdruck	x = Zahlenwert des zutreffenden Mindestprüfdrucks in bar gemäß Tabelle in Absatz 4.3.3.2.5 oder 22 = Mindestberechnungsdruck in bar
2	Sondervorschrift	Berechnungsdruck	G = Mindestberechnungsdruck gemäß allgemeinen Vorschriften des Absatzes 6.8.2.1.14 1,5; 2,65; 4; 10; 15 oder 21 = Mindestberechnungsdruck in bar (siehe Absatz 6.8.2.1.14)
3	Batteriefahrzeug/ MEGC	Öffnungen	B = Tank mit Bodenöffnungen mit 3 Verschlüssen für das Befüllen oder Entleeren oder Batterie-Fahrzeug oder MEGC mit Öffnungen unterhalb des Flüssigkeitsspiegels oder für verdichtete Gase C = Tank mit oben liegenden Öffnungen mit 3 Verschlüssen für das Befüllen oder Entleeren, der unterhalb des Flüssigkeitsspiegels nur mit Reinigungsöffnungen versehen ist D = Tank mit oben liegenden Öffnungen mit 3 Verschlüssen für das Befüllen oder Entleeren oder Batterie-Fahrzeug oder MEGC ohne Öffnungen unterhalb des Flüssigkeitsspiegels
3	Sondervorschrift	Öffnungen	A = Tank mit Bodenöffnungen mit 2 Verschlüssen für das Befüllen oder Entleeren B = Tank mit Bodenöffnungen mit 3 Verschlüssen für das Befüllen oder Entleeren C = Tank mit oben liegenden Öffnungen, der unterhalb des Flüssigkeitsspiegels nur mit Reinigungsöffnungen versehen ist D = Tank mit oben liegenden Öffnungen ohne Öffnungen unterhalb des Flüssigkeitsspiegels

(Fortsetzung)

Tab. 5.8 (Fortsetzung)

Teil	Art der Vorschrift	Beschreibung	Tankcodierung
4	Batteriefahrzeug/ MEGC	Sicherheitsventil/-einrichtung	N = Tank, Batterie-Fahrzeug oder MEGC mit Sicherheitsventil gemäß Absatz 6.8.3.2.9 oder 6.8.3.2.10, der nicht luftdicht verschlossen ist H = luftdicht verschlossener Tank, Batterie-Fahrzeug oder MEGC
4	Sondervorschrift	Sicherheitsventil/-einrichtung	V = Tank mit Lüftungseinrichtung gemäß Absatz 6.8.2.2.6 ohne Flammendurchschlagsicherung oder nicht explosionsdruckstoßfester Tank F = Tank mit Lüftungseinrichtung gemäß Absatz 6.8.2.2.6 mit Flammendurchschlagsicherung oder explosionsdruckstoßfester Tank N = Tank ohne Lüftungseinrichtung gemäß Absatz 6.8.2.2.6 und nicht luftdicht verschlossen H = luftdicht verschlossener Tank (siehe Begriffsbestimmung in Abschnitt 1.2.1)

[1)] 4.3.3.1.1 ADR
[2)] 4.3.4.1.1 ADR

- Tanks zur Beförderung von flüssigen Stoffen mit einem Dampfdruck bei 50 °C von mehr als 110 kPa bis 175 kPa (1,1 bar bis 1,75 bar) (absolut) müssen entweder ein Sicherheitsventil haben, das auf mindestens 150 kPa (1,5 bar) (Überdruck) eingestellt ist und sich spätestens bei einem Druck, der dem Prüfdruck entspricht, vollständig öffnet, oder dem Absatz 6.8.2.2.8 entsprechen.
- 6.8.2.2.8 Tanks zur Beförderung von flüssigen Stoffen mit einem Dampfdruck bei 50 °C von mehr als 175 kPa bis 300 kPa (1,75 bar bis 3 bar) (absolut) müssen entweder ein Sicherheitsventil haben, das auf mindestens 300 kPa (3 bar) (Überdruck) eingestellt ist und sich spätestens bei einem Druck, der dem Prüfdruck entspricht, vollständig öffnet, oder luftdicht verschlossen sein.

5.3.3 Teil 6 des ADR

Die Verpackungen müssen jeweils mit einer Codierung und einer Kennzeichnung versehen sein, die einer Angabe nach Teil 6 des IMDG-Codes[74] entspricht; als weitere Ziffer einer Verpackungsart kann die Null für Feinstblechverpackungen verwendet werden, siehe Tab. 5.9.

[74] Vgl. Kap. 4.1.4 ADN.

Tab. 5.9 Auszug aus der Tabelle Verpackungstypen des ADR

Art	Werkstoff	Kategorie	Code	Unterabschnitt
0. Feinstblechverpackung	A Stahl	Nicht abnehmbarer Deckel	0A1	6.1.4.22
		Abnehmbarer Deckel	0A2	

Zusätzlich zu den im IMDG-Code enthaltenen Vorschriften zur Verpackung enthält das ADR Sondervorschriften zur Zusammenpackung von gefährlichen Gütern. Die Spalte 9b der Tabelle 3.2 ADR enthält die mit den Buchstaben MP beginnenden alphanumerischen Codes der anwendbaren Sondervorschriften für die Zusammenpackung, z. B.

- MP2 Darf nicht mit anderen Gütern zusammengeladen werden.

Die Kennzeichnung und Codierung der Verpackungen entsprechen im Wesentlichen denen des IMDG-Codes[75]. Neben der Kennzeichnung mit dem UN-Symbol kann die Kennzeichnung RID/ADR verwendet werden, wenn die Verpackung mit Eisenbahnen oder auf der Straße zugelassen sein soll. Eine Verwendung mit Binnen- oder Seeschiffen ist mit einer so gekennzeichneten Verpackung nicht vorgesehen.

Für die Kennzeichnung der ADR-Verpackungen besteht

- aus dem Symbol der Vereinten Nationen für Verpackungen oder

aus dem Symbol «RID/ADR» für Kombinationsverpackungen

- aus dem Code für die Bezeichnung des Verpackungstyps
- aus einem zweiteiligen Code
  - aus einem Buchstaben, welcher die Verpackungsgruppe(n) angibt, für welche die Bauart erfolgreich geprüft worden ist:
    X für die Verpackungsgruppen I, II und III
    Y für die Verpackungsgruppen II und III
    Z nur für die Verpackungsgruppe III
  - auf die erste Dezimalstelle gerundeten relativen Dichte (flüssig) oder der Bruttomasse (fest)
- Buchstabe «S» (fest) oder Angabe des Prüfdrucks (flüssig)
- letzten beiden Ziffern des Jahres der Herstellung
- Zeichen des Staates, in dem die Kennzeichnung zugelassen wurde
- Namen des Herstellers oder sonstige Identifizierung.

[75]Siehe Kap. 5.1.3.6.

5.4 Gesetz über die Beförderung gefährlicher Güter (Gefahrgutbeförderungsgesetz – GGBefG)

Das Gefahrgutbeförderungsgesetz ist als Rahmengesetz die deutsche Rechtsgrundlage für Gefahrguttransporte. Es ermächtigt zum Erlass von Verordnungen, zum Beispiel zur Überführung internationaler und europäischer Regelungen in deutsches Recht und zur Festlegung deutscher Besonderheiten. Außerdem enthält es grundsätzliche Vorgaben, zum Beispiel zum Anwendungsbereich und zu Begriffsbestimmungen.

Am 01. Januar 2010 sind Änderungen zum GGBefG in Kraft getreten. Diese sind im Zweiten Gesetz zur Änderung des Gefahrgutbeförderungsgesetzes vom 06. Juli 2009 (BGBl. I S. 1704) enthalten. Das Änderungsgesetz trägt Entwicklungen im internationalen Recht, im Recht der Europäischen Union und in den Bereichen des Prüf- und Zulassungswesens Rechnung, damit das Gesetz den absehbaren künftigen Aufgaben und Entwicklungen gerecht wird.[76]

Das GGBefG gilt für die Beförderung gefährlicher Güter mit allen Verkehrsträgern. Die Beförderung im Sinne des Gesetzes umfasst

- Übernahme,
- zeitweiligen Aufenthalt bis hin zur Ablieferung des Guts
- Vorbereitungs- und Abschlusshandlungen wie
  - Verpacken und Auspacken der Güter,
  - Be- und Entladen,
  - Herstellen,

  und
- das Einführen und Inverkehrbringen von Verpackungen, Beförderungsmitteln und Fahrzeugen für die Beförderung gefährlicher Güter.

Ein zeitweiliger Aufenthalt im Verlauf der Beförderung liegt vor, wenn dabei gefährliche Güter für den Wechsel der Beförderungsart oder des Beförderungsmittels (Umschlag) oder aus sonstigen transportbedingten Gründen zeitweilig abgestellt werden, z. B. bei einem Transport mit einem Straßenfahrzeug und dem Wechsel auf ein See- oder Binnenschiff in einem Hafen. Auf Verlangen sind Beförderungsdokumente vorzulegen, aus denen Versand- und Empfangsort feststellbar sind. Wird die Sendung nicht nach der Anlieferung entladen, gilt das Bereitstellen der Ladung beim Empfänger zur Entladung als Ende der Beförderung. Versandstücke, Tankcontainer, Tanks und Kesselwagen dürfen während des zeitweiligen Aufenthaltes nicht geöffnet werden.

Das Bundesministerium für Verkehr wird mit Zustimmung des Bundesrats gemäß § 3 GGBefG ermächtigt, Rechtsverordnungen und allgemeine Verwaltungsvorschriften

---

[76]https://www.bmvi.de/SharedDocs/DE/Artikel/G/Gefahrgut/gefahrgut-recht-vorschriften-verkehrstraegeruebergreifend.

über die Beförderung gefährlicher Güter zu erlassen. Diese Rechtsverordnungen sind vor allem die GGVSee[77] und die GGVSEB[78]. Die Ordnungswidrigkeiten, die durch vorsätzliche oder fahrlässige Rechtsverstöße auch gegen die erlassenen Verordnungen begangen werden können, regelt § 10. Darüber hinaus können Verstöße gegen sicherheitsrelevante Vorschriften, die vorsätzlich begangen werden und zu einer Gefahr für das Leben oder die Gesundheit von Personen führen, als Straftaten nach § 11 GGBefG mit einer Freiheitsstrafe bis zu einem Jahr oder mit Geldstrafe bestraft werden.

5.5 Verordnung über die innerstaatliche und grenzüberschreitende Beförderung gefährlicher Güter auf der Straße, mit Eisenbahnen und auf Binnengewässern (GGVSEB)

Die Gefahrgutverordnung Straße, Eisenbahn und Binnenschifffahrt (GGVSEB) vom 30. März 2017, ist die nationale Vorschrift für den Gefahrguttransport auf Straße, Schiene und Binnengewässern. Sie wurde zuletzt mit Artikel 1 der Neunten Verordnung zur Änderung gefahrgutrechtlicher Verordnungen vom 17. März 2017 geändert.

Die GGVSEB regelt in Umsetzung der RL 2008/68/EG für die drei Verkehrsträger Straßenverkehr, Eisenbahnverkehr und Binnenschifffahrt die innerstaatliche, grenzüberschreitende und innergemeinschaftliche Beförderung gefährlicher Güter.

Neben der Umsetzung der EG-Gefahrgutrichtlinie werden unter anderem Regelungen zu Zuständigkeiten, Pflichten und Ordnungswidrigkeiten sowie zur Verlagerung von der Straße auf andere Verkehrsträger und zur Fahrwegbestimmung getroffen.[79]

Der Geltungsbereich erstreckt sich auch auf die Beförderung gefährlicher Güter mit Seeschiffen, wenn diese schiffbare Binnengewässer in Deutschland befahren. Das Befahren von Seeschifffahrtsstraßen und angrenzenden Seehäfen durch solche Schiffe sind davon ausgenommen.

Die GGVSEB erlegt allen Beteiligten eine allgemeine umfassende Pflicht auf, die sich auf Vorkehrungen zur Schadensverhütung bezieht. Die Vorkehrungen sollen auf Art und mögliche Auswirkungen vorhersehbarer Gefahren abgestimmt sein.

Ihrer jeweiligen Mitwirkung an der Beförderung gefährlicher Güter entsprechend, werden den Beteiligten Pflichten auferlegt, die das Einhalten der für sie zutreffenden Vorschriften in ADR, RID, ADN und GGVSEB sichern sollen. Die lückenhafte Wiedergabe der Pflichten von Hauptbeteiligten und anderen Beteiligten in Kapitel 1.4 ADR und ADN führte zu einer umfassenden Formulierung der Pflichten aller an der Beförderung

---

[77]Siehe Kap. 5.1.5.

[78]Siehe Kap. 5.5.

[79]https://www.bmvi.de/SharedDocs/DE/Artikel/G/Gefahrgut/gefahrgut-recht-vorschriften-verkehrstraegeruebergreifend.

Beteiligten in der GGVSEB. Nach Nr. 17.0 RSEB[80] gelten bei Abweichungen in der Darstellung der Pflichten nach ADR, RID, ADN einerseits und GGVSEB andererseits, die Pflichten nach GGVSEB.

Mit Pflichten nach GGVSEB sind beauflagt:

- Auftraggeber des Absenders,
- Absender,
- Beförderer,
- Empfänger,
- Entlader,
- Verlader,
- Verpacker,
- Befüller,
- Betreiber von Tankcontainern, ortsbeweglichen Tanks, MEGC, Schüttgut-Containern und MEMUS[81],
- Hersteller, Wiederaufarbeiter, Rekonditionierer von Verpackungen,
- Hersteller und Wiederaufarbeiter von IBC

und

- Stellen für Inspektionen und Prüfungen von IBC.

In Anlage 2 GGVSEB sind Einschränkungen aus Gründen der Sicherheit der Beförderung gefährlicher Güter zu den Teilen 1 bis 9 des ADR und zu den Teilen 1 bis 7 des RID für innerstaatliche Beförderungen sowie zu den Teilen 1 bis 9 des ADN für innerstaatliche und grenzüberschreitende Beförderungen genannt. Für die Binnenschifffahrt sind diese Einschränkungen unter Punkten 5 und 6 der Anlage 2 aufgeführt:

5 In der Binnenschifffahrt gelten für innerstaatliche und grenzüberschreitende Beförderungen die nachstehenden Vorschriften und Einschränkungen zu den Teilen 1 bis 9 des ADN:
   5.1 Eine Zustimmung nach Unterabschnitt 7.1.6.11 Anforderung ST01 ADN ist nicht erforderlich.
6. Abweichungen von den Teilen 1 bis 9 ADN für Beförderungen auf dem Rhein
   6.1 Abweichend von den Abschnitten 7.1.5.1 und 7.2.5.1 ADN dürfen Schiffe, die gefährliche Güter befördern oder nicht entgast sind, nicht in Schubverbänden enthalten sein, deren Abmessungen 195 × 24 m überschreiten.

[80] Siehe Kap. 5.6.

[81] Eine MEMU ist gemäß Abschnitt 1.2.1 ADR eine Einheit oder ein Fahrzeug, auf der eine Einheit befestigt ist, zur Herstellung und zum Laden von explosiven Stoffen oder Gegenständen mit Explosivstoff aus gefährlichen Gütern, die selbst keine explosiven Stoffe oder Gegenstände mit Explosivstoff sind.

6.2 Folgende Übergangsbestimmungen gelten bei der Beförderung nachstehender Stoffe:

6.2.1 Folgende Stoffe dürfen in Tankschiffen des Typs N geschlossen mit einem Einstelldruck des Hochgeschwindigkeitsventils von mindestens 6 kPa (0,06 Bar) (Prüfdruck der Ladetanks von 10 kPa (0,10 Bar)) befördert werden:

a) Alle Stoffe, für die in Kapitel 3.2 Tabelle C ADN mindestens ein Tankschiff des Typs N offen, Typ N offen mit Flammendurchschlagsicherung oder Typ N geschlossen mit einem Einstelldruck des Hochgeschwindigkeitsventils von 10 kPa (0,10 Bar) gefordert wird.

b) …

In § 37 GGVSEB wird mit Bezugnahme auf relevante Paragrafen der GGVSEB festgelegt, wer in welchen Fällen im Sinne von § 10 Abs. 1 Nr. 1b) GGBefG vorsätzlich oder fahrlässig handelt. Die RSEB verweisen hinsichtlich der Ahndung solcher Verstöße auf den Opportunitätsgrundsatz in § 47 OWiG und geben Hinweise für das Handhaben der Bußgeldregelsätze bei Fahrlässigkeit bzw. grober Fahrlässigkeit und der Verwarnungsgeldsätze bei geringfügigen Ordnungswidrigkeiten, beide nach Adressaten differenziert in Anlage 7 RSEB aufgeführt.

5.6 Richtlinien zur Durchführung der Gefahrgutverordnung Straße, Eisenbahn und Binnenschifffahrt (RSEB)

Zur Sicherstellung einer einheitlichen Anwendung und Auslegung der Vorschriften für die Gefahrgutbeförderung werden von Bund und Ländern die GGVSEB-Durchführungsrichtlinien erarbeitet und im Verkehrsblatt bekannt gemacht. Sie enthalten Anwendungshinweise zu GGVSEB und ADR/RID/ADN, Formblätter, Muster sowie den Buß- und Verwarnungsgeldkatalog. Die Länder setzen die RSEB in allgemeine Verwaltungsvorschriften um.[82]

Die Durchführungsrichtlinien-Gefahrgut sind in zwei Abschnitte unterteilt, wobei in Abschnitt I

- die GGVSEB,
- das ADR,
- das RID,

[82]https://www.bmvi.de/SharedDocs/DE/Artikel/G/Gefahrgut/gefahrgut-recht-vorschriften-verkehrstraegeruebergreifend.

und

- das ADN

erläutert werden.

Im Anlagenteil zu dieser Richtlinie sind 19 Anlagen aufgeführt, die für den Schiffsverkehr z. T. von Bedeutung sind:

Anlage 1	Formblatt für Anträge im Gefahrgutbereich
Anlage 2	Artikel 6 (Ausnahmen) der Richtlinie 2008/68/EG
Anlage 3	-offen-
Anlage 4	Antrag auf Fahrwegbestimmung nach § 35a Absatz 3 der GGVSEB
Anlage 5	Fahrwegbestimmung nach § 35a Absatz 3 der GGVSEB
Anlage 6	Antrag auf Ausstellung einer Bescheinigung nach § 35 Absatz 4 der GGVSEB
Anlage 7	Buß- und Verwarnungsgeldkatalog
Anlage 7a	Erläuterungen zu Bußgeldverfahren nach der GGVSEB bei gleichzeitigem Verstoß gegen die StVO/StVZO im Hinblick auf die Eintragung von Verstößen im Fahreignungsregister (FAER)
Anlage 8	Muster-Rahmenlehrpläne für die Aus- und Fortbildung von Gefahrgutkontrollpersonal für Länder- und Bundesbehörden
Anlage 9	Muster für die Bekanntgabe der Tunnelkategorien
Anlage 10	Muster-Einzelausnahmen für Kampfmittelräumdienste und unkonventionelle Spreng- und Brandvorrichtungen
Anlage 11	Prüfung und außerordentliche Prüfung von Rohrleitungen an Tanks zur Beförderung von Gasen der Klasse 2
Anlage 12	Festlegung der Bedingungen für besonders ausgerüstete Fahrzeuge/Wagen und Container/Großcontainer nach Abschnitt 7.3.3 Sondervorschrift VC 3 zur Beförderung erwärmter flüssiger und fester Stoffe der UN-Nummern 3257 und 3258 ADR/RID
Anlage 13	-offen-
Anlage 14	Verfahren zur Zulassung der Baumuster von Tanks zur Beförderung gefährlicher
Anlage 15	Prüfliste für die Prüfung von Fahrzeugen nach den Vorschriften des ADR zur Ausstellung/Verlängerung der ADR-Zulassungsbescheinigung
Anlage 16	Anleitung zum Ausfüllen der ADR-Zulassungsbescheinigung
Anlage 17	Erklärung über Betriebserfahrungen bezüglich der Korrosion von Werkstoffen
Anlage 18	Erstellung der Tankcodes für spezielle Tanks bzw. Tanks nach den Übergangsvorschriften des ADR mit Festlegung der Verwendung
Anlage 19	Muster für die Bestimmung von Rangierbahnhöfen mit internen Notfallplänen gemäß Kapitel 1.11 RID

Zu § 16 GGVSEB regelt die RSEB, dass Handlungen oder Sachverhalte im Rahmen der Beförderung auf Binnenwasserstraßen, zu denen eine Maßnahme der zuständigen Behörde erforderlich ist, dann „im Bereich der Bundeswasserstraßen" liegen, wenn sich das betroffene Schiff auf der Wasserfläche oder am Ufer einer Bundeswasserstraße nach § 1 Absatz 1 Nummer 1 und Absatz 4 Bundeswasserstraßengesetz (WaStrG) befindet. Das schließt Teile einer Bundeswasserstraße ein, die in einen Hafen einbezogen sind, der nicht vom Bund betrieben wird, wenn die Wasserfläche des Hafens mit der Bundeswasserstraße, an der er liegt, eine natürliche Einheit bildet, sodass sich die Ufer des Hafens zugleich als Ufer der Bundeswasserstraße darstellen. Der Bundeswasserstraße nicht zuzuordnen sind diejenigen nicht bundeseigenen Verkehrs- und Umschlagshäfen, deren Hafenwasserflächen von der Bundeswasserstraße deutlich abgegrenzt sind und die bei natürlicher Betrachtungsweise ein in sich geschlossenes selbstständiges Ganzes bilden, das mit dem Gewässer nur durch eine Zufahrt oder einen Stichkanal verbunden ist. Dabei ist auf das äußere Erscheinungsbild abzustellen, wie es sich bei unvoreingenommener Betrachtungsweise darstellt. Unberührt bleiben die Zuständigkeiten für die Hafenaufsicht (Hafenpolizei) in den nicht vom Bund betriebenen Stromhäfen an Bundeswasserstraßen.

Zu § 23a Abs. 4 Nr. 2 e GGVSEB wird erläutert, dass auch die wasserrechtlichen Regelungen für den Umgang mit wassergefährdenden Stoffen für die gesamte Dauer des Entladens eine ständige Überwachung an Land bedingen, um sofort reagieren zu können und die notwendigen und ausreichenden Maßnahmen unverzüglich ergreifen oder veranlassen zu können. Eine Überwachung kann auch als zweckmäßig angesehen werden, wenn sie durch technische Hilfsmittel erfolgt, die auch bei schlechten Sichtverhältnissen aussagefähige Bilder (auch Details), insbesondere von der Umschlagleitung und den Anschlussstücken, in den Kontrollraum übertragen. Der Hafenbetreiber muss der Nutzung dieser technischen Hilfsmittel zugestimmt haben.

In Anlage 7 der RSEB sind die zu erwartenden Bußgeldsätze verzeichnet, die bei einer Zuwiderhandlung gegen die Vorschriften der GGVSEB zu erwarten sind. Dabei ist in der ersten Spalte der Tabelle der Geltungsbereich der Vorschrift zu ersehen, z. B. *B* für Binnenschifffahrt (vgl. Tab. 5.10).

Tab. 5.10 Anlage 7 RSEB – Buß- und Verwarnungsgeldkatalog (Auszug)

Geltungs-bereich	Lfd. Nr.	Ordnungswidrigkeit, die darin besteht, dass	GGVSEB § 37 Abs. 1	Euro	Kategorie
	T.	Der Schiffsführer			
		Der Schiffsführer entgegen § 4 Abs. 2			
B	262	Nr. 3 eine Behörde nicht oder nicht rechtzeitig benachrichtigt oder nicht oder nicht rechtzeitig benachrichtigen lässt und nicht mit Informationen versieht oder versehen lässt;	Nr. 1	800,-	I

5.7 Memorandum of understanding (MOU)

Das Memorandum of Understanding ist ein multilaterales Abkommen der Ostsee-Anrainerstaaten und regelt die Beförderung gefährlicher Güter auf Ro/Ro-Schiffen auf der Ostsee. Mit ihm werden Erleichterungen für den Kombinierten Verkehr geschaffen. Zum 1. Januar 2018 trat eine neue Fassung der Vereinbarung in Kraft, auf die sich die zuständigen Behörden Dänemarks, Deutschlands, Estlands, Finnlands, Lettlands, Litauens, Polens und Schwedens geeinigt hatten.

Die Regelungen des MOU gilt als Ausnahme vom IMDG-Code[83] und kann auf allen Ro/Ro-Schiffen in der Ostsee einschließlich des Bottnischen und des Finnischen Meerbusens und der Gewässer im Zugang zur Ostsee angewendet werden, soweit die Vorschriften des MOU eingehalten werden.

Ro/Ro-Schiffe, für die eine Bescheinigung[84] ausgestellt wurde, dürfen gleichzeitig Beförderungseinheiten[85] mit gefährlichen Gütern befördern, die entweder dem RID/ADR oder dem IMDG-Code entsprechen. Gefährliche Güter, die entweder die Vorschriften des IMDG-Codes oder des RID oder ADR erfüllen, dürfen auch unter Beachtung der Voraussetzungen des MOU zusammen in dieselbe CTU geladen werden.

Gefährliche Güter, die nach den Bestimmungen des RID, ADR oder IMDG-Codes klassifiziert, gepackt, beschriftet, gekennzeichnet, dokumentiert und in oder auf eine CTU oder Ladeeinheit zusammengepackt sind, dürfen grundsätzlich nach den Vorschriften des MoU befördert werden.

Die Anwendung der Verpackungsanweisung R001[86] oder des Abschnitts 4.1.4 des ADR oder RID ist nur bei LWHA-Verkehren[87] erlaubt. Tanks müssen entweder Kapitel 4.2[88] des ADR/RID/IMDG-Codes in der jeweils geltenden Fassung oder Kapitel 4.3[89] des ADR/RID in der jeweils geltenden Fassung entsprechen. Im Weiteren müssen Schüttgut-Container müssen Kapitel 7.3[90] des ADR/RID oder Kapitel 4.3 des IMDG-Codes entsprechen.

Zu beachten bleibt, dass Versandstücke (Verpackungen, Großverpackungen oder IBCs) mit gefährlichen Gütern in den CTUs gemäß den Vorschriften des IMDG-Codes voneinander getrennt werden müssen. Versandstücke, für die Trenngrad 1 oder 2 nach

---

[83] Vgl. § 7 Abs. 2 GGVSee i.V.m. Kapitel 7.9.1 IMDG-Code.

[84] Vgl. § 8 MOU.

[85] Cargo Transport Unit – CTU.

[86] Verpackungsvorschriften für Feinstblechverpackungen.

[87] Gebiet mit geringer Wellenhöhe (Low Wave Height Area).

[88] Verwendung ortsbeweglicher Tanks und Gascontainer mit mehreren Elementen (MEGC).

[89] Verwendung von festverbundenen Tanks (Tankfahrzeuge), Aufsetztanks, Tankcontainer und Tankwechselaufbauten (Tankwechselbehältern), deren Tankkörper aus metallenen Werkstoffen hergestellt sind sowie von Batteriefahrzeugen und Gascontainer mit mehreren Elementen (MEGC).

[90] Vorschriften für die Beförderung in loser Schüttung.

der Tabelle 7.2.1.16 des IMDG-Codes[91] erforderlich ist, dürfen bei LWHA-Verkehren in derselben CTU zusammengepackt werden.

Die CTUs mit gefährlichen Gütern dürfen auf Ro/Ro-Schiffen befördert werden, wenn die Bestimmungen nach § 5 MOU eingehalten wurden:

- Für jede CTU mit gefährlichen Gütern muss ein Container-/Fahrzeugpackzertifikat (CTU-Packzertifikat) ausgestellt werden,
- Werden gefährliche Güter nach dem ADR in begrenzten Mengen befördert, ist dies dem Schiffsführer vom Versender mitzuteilen,
- CTUs, mit freigestellten Gefahrgütern[92], müssen ab dem Zeitpunkt ihrer Abfertigung in der Hafenanlage und während der Seereise auf zwei gegenüberliegenden Seiten mit einer neutralen orangefarbenen Tafel versehen sein, es sei denn, sie sind mit Labeln nach 3.4 ADR gekennzeichnet,
- Entspricht die Plakatierung und Kennzeichnung von Anhängern ohne Kraftfahrzeug nicht den Bestimmungen des IMDG-Codes, müssen die Anhänger ab dem Zeitpunkt ihrer Abfertigung in der Hafenanlage und während der Seereise auf gegenüberliegenden Seiten mit einer neutralen orangefarbenen Tafel versehen sein.

Die Stauung und Trennung der CTUs erfolgt grundsätzlich nach den Vorschriften des IMDG-Codes. Im Weiteren muss der Versender sicherstellen, dass zusätzlich zu den nach RID/ADR erforderlichen Angaben die gefährlichen Güter in der Dokumentation, sofern zutreffend, als MEERESSCHADSTOFF[93] gekennzeichnet sind.

5.8 Gefahrgut-Ausnahmeverordnung (GGAV)

Die GGAV enthält allgemeine Ausnahmen von der GGSEB und der GGVSee. In der Anlage aufgeführten Ausnahmen finden nur in dem Geltungsbereich Anwendung, der im Titel der einzelnen Ausnahmen durch Buchstaben gekennzeichnet ist. Die dort verwendeten Buchstaben haben folgende Bedeutung:

- B entspricht dem Geltungsbereich der GGVSEB für Beförderungen auf allen schiffbaren Binnengewässern (Binnenschifffahrt),
- E entspricht dem Geltungsbereich der GGVSEB für Beförderungen auf der Schiene mit Eisenbahnen (Eisenbahnverkehr),
- M entspricht dem Geltungsbereich der GGVSee (Seeverkehr)
- S entspricht dem Geltungsbereich der GGVSEB für Beförderungen auf der Straße mit Fahrzeugen (Straßenverkehr).

---

[91]Siehe Kap. 5.1.3.

[92]Vgl. 1.1.3.4 und 1.1.3.6 ADR.

[93]Siehe Kap. 5.1.3.3.

In der GGAV sind 14 allgemeine Ausnahmen enthalten, die Abweichungen von der GGVSEB und der GGVSee für innerstaatliche Beförderungen gefährlicher Güter erlauben. Folgende Ausnahmen sind somit für den Binnenschiffs- (B) oder Seeschiffsverkehr (M) relevant:

- Ausnahme 8 (B)
  - Beförderung gefährlicher Güter mit Fähren
- Ausnahme 9 (B, E, S)
  - Tanks aus glasfaserverstärktem Kunststoff
- Ausnahme 19 (B, E, S)
  - Beförderung von Stoffen mit polyhalogenierten Dibenzodioxinen und -furanen
- Ausnahme 20 (B, E, S)
  - Beförderung verpackter gefährlicher Abfälle
- Ausnahme 21 (B, E, S)
  - Zusammenpacken von Patronen mit Waffenpflegemitteln
- Ausnahme 33 (M)
  - Beförderung gefährlicher Güter auf Fährschiffen, die Küstenschifffahrt[94] betreiben.

Grundsätzlich darf, wenn in einer Ausnahme nicht ausdrücklich etwas anderes bestimmt ist, bei grenzüberschreitenden Beförderungen der innerstaatliche Teil der Beförderung nach den Vorschriften dieser Verordnung erfolgen.

5.9 Verordnung zum Schutz vor gefährlichen Stoffen (Gefahrstoffverordnung [GefStoffV])

Die GefStoffV regelt umfassend die Schutzmaßnahmen für Beschäftigte bei Tätigkeiten mit Gefahrstoffen. Gefahrstoffe sind solche Stoffe, Zubereitungen und Erzeugnisse, die bestimmte physikalische oder chemische Eigenschaften besitzen, wie z. B. hochentzündlich, giftig, ätzend, krebserzeugend, um nur die gefährlichsten zu nennen.[95]

Das Ziel der GefStoffV ist es, den Menschen und die Umwelt vor stoffbedingten Schädigungen zu schützen durch

- Regelungen zur Einstufung, Kennzeichnung und Verpackung gefährlicher Stoffe und Gemische,
- Maßnahmen zum Schutz der Beschäftigten und anderer Personen bei Tätigkeiten mit Gefahrstoffen und
- Beschränkungen für das Herstellen und Verwenden bestimmter gefährlicher Stoffe, Gemische und Erzeugnisse.

[94]Küstenschifffahrt betreibt, wer Fahrgäste oder Güter in einem Ort im Geltungsbereich dieses Gesetzes an Bord nimmt und sie unter Benutzung des Seeweges gegen Entgelt an einen Bestimmungsort in diesem Bereich befördert, § 1 KüstSchiffV

[95]https://www.baua.de/DE/Themen/Arbeitsgestaltung-im-Betrieb/Gefahrstoffe/Arbeiten-mit-Gefahrstoffen/Gefahrstoffverordnung/Gefahrstoffverordnung_node.html.

Gefährlich sind Stoffe, Gemische und bestimmte Erzeugnisse, die den in Anhang I der Verordnung (EG) Nr. 1272/2008[96] dargelegten Kriterien entsprechen.

Die Gefahrenklassen aus Tab. 5.11 geben die Art der Gefährdung wieder und werden unter Angabe der Nummerierung des Anhangs I der Verordnung (EG) Nr. 1272/2008 aufgelistet.

Die Einstufung, Kennzeichnung und Verpackung von Stoffen und Gemischen sowie von Erzeugnissen mit Explosivstoff richten sich nach den Bestimmungen der Verordnung (EG) Nr. 1272/2008 und deren Anhängen:

Anhang I	Vorschriften für die Einstufung und Kennzeichnung von gefährlichen Stoffen und Gemischen
Anhang II	Besondere Vorschriften für die Kennzeichnung und Verpackung bestimmter Stoffe und Gemische
Anhang III	Liste der Gefahrenhinweise, ergänzenden Gefahrenmerkmale und ergänzenden Kennzeichnungselemente
Anhang IV	Liste der Sicherheitshinweise
Anhang V	Gefahrenpiktogramme
Anhang VI	Harmonisierte Einstufung und Kennzeichnung für bestimmte gefährliche Stoffe
Anhang VII	Tabelle für die Umwandlung einer Einstufung gemäß Richtlinie 67/548/EWG in eine Einstufung gemäß CLP-Verordnung
Anhang VIII	Harmonisierte Informationen für die gesundheitliche Notversorgung und für vorbeugende Maßnahmen

Die Kennzeichnung von Stoffen und Gemischen, die in Deutschland in Verkehr gebracht werden, muss dann in deutscher Sprache erfolgen.

Für die Schädlingsbekämpfung und Begasung von Schiffen sowie Transporteinheiten auf Binnen- und Seeschiffen regelt der Anhang II der GefStoffV, dass

- Schiffe und Transportbehälter während der Beförderung nur mit Phosphorwasserstoff oder einem anderen Mittel begast werden dürfen, das für diesen Zweck zugelassen ist

und

- Begasungen auf Schiffen sind nur zulässig sind, wenn die Sicherheit der Besatzung und anderer Personen während der Liegezeit im Hafen und auch während eines Transits hinreichend gewährleistet ist.

Die Hafenbehörden sind dann spätestens 24 h vor Ankunft eines begasten Schiffs über die Art und den Zeitpunkt der Begasung zu unterrichten sowie darüber, welche Räume und Transportbehälter begast worden sind.

[96]Siehe Kap. 7.1.4.4.

Tab. 5.11 Gefahrenklassen

		Nummerierung nach Anhang I der Verordnung (EG) Nr. 1272/2008
1	Physikalische Gefahren	2
	a) Explosive Stoffe/Gemische und Erzeugnisse mit Explosivstoff	2.1
	b) Entzündbare Gase	2.2
	c) Aerosole	2.3
	d) Oxidierende Gase	2.4
	e) Gase unter Druck	2.5
	f) Entzündbare Flüssigkeiten	2.6
	g) Entzündbare Feststoffe	2.7
	h) Selbstzersetzliche Stoffe und Gemische	2.8
	i) Pyrophore Flüssigkeiten	2.9
	j) Pyrophore Feststoffe	2.10
	k) Selbsterhitzungsfähige Stoffe und Gemische	2.11
	l) Stoffe und Gemische, die in Berührung mit Wasser entzündbare Gase entwickeln	2.12
	m) Oxidierende Flüssigkeiten	2.13
	n) Oxidierende Feststoffe	2.14
	o) Organische Peroxide	2.15
	p) Korrosiv gegenüber Metallen	2.16
2	Gesundheitsgefahren	3
	a) Akute Toxizität (oral, dermal und inhalativ)	3.1
	b) Ätz-/Reizwirkung auf die Haut	3.2
	c) Schwere Augenschädigung/Augenreizung	3.3
	d) Sensibilisierung der Atemwege oder der Haut	3.4
	e) Keimzellmutagenität	3.5
	f) Karzinogenität	3.6
	g) Reproduktionstoxizität	3.7
	h) Spezifische Zielorgan-Toxizität, einmalige Exposition (STOT SE)	3.8
	i) Spezifische Zielorgan-Toxizität, wiederholte Exposition (STOT RE)	3.9
	j) Aspirationsgefahr	3.10
3.	Umweltgefahren	4
	Gewässergefährdend (akut und langfristig)	4.1
4.	Weitere Gefahren	5
	Die Ozonschicht schädigend	5.1

Literatur

1. IMDG-Code, Storck Verlag Hamburg, 39. Auflage, 2018
2. Ridder/Holzhäuser, ADN 2019, ecomed Sicherheit, 10. Auflage, 2018
3. Ridder /Holzhäuser, ADR 2019, ecomed Sicherheit, 34. Auflage, 2018

6 Europäisches Umweltrecht

6.1 Richtlinie 2008/56/EG (Meeresstrategie-Rahmenrichtlinie [MSRL])

Die Meeresstrategie-Rahmenrichtlinie[1] ist eine Richtlinie der Europäischen Union, die dem Schutz, der Erhaltung und – wo durchführbar – der Wiederherstellung der Meeresumwelt dienen soll. Alle europäischen Meeresanrainerstaaten sind danach verpflichtet, in ihren jeweiligen Meeresregionen durch die Erarbeitung und Durchführung von nationalen Strategien die Ziele der MSRL umzusetzen.

Mit der MSRL wird erstmals ein einheitlicher Ordnungsrahmen für den Umweltzustand der Meeresgewässer der Mitgliedstaaten der Europäischen Union vorgegeben. Dem Integrationsprinzip folgend, soll sie unter anderem die Einbeziehung von Umweltanliegen in alle maßgeblichen Politikbereiche fördern. Gleichzeitig stellt die MSRL die Umweltsäule der Europäischen Integrierten Meerespolitik dar.[2]

Die Meeresstrategie-Rahmenrichtlinie der EU hat zum Ziel, diese Lebensqualität für uns alle zu erhalten, was bereits in deren Präambel genannt wird:

> Die Meeresumwelt ist ein kostbares Erbe, das geschützt, erhalten und – wo durchführbar – wiederhergestellt werden muss, mit dem obersten Ziel, die biologische Vielfalt zu bewahren und vielfältige und dynamische Ozeane und Meere zur Verfügung zu haben, die sauber, gesund und produktiv sind.

[1] In nationales Recht umgesetzt durch das „Gesetz zur Umsetzung der Meeresstrategie-Rahmenrichtlinie sowie zur Änderung des Bundeswasserstraßengesetzes und des Kreislaufwirtschafts- und Abfallgesetzes" vom 06.10.2011, BGBL I Nr. 51, 1986.

[2] https://www.meeresschutz.info/msrl.html

U. Jacobshagen, *Umweltschutz und Gefahrguttransport für Binnen- und Seeschifffahrt*,
https://doi.org/10.1007/978-3-658-25929-7_6

Eine wichtige Rolle für die Erreichung der Ziele der MSRL spielen geschützte Meeresgebiete. Bis 2012 wurde dafür europaweit ein Netz geschützter Meeresgebiete aufgebaut, um darüber den Verlust der biologischen Vielfalt in den Meeren zu beenden. Die Grundlage hierfür ist das marine Natura 2000-Netzwerk, welches u. a. den Nationalpark Schleswig-Holsteinisches Wattenmeer umfasst und in Schleswig-Holstein identisch mit den marinen Schutzgebieten nach OSPAR[3] und HELCOM[4] ist.

Insofern sind neben Grundlagen der regionalen Meeresübereinkommen die EG-Wasserrahmenrichtlinie (WRRL), die EG-Vogelschutz-Richtlinie (VS-RL) und die EG-Flora-Fauna-Habitatrichtlinie (FFH-RL) wesentliche Ausgangsbasis für die Umsetzung der neuen EU-Rahmenrichtlinie. Um Doppelarbeit zu verhindern, ist auf allen Arbeitsebenen eine enge Abstimmung und Zusammenarbeit notwendig geworden.

Gerade die Meeresumwelt wird erheblich von anderen Politikbereichen der EU beeinflusst, vornehmlich von der gemeinsamen Fischereipolitik und der gemeinsamen Agrarpolitik. Durch die MSRL wird europaweit ein transparenter und einheitlicher Rechtsrahmen zur Thematisierung dieser Belastungen und Auswirkungen vorgegeben. Dieser soll, zusammen mit der Vorgabe einer zwischen den Meeresregionen abgestimmten Bearbeitung, die Mitgliedstaaten anhalten, bei der Planung und Durchführung der Maßnahmenprogramme einen einheitlichen Handlungsrahmen aufzustellen.[5]

Mit der MSRL wird ein Rahmen geschaffen, innerhalb dessen die Mitgliedstaaten der EU die notwendigen Maßnahmen ergreifen, um spätestens bis zum Jahr 2020 einen guten Zustand der Meeresumwelt zu erreichen oder zu erhalten. Meeresgewässer innerhalb der MSRL sind in folgende Regionen und Unterregionen eingeteilt:

a) Ostsee
b) Nordostatlantik
   - erweiterte Nordsee, einschließlich Kattegat und Ärmelkanal
   - Keltische Meere
   - Biskaya und Iberische Küste
   - im atlantischen Ozean
     die makaronesische[6] biogeografische Region, die die Meeresgewässer um die Azoren, Madeira und die Kanarischen Inseln umfasst
c) Mittelmeer
   - westliches Mittelmeer
   - Adria

[3]Siehe Abschn. 6.4.

[4]Siehe Abschn. 6.3.

[5]https://www.schleswig-holstein.de/DE/Themen/M/meeresschutz.html

[6]Zu den Makaronesischen Inseln gehören die Azoren, Madeira, die Sebaldinen, die Kanaren und die Kapverden.

- Ionisches Meer und zentrales Mittelmeer
- Ägäis und levantinisches Meer

d) Schwarzes Meer.

Gemäß Artikel 8 MSRL ist eine Beschreibung und Analyse des aktuellen Umweltzustands (Ist-Zustand) der jeweils nationalen Meeresgewässer, im Fall von Deutschland also die entsprechenden Gebiete von Nord- und Ostsee, vorgeschrieben. Die Bewertung besteht aus drei Teilen:

1. Beschreibung und Analyse der physikalischen, chemischen und biologischen Merkmale,
2. Beschreiben der durch menschliche Aktivitäten verursachten Belastungen sowie ihre Auswirkungen auf die Ökosysteme der entsprechenden Meeresgewässer und ihrer Komponenten in qualitativer und quantitativer Hinsicht einschließlich feststellbarer Trends

und

3. Analyse der aktuellen Nutzungen der Meeresgewässer und einer Analyse der Kosten einer weiteren Verschlechterung der Meeresumwelt.

Auf der Grundlage der durchgeführten Anfangsbewertung beschreiben die Mitgliedstaaten für jede betreffende Meeresregion bzw. Meeresunterregion eine Reihe von Merkmalen des guten Umweltzustands dieser Meeresgewässer. Unter dieser Beschreibung ist die Festlegung von Soll-Zuständen zu verstehen, um eine Strategie zum Soll-Ist-Vergleich und Änderung des negativen Ist-Zustandes durchführen zu können.

Durch die Definition von Soll- und Ist-Zustand werden Umweltziele herausgearbeitet, die spezifische qualitative und quantitative Anforderungen an Teilschritte auf dem Weg zu einem guten Umweltzustand darstellen. Sie sollen als Richtschnur für dessen Erreichung dienen. Sie beschreiben die durch Maßnahmen zu bewirkenden Veränderungen menschlich verursachter Belastungen, um den guten Umweltzustand zu erreichen.

6.2 Übereinkommen über die Sammlung, Abgabe und Annahme von Abfällen in der Rhein- und Binnenschifffahrt (CDNI)

Die Binnenschifffahrt gilt als der umweltfreundlichste aller Verkehrsträger. Die Behandlung der Abfälle, die während des Betriebs von Schiffen zwangsläufig anfallen, ist für die Schifffahrtsbetreiber daher ein besonders wichtiges Anliegen.

Da die Verwaltung und Entsorgung der Abfälle vom Festland aus geregelt wird und unter Einbeziehung der entsprechenden Infrastruktur auf nationaler Ebene erfolgt, wurden in Hinblick auf die betroffenen Schnittstellen einige Regeln für die verschiedenen an der Binnenschifffahrt beteiligten Parteien eingeführt. Diese Regeln zielen ab auf

- die Förderung der Abfallvermeidung,
- die Organisation der Abfallentsorgungsmöglichkeiten auf dem gesamten Wasserstraßennetz,
- die Gewährleistung einer angemessenen Finanzierung im Hinblick auf das „Verursacherprinzip"

und

- die Erleichterung der Einhaltung der Verbote hinsichtlich der Abfallentladung in Oberflächengewässer.

Am 1. November 2009 ist das Übereinkommen über die Sammlung, Abgabe und Annahme von Abfällen in der Rhein- und Binnenschifffahrt (CDNI) vom 9. September 1996[7] in Kraft getreten. Es wurde in Deutschland durch das Gesetz zu dem Übereinkommen (CDNI-Gesetz) in nationales Recht transformiert. Zusätzlich wurde ein Gesetz zur Ausführung der Inhalte des CDNI erlassen.[8]

Das CDNI (Convention relative à la collecte, au dépôt et à la réception des déchets survenant en navigation rhénane et intérieure) wurde von den sechs Staaten

- Luxemburg,
- Schweiz,
- Niederlande,
- Belgien,
- Deutschland

und

- Frankreich

verabschiedet und ist auf dem gesamten Rhein, auf in Anlage 1 genannten Binnenwasserstraßen in Deutschland, den Niederlanden und Belgien sowie auf dem internationalen Abschnitt der Mosel in Luxemburg und Frankreich gültig (Abb. 6.1). Durch Umsetzung in das jeweilige nationale Recht wurde das Übereinkommen auf den vertraglichen Binnenwasserstraßen wirksam.

[7]Die aktuelle konsolidierte Fassung ist im Januar 2019 in Kraft getreten.
[8]Siehe Abschn. 6.2.7.

Abb. 6.1 Geltungsbereich CDNI in Deutschland (https://www.bilgenentwaesserung.de/media/Geltabf.pdf)

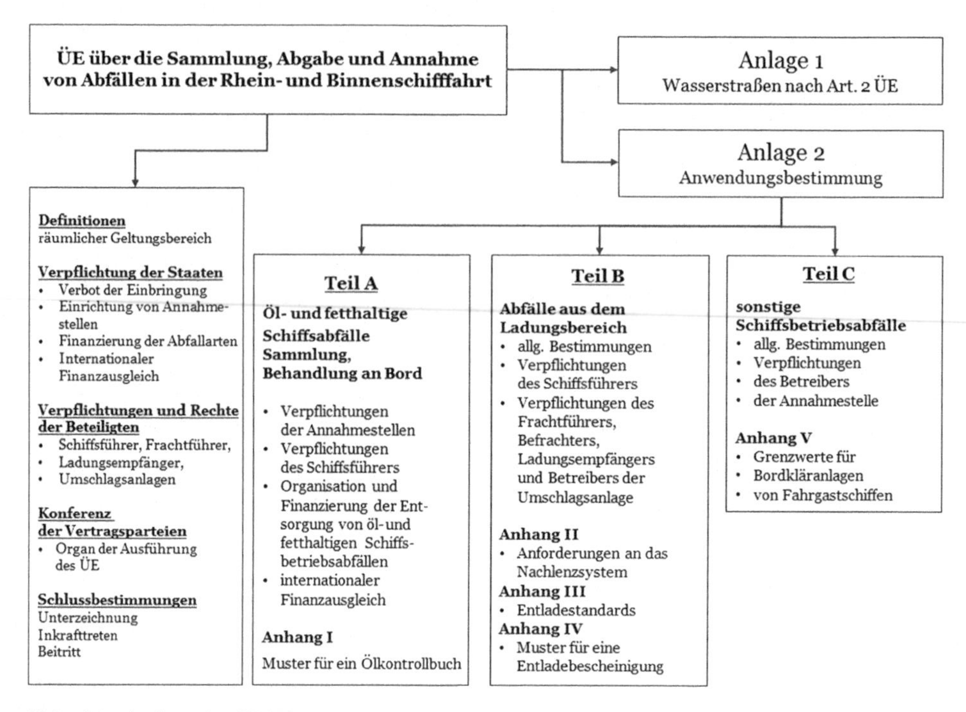

Abb. 6.2 Aufbau des CDNI

In der Anwendungsbestimmung wird nach der Herkunft der Schiffsabfälle und der Verantwortlichkeit der Beteiligten unterschieden. Einige Vorschriften, zum Beispiel im Zusammenhang mit öl- und fetthaltigen Abfällen, Hausmüll und Sonderabfällen, richten sich an die Schiffsführer, andere sehen Verpflichtungen für die Verlader oder Ladungsempfänger vor.[9]

Das wichtigste Ziel dieses Übereinkommens besteht im Schutz der Umwelt und der Verbesserung der Sicherheit in der Binnenschifffahrt. Zur Erreichung dieses Ziels strebt das Übereinkommen eine bessere Kontrolle des Abfallaufkommens an, und zwar durch

- eine sichere, getrennte Sammlung und anschließende Beseitigung der Schiffsbetriebsabfälle,
- die Übernahme der Sammlungs- und Beseitigungskosten durch die Abfallverursacher

und

- die Anwendung einheitlicher Vorschriften in allen Unterzeichnerstaaten des Übereinkommens,

[9]https://www.cdni-iwt.org/de/praesentation-cdni

um Wettbewerbsverzerrungen vorzubeugen.[10]

Das CDNI besteht aus einem Artikelteil, indem allgemeine Grundlagen geregelt sind, und den Anlagen, die besondere Bestimmungen enthalten (siehe auch Abb. 6.2):

- Allgemeine Bestimmungen (Artikel 1 bis Artikel 2)
- Besondere Bestimmungen (Artikel 3 bis Artikel 10)
- Verpflichtungen und Rechte der Beteiligten (Artikel 11 bis Artikel 13)
- Konferenz der Vertragsparteien (Artikel 14 bis Artikel 15)
- Sanktionen (Artikel 16)
- Schlussbestimmungen (Artikel 17 bis Artikel 22)
- Anlagen
  - Anlage 1 Wasserstraßen nach Artikel 2
  - Anlage 2 Anwendungsbestimmung
    - Teil A Sammlung, Abgabe und Annahme von öl- und fetthaltigen Schiffsbetriebsabfällen
    - Teil B Sammlung, Abgabe und Annahme von Abfällen aus dem Ladungsbereich
    - Teil C Sammlung, Abgabe und Annahme von sonstigen Schiffsbetriebsabfällen

    Anhänge
    - Anhang I Muster für das Ölkontrollbuch
    - Anhang II Anforderungen an das Nachlenzsystem
    - Anhang III Entladungsstandards und Abgabe-/Annahmevorschriften für die Zulässigkeit der Einleitung von Wasch-, Niederschlags- und Ballastwasser mit Ladungsrückständen
    - Anhang IV Muster Entladebescheinigung Trockenschifffahrt/Tankschifffahrt
    - Anhang V Grenz- und Überwachungswerte für Bordkläranlagen von Fahrgastschiffen.

Das CDNI hat Geltung in Deutschland auf allen dem allgemeinen Verkehr dienenden Binnenwasserstraßen.[11] Der Begriff der dem allgemeinen Verkehr dienenden Binnenwasserstraßen i. S. d. Art. 74 Nr. 21 GG lässt sich nicht aus dem Bundeswasserstraßengesetz entnehmen, da sich der Begriff mit dem Begriff Bundeswasserstraßen (Binnenwasserstraßen des Bundes) nicht deckt. Es gibt dem allgemeinen Verkehr dienende Binnenwasserstraßen, die keine Bundeswasserstraßen sind, wie auch Bundeswasserstraßen, die nicht dem allgemeinen Verkehr dienen.[12] [1] Jedoch bezieht sich

[10]https://www.cdni-iwt.org/de/praesentation-cdni/regelwerke

[11]Vgl. § 1 Absatz 1 Nr. 1 WStrG.

[12]BVerfGE 15,8.

der Begriff Binnenwasserstraßen auf die Kompetenz des Bundes i. S. d. WaStrG, weil Wasserstraßen der Länder i. d. R. nicht als Binnenwasserstraßen, sondern als Landeswasserstraßen definiert sind.

Grundsätzlich sollen durch das CDNI Binnengewässer vor Umweltgefahren geschützt werden. Gewährleistet wird dies durch ein einheitliches, international geltendes System, welches die Wettbewerbsfähigkeit erhält und die Kosten nach dem Verursacherprinzip umlegt. Dazu enthält das CDNI Vorschriften zu

- Einleitungs- und Einbringungsverbote,
- Entsorgungskonzepte für alle Abfälle,
- Abfallsammlung an Bord,
- Entsorgung an Land

sowie

- Abfallvermeidung.

Die Entsorgungsfinanzierung wird einheitlich auf die Verursacher umgelegt, sodass der Anreiz zur illegalen Entsorgung entfällt. Grundsätzlich enthält das CDNI darüber hinaus ein Einbringungs- und Einleitungsverbot, das durch Ausnahmen geregelt und kontrolliert wird.

Zur Durchführung der Vorschriften des CDNI wurde von den Unterzeichnerstaaten eine internationale Ausgleichs- und Koordinierungsstelle eingerichtet. Sie hat unter anderem

a) den Finanzausgleich zwischen den innerstaatlichen Institutionen bei der Annahme und Entsorgung von öl- und fetthaltigen Schiffsbetriebsabfällen nach dem von ihr auf der Grundlage des Teils A der Anwendungsbestimmung bestimmten Verfahren zu gewährleisten,
b) zu prüfen, inwieweit das vorhandene Netz der Annahmestellen unter Berücksichtigung der Bedürfnisse der Schifffahrt und der Wirtschaftlichkeit der Entsorgung einer Anpassung bedarf,
c) das System zur Finanzierung der Annahme und Entsorgung von öl- und fetthaltigen Schiffsbetriebsabfällen nach Artikel 6 aufgrund der in der Praxis gesammelten Erfahrungen jährlich zu bewerten,
d) Vorschläge für die Anpassung der Höhe der Entsorgungsgebühr an die Kostenentwicklung zu unterbreiten,

und

e) Vorschläge für die finanzielle Berücksichtigung technischer Maßnahmen zur Abfallvermeidung zu unterbreiten.

Diese Stelle setzt sich aus je zwei Vertretern der innerstaatlichen Institutionen zusammen, von denen jeweils einer das nationale Binnenschifffahrtsgewerbe vertritt. Das Sekretariat der internationalen Ausgleichs- und Koordinierungsstelle wird vom Sekretariat der Zentralkommission für die Rheinschifffahrt (ZKR) wahrgenommen.

Grundsätzlich ist es verboten, von Fahrzeugen aus Schiffsabfälle und Teile der Ladung in die genannten Wasserstraßen einzubringen oder einzuleiten. Um diese Grundvorschrift umzusetzen, sind die Vertragsstaaten verpflichtet, ein ausreichend dichtes Netz von Annahmestellen einzurichten oder einrichten zu lassen und dies international abzustimmen. Die Annahmestellen sind verpflichtet, die Schiffsabfälle entsprechend dem in der Anwendungsbestimmung festgelegten Verfahren anzunehmen.

Der Schiffsführer, die übrige Besatzung sowie sonstige Personen an Bord, der Befrachter, der Frachtführer, der Ladungsempfänger, die Betreiber der Umschlagsanlagen sowie die Betreiber der Annahmestellen müssen die nach den Umständen gebotene Sorgfalt anwenden, um eine Verschmutzung der Wasserstraße zu vermeiden, die Menge des entstehenden Schiffsabfalls so gering wie möglich zu halten und eine Vermischung verschiedener Abfallarten soweit wie möglich vermeiden. Ausnahmen von diesem Verbot sind nur in Übereinstimmung mit Anlage 2[13] und den dazugehörigen Anhängen zulässig.

Die Vertragsstaaten haben ein einheitliches Finanzierungsverfahren für die Annahme und Entsorgung von Schiffsabfällen eingeführt. So wird die Annahme und Entsorgung der öl- und fetthaltigen Schiffsbetriebsabfälle über eine Entsorgungsgebühr, die von motorgetriebenen Fahrzeugen, soweit sie Gasöl verwenden, erhoben wird, finanziert. Dies gilt nicht für Seeschiffe gemäß ihrer Zulassung und Registrierung.[14] Die Entrichtung der Entsorgungsgebühr berechtigt dann zur kostenfreien Abgabe der öl- und fetthaltigen Schiffsbetriebsabfälle an den bezeichneten Annahmestellen.

In Häfen, an Umschlagsanlagen sowie an Liegestellen und Schleusen werden für die Annahme und Entsorgung von Hausmüll keine besonderen Gebühren erhoben. Die Entsorgungskosten sind dann bereits in den Hafen- oder Liegeplatzgebühren enthalten. Dennoch können bei Fahrgastschiffen die Kosten für die Annahme und Entsorgung von häuslichem Abwasser und Klärschlamm sowie von Hausmüll und übrigem Sonderabfall dem Schiffsführer gesondert angelastet werden. Das gleiche gilt für die Annahme und Entsorgung von Slops.

Die Kosten für die Restentladung und das Waschen des Fahrzeugs sowie für die Annahme und Entsorgung der Abfälle aus dem Ladungsbereich entsprechend Teil B der Anwendungsbestimmung trägt grundsätzlich der Befrachter oder der Ladungsempfänger. Wenn das Fahrzeug vor dem Beladen dem vorgeschriebenen Entladungsstandard nicht entsprochen und wenn der von der vorangegangenen Beförderung betroffene Ladungsempfänger oder Befrachter seine Verpflichtungen erfüllt hat, trägt der

[13]Vgl. Teile A, B und C der Anlage 2 CDNI, Siehe Abschn. 6.2.1 ff.

[14]Siehe Abschn. 6.2.1.

Frachtführer die Kosten für die Restentladung und das Waschen des Fahrzeugs und für die Annahme und Entsorgung der Abfälle aus dem Ladungsbereich.

Nach Art. 9 CDNI bezeichnet jeder Vertragsstaat eine innerstaatliche Institution, die für die Organisation des einheitlichen Systems zur Finanzierung der Annahme und Entsorgung öl- und fetthaltiger Schiffsbetriebsabfälle nach Maßgabe des Teils A der Anwendungsbestimmung verantwortlich ist. Dazu wurde in Deutschland auf Grundlage des Staatsvertrages über die Bestimmung einer innerstaatlichen Institution nach dem Gesetz zu dem Übereinkommen vom 09. September 1996 über die Sammlung, Abgabe und Annahme von Abfällen in der Rhein- und Binnenschifffahrt (Bilgenentwässerungsverband-Staatsvertrag) der Bilgenentwässerungsverband (BEV) benannt.

6.2.1 Teil A der Anlage 2 des CDNI – Sammlung, Abgabe und Annahme von öl- und fetthaltigen Schiffsbetriebsabfällen

Die Finanzierung der Annahme und Entsorgung der öl- und fetthaltigen Schiffsbetriebsabfälle erfolgt über eine Entsorgungsgebühr, die von motorgetriebenen Fahrzeugen, soweit sie Gasöl verwenden, erhoben wird; ausgenommen sind Seeschiffe. Die Höhe der Entsorgungsgebühr ist in allen Vertragsstaaten gleich. Sie wird auf der Grundlage der Summe der Annahme- und Entsorgungskosten nach Abzug der möglichen Erlöse aus der Verwertung der öl- und fetthaltigen Schiffsbetriebsabfälle und der Menge des gelieferten Gasöls nach dem in Teil A der Anwendungsbestimmung festgelegten Verfahren festgesetzt. Sie wird an die Kostenentwicklung angepasst. Zur Förderung der Abfallvermeidung sollen Kriterien ausgearbeitet und bei der Festsetzung der Höhe der Entsorgungsgebühr berücksichtigt werden.[15]

Sämtliche entrichteten Entsorgungsgebühren sind ausschließlich für die Finanzierung der Annahme und der Entsorgung der öl- und fetthaltigen Schiffsbetriebsabfälle zu verwenden. Alle Schiffe, die im räumlichen Geltungsbereich des CDNI verkehren und steuerfreies Gasöl bunkern, werden als der Schifffahrt zugehörig betrachtet. Daher sind auch Fähren, Dienstfahrzeuge und Patrouillenboote, Schwimmkrane und Schwimmbagger, Binnenschiffe aus Drittstaaten usw. betroffen. Ausgenommen sind Schiffe der Seeschifffahrt einschließlich Fischereifahrzeuge. Ebenfalls ausgenommen sind Sportboote[16], die in der Regel kein Recht auf den Bezug von steuerfreiem Gasöl haben. Für diese Fahrzeugart sind eigene Einrichtungen vorgesehen.

Die Betreiber der Annahmestellen bescheinigen dem Fahrzeug die Abgabe der öl- und fetthaltigen Schiffsbetriebsabfälle in dem Ölkontrollbuch nach Anhang I CDNI (Abgabebescheinigung). Grundsätzlich ist es verboten, von Fahrzeugen aus öl- und fetthaltige Schiffsbetriebsabfälle in die Wasserstraße einzubringen oder einzuleiten. Von diesem Verbot ist die Einleitung von separiertem Wasser aus zugelassenen Bilgenentölungsbooten

[15]Vgl. Art. 6 CDNI.

[16]Vgl. auch Beschluss CDNI-2012-I-4, siehe Abschn. 6.2.5.

in die Wasserstraße ausgenommen, wenn der maximale Restölgehalt des Auslaufs ständig und ohne vorherige Verdünnung den jeweils nationalen Bestimmungen entspricht. Der Schiffsführer hat sicherzustellen, dass öl- und fetthaltige Schiffsbetriebsabfälle an Bord getrennt in dafür vorgesehenen Behältern beziehungsweise Bilgenwasser in den Maschinenraumbilgen gesammelt werden. Die Behälter sind an Bord so zu lagern, dass auslaufende Stoffe leicht und rechtzeitig erkannt und zurückgehalten werden können.

Darüber hinaus ist verboten,

a) an Deck gestaute lose Behälter als Altölsammelbehälter zu verwenden,
b) Abfälle an Bord zu verbrennen

und

c) öl- und fettlösende oder emulgierende Reinigungsmittel in die Maschinenraumbilgen einzubringen.

Jedes motorgetriebene Fahrzeug muss, soweit es Gasöl verwendet, ein gültiges Ölkontrollbuch an Bord haben. Dieses Kontrollbuch ist an Bord mindestens bis 6 Monate nach der letzten Eintragung aufzubewahren. Ausgenommen davon sind Seeschiffe, die ein Öltagebuch[17] nach dem Internationalen Übereinkommen zur Verhütung der Meeresverschmutzung durch Schiffe (MARPOL 73/78) haben.

Im Geltungsbereich des CDNI wird bei der Bunkerung von Gasöl eine einheitliche Entsorgungsgebühr erhoben, die dafür verwendet wird, an den Annahmestellen öl- und fetthaltige Schiffsbetriebsabfälle kostenfrei abgeben zu können. Diese Entsorgungsgebühr beträgt 7,5 EUR pro 1000 l gelieferten Gasöls und muss vom Schiffsführer entrichtet werden. Die Entsorgungsgebühr wird über das SPE-CDNI entrichtet. Die Bunkerfirmen verfügen über spezielle mobile Zahlungsterminals, die an das Verwaltungssystem des SPE-CDNI angeschlossen sind. Die ECO-Karte gibt Zugang zu diesem System, die gebunkerte Gasölmenge wird über das Terminal eingegeben und der entsprechende Betrag abgebucht. Der von der Bunkerfirma ausgegebene Zahlungsbeleg muss zusammen mit dem Bezugsnachweis 12 Monate an Bord aufbewahrt werden. Das SPE-CDNI wird von den innerstaatlichen Institutionen betrieben.

Das Verfahren zur Entrichtung der Entsorgungsgebühr umfasst folgende Bestandteile:

a) die Eröffnung eines ECO-Kontos durch den Schiffsbetreiber oder seinen Beauftragten bei der innerstaatlichen Institution seiner Wahl,
b) die Ausstellung einer oder mehrerer ECO-Karten, die zu dem an der Gebührentransaktion beteiligten ECO-Konto Zugang geben, durch diese innerstaatliche Institution,
c) die Überweisung eines ausreichenden Betrages durch den Schiffsbetreiber oder seinen Beauftragten zugunsten des betreffenden ECO-Kontos auf das Bankkonto der betreffenden innerstaatlichen Institution zur Zahlung der Entsorgungsgebühr,

[17]Siehe Abschn. 3.3.2.

d) die Abbuchung der Entsorgungsgebühr vom betreffenden ECO-Konto beim Bunkern mittels ECO-Karte und die Abwicklung der Transaktion über ein mobiles elektronisches Terminal durch die Bunkerstelle. Hierfür händigt der Schiffsführer der Bunkerstelle während des Bunkervorgangs die ECO-Karte aus.[18]

Wenn keine ECO-Karte vorhanden ist oder das ECO-Konto nicht ausreichend gedeckt ist, kann ein Verfahren auf der Grundlage eines Papiervordrucks durchgeführt werden. Der verantwortliche Schiffer unterschreibt einen Schuldschein zugunsten der für die Gebührenerhebung zuständigen innerstaatlichen Institution. Für die Anwendung dieses Verfahrens berechnet die innerstaatliche Institution pro Transaktion eine Verwaltungsgebühr in Höhe von 25 EUR.[19]

6.2.2 Teil B der Anlage 2 des CDNI – Sammlung, Abgabe und Annahme von Abfällen aus dem Ladungsbereich

Der Befrachter oder der Ladungsempfänger trägt die Kosten für die Restentladung und das Waschen des Fahrzeugs sowie für die Annahme und Entsorgung der Abfälle aus dem Ladungsbereich entsprechend Teil B der Anwendungsbestimmung.

Wenn das Fahrzeug vor dem Beladen dem vorgeschriebenen Entladungsstandard nicht entspricht und wenn der von der vorangegangenen Beförderung betroffene Ladungsempfänger oder Befrachter seine Verpflichtungen erfüllt hat, trägt der Frachtführer die Kosten für die Restentladung und das Waschen des Fahrzeugs und für die Annahme und Entsorgung der Abfälle aus dem Ladungsbereich.[20]

Grundsätzlich ist es verboten, von Fahrzeugen aus Teile der Ladung sowie Abfall aus dem Ladungsbereich in die Wasserstraße einzubringen oder einzuleiten. Von diesem Verbot ausgenommen ist Waschwasser mit Ladungsrückständen von Gütern, für die das Einleiten in die Wasserstraße nach Anhang III ausdrücklich gestattet ist, wenn die Bestimmungen dieses Anhanges eingehalten worden sind. Das Fahrzeug darf nach dem Entladen die Fahrt erst dann fortsetzen, wenn der Schiffsführer in der Entladebescheinigung bestätigt hat, dass die Restladung sowie Umschlagsrückstände übernommen worden sind. Dies gilt nicht für Schiffe, die Einheitstransporte durchführen, d. h. eine gleichartige Ladung nach dem Entladen übernehmen.

Die Entladungsstandards und weitere Bestimmungen sind in Anhang III Anlage 2 genannt (Tab. 6.1) und in den Stofflisten der Tabellen 0–9 sortiert:

[18] Vgl. Artikel 3.03 Anlage 2 CDNI.

[19] https://www.cdni-iwt.org/de/faq/retribution

[20] Vgl. Art. 8 CDNI.

Tab. 6.1 Entladestandards Anhang III Tabelle 4 (Beispiel)

1	2	3	4	5	6
Güter-Nr	Güterart	Einleitung in das Gewässer	Abgabe an Annahmestellen zur		Bemerkungen
			Kanalisation	Sonder-behandlung	
41	Eisenerz (ausgenommen Schwefelkiesabbrände)				
410	Eisenerze und -konzentrate (ausgenommen Schwefelkiesabbrände)				
4102	Abfälle und Zwischenerzeugnisse, die bei der Vorbereitung von Erzen für die Metallgewinnung entstanden sind	X	A	S	a, b

[a]Als Alternative zu „S“ ist ein Aufspritzen auf Lagerhaltung möglich, sofern nationale Bestimmungen dies nicht verbieten. Ist das Aufspritzen auf die Lagerhaltung aufgrund innerstaatlicher Bestimmungen verboten, muss eine Abfuhr des Waschwassers in eine Einrichtung zur unschädlichen Beseitigung des Abwassers erfolgen
[b]S für wasserlösliche Metallsalze obligatorisch; schließt Aufspritzen auf Lagerhaltung aus

- Tabelle 0 Land-, forstwirtschaftliche und verwandte Erzeugnisse (einschl. lebende Tiere)
- Tabelle 1 Andere Nahrungs- und Futtermittel
- Tabelle 2 Feste mineralische Brennstoffe
- Tabelle 3 Erdöl, Mineralöl, -erzeugnisse, Gase
- Tabelle 4 Erze und Metallabfälle
- Tabelle 5 Eisen, Stahl und NE-Metalle (einschl. Halbzeug)
- Tabelle 6 Steine und Erden (einschl. Baustoffe)
- Tabelle 7 Düngemittel
- Tabelle 8 Chemische Erzeugnisse
- Tabelle 9 Fahrzeuge, Maschinen, sonstige Halb- und Fertigwaren, besondere Transportgüter.

Für die Einleitung von Waschwasser, Niederschlagswasser oder Ballastwasser mit Ladungsrückständen aus Laderäumen oder Ladetanks, die den definierten

Entladungsstandards[21] entsprechen, sind abhängig von dem Ladungsgut und dem Entladungsstandard der Laderäume und Ladetanks in der folgenden Tabelle die Abgabe-/Annahmevorschriften angegeben. Die Spalten der Tabelle haben folgende Bedeutung:

Spalte 1 Angabe der Güternummer nach dem einheitlichen Güterverzeichnis für die Verkehrsstatistik (NST)

Spalte 2 Güterart, Beschreibung nach NST.

Spalte 3 Einleitung[22] des Waschwassers, Niederschlagswassers oder Ballastwassers in das Gewässer erlaubt unter der Bedingung, dass vor dem Waschen der jeweils geforderte Entladungsstandard eingehalten worden ist:
A – besenrein oder nachgelenzt in den Laderäumen oder Ladetanks oder
B – vakuumrein in den Laderäumen

Spalte 4 Abgabe des Waschwassers, Niederschlagswassers oder Ballastwassers für eine Einleitung in die Kanalisation über die dafür vorgesehenen Anschlüsse unter der Bedingung, dass vor dem Waschen der jeweils geforderte Entladungsstandard eingehalten worden ist.
A – besenrein oder nachgelenzt in den Laderäumen oder Ladetanks
B – vakuumrein in den Laderäumen

Spalte 5 Abgabe des Waschwassers, Niederschlagswassers oder Ballastwassers an Annahmestellen zur Sonderbehandlung S. Das Behandlungsverfahren hängt von der Art des Ladungsgutes ab, z. B.:
- Aufspritzen auf die Lagerhaltung,
- Abfuhr zu einer Kläranlage,
- Aufbereitung in einer geeigneten Abwasserbehandlungsanlage.

Spalte 6 Hinweise zu Anmerkungen in den Fußnoten

Der Befrachter gibt in dem Transportauftrag und in den Beförderungspapieren die Bezeichnung und die vierstellige Nummer für jede Güterart an, die er zum Transport in Auftrag gegeben hat.[23]

Weitere Hinweise zur Anwendung der Tabelle:[24]

- Entsprechen die Laderäume oder Ladetanks nicht dem jeweils geforderten Entladungsstandard A oder B, ist eine Abgabe zur Sonderbehandlung S erforderlich.
- Liegen Ladungsrückstände aus verschiedenen Gütern vor, richtet sich die Entsorgung nach dem Gut mit der strengsten Abgabe-/Annahmevorschrift in der Tabelle.

---

[21] Vgl. Artikel 5.01 Anlage 2 Teil B CDNI.

[22] Befugnis i.S.d. § 324 StGB.

[23] Vgl. Artikel 7.09 Anlage 2 Teil B CDNI.

[24] https://www.cdni-iwt.org/wp-content/uploads/2015/07/Brochure-CDNI-partie-B-DE.pdf

- Bei Beförderung von Versandstücken wie zum Beispiel Fahrzeugen, Containern, Großpackmitteln, palettierter und verpackter Ware richtet sich die Abgabe-/Annahmevorschrift nach den in diesen Versandstücken enthaltenen losen oder flüssigen Gütern, wenn infolge von Beschädigungen oder Undichtigkeiten Güter ausgelaufen oder ausgetreten sind.
- Niederschlagswasser und Ballastwasser aus waschreinen Laderäumen und Ladetanks kann in das Gewässer eingeleitet werden.
- Waschwasser von besenreinen Gangborden und von sonstigen leicht verschmutzten Oberflächen wie z. B. Lukendeckeln, Dächern usw. darf in das Gewässer eingeleitet werden.

Die Erlaubnis zur Einleitung in die Kanalisation gemäß Spalte 4 der der Tabelle der Entladestandards beinhaltet, dass sich der für die Einhaltung der Entladestandards Zuständige (Ladungsempfänger, Befrachter, Umschlagsanlage) vorher vergewissert hat, dass der Kanalanschluss ggf. gemäß der nationalen Bestimmungen für eine Einleitung des jeweiligen Produktes von den Produkteigenschaften und von der Produktmenge her zugelassen ist, da zum Beispiel Kläranlagen entsprechenden Einschränkungen unterliegen können.

Jedes Fahrzeug, das im Geltungsbereich dieses Übereinkommens entladen wurde, muss eine gültige Entladebescheinigung an Bord haben, die nach ihrer Ausstellung mindestens sechs Monate an Bord aufbewahrt werden muss. Nach dem Beladen darf das Fahrzeug die Fahrt erst dann fortsetzen, wenn sich der Schiffsführer davon überzeugt hat, dass die Umschlagsrückstände entfernt worden sind. Das Fahrzeug darf nach dem Entladen die Fahrt erst dann fortsetzen, wenn der Schiffsführer in der Entladebescheinigung bestätigt hat, dass die Restladung sowie Umschlagsrückstände übernommen worden sind. Das gilt nicht für Fahrzeuge, die Einheitstransporte durchführen, also die gleiche Ladungsart lädt, die zuvor entladen wurde.

Wenn Laderäume oder Ladetanks gewaschen wurden und das Waschwasser darf nach den Entladungsstandards und den Abgabe-/Annahmevorschriften des Anhangs III nicht in das Gewässer eingeleitet werden (X), darf das Fahrzeug die Fahrt erst dann fortsetzen, wenn der Schiffsführer in der Entladebescheinigung bestätigt hat, dass dieses Waschwasser übernommen oder ihm eine Annahmestelle zugewiesen worden ist.

Für das für das möglichst vollständige Entleeren der Ladetanks und des Leitungssystems von Tankschiffen bis auf nicht lenzbare Ladungsrückstände werden Nachlenzsysteme eingesetzt, die auf den Schiffen fest installiert sein müssen. Es dürfen dadurch folgende Restmengen nicht überschritten werden:

- bei Doppelhüllenschiffen
  - 5 L im Durchschnitt pro Ladetank,
  - 15 L pro Rohrleitungssystem.
- bei Einhüllenschiffen
  - 20 L im Durchschnitt pro Ladetank,
  - 15 L pro Leitungssystem.

Die festgestellten Restmengen müssen in einem vorgeschriebenen Nachweis eingetragen werden, der an Bord des Schiffes mitgeführt werden muss.

6.2.3 Teil C der Anlage 2 des CDNI – Sammlung, Abgabe und Annahme von sonstigen Schiffsbetriebsabfällen

In Häfen, an Umschlagsanlagen sowie an Liegestellen und Schleusen werden für die Annahme und Entsorgung von Hausmüll keine besonderen Gebühren erhoben. Bei Fahrgastschiffen können die Kosten für die Annahme und Entsorgung von häuslichem Abwasser und Klärschlamm sowie von Hausmüll und übrigem Sonderabfall dem Schiffsführer gesondert angelastet werden.[25]

Grundsätzlich ist es verboten, von Fahrzeugen aus Hausmüll, Slops, Klärschlamm und übrigen Sonderabfall in die Wasserstraße einzubringen oder einzuleiten. Der Schiffsführer hat sicherzustellen, dass diese Abfälle getrennt gesammelt und abgegeben werden. Hausmüll ist wenn möglich getrennt nach Papier, Glas, sonstigen verwertbaren Stoffen und Restmüll abzugeben. Generell ist das Verbrennen der genannten Abfälle an Bord verboten.

Die Einleitung von häuslichem Abwasser, also Abwasser aus Küchen, Essräumen, Waschräumen und Waschküchen sowie Fäkalwasser, ist

- für Kabinenschiffe mit mehr als 50 Schlafplätzen

und

- für Fahrgastschiffe, die zur Beförderung von mehr als 50 Fahrgästen zugelassen sind,

verboten. Dieses Verbot gilt nicht für Fahrgastschiffe, die über zugelassene Bordkläranlagen verfügen, welche die Grenz- und Überwachungswerte nach Anhang V einhalten (Tab. 6.2). Es gilt auch nicht für Seeschiffe in Seehäfen an Seeschifffahrtsstraßen, die den Bestimmungen des Internationalen Übereinkommens zur Verhütung der Meeresverschmutzung durch Schiffe (MARPOL) unterliegen. Für Schiffe, für die eine Einhaltung des Einleiteverbotes für häusliches Abwasser praktisch schwer durchführbar ist oder unzumutbar hohe Kosten verursacht, kann durch nationale Regelungen ein geeignetes Verfahren für Ausnahmemöglichkeiten vereinbaren und die Bedingungen festlegen werden, unter denen diese Ausnahmen als gleichwertig angesehen werden können. Der Schiffsführer hat sicherzustellen, dass die häuslichen Abwässer an Bord des Fahrzeugs in geeigneter Weise gesammelt und bei einer Annahmestelle oder -anlage abgegeben werden, sofern das Fahrgastschiff nicht über eine Bordkläranlage verfügt.

[25]Vgl. Art. 7 CDNI.

Tab. 6.2 Einzuhaltende Grenzwerte im Ablauf der Bordkläranlage während des Betriebes an Bord von Fahrgastbinnenschiffen

Parameter	Sauerstoffkonzentration	Probe
Biochemischer Sauerstoffbedarf (BSB5) ISO 5815-1 und 5815-2 (2003)[a]	25 mg/l	Stichprobe, homogenisiert
Chemischer Sauerstoffbedarf (CSB)[b] ISO 6060 (1989)[a]	125 mg/l	Stichprobe, homogenisiert
	150 mg/l	Stichprobe
Gesamter organisch gebundener Kohlenstoff (TOC) EN 1484 (1997)[a]	45 mg/l	Stichprobe, homogenisiert

[a]Die Vertragsstaaten können gleichwertige Verfahren einsetzen
[b]Anstatt des chemischen Sauerstoffbedarfs (CSB) kann auch der gesamte organisch gebundene Kohlenstoff (TOC) für die Typprüfung herangezogen werden

Bei dem Betrieb von Bordkläranlagen müssen seit 2011 folgende Grenzwerte vor der Einleitung eingehalten werden, die im Anhang V festgeschrieben wurden:

Im Übrigen ist die Einleitung von häuslichem Abwasser in das Gewässer erlaubt.

Gemäß Art. 3 Abs. 2 i. V. m. Anlage 2, Teil C, Kapitel VIII, Art. 9.01 i. V. m. Art. 8.01 des Straßburger Abfallübereinkommens (CDNI) ist das Einleiten von Waschwasser aus Abgasreinigungssystemen (Scrubber) auf allen dem allgemeinen Verkehr dienenden Binnenwasserstraßen, mit Ausnahme des deutschen Teils des Bodensees und der Rheinstrecke oberhalb Rheinfelden, sowie an ihnen gelegenen Häfen verboten.

6.2.4 Waste Standards Tool (WaSTo)

Um die Anwendung der Entladungsstandards zu erleichtern, stellt das CDNI mit WaSTo (Waste Standards Tool, Abb. 6.3) ein elektronisches Instrument mit integrierter Suchmaschine zur Verfügung.

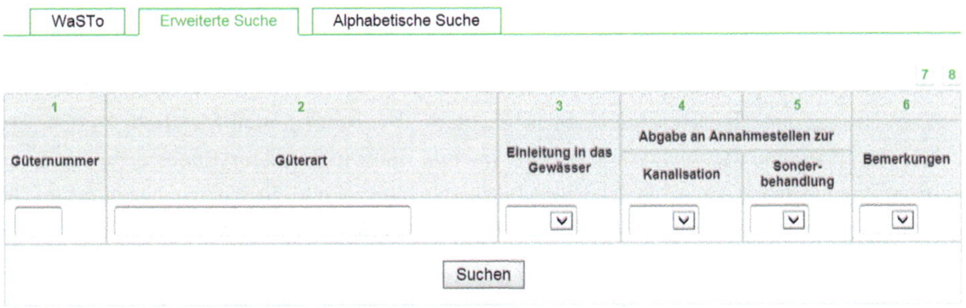

Abb. 6.3 Erweiterte Suchmaske von WaSTo

WaSTo[26]

- enthält die geltenden Vorschriften; zeigt sämtliche Änderungen an und erlaubt Ihnen das einfache Auffinden der Sie betreffenden Modifikationen,
- erläutert die Gründe, die zu den Änderungen geführt haben,
- benennt die von den Ladungsrückständen ausgehenden Risiken für Gesundheit und Umwelt

und

- stellt eine personalisierte Stoffliste mit den entsprechenden Entladungsstandards zusammen.

6.2.5 Beschlüsse des CDNI

Die Konferenz der Vertragsparteien fasst in ihren Sitzungen Beschlüsse, in denen Änderungen, Konkretisierungen und Neuerungen festgelegt werden. Diese Beschlüsse sind für die Mitgliedsstaaten und die jeweiligen Rechtsanwender bindend und werden dazu regelmäßig pro Sitzung oder als Zusammenstellung für jeweils zwei Jahre veröffentlicht und aktualisiert.[27] Die Sitzungen dazu finden periodisch zweimal pro Jahr statt, sodass die Beschlussfassungen durch ihre Kennzeichnung einer jeweiligen Konferenz zugeordnet werden kann. Eine Übersicht findet sich in Tab. 6.3.

Bereits mit Beschluss CDNI-2012-I-4 wurde festgelegt, dass die Anwendung auf Sportboote im Rahmen der CDNI-Regeln nicht beabsichtigt ist. Die Konferenz stellt somit fest, dass die Vertragsparteien des CDNI die Begriffsbestimmung „Fahrzeug“ in Artikel 1 des Übereinkommens unter Ausschluss von Sportbooten auslegen.

Regelmäßig wird darüber beraten, ob die Entsorgungsgebühr nach Teil A CDNI angepasst und angehoben werden sollte. Mit Beschluss CDNI 2018-II-3 wurde nun die Beibehaltung der Höhe der Entsorgungsgebühr für öl- und fetthaltige Abfälle von 7,50 EUR für 2019 und perspektivisch für die Jahre 2020–2021 festgelegt. Diese Beibehaltung der Entsorgungsgebühren wurde seit 1996 regelmäßig beschlossen, muss aber periodisch besprochen werden.

Die Beschlüsse werden nach der Fassung in den Mitgliedsstaaten in Kraft gesetzt und diese Inkraftsetzung laufend aktualisiert und bekannt gegeben (s. Tab. 6.4).

Die Umsetzung der Beschlüsse erfolgt in den verschiedenen Mitgliedsstaaten des CDNI durch eigene Rechtsetzung und zu jeweils nach nationalem Recht erforderlichen Zeitpunkten. Teilweise werden die Beschlüsse zu unterschiedlichen Zeitpunkten oder u. a.

[26] https://wasto.cdni-iwt.org/100-de.html

[27] https://www.cdni-iwt.org/de/praesentation-cdni/regelwerke

Tab. 6.3 Übersicht der Beschlüsse zum CDNI 2016–2018

Tagung	Inhalt der Beschlüsse
2018-II	2018-II-1 Bericht des Sekretariats über die Rechnungslegung des CDNI für das Haushaltsjahr 2017 2018-II-2 Internationaler Finanzausgleich 2017 2018-II-3 Entsorgungsgebühr 2019 2018-II-4 Änderung der Vorschriften für das Muster für das Ölkontrollbuch 2018-II-5 Berichtigung einer Unstimmigkeit in Artikel 6.01 der Anwendungsbestimmungen in Beschluss CDNI 2017-I-4 2018-II-6 Korrigendum zum Beschluss CDNI 2018 2013-II-5 Härtefallregelung gemäß Artikel 9.02 der Anlage 2 für Bordkläranlagen 2018-II-7 Zusammensetzung und Vorsitz der KVP und Zusammensetzung der IAKS
2018-I	2018-I-1 CDNI – Haushalt 2019 2018-I-2 Anhang III der Anwendungsbestimmung (Anlage 2) Änderung der Zeilen 6393 und 6399 in Bezug auf Flussspat (Fluorit)
2017-II	2017-II-1 Berichtigung von Unstimmigkeiten in den Artikeln 5.01 und 7.04 Absatz 3 sowie in den geänderten Anhängen III und IV der Anwendungsbestimmung 2017-II-2 Bericht des Sekretariats über die Rechnungslegung des CDNI für das Haushaltsjahr 2016 2017-II-3 Arbeitsprogramm 2018–2019 2017-II-4 Internationaler Finanzausgleich 2016 2017-II-5 Einheitliche Auslegung des Übereinkommens – Gasölmenge „Vertragsstaat" und Gasölmenge „NI" 2017-II-6 Entsorgungsgebühr 2018 2017-II-7 Zusammensetzung und Vorsitz der KVP und Zusammensetzung der IAKS

(Fortsetzung)

Tab. 6.3 (Fortsetzung)

Tagung	Inhalt der Beschlüsse
2017-I	2017-I-1 Teil A – CDNI IT-System (schriftliches Verfahren) 2017-I-2 CDNI – Haushalt 2018 2017-I-3 Teil A – CDNI-IT-System Annahme der Optionen zur Erneuerung des SPE-CDNI 2017-I-4 Änderung des Übereinkommens über die Sammlung, Abgabe und Annahme von Abfällen in der Rhein- und Binnenschifffahrt Bestimmungen für die Behandlung gasförmiger Rückstände flüssiger Ladung (Dämpfe) 2017-I-5 Teil B – Überwachung der Einhaltung der Verpflichtungen Änderung des Artikels 7.01 der Anwendungsbestimmung 2017-I-6 Fälligkeit der Entsorgungsgebühren für GTL (Artikel 1 m, 6 und 3.03 CDNI)
2016-II	2016-II-1 Bericht des Sekretariats über die Rechnungslegung des CDNI für das Haushaltsjahr 2015 CPC (16) 50 2016-II-2 Teil A – Internationaler Finanzausgleich 2015 CPC (16) 47 2016-II-3 Teil A – Beibehaltung der Höhe der Entsorgungsgebühr für öl- und fetthaltige Abfälle von 7,50 EUR für 2017 CPC (16) 44 2016-II-4 Teil B – Änderung der Anwendungsbestimmung Anlage 2 – Anhang III Entladungsstandards und Abgabe-/Annahmevorschriften für die Zulässigkeit der Einleitung von Waschwasser mit Ladungsrückständen (Fassung 2018) CPC (16) 45 2016-II-5 Teil B – Änderung des Artikels 5.03 der Anwendungsbestimmung CPC (16) 42 2016-II-6 Zusammensetzung und Vorsitz der KVP und Zusammensetzung der IAKS CPC (16) 48

(Fortsetzung)

Tab. 6.3 (Fortsetzung)

Tagung	Inhalt der Beschlüsse
2016-I	2016-I-1 Ausschreibungsverfahren SPE-CDNI/juristische und fachliche Begleitung Angenommen im schriftlichen Verfahren am 25. April 2016 2016-I-2 Anerkennung nichtstaatlicher Verbände EURACOAL 2016-I-3 CDNI – Haushalt 2017 2016-I-4 Anwendung des Artikel 7.04 Absatz 2 für Tankschiffe, die nach nationalen Bestimmungen entgast werden (Teil B) 2016-I-5 Berücksichtigung kompatibler Transporte in Teil B Änderung der Artikel 5.01, 7.04 und des Anhang IV der Anwendungsbestimmungen 2016-I-6 Bestimmungen zum Umgang mit gasförmigen Rückständen flüssiger Ladung/offizielle Konsultation (Teil B)

Tab. 6.4 Bekanntgabe der Beschlüsse (Beispiel)

Beschluss	Inhalt	Inkrafttreten	In Kraft gesetzt in					
			D	B	F	NL	CH	L
2017-II-1	Berichtigung von Unstimmigkeiten in den Artikeln 5.01 und 7.04 Absatz 3 sowie in den geänderten Anhängen III und IV der Anwendungsbestimmung	01.01.2018	17.06.2018 6. CDNI- V					

gar nicht umgesetzt, was eine einheitlichen Anwendung der Änderungsinhalte schwierig macht. In Deutschland werden dazu vom Bundesministerium für Verkehr und digitale Infrastruktur im Einvernehmen mit dem Bundesministerium für Umwelt, Naturschutz und nukleare Sicherheit und dem Bundesministerium der Finanzen Verordnungen zur Umsetzung der Beschlüsse erlassen, die im BGBl. bekannt gegeben werden.

6.2.6 CDNI-Verordnungen

Die laufenden Änderungen und Neuerungen, die durch die Beschlüsse der Kommission erarbeitete werden, müssen in den einzelnen Mitgliedsstaaten umgesetzt werden. In Deutschland werden dazu CDNI-Verordnungen erlassen, die jeweils mehrere Beschlüsse in Kraft treten lassen (Tab. 6.5).

Tab. 6.5 CDNI-Verordnungen und Regelungsinhalte

CDNI-Verordnung	Beschluss	Inhalt
08.10.2010 (Bekanntmachung)	2009-I-6	Inkrafttreten des Übereinkommens CDNI
1. CDNI-Verordnung vom 16.12.2010	2009-II-2	Anhang III Entladungsstandards
	2009-II-3	Anhang IV Entladebescheinigung
	2009-II-4	Anhang V Grenz- und überwachungswerte für Bordkläranlagen von Fahrgastschiffen
	2010-I-1	Anhang V Grenz- und überwachungswerte für Bordkläranlagen von Fahrgastschiffen
	2010-I-2	Übergangsbestimmungen für Fahrgastschiffe
2. CDNI-Verordnung 16.10.2010	2010-II-1	Anwendungsbestimmung – Teil A Änderungen der Anlage 2 zur Berücksichtigung der Ersetzung des Markensystems durch ein elektronisches Zahlungssystem
3. CDNI-Verordnung 09.02.2015	2011-I-4	Änderung der Anwendungsbestimmung Anlage 2 Anhang II Anlage: Vorrichtung zur Abgabe von Restmengen
	2011-I-5	Änderung der Anwendungsbestimmung Anlage 2 Anhang III Entladungsstandards Anlage: Korrekturen und Änderungen
	2011-I-6	Berichtigung des Wortlauts der französischen Fassung des Übereinkommens Anlage: Redaktionelle Änderungen
	2012-I-1	CDNI – Änderung der Anlage 1 für Deutschland
	2012-I-2	Anwendungsbestimmung – Teil B Ausnahmen in Bezug auf die Entladebescheinigung gemäß Artikel 6.03 für bestimmte Schiffs- und Beförderungsarten
4. CDNI-Verordnung 22.11.2016	2013-II-4	Unterschiedliche Entladebescheinigungen für Trockenladungen und die Tankschifffahrt
	2013-II-6	Sammlung häuslicher Abwässer von Kabinenschiffen mit mehr als 50 Betten – Änderung des Artikels 9.03
	2015-I-3	Teil A – Änderung des Artikels 3.03 Absatz 8 der Anwendungsbestimmungen
	2015-II-3	Teil B – Verantwortung für die Reinigung von Schiffen – Änderung der Artikel 7.04 Absatz 2 sowie 7.02 Absatz 2

(Fortsetzung)

Tab. 6.5 (Fortsetzung)

CDNI-Verordnung	Beschluss	Inhalt
5. CDNI-Verordnung 15.11.2017	2016-I-5	Berücksichtigung kompatibler Transporte in Teil B – Änderung der Artikel 5.01, 7.04 und des Anhang IV der Anwendungsbestimmungen
	2016-II-4	Teil B – Änderung der Anwendungsbestimmung – Anlage 2 – Anhang III
	2016-II-5	Teil B – Änderung des Artikels 5.03 der Anwendungsbestimmung
6. CDNI-Verordnung 17.06.2018	2017-I-5	Teil B – Überwachung der Einhaltung der Verpflichtungen Änderung des Artikels 7.01 der Anwendungsbestimmung
	2017-II-1	Berichtigung von Unstimmigkeiten in den Artikeln 5.01 und 7.04 Absatz 3 sowie in den geänderten Anhängen III und IV der Anwendungsbestimmung

Zusätzlich zu den regelmäßigen Änderungen des CDNI wurde durch Beschluss 2017-I-4 eine Ratifikationsbedürftige Änderung des Übereinkommens vorgenommen, die durch Art. 19 des CDNI-Übereinkommens am ersten Tag des sechsten Monats nach der Hinterlegung der letzten Ratifikations-, Annahme- oder Genehmigungsurkunde in Kraft tritt und somit keiner Umsetzung durch eine CDNI-V bedarf.

6.2.7 Ausführungsgesetz zu dem Übereinkommen vom 9. September 1996 über die Sammlung, Abgabe und Annahme von Abfällen in der Rhein- und Binnenschifffahrt (BinSchAbfÜbkAG)

Das BinSchAbfÜbkAG wurde zusätzlich zu dem CDNI-Gesetz erlassen und führt besondere Regelungsinhalte des CDNI für Deutschland aus. Im Besonderen sind Ahndungsvorschriften enthalten, um Verstöße gegen das CDNI-Übereinkommen im Bereich der deutschen genannten Wasserstraßen als Ordnungswidrigkeit verfolgen zu können.

Die Verpflichtung der Vertragsstaaten, Annahmestellen für Hausmüll, Slops und übrigen Sonderabfall im Sinne von Artikel 8.01 CDNI einzurichten, wird durch § 1 BinSchAbfÜbkAG umgesetzt und gilt für die Betreiber von Häfen und gewerbsmäßig betriebenen, befestigten Umschlagstellen, die an den deutschen genannten Wasserstraßen liegen. Darüber hinaus müssen die Betreiber von Stammliegeplätzen für Fahrgastschiffe in dem genannten Geltungsbereich für die dort anlegenden Schiffe Annahmemöglichkeiten für Hausmüll bereitstellen.

Die Betreiber von Umschlagsanlagen an den genannten Wasserstraßen oder in daran gelegenen Häfen befinden, haben Annahmestellen für Abfälle aus dem Ladungsbereich, die im Zusammenhang mit der Ladung an Bord der Schiffe anfallen, einzurichten und zu betreiben oder hiermit geeignete Dritte zu beauftragen oder jeweils den Fracht- oder Schiffsführern für Waschwasser eine vorhandene Annahmestelle zuzuweisen.

Der Schiffsführer eines Fahrzeugs, das kein Gasöl[28] tankt und dessen öl- und fetthaltige Schiffsbetriebsabfälle nicht über das System des Übereinkommens zur Finanzierung dieser Abfälle entsorgt werden, hat einen geeigneten Nachweis für die letzte Entsorgung oder Abgabe der öl- und fetthaltigen Schiffsbetriebsabfälle an ein mit der Wartung der Motoren betrautes Unternehmen mindestens zwölf Monate an Bord mitzuführen.

6.3 Helsinki-Übereinkommen (HELCOM)

Die Helsinki-Kommission zum Schutz der Meeresumwelt des Ostseeraums (HELCOM) ist eine zwischenstaatliche Kommission, die für den Schutz der Meeresumwelt der Ostsee arbeitet. Bereits 1974 wurde das erste Helsinki-Abkommen unterzeichnet, das 1980 in Kraft trat. Grundlage der aktuellen Arbeit von HELCOM ist die 1992 verabschiedete novellierte Fassung des „Übereinkommens über den Schutz der Meeresumwelt des Ostseegebietes (Helsinki-Übereinkommen)". Mitglieder von HELCOM sind alle Ostseeanrainerstaaten inkl. Russland sowie die EU.

Die Bundesregierung ist seit der Ratifizierung des Übereinkommens im Jahr 1994 Vertragsstaat von HELCOM. Die Küstenländer nehmen ihre Aufgaben im Rahmen ihrer föderalen Zuständigkeiten bis zur 12-Seemeilen-Zone wahr. Das Umweltministerium Schleswig- Holstein ist in verschiedenen Fachgremien dieses Übereinkommens, die sich mit der Überwachung und Bewertung des Zustands der Ostsee und dem nachhaltigen Arten- und Habitatschutz sowie themenspezifischen Projekten befassen, vertreten.

Von besonderer Bedeutung für den Ostseeraum ist der Ostsee-Aktionsplan (HELCOM Baltic Sea Action Plan), der im November 2007 durch alle Vertragsstaaten verabschiedet wurde. Der Baltic Sea Action Plan beinhaltet eine Selbstverpflichtung der Vertragsstaaten, konkrete Maßnahmen zum Schutz und zur Verbesserung der Meeresumwelt in der Ostsee zu ergreifen. Bis 2021 soll ein guter ökologischer Zustand der Ostsee wieder hergestellt sein. Er stellt einen ersten Ansatz zur regionalen Umsetzung der EG-Meeresstrategie-Rahmenrichtlinie im Ostseeraum dar. Im Vordergrund stehen Maßnahmen zur Minimierung der Nährstoffeinträge und des Eintrags gefährlicher Stoffe, zur umweltfreundlichen Seeschifffahrt und zum Schutz der Biodiversität. Diese Maßnahmen müssen nun von den Unterzeichnerstaaten umgesetzt werden. Die gleichberechtigte

[28] Z. B. Fahrzeuge, die mit Gas-to-Liquid (GTL) angetrieben werden.

Beteiligung der Russischen Föderation als einziger nicht-EU-Mitgliedsstaat gibt dem Aktionsplan eine besondere politische Bedeutung.

Im Mai 2010 fand in Moskau eine Ministerkonferenz statt, auf der die Umweltminister oder andere hochrangige Regierungsvertreter der zehn Ostseeanrainerstaaten, Repräsentanten aus Weißrussland und der Ukraine sowie zahlreicher staatlicher und nicht staatlicher Organisationen über die Umsetzungsfortschritte des Aktionsplans und den weiteren Handlungsbedarf diskutierten. Die Ergebnisse wurden in einer Ministererklärung festgehalten, die politische Grundlage für die HELCOM-Vertragsstaaten bis zur nächsten Ministerkonferenz sein wird. Kernelement der Ministerkonferenz war neben der Ministererklärung die Verabschiedung des aktuellen HELCOM Zustandsbericht der Ostsee („Ecosystem Health of the Baltic Sea – HELCOM Initial Holistic Assessment"), der als regionaler Beitrag zur Anfangsbewertung nach der EG-Meeresstrategie-Rahmenrichtlinie angelegt ist.[29]

6.4 Oslo-Paris-Übereinkommen (OSPAR)

Die Oslo-Paris-Kommission zum Schutz der Meeresumwelt des Nordostatlantiks (OSPAR) fusionierte 1992 aus den zuvor getrennten Oslo- und Paris Kommissionen. Vertragsstaaten sind Belgien, Deutschland, Dänemark, Finnland, Frankreich, Großbritannien, Irland, Island, Luxemburg, Norwegen, Niederlande, Portugal, Spanien, Schweden, Schweiz sowie die Europäische Union. Finnland, Luxemburg und die Schweiz haben indes nur indirekt über die Ostsee oder Flüsse Kontakt mit dem OSPAR-Gebiet.

Das OSPAR Übereinkommen wurde 1994 von Deutschland ratifiziert und ist seit 1998 in Kraft. Seine Ziele sind die Reduzierung der Schadstoffbelastung, Erhaltung der Artenvielfalt und Lebensräume (Biodiversität) und der Schutz sowie die nachhaltige Nutzung der natürlichen Ressourcen.

OSPAR umfasst den Nordostatlantik mit mehr als 13 Mio. km^2 Meeresfläche. Da dieses Gebiet verschieden Ökoregionen einschließt, unterteilt OSPAR seinen Geltungsbereich in 5 Unterregionen, zu denen auch die Nordsee gehört. Die OSPAR-Region und seine Unterregionen sind identisch mit den in der EG-Meeresstrategie-Rahmenrichtlinie (MSRL) festgelegten Gebieten.

Das OSPAR-Übereinkommen ist ein völkerrechtliches Vertragswerk, wobei nur die sogenannten Entscheidungen (Decisions) rechtsverbindlich und einklagbar sind, Vereinbarungen (Agreements) und Empfehlungen (Recommendations) hingegen nicht sanktioniert werden können.

OSPAR bezieht – wie HELCOM – in seine Aktivitäten zunehmend Vorgaben einschlägiger EG-Richtlinien ein und zielt auf die weitest mögliche Ausnutzung von Synergien bei diesbezüglichen Umsetzungsprozessen ab. In diesem Zusammenhang strebt

---

[29]https://www.schleswig-holstein.de/DE/Fachinhalte/M/meeresschutz/helcom.html

OSPAR die Rolle einer Koordinierungsplattform zur regionalen Umsetzung der MSRL im NO-Atlantik an.

Im September 2010 fand eine OSPAR Ministerkonferenz in Bergen statt, auf der der aktuelle Zustand der Meeresumwelt des NO-Atlantiks bewertet, Fortschritte und Umsetzungsdefizite seit der letzten gemeinsamen OSPAR-HELCOM-Ministerkonferenz 2003 identifiziert und weiterer Handlungsbedarf vereinbart wurde. Ein Kernelement dieser Konferenz ist die Verabschiedung der Ministererklärung sowie des Quality Status Report 2010, der ein regionaler Beitrag zur Anfangsbewertung der MSRL sein soll.

Die OSPAR-Regelungen werden in den Küstengewässern Schleswig-Holsteins im Wesentlichen im Rahmen der Trilateralen Wattenmeerkooperation[30] umgesetzt.[31]

6.5 Übereinkommen zur Zusammenarbeit bei der Bekämpfung der Verschmutzung der Nordsee durch Öl und andere Schadstoffe (Bonn-Übereinkommen)

Das Bonn-Übereinkommen (Übereinkommen zur Zusammenarbeit bei der Bekämpfung der Verschmutzung der Nordsee durch Öl und andere Schadstoffe) ist die Einrichtung, mit dem die Nordsee-Staaten und die Europäische Gemeinschaft (die Vertragsparteien) bei der Bekämpfung der Verschmutzung im Bereich der Nordsee aus Schiffskatastrophen und der chronischen Verschmutzung durch Schiffe und Offshore-Einrichtungen zusammenarbeiten und Überwachungsmaßnahmen als eine Hilfe zur Aufdeckung und Bekämpfung von Meeresverschmutzung durchführen.

Auf der Grundlage einer deutschen Initiative wurde dieses wichtige Übereinkommen zum Schutz der Meeresumwelt im Jahr 1969 in der ehemaligen Hauptstadt Bonn geschlossen. Seit dieser Zeit ist Deutschland Verwahrer des Bonn- Übereinkommens. In den Jahren 1983 und 1989 wurde das Übereinkommen erweitert und angepasst, um den neuesten Entwicklungen Rechnung zu tragen. Bei den Nordseeanrainerstaaten handelt es sich um

- Belgien,
- Dänemark,
- Frankreich,
- Deutschland,
- die Niederlande,

[30]Diese „Trilaterale Wattenmeer-Zusammenarbeit" beruht auf der „Gemeinsamen Erklärung zum Schutz des Wattenmeeres" von 1982. Zur Koordination der Aufgaben und Intensivierung der Zusammenarbeit wurde 1987 das Trilaterale Wattenmeersekretariat mit Sitz in Wilhelmshaven gegründet.

[31]https://www.schleswig-holstein.de/DE/Fachinhalte/M/meeresschutz/ospar.html

- Norwegen,
- Schweden

und

- das Vereinigte Königreich mit Nordirland.

Irland soll dem Bonn-Übereinkommen in Kürze beitreten, sodass der Bereich der Nordsee um die irischen Hoheitsgewässer erweitert wird.[32]

Das Bonn-Übereinkommen ist eine der erfolgreichsten multilateralen Vereinbarungen und ist eine Verpflichtung gegenüber der International Maritime Organisation (IMO).

6.6 Richtlinie 1999/32/EG über eine Verringerung des Schwefelgehalts bestimmter flüssiger Kraft- oder Brennstoffe

Ziel der Richtlinie 1999/32/EG ist die Verringerung der Schwefeldioxidemissionen aus der Verbrennung flüssiger Kraft- oder Brennstoffe und die Verringerung der schädlichen Auswirkungen dieser Emissionen auf Mensch und die Umwelt. Dazu sollen Grenzwerte für den Schwefelgehalt dieser Kraft- oder Brennstoffe als Voraussetzung für deren Verwendung im Gebiet der Mitgliedstaaten festgelegt werden. Diese Grenzwerte gelten nicht für u. a.

- in Seeschiffen verwendete aus Erdöl gewonnene flüssige Kraft- oder Brennstoffe

und

- Gasöl für den Seeverkehr in Schiffen, die eine Grenze zwischen einem Drittland und einem Mitgliedstaat überqueren.[33]

Der maximaler Schwefelgehalt von Schwerölen kann bei der Verwendung von Schweröle von einem Mitgliedsstaat mit einem Schwefelgehalt zwischen 1,00 und 3,00 % in seinem gesamten Hoheitsgebiet oder Teilen davon zulassen sein, wenn nicht andere Rechtsvorschriften dem widersprechen.[34]

Der maximale Schwefelgehalt von Gasöl darf seit dem 1. Januar 2008 den Grenzwert von 0,1 % nicht überschreiten.

[32]Presseerklärung zum Bonn-Übereinkommen, 09. Oktober 2009.

[33]Siehe dazu Anlage VI MARPOL73/78.

[34]Vgl. dazu 10. BImSchV.

Die Umsetzung der Richtlinie erfolgt durch landesrechtliche Rechtsetzung. So wurde z. B. eine Ordnungsbehördliche Verordnung zur Umsetzung der Richtlinie 2012/33/EU des Europäischen Parlaments und des Rates vom 21. November 2012 zur Änderung der Richtlinie 1999/32/EG über eine Verringerung des Schwefelgehalts bestimmter flüssiger Kraft- oder Brennstoffe – Nordrhein-Westfalen – vom 1. Juni 2015 erlassen, die u. a. regelt, dass.

- auf Seeschiffen, die an einem Liegeplatz in Häfen in Nordrhein-Westfalen (Häfen in den Regierungsbezirken Düsseldorf und Köln, in denen Seeschiffe) festmachen, nur Schiffskraftstoffe verwendet werden dürfen, deren Gehalt an Schwefelverbindungen, berechnet als Schwefel, 10 Milligramm pro Kilogramm Kraftstoff nicht überschreitet

und

- eine erforderliche Umstellung der Kraftstoffzufuhr so schnell wie möglich zu erfolgen hat und spätestens zwei Stunden nach der Ankunft am Liegeplatz abgeschlossen sein muss – ab diesem Zeitpunkt bis 30 min vor dem Verlassen des Liegeplatzes darf sich nur noch der zugelassene Schiffskraftstoff im Verbrennungsprozess befinden.

6.7 Europäische Abfallregelungen

6.7.1 Verordnung (EG) 1013/2006 über die Verbringung von Abfällen

Die Verordnung (EG) Nummer 1013/2006 vom 14. Juni 2006 über die Verbringung von Abfällen (VVA) enthält ausdrückliche Regelungen für die grenzüberschreitende Verbringung von Abfällen, und zwar zu Verbringungen innerhalb der Europäischen Union, zur Ausfuhr aus der EU, zur Einfuhr in die EU und zur Durchfuhr durch die EU aus und nach Drittstaaten. Sie ist in den Mitgliedstaaten unmittelbar geltendes Recht. Es wird unterschieden zwischen dem Verfahren der vorherigen schriftlichen Notifizierung (Antragstellung bei einer zuständigen Behörde) und Zustimmung (durch die jeweils zuständigen Behörden) und allgemeinen Informationspflichten. Dem Verfahren der vorherigen schriftlichen Notifizierung und Zustimmung unterliegen insbesondere

- alle Abfälle, die beseitigt werden sollen,
- in Anhang IV der Verordnung aufgeführte Abfälle (dies sind speziell gefährliche Abfälle)

und

- nicht gelistete Abfälle, die verwertet werden sollen.

Zum Verfahren der vorherigen schriftlichen Notifizierung und Zustimmung gibt es umfangreiche Verfahrensvorschriften. Danach ist die Verbringung von Abfällen mittels Notifizierungs- und Begleitformular sowie weiterer erforderlicher Unterlagen bei der zuständigen Behörde am Versandort (im Versandstaat) zu beantragen. In Deutschland sind hierfür rund 30 Behörden der Bundesländer zuständig.

Eine Abfallverbringung ist nur zulässig, wenn die zuständige Behörde am Versandort und die zuständige Behörde am Bestimmungsort (im Empfängerstaat) sowie gegebenenfalls die für die Durchfuhr zuständige Behörde in einem oder mehreren Durchfuhrstaaten zugestimmt haben. Im Rahmen des Notifizierungsverfahrens können die zuständigen Behörden Einwände erheben. Einer der Einwände bezieht sich auf (höhere) nationale Rechtsvorschriften im Versandstaat betreffend die Abfallverwertung. Dieser Einwand kann nur erhoben werden, wenn die Kommission und die anderen Mitgliedstaaten vor Anwendung des Einwands über die nationalen Rechtsvorschriften unterrichtet wurden. So hat Deutschland am 7. April 2017 eine Unterrichtung bezüglich der Altholzverordnung und am 17. Oktober 2017 eine Unterrichtung bezüglich der Gewerbeabfallverordnung vorgenommen:

- Unterrichtung bezüglich der Altholzverordnung,
- Unterrichtung bezüglich der Gewerbeabfallverordnung.

Die allgemeinen Informationspflichten besagen, dass bei der Verbringung von Abfällen, die in den Anhängen III, IIIA und IIIB der Verordnung aufgeführt sind, ein Dokument nach Anhang VII der Verordnung mitzuführen ist.

Weiterhin enthält die Verordnung Ausfuhr- und Einfuhrverbote, insbesondere das Verbot der Ausfuhr von gefährlichen Abfällen in Nicht-OECD[35]-Staaten. Zudem gibt es spezielle Ausfuhrregelungen in der Verordnung (EG) Nummer 1418/2007 über die Ausfuhr nicht gefährlicher Abfälle in Nicht-OECD-Staaten.

Schließlich enthält die Verordnung eine Verpflichtung für die Mitgliedstaaten, Kontrollen durchzuführen, Kontrollpläne zu erstellen und Vorschriften für Sanktionen gegen Verstöße festzulegen. Näheres ist im Abfallverbringungsgesetz geregelt.

Die Verordnung trat am 15. Juli 2006 in Kraft und wird seit 12. Juli 2007 angewandt. Berichtigungen der Verordnung (EG) Nr. 1013/2006 wurden am 28. November 2008, am 13. Dezember 2013 und am 22. Oktober 2015 veröffentlicht.[36]

6.7.1.1 Geltungsbereich der Verordnung

Grundsätzlich gilt die Verordnung (EG) 1013/2006 für die Verbringung von Abfällen

[35]OECD = Organisation for Economic Co-operation and Development (Organisation für wirtschaftliche Zusammenarbeit und Entwicklung).

[36]https://www.bmu.de/gesetz/verordnung-eg-nummer-10132006-ueber-die-verbringung-von-abfaellen

a) zwischen Mitgliedstaaten innerhalb der Gemeinschaft oder mit Durchfuhr durch Drittstaaten,
b) aus Drittstaaten in die Gemeinschaft,
c) aus der Gemeinschaft in Drittstaaten,
d) mit Durchfuhr durch die Gemeinschaft von und nach Drittstaaten.

Sie gilt im Gegensatz unter anderem nicht für

- das Abladen von Abfällen an Land, einschließlich der Abwässer und Rückstände, aus dem normalen Betrieb von Schiffen und Offshore-Bohrinseln, sofern diese Abfälle unter Marpol 73/78[37] oder andere bindende internationale Übereinkünfte fallen
- Abfälle, die in Fahrzeugen und Zügen sowie an Bord von Luftfahrzeugen und Schiffen anfallen, und zwar bis zum Zeitpunkt des Abladens dieser Abfälle zwecks Verwertung oder Beseitigung.[38]

6.7.1.2 Notifizierung

Der Begriff der Notifizierung beschreibt ein Verfahren, in dem die EU-Mitgliedstaaten die Europäische Kommission und in einigen Fällen auch die anderen Mitgliedstaaten über einen Rechtsakt in Kenntnis setzen müssen, bevor dieser als nationale Rechtsvorschrift Geltung entfalten kann. Die Pflicht zur Anzeige gegenüber der Kommission kann derart ausgestaltet sein, dass diese über den Rechtsakt lediglich zu unterrichten ist, oder die Anzeige der Kommission eine Prüfungsmöglichkeit hinsichtlich der Vereinbarkeit des Rechtsakts mit dem Gemeinschaftsrecht eröffnet. Im letztgenannten Fall beginnt mit Übermittlung des Rechtsakts die in der Regel zwischen drei und sechs Monate dauernde Sperr- oder Stillhaltefrist.

Während dieses Zeitraums besteht ein Durchführungsverbot, d. h. es ist dem Mitgliedstaat untersagt, die Anwendung des betreffenden Rechtsakts zu veranlassen. Das Gemeinschaftsrechtmacht keine Vorgaben, auf welche Art und Weise die Mitgliedstaaten dem Durchführungsverbot genügen müssen. Verstreicht die Sperrfrist, ohne dass die Kommission Bedenken oder Einwände erhebt, ist es dem Mitgliedstaat gestattet, den Rechtsakt in Kraft treten zu lassen.[39]

Beim Notifizierungsverfahren nach der Verordnung (EG) 1013/2006 müssen Abfälle vor Beginn der Abfallverbringungen und für jeden Abfalltransport vorkontrolliert werden. Der Exporteur hat die geplante Verbringung von Abfällen mittels Notifizierungs- und Begleitformular sowie weiterer erforderlicher Unterlagen bei der in seinem Heimatland zuständigen Behörde zu beantragen. Hilfestellung zum Ausfüllen der

---

[37]Siehe Abschn. 3.3.

[38]Siehe Abschn. 6.2.

[39]https://www.bundestag.de/blob/190866/d372b187d0228b27956769ab67d5c8ef/notifizierungs-verfahren-data.pdf

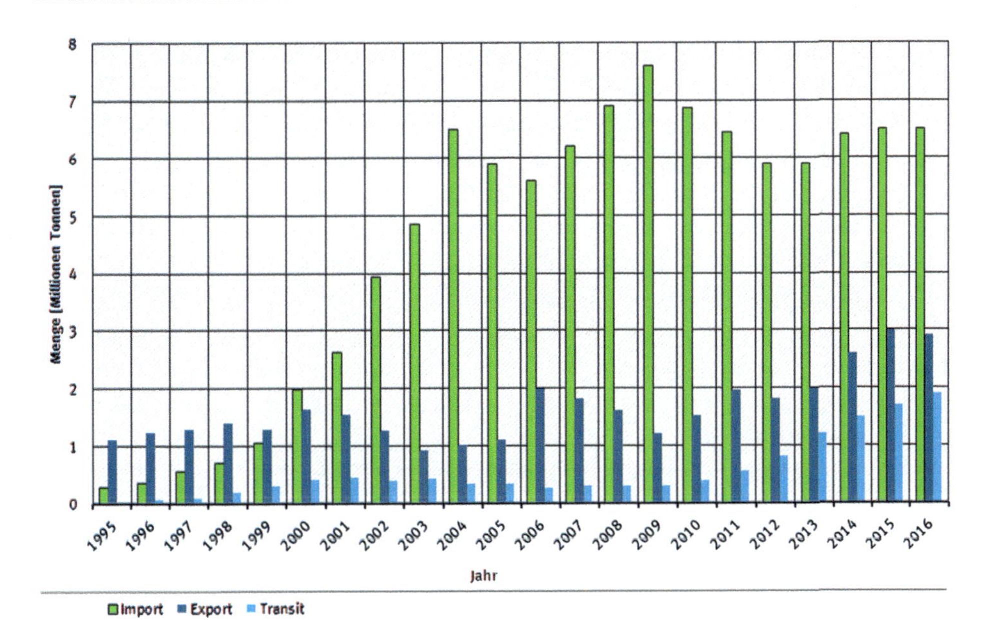

Abb. 6.4 Notifizierungsverfahren bis 2012 (https://www.umweltbundesamt.de/themen/abfall-ressourcen/grenzueberschreitende-abfallverbringung/grenzueberschreitende-abfallstatistik)

Formulare enthält eine Ausfüllanleitung, die auch Vorgaben für die Rahmengröße der Formulare macht. In Deutschland wird der Formularsatz von den zuständigen Behörden herausgegeben, oder von lizensierten Druckereien, Entsorgern sowie Softwareherstellern erstellt (DE gefolgt von der vierstelligen Lizenznummer und der darauf folgenden sechsstelligen Notifizierungsnummer).[40]

Grenzüberschreitende Abfallverbringungen sind nur dann zulässig, wenn vorher die zuständigen Behörden am Versandort (Exportstaat) und am Bestimmungsort (Importstaat) schriftlich zugestimmt haben. Für die Durchfuhr zuständige Behörden (Transitstaaten) müssen zumindest stillschweigend zugestimmt haben. Die Zustimmungen aller Behörden müssen gesammelt vorliegen (Abb. 6.4).[41]

Die für Deutschland veröffentlichten Daten zum grenzüberschreitenden Transport von Abfällen zeigen, dass dieser überwiegend zwischen Nachbarstaaten stattfindet, wobei insbesondere Abfälle aus dem grenznahen Raum ausgeführt werden. Die durchschnittliche Transportentfernung zwischen dem Ort, wo der Abfall anfiel, und der Entsorgung liegt im Mittel unter 500 km.

[40]https://www.umweltbundesamt.de/themen/abfall-ressourcen/grenzueberschreitende-abfallverbringung/notifizierungsverfahren

[41]Ebenda.

Für die Entscheidung über Abfallverbringungen, die durch das Bundesgebiet erfolgen sollen oder erfolgen, und die damit verbundene Verwertung oder Beseitigung, die dem Verfahren der vorherigen schriftlichen Notifizierung und Zustimmung unterliegen, ist gemäß § 14 Abfallverbringungsgesetz das Umweltbundesamt zuständig.

Eine Notifizierung muss die Verbringung der Abfälle vom ursprünglichen Versandort einschließlich ihrer vorläufigen und nicht vorläufigen Verwertung oder Beseitigung umfassen. Erfolgen die anschließenden vorläufigen oder nicht vorläufigen Verfahren in einem anderen Staat als dem ersten Empfängerstaat, so sind das nicht vorläufige Verfahren und sein Bestimmungsort in der Notifizierung anzugeben und ein erneutes Notifizierungsverfahren durchzuführen.

6.7.1.3 Ausfuhrverbot

Die Ausfuhr von zur Verwertung bestimmter Abfälle aus der Gemeinschaft in Staaten, die weder EU-Mitgliedsstaaten sind noch dem Basler-Übereinkommen unterliegen, ist grundsätzlich verboten.[42] Dies gilt für

- in Anhang V aufgeführte gefährliche Abfälle,
- in Anhang V Teil 3 aufgeführte Abfälle
- gefährliche Abfälle, die nicht in einem Einzeleintrag in Anhang V eingestuft sind,
- Gemische gefährlicher Abfälle sowie Gemische gefährlicher und nicht gefährlicher Abfälle, die nicht in einem Einzeleintrag in Anhang V eingestuft sind,
- Abfälle, die vom Empfängerstaat gemäß Artikel 3 des Basler Übereinkommens als gefährlich notifiziert worden sind,
- Abfälle, deren Einfuhr der Empfängerstaat verboten hat,

und

- Abfälle, die nach der begründeten Annahme der zuständigen Behörde am Versandort im betreffenden Empfängerstaat nicht auf umweltgerechte Weise im Sinne des Artikels 49 behandelt werden.

Der Anhang V besteht aus drei Teilen, wobei die Teile 2 und 3 nur gelten, wenn Teil 1 keine Anwendung findet. Um festzustellen, ob ein bestimmter Abfall in diesem Anhang aufgeführt ist, muss daher zuerst geprüft werden, ob der Abfall in Teil 1 dieses Anhangs aufgeführt ist, wenn das nicht der Fall ist, ob er in Teil 2 aufgeführt ist, und wenn das nicht zutrifft, ob er in Teil 3 aufgeführt ist. Teil 1 des Anhangs ist in zwei Abschnitte unterteilt

[42] Art. 36 Verordnung (EG) 1013/2006.

- Liste A[43] führt Abfälle auf, die gemäß Artikel 1 Absatz 1 Buchstabe a des Basler Übereinkommens als gefährliche Abfälle eingestuft sind und daher unter das Ausfuhrverbot fallen, z. B.
  - A1030 Abfälle, die als Bestandteile oder als Verunreinigungen Folgendes enthalten:
    Arsen, Arsenverbindungen
    Quecksilber, Quecksilberverbindungen
    Thallium, Thalliumverbindungen,
- Liste B[44] führt Abfälle auf, die nicht von Artikel 1 Absatz 1 Buchstabe a des Basler Übereinkommens erfasst werden und daher nicht unter das Ausfuhrverbot fallen, z. B.
  - B1030 Refraktärmetallhaltige Rückstände (hochschmelzende Metalle).

Ist ein Abfall in Teil 1 aufgeführt, so muss geprüft werden, ob er in Liste A oder B aufgeführt ist. Nur wenn ein Abfall weder in Liste A noch in Liste B von Teil 1 aufgeführt ist, muss geprüft werden, ob er entweder unter den gefährlichen Abfällen in Teil 2 (d. h. den mit einem Sternchen gekennzeichneten Abfälle) oder in Teil 3 aufgeführt ist. Trifft das zu, fällt der Abfall unter das Ausfuhrverbot.

6.7.2 Richtlinie 2008/98/EG über Abfälle und zur Aufhebung bestimmter Richtlinien

Die Richtlinie 2008/98/EG über Abfälle und zur Aufhebung bestimmter Richtlinien (Abfallrahmenrichtlinie), ist am 12. Dezember 2008 in Kraft getreten. Die Richtlinie legt einen Rechtsrahmen für den Umgang mit Abfällen in der EU fest. Ziel der Richtlinie ist, Umwelt, menschliche Gesundheit und Ressourcen zu schützen. Sie soll die EU dem Ziel einer „Recycling-Gesellschaft" näher bringen, indem mehr Abfälle getrennt erfasst und einer Verwertung zugeführt werden.

Wesentliche Regelungen der Abfallrahmenrichtlinie betreffen unter anderem die Präzisierung und Definition zentraler Rechtsbegriffe des Abfallrechts, die Festlegung einer neuen fünfstufigen Abfallhierarchie

- Vermeidung,
- Vorbereitung zur Wiederverwendung,
- Recycling,
- sonstige Verwertung, zum Beispiel energetische Verwertung,
- Beseitigung

[43] Anlage VIII des Basler Übereinkommens.

[44] Anlage IX des Basler Übereinkommens.

welche die bisherige dreistufige Rangfolge

- Vermeiden,
- Verwerten,
- Beseitigen

ablöst, Regelungen zur Bestimmung von Nebenprodukten und zum Ende der Abfalleigenschaft, die eigenständige Definitionen als „Gegenbegriff" zum Abfallbegriff darstellen, Anforderungen bezüglich Abfallvermeidung und die Pflicht der Mitgliedstaaten, Abfallvermeidungsprogramme zu erstellen, sowie Recyclingquoten für Siedlungsabfälle (50 %) und Bau- und Abbruchabfälle (70 %), die bis 2020 zu erreichen sind.

In der Abfallrahmenrichtlinie wurde zudem der Grundsatz der Produktverantwortung verankert. Diese kann eine Verpflichtung des Herstellers zur Rücknahme und Beseitigung zurückgegebener Erzeugnisse nach der Verwendung beinhalten. Für gefährliche Abfälle, Altöl und Bioabfall enthält die Abfallrahmenrichtlinie zudem besondere Bestimmungen.

In Deutschland wurde die Richtlinie durch das Gesetz zur Förderung der Kreislaufwirtschaft und Sicherung der umweltverträglichen Bewirtschaftung von Abfällen (Kreislaufwirtschaftsgesetz)[45] in nationales Recht umgesetzt.

6.7.3 Richtlinie 94/62/EG über Verpackungen und Verpackungsabfälle

Ziel der im Jahre 1994 durch das Europäische Parlament und den Rat verabschiedeten Richtlinie über Verpackungen und Verpackungsabfälle ist die Harmonisierung der unterschiedlichen Maßnahmen der Mitgliedsstaaten im Bereich der Verpackungen und Verpackungsabfallbewirtschaftung und die Sicherung eines hohen Umweltschutzniveaus.[46]

Die Richtlinie strebt an, Abfälle aus Verpackungen in erster Linie zu vermeiden, unvermeidbare Abfälle zu verwerten und als Folge daraus eine Verringerung der Beseitigung von Verpackungsabfällen zu erreichen.

> Einweg-Plastiktüten haben sich als überflüssig erwiesen. Sie sind heute ein Auslaufmodell, auch weil es gute Alternativen gibt. Wir haben damit eine Blaupause für andere unnötige Verpackungen und kurzlebige Kunststoffprodukte, die schnell im Müll oder manchmal direkt in der Umwelt landen. Wir brauchen gleichzeitig deutlich mehr Recycling und mehr Vertrauen in unsere

[45] Siehe Abschn. 4.3.

[46] https://www.bmu.de/themen/wasser-abfall-boden/abfallwirtschaft/abfallarten-abfallstroeme/verpackungsabfaelle/richtlinie-ueber-verpackungen-und-verpackungsabfaelle

Entsorgungssysteme. Hier ist das Engagement des Handels und der Abfallwirtschaft weiter gefragt. Am Ende sollten nur noch Kunststoffe verwendet werden, die sich einfach recyceln lassen.[47]

Literatur

1. Maunz/Düring, Grundgesetz Kommentar, Verlag C.H. Beck, 2018

[47]Presseerklärung Bundesumweltministerin Svenja Schulze, 07.06.2018.

Nationale Rechtsetzungen 7

7.1 Gesetz zur Ordnung des Wasserhaushalts (Wasserhaushaltsgesetz – WHG)

Die wichtigsten Regelungen auf Bundesebene sind im Gesetz zur Ordnung des Wasserhaushalts (Wasserhaushaltsgesetz vom 31. Juli 2009), verankert. Die am 1. September 2006 in Kraft getretene Reform des Grundgesetzes (Föderalismusreform)[1] ermöglichte es dem Bund erstmals für das Wasserrecht, als einem zentralen Bereich des Umweltrechts, eine Vollregelung schaffen. In der alten Fassung (a.F.) des Grundgesetzes (GG) fiel das Wasserrecht nach Art. 75 unter die Rahmengesetzgebungskompetenz des Bundes. Das bislang auf Grundlage von Art. 75 Abs. 1 Nr. 4 GG a.F. erlassene Wasserhaushaltsgesetz musste daher stets durch die entsprechenden Landesgesetze ausgefüllt werden. Mit der Föderalismusreform wurden die Zuständigkeiten zwischen Bund und Ländern neu geordnet. Die Rahmengesetzgebung ist abgeschafft und der Bereich des Wasserrechts wurde in die konkurrierende Gesetzgebung überführt. Der Bund hat damit die volle Gesetzgebungskompetenz (vgl. Art. 72 Abs. 1 GG), ohne dabei den Einschränkungen durch die Erforderlichkeitsklausel[2] nach Art. 72 Abs. 2 GG zu unterliegen. Einschränkungen ergeben sich allerdings gemäß Art. 72 Abs. 3 GG mit den neu

[1]Siehe Kap. 2.2.

[2]Mit der Erforderlichkeitsklausel werden die Voraussetzungen in Art. 72 Abs. 2 GG für die konkurrierende Gesetzgebung und die Rahmengesetzgebung bezeichnet. Diese sind gegeben, wenn und soweit die Herstellung gleichwertiger Lebensverhältnisse im Bundesgebiet oder die Wahrung der Rechts- oder Wirtschaftseinheit im gesamtstaatlichen Interesse eine bundeseinheitliche Regelung erforderlich machen.

U. Jacobshagen, *Umweltschutz und Gefahrguttransport für Binnen- und Seeschifffahrt*,
https://doi.org/10.1007/978-3-658-25929-7_7

geschaffenen Abweichungsmöglichkeiten der Länder. Demnach können die Länder von den Regelungen des Bundes abweichen, soweit es sich nicht um anlagen- beziehungsweise stoffbezogene Regelungen handelt, denn diese sind für den Bereich des Wasserrechts abweichungsfest, Art. 72 Abs. 3 Nr. 5 GG.[3]

7.1.1 Geltungsbereich und Anwendung

Das WHG soll durch eine nachhaltige Gewässerbewirtschaftung die Gewässer als Bestandteil des Naturhaushalts, als Lebensgrundlage des Menschen, als Lebensraum für Tiere und Pflanzen sowie als nutzbares Gut schützen. Dazu ist es auf folgende Gewässerteile anzuwenden:

- die oberirdischen Gewässer,
- das Küstengewässer,
- das Grundwasser

und

- auch für Teile dieser Gewässer.

Der Begriff Meeresgewässer, für den die Vorschriften des § 23, des Kapitels 2 Abschnitt 3a und des § 90 gelten, ist hier anders zu definieren als der in der Meeresstrategie-Richtlinie der EU vorgesehen. Danach sind Meeresgewässer

- die Küstengewässer sowie die Gewässer im Bereich der deutschen ausschließlichen Wirtschaftszone und des Festlandsockels, jeweils einschließlich des Meeresgrundes und des Meeresuntergrundes.[4]

Eigentümer der Bundeswasserstraßen ist nach Art. 89 GG der Bund. Welche Wasserstraßen dazugehören, definiert der § 1 WaStrG und unterteilt diese Wasserstraßen in See- und Binnenwassersstraßen:

Bundeswasserstraßen nach diesem Gesetz sind

1. die Binnenwasserstraßen des Bundes, die dem allgemeinen Verkehr dienen; als solche gelten die in der Anlage 1 aufgeführten Wasserstraßen; dazu gehören auch alle Gewässerteile, die

[3]https://www.umweltbundesamt.de/themen/wasser/wasserrecht#textpart-2
[4]Vgl. § 3 WHG.

   a) mit der Bundeswasserstraße in ihrem Erscheinungsbild als natürliche Einheit anzusehen sind,
   b) mit der Bundeswasserstraße durch einen Wasserzu- oder -abfluss in Verbindung stehen,
   c) einen Schiffsverkehr mit der Bundeswasserstraße zulassen und
   d) im Eigentum des Bundes stehen,
2. die Seewasserstraßen.

Dabei sind die Seewasserstraßen die Flächen zwischen der Küstenlinie bei mittlerem Hochwasser oder der seewärtigen Begrenzung der Binnenwasserstraßen und der seewärtigen Begrenzung des Küstenmeeres.

Der Grundsatz des § 5 WHG definiert die Anforderungen an die Allgemeinheit und somit auch an die staatliche Gewalt:

Übersicht

Jede Person ist verpflichtet, bei Maßnahmen, mit denen Einwirkungen auf ein Gewässer verbunden sein können, die nach den Umständen erforderliche Sorgfalt anzuwenden, um

1. eine nachteilige Veränderung der Gewässereigenschaften zu vermeiden,
2. eine mit Rücksicht auf den Wasserhaushalt gebotene sparsame Verwendung des Wassers sicherzustellen,
3. die Leistungsfähigkeit des Wasserhaushalts zu erhalten und
4. eine Vergrößerung und Beschleunigung des Wasserabflusses zu vermeiden.

7.1.2 Erlaubnis und Bewilligung zur Benutzung

Grundsätzlich bedarf die Benutzung eines Gewässers einer Erlaubnis oder einer Bewilligung, soweit nicht durch dieses Gesetz oder aufgrund dieses Gesetzes erlassener Vorschriften etwas anderes bestimmt ist. Diese Erlaubnis oder Bewilligung stellt im strafrechtlichen Sinne eine Befugnis zur tatbestandsmäßigen Gewässerverunreinigung dar und gilt somit als Rechtfertigungsgrund.[5] Die Erlaubnis gewährt die Befugnis, die Bewilligung das Recht, ein Gewässer zu einem bestimmten Zweck in einer nach Art und Maß bestimmten Weise zu benutzen. Aber weder Erlaubnis noch Bewilligung geben einen Anspruch auf Zufluss von Wasser in einer bestimmten Menge und Beschaffenheit.

Benutzungen von Gewässern in diesem Sinne sind

[5]Siehe Kap. 7.4.3.3.

1. das Entnehmen und Ableiten von Wasser aus oberirdischen Gewässern,
2. das Aufstauen und Absenken von oberirdischen Gewässern,
3. das Entnehmen fester Stoffe aus oberirdischen Gewässern, soweit sich dies auf die Gewässereigenschaften auswirkt,
4. das Einbringen und Einleiten von Stoffen in Gewässer,
5. das Entnehmen, Zutagefördern, Zutageleiten und Ableiten von Grundwasser

und, soweit nicht bereits eine oben genannte Benutzung vorliegt, auch

6. das Aufstauen, Absenken und Umleiten von Grundwasser durch Anlagen, die hierfür bestimmt oder geeignet sind,
7. Maßnahmen, die geeignet sind, dauernd oder in einem nicht nur unerheblichen Ausmaß nachteilige Veränderungen der Wasserbeschaffenheit herbeizuführen,
8. das Aufbrechen von Gesteinen unter hydraulischem Druck zur Aufsuchung oder Gewinnung von Erdgas, Erdöl oder Erdwärme, einschließlich der zugehörigen Tiefbohrungen,
9. die untertägige Ablagerung von Lagerstättenwasser, das bei Maßnahmen nach Nummer 3 oder anderen Maßnahmen zur Aufsuchung oder Gewinnung von Erdgas oder Erdöl anfällt.

7.1.3 Gemeingebrauch

Eine besondere Form der Befugnis stellt der sogenannte Gemeingebrauch dar. Danach darf jede Person oberirdische Gewässer in einer Weise und in einem Umfang benutzen, wie dies nach Landesrecht als Gemeingebrauch zulässig ist, soweit nicht Rechte anderer dem entgegenstehen und soweit Befugnisse oder der Eigentümer- oder Anliegergebrauch anderer nicht beeinträchtigt werden. Der Gemeingebrauch umfasst aber nicht das Einbringen und Einleiten von Stoffen in oberirdische Gewässer.[6]

Die Länder können den Gemeingebrauch erstrecken auf

- das schadlose Einleiten von Niederschlagswasser,
- das Einbringen von Stoffen in oberirdische Gewässer für Zwecke der Fischerei, wenn dadurch keine signifikanten nachteiligen Auswirkungen auf den Gewässerzustand zu erwarten sind.

Die Landeswassergesetze der Länder können und müssen auf Grundlage dieser mittlerweile konkurrierenden Gesetzgebung des Bundes[7] eigene Rechtsnormen geschaffen haben, um den Gemeingebrauch in Weise und Umfang zu regeln.

[6] Vgl. § 25 WHG.

[7] Siehe Kap. 2.2.

Beispielsweise hat das Land Nordrhein-Westfalen den Gemeingebrauch zu § 25 WHG in § 19 LWG NRW umgesetzt:

Jede Person darf *natürliche* oberirdische Gewässer zum Baden, Viehtränken, Schwemmen, Schöpfen mit Handgefäßen, Eissport und Befahren mit kleinen Fahrzeugen ohne eigene Triebkraft benutzen, Wasser mittels fahrbarer Behältnisse entnehmen sowie Wasser aus einer erlaubnisfreien Bodenentwässerung landwirtschaftlich, forstwirtschaftlich oder gärtnerisch genutzter Grundstücke einleiten, *soweit* nicht andere Rechtsvorschriften oder Rechte anderer entgegenstehen, insbesondere schädliche Gewässerveränderungen nicht zu erwarten sind, und soweit Befugnisse oder der Eigentümer- oder Anliegergebrauch anderer dadurch nicht beeinträchtigt werden. Satz 1 gilt nicht für künstliche Gewässer.

Darüber hinaus darf jedermann schiffbare Gewässer mit Wasserfahrzeugen befahren[8] und auf nicht schiffbaren Gewässern darf Befahren des Gewässers nur mit widerruflicher Genehmigung der zuständigen Behörde ausgeübt werden. Für Fahrzeuge mit Verbrennungsmotoren darf sie nur erteilt werden, wenn die Schifffahrt dem öffentlichen Interesse oder der Betreuung des Kanu- oder des Rudersports dient und dem Unternehmer die Schifffahrt mit elektrisch angetriebenen Fahrzeugen nicht zugemutet werden kann.[9]

Ähnliche Regelungen trifft z. B. das Landeswassergesetz Schleswig-Holstein:

Jedermann darf unter den Voraussetzungen des § 25 WHG die oberirdischen Gewässer zum Baden, Waschen, Tränken, Schwemmen und Eissport benutzen.[10]

Darüber hinaus dürfen die fließenden Gewässer und die landeseigenen Seen mit kleinen Fahrzeugen ohne Motorkraft befahren werden. Auch dürfen nicht schiffbare Gewässer erster Ordnung und Gewässer zweiter Ordnung, mit Ausnahme von Sportboothäfen, mit Motorfahrzeugen befahren werden, wenn dafür eine Genehmigung erteilt wurde[11]. Das Befahren aller anderen bundeseigenen Gewässer ist somit genehmigungsfrei.

[8]Vgl. § 19 Abs. 4 LWG NRW.

[9]Vgl. § 19 Abs. 5 LWG NRW.

[10]Vgl. § 14 Abs. 1 LWG SH.

[11]Vgl. § 15 LWG.

7.1.4 Rechtsetzungsermächtigung

Das neue WHG enthält eine umfassende zentrale Verordnungsermächtigung in § 23, die durch weitere spezielle Ermächtigungsvorschriften im WHG ergänzt wird. Auf diesen Weg sollen verbindliche europäische Vorgaben bundesweit einheitlich umgesetzt werden, ohne das WHG mit Detailregelungen zu überfrachten. Diese Ermächtigungen ermöglichten bereits den Erlass der Oberflächengewässerverordnung und der Grundwasserverordnung.[12]

Seit 1976 werden bundesweit geltende Mindestanforderungen an das Einleiten von Abwasser in Gewässer und somit an Abwasseranfall, -vermeidung und -behandlung gestellt. Grundlage dieser Mindestanforderungen ist seit 1996 der Stand der Technik (§ 3 Nr. 11 WHG). Die zulässige Schadstofffracht wird also dadurch bestimmt, wie für die jeweilige Branche die Emissionen in das Wasser minimiert werden können, wenn technisch und wirtschaftlich durchführbare, fortschrittliche Verfahren eingehalten werden.

Konkretisiert werden diese Anforderungen in einer Rechtsverordnung des Bundes, der Abwasserverordnung vom 17. Juni 2004. Die Abwasserverordnung wird seither stetig aktualisiert und enthält Regelungen und Emissionsgrenzwerte, die unter anderem den Stand der Technik beschreiben.[13]

7.1.4.1 Oberflächengewässerverordnung (OGewV)

Nach § 23 Absatz 1 Nummern 1 bis 3 und 8 bis 12 sowie Absatz 2 des WHG sind konkrete Anforderungen an die Gewässereigenschaften, an die Benutzung von Gewässern sowie Ermittlung, Beschreibung, Festlegung und Einstufung sowie Darstellung des Gewässerzustands durch eine Bundesverordnung zu regeln. Dasselbe gilt für die Überwachung der Gewässereigenschaften, die Anforderungen an Messmethoden und -verfahren sowie die wirtschaftliche Analyse.

Auf Grundlage dieser Ermächtigung wurde am 25. Juli 2011 die Oberflächengewässerverordnung (OGewV) verabschiedet. Diese Verordnung regelt bundeseinheitlich die detaillierten Aspekte des Schutzes der Oberflächengewässer und enthält Vorschriften zur Kategorisierung, Typisierung und Abgrenzung von Oberflächenwasserkörpern entsprechend den Anforderungen der EU-Wasserrahmenrichtlinie (WRRL).[14]

Der Zweck der OGewV ist der Schutz der Oberflächengewässer und der wirtschaftlichen Analyse der Nutzungen ihres Wassers. Die jeweils zuständige Behörde stuft dazu den ökologischen Zustand eines Oberflächenwasserkörpers in die Klassen sehr guter, guter, mäßiger, unbefriedigender oder schlechter Zustand ein. Die Qualitätsstandards, der Zustand sowie die Abgrenzung der Gewässerlagen richten sich im Weiteren nach den Anlagen zur OGewV:

---

[12]https://www.umweltbundesamt.de/themen/wasser/wasserrecht#textpart-2

[13]https://www.umweltbundesamt.de/themen/wasser/wasserrecht#textpart-2

[14]https://www.umweltbundesamt.de/themen/wasser/wasserrecht/recht-der-oberflaechengewaesser

Anlage 1	Lage, Grenzen und Zuordnung der Oberflächenwasserkörper; typspezifische Referenzbedingungen
Anlage 2	Zusammenstellung der Gewässerbelastungen und Beurteilung ihrer Auswirkungen
Anlage 3	Qualitätskomponenten zur Einstufung des ökologischen Zustands und des ökologischen Potenzials
Anlage 4	Einstufung des ökologischen Zustands und des ökologischen Potenzials
Anlage 5	Bewertungsverfahren und Grenzwerte der ökologischen Qualitätsquotienten für die verschiedenen Gewässertypen
Anlage 6	Umweltqualitätsnormen für flussgebietsspezifische Schadstoffe zur Beurteilung des ökologischen Zustands und des ökologischen Potenzials
Anlage 7	Allgemeine physikalisch-chemische Qualitätskomponenten
Anlage 8	Umweltqualitätsnormen zur Beurteilung des chemischen Zustands
Anlage 9	Anforderungen an Analysenmethoden, an Laboratorien und an die Beurteilung der Überwachungsergebnisse
Anlage 10	Überwachung des ökologischen Zustands, des ökologischen Potenzials und des chemischen Zustands; Überwachungsnetz; zusätzliche Überwachungsanforderungen
Anlage 11	Anforderungen an die Festlegung der repräsentativen Überwachungsstellen für Stoffe der Beobachtungsliste
Anlage 12	Darstellung des ökologischen Zustands, des ökologischen Potenzials und des chemischen Zustands; Kennzeichnung von Oberflächenwasserkörpern
Anlage 13	Ermittlung langfristiger Trends.

Die OGewV setzt ferner EU-Vorgaben zu Umweltqualitätsnormen, zu Qualitätsanforderungen an die Analytik und zur Interkalibrierung in nationales Recht um. Sie formuliert unter anderem Maßgaben an die Bestandsaufnahme der Belastungen und zum chemischen und ökologischen Zustand bzw. Potenzial, zum Beispiel über die Festlegung flussgebietsspezifischer Umweltqualitätsnormen.[15]

7.1.4.2 Grundwasserverordnung (GrWO)

Die Grundwasserverordnung (Verordnung zur Umsetzung der Richtlinie 80/68/EWG des Rates vom 17. Dezember 1979 über den Schutz des Grundwassers gegen Verschmutzung durch bestimmte gefährliche Stoffe) dient zur Umsetzung der EWG-Grundwasserrichtlinie von 1979 (ABl. EG Nr. L 20, S. 43) und damit dem Schutz des Grundwassers gegen Verschmutzung durch bestimmte gefährliche Stoffe.

Die Lage und Grenze sowie die Beschreibung der Grundwasserkörper wird von der zuständigen Behörde seit dem 22.12.2013 alle sechs Jahre überprüft und aktualisiert. Dazu sind in der GrWO die Anlagen enthalten, nach denen die Überwachungen durchgeführt werden:

[15]https://www.umweltbundesamt.de/themen/wasser/wasserrecht/recht-der-oberflaechengewaesser

Anlage 1	Beschreibung der Grundwasserkörper
Anlage 2	Schwellenwerte
Anlage 3	Überwachung des mengenmäßigen Grundwasserzustands
Anlage 4	Überwachung des chemischen Grundwasserzustands und der Schadstofftrends
Anlage 4a	Ableitung von Hintergrundwerten für hydrogeochemische Einheiten
Anlage 5	Anforderungen an Analysemethoden, Laboratorien und die Beurteilung der Überwachungsergebnisse
Anlage 6	Ermittlung steigender Trends, Ermittlung der Trendumkehr
Anlage 7	Liste gefährlicher Schadstoffe und Schadstoffgruppen
Anlage 8	Liste sonstiger Schadstoffe und Schadstoffgruppen.

Inzwischen gibt es die Richtlinie 2006/118/EG vom 12. Dezember 2006 zum Schutz des Grundwassers vor Verschmutzungen und Verschlechterungen (GWRL), die am 16. Januar 2007 in Kraft getreten ist. Sie ist eine Tochterrichtlinie der Wasserrahmenrichtlinie (WRRL).

Diese Grundwasserrichtlinie hätte innerhalb von zwei Jahren in das deutsche Recht umgesetzt werden müssen; dies verzögerte sich unter anderem durch das Scheitern des Umweltgesetzbuches, in dem ein eigenes Wasserbuch geplant war. Das Wasserhaushaltsgesetz vom 31. Juli 2009 hat Teile der Richtlinie mit der GrWO umgesetzt.

7.1.4.3 Abwasserverordnung (AbwV)

Um die Gewässer gegen Verunreinigungen zu schützen, dürfen Abwassereinleitungen gemäß § 57 Absatz 1 Wasserhaushaltsgesetz (WHG) nur erlaubt werden, wenn die Schadstofffracht des Abwassers so gering gehalten wird, wie dies nach dem Stand der Technik möglich ist. Die konkreten Vorgaben sind in der Abwasserverordnung (AbwV) festgelegt:

Übersicht

Eine Erlaubnis für das Einleiten von Abwasser in Gewässer (Direkteinleitung) darf nur erteilt werden, wenn

1. die Menge und Schädlichkeit des Abwassers so gering gehalten wird, wie dies bei Einhaltung der jeweils in Betracht kommenden Verfahren nach dem Stand der Technik möglich ist,
2. die Einleitung mit den Anforderungen an die Gewässereigenschaften und sonstigen rechtlichen Anforderungen vereinbar ist und
3. Abwasseranlagen oder sonstige Einrichtungen errichtet und betrieben werden, die erforderlich sind, um die Einhaltung der Anforderungen nach den Nummern 1 und 2 sicherzustellen.[16]

[16] Vgl. § 57 Abs. 1 WHG.

Mit der Verordnung sind für insgesamt 53 Sektoren bundeseinheitliche Anforderungen an das Einleiten von Abwasser in Gewässer als Anhänge zur Abwasserverordnung festgelegt worden. Für die Abwasserentsorgung der Privathäuser sind die Kommunen zuständig.[17]

In der Abwasserverordnung werden die Schnittstellen zwischen den Umweltmedien Abfall, Luft, Boden und Wasser zusammenhängend beurteilt. So soll vermieden werden, dass Schutzregeln für das Wasser nicht zulasten von Luft, Abfall oder Boden gehen. Der Stand der Technik ist mit der Umsetzung der IVU-Richtlinie (Integrierte Vermeidung und Verminderung der Umweltverschmutzung) in allen Umweltgesetzen einheitlich als Grundlage der integrierten Betrachtung festgelegt. In der Abwasserverordnung sollen daher zukünftig die Anforderungen an das Einleiten von Abwasser stärker an dem medienübergreifenden Stand der Technik ausgerichtet werden. Für das Abwasser sind die gesamte Abwasserentsorgungskette (Stoffeinsatz, Vermeidungsmaßnahmen, Kanalisation, Kläranlage) und die Schnittstellen zu den übrigen Umwelt-Medien zu betrachten.[18]

7.1.4.4 Verordnung über Anlagen zum Umgang mit wassergefährdenden Stoffen (AwSV)

Die AwSV dient dem Schutz der Gewässer vor nachteiligen Veränderungen ihrer Eigenschaften durch Freisetzungen von wassergefährdenden Stoffen aus Anlagen zum Umgang mit diesen Stoffen. Dazu werden Stoffe und Gemische, mit denen in Anlagen umgegangen wird, entsprechend ihrer Gefährlichkeit als nicht wassergefährdend oder in eine der folgenden Wassergefährdungsklassen eingestuft:

- Wassergefährdungsklasse 1
  - schwach wassergefährdend,
- Wassergefährdungsklasse 2
  - deutlich wassergefährdend,
- Wassergefährdungsklasse 3
  - stark wassergefährdend.

Bestimmte Stoffe und Gemische gelten als allgemein wassergefährdend und werden nicht in Wassergefährdungsklassen eingestuft, z. B. aufschwimmende flüssige Stoffe, die vom Umweltbundesamt im Bundesanzeiger veröffentlicht worden sind.

Wurden aus wissenschaftlichen Prüfungen für den einen in eine WGK einzuordnenden Stoff R-Sätze oder Gefahrenhinweise in der jeweils geltenden Fassung abgeleitet, werden den R-Sätzen bzw. Gefahrenhinweisen Bewertungspunkte zugeordnet.

[17] https://www.bmu.de/themen/wasser-abfall-boden/binnengewaesser/abwasser

[18] Ebenda.

Wurden wissenschaftliche Prüfungen zur akuten oralen oder dermalen Toxizität oder zu Auswirkungen auf die Umwelt für den jeweiligen Stoff nicht durchgeführt, werden dem Stoff Vorsorgepunkte nach Maßgabe von Nummer 4.3 der Anlage 1 AwSV zugeordnet, z. B

- Sind zu einem Stoff keine Informationen zur akuten oralen und dermalen Toxizität vorhanden, werden dem Stoff 4 Vorsorgepunkte zugewiesen.

Aus der Summe der Bewertungs- und Vorsorgepunkte für den jeweiligen Stoff wird die Wassergefährdungsklasse nach Maßgabe von Nummer 4.4 ermittelt.

Die Ermittlung der Wassergefährdungsklasse für einen Stoff ergibt sich aus der Summe der in Anlage 1 AwSV zu ermittelnden Bewertungs- und Vorsorgepunkten für den jeweiligen Stoff. Dabei sind die Bewertungspunkte in der Anlage 1 bestimmten R-Sätzen oder den jeweiligen Gefahrenhinweisen zugeordnet, z. B.

- R27 – sehr giftig bei Berührung mit der Haut 4 Bewertungspunkte oder
- H310 – Lebensgefahr bei Hautkontakt 4 Bewertungspunkte

Diese Risiko-Sätze wurden in der Richtlinie 67/548/EWG einheitlich festgelegt, um die Einstufung, Verpackung und Kennzeichnung der für Mensch oder Umwelt gefährlichen Stoffe, die in den Mitgliedstaaten in den Verkehr gebracht werden, anzugleichen. Die Gefahrenhinweise ergeben sich aus der Verordnung (EG) Nr. 1272/2008 (CLP[19]) zur Umsetzung des global harmonisierten Systems zur Einstufung und Kennzeichnung von Chemikalien (GHS).

Aus den ermittelten Bewertungs- und Vorsorgepunkten für den jeweiligen Stoff wird die Summe gebildet. Entsprechend dieser Summe wird eine der folgenden Wassergefährdungsklassen zugeordnet:

- Die Summe beträgt 0 bis 4 WGK 1
- Die Summe beträgt 5 bis 8 WGK 2
- Die Summe beträgt mehr als 8 WGK 3.

Für die Schifffahrt zu beachten ist im Weiteren der § 30 AwSV, in dem geregelt ist, dass Anlagen zum Laden und Löschen von Schiffen mit wassergefährdenden Stoffen sowie Anlagen zur Betankung von Wasserfahrzeugen schiffsseitig keiner Rückhaltung bedürfen.

Rückhalteeinrichtungen sind Anlagenteile zur Rückhaltung wassergefährdender Stoffe, die aus undicht gewordenen Anlagenteilen, die bestimmungsgemäß wassergefährdende Stoffe umschließen, austreten; dazu zählen insbesondere

[19]Classification, Labelling and Packaging.

- Auffangräume,
- Auffangwannen,
- Auffangtassen,
- Auffangvorrichtungen,
- Rohrleitungen,
- Schutzrohre,
- Behälter

oder

- Flächen, in oder auf denen Stoffe zurückgehalten oder in oder auf denen Stoffe abgeleitet werden.

Trotzdem müssen beim Laden und Löschen unverpackter flüssiger wassergefährdender Stoffe und beim Betanken von Wasserfahrzeugen folgende besondere Anforderungen erfüllt sein:

1. die land- und schiffsseitigen Sicherheitssysteme sind aufeinander abzustimmen,
2. beim Laden und Löschen im Druckbetrieb müssen Abreißkupplungen verwendet werden, die beidseitig selbsttätig schließen,
3. beim Saugbetrieb muss sichergestellt sein, dass bei einem Schaden an der Saugleitung die angeschlossenen Behälter durch Heberwirkung nicht leerlaufen können, soweit sich Rohrleitungen oder Schläuche über Gewässern befinden, ist durch Maßnahmen technischer oder organisatorischer Art sicherzustellen, dass der bestmögliche Schutz der Gewässer vor nachteiligen Veränderungen ihrer Eigenschaften erreicht wird.

Schüttgüter sind so zu laden und zu löschen, dass der Eintrag von festen wassergefährdenden Stoffen in oberirdische Gewässer durch geeignete Maßnahmen verhindert wird.[20]

7.2 Verordnung über die Schiffssicherheit in der Binnenschifffahrt (Binnenschiffsuntersuchungsordnung – BinSchUO)

Das Bundesministerium für Verkehr und digitale Infrastruktur (BMVI) und das Bundesministerium für Umwelt, Naturschutz und Reaktorsicherheit (BMU) haben die „Verordnung über die Schiffssicherheit in der Binnenschifffahrt und zur Änderung sonstiger schifffahrtsrechtlicher Vorschriften" vom 21. September 2018 bekannt gemacht. Sie ist

[20]Vgl. auch Anlage 2 Teil C CDNI, Siehe Kap. 6.2.3.

am 7. Oktober 2018 in Kraft getreten und hat in Bezug auf den Umweltschutz die bisherige BinSchUO wesentlich verändert.

Die BinSchUO regelt für Fahrzeuge, schwimmende Anlagen und Schwimmkörper auf Bundeswasserstraßen

1. das Verfahren für die technische Zulassung zum Verkehr (Zulassungsverfahren),
2. die Anforderungen an Bau, Ausrüstung und Einrichtung,
3. die Anforderungen an die Besatzung

und

4. die Anforderungen an die Beförderung von Fahrgästen.

Grundsätzlich dürfen Fahrzeuge nur am Verkehr teilnehmen, wenn sie technisch zugelassen wurden und den Voraussetzungen der technischen Zulassung entsprechen. Dies gilt auch für fortbewegte schwimmenden Anlagen oder fortbewegte Schwimmkörper, sofern es sich dabei um einen Sondertransport handelt, bei dem das zuständige Wasserstraßen- und Schifffahrtsamt aus Gründen der Sicherheit und Leichtigkeit des Verkehrs, vor allem hinsichtlich der Festigkeit des Baus, der Fahr- und Manövriereigenschaften sowie besonderer Merkmale nach den Anhängen II bis VIII dieser Verordnung unter Berücksichtigung des Fahrtgebietes eine solche für erforderlich hält.[21]

Die technischen Anforderungen richten sich nach dem Europäischen Standard der technischen Vorschriften für Binnenschiffe (ES-TRIN) sowie nach den Anhängen II bis VIII der BinSchUO.

Die BinSchUO in der am 07.10.2018 geltenden Fassung dient auch der Umsetzung der Richtlinie (EU) 2016/162 zur Festlegung technischer Vorschriften für Binnenschiffe und der Umsetzung der Delegierten Richtlinie (EU) 2018/970 zur Änderung der Anhänge II, III und V der Richtlinie (EU) 2016/1629. In der Richtlinie (EU) 2016/1629 werden u. a. die technischen Vorschriften festgelegt, die erforderlich sind, um die Sicherheit der Fahrzeuge, die auf den Binnenwasserstraßen der Zonen 1, 2, 3, 4 und R[22] verkehren, zu gewährleisten.

Die Einhaltung der technischen und sicherheitsspezifischen Anforderungen dieser Richtlinie wird durch ein ausgestelltes Zeugnis nachgewiesen, das an Bord mitgeführt werden muss. Wird kein gültiges Zeugnis mitgeführt oder stellen die zuständigen Behörden bei der Kontrolle fest, dass das Fahrzeug eine offenkundige Gefahr z. B. für die Umwelt darstellt, so können sie die Weiterfahrt des Fahrzeuges so lange untersagen, bis die notwendigen Abhilfemaßnahmen getroffen werden.[23]

---

[21]Vgl. § 5 BinSchUO.

[22]Art. 4 Richtlinie (EU) 2016/1629, Zone R bedeutet diejenigen der Wasserstraßen der Zonen 1 bis 4, für die gemäß Artikel 22 der Revidierten Rheinschifffahrtsakte in der am 6. Oktober 2016 geltenden Fassung des genannten Artikels ein Schiffsattest zu erteilen ist.

[23]Art. 22 Richtlinie (EU) 2016/1629.

7.2.1 Europäischer Standard der technischen Vorschriften für Binnenschiffe (ES-TRIN)

Der Europäische Ausschuss zur Ausarbeitung von Standards im Bereich der Binnenschifffahrt (CESNI-Ausschuss) verabschiedet technische Standards in verschiedenen Bereichen, insbesondere technische Vorschriften für Binnenschiffe sowie für Berufsbefähigungen. Diese Standards sind rechtlich nicht verbindlich, können in den europäischen Mitgliedsstaaten jedoch rechtverbindlich in das jeweilige nationale Recht eingefügt werden. Nach § 6 BinSchUO müssen die Fahrzeuge, schwimmende Anlagen und Schwimmkörper, für die ein Schiffsattest oder ein Unionszeugnis erteilt werden soll, den Anforderungen des ES-TRIN an Bau, Ausrüstung und Einrichtung entsprechen, soweit in dieser Verordnung nicht etwas anderes bestimmt oder zugelassen ist. Eine solche andere Bestimmung findet sich in § 1.02 Anhang VIII BinSchUO, der den Vorrang der BinSchUO vor den Bestimmungen der ES-TRIN bezüglich der Emissionsgrenzwerte von Schiffsmotoren regelt.

Der ES-TRIN enthält neben Bau-, Einrichtungs- und Ausrüstungsvorschriften Regelungen zu Emissionen von gasförmigen Schadstoffen und luftverunreinigenden Partikeln von Schiffsdieselmotoren. Diese gelten für alle Motoren mit einer Nennleistung von 19 kW oder mehr, die in Fahrzeuge oder in Maschinen an Bord von Fahrzeugen eingebaut sind. Die Erfüllung der jeweiligen Vorschriften wird durch eine Typgenehmigungsurkunde nachgewiesen. In dieser Vorschrift werden allerdings keine Grenzwerte für Emissionen durch Schiffsdieselmotoren genannt, sodass grundsätzlich die Vorschriften der BinSchUO vorzuziehen sind.

7.2.2 Anhang VIII BinSchUO

In Anhang VIII sind die Vorschriften für die Emission von gasförmigen Schadstoffen und luftverunreinigenden Partikeln von Dieselmotoren geregelt.

Der Anhang VIII der BinSchUO gilt für alle Motoren mit einer Nennleistung von 19 kW oder mehr und Motoren mit einer Nennleistung von 300 kW oder mehr bis zum 31. Dezember 2019, die in Fahrzeuge oder in Maschinen an Bord eingebaut sind.

Wenn Motoren im Weiteren die Anforderungen dieses Anhangs VIII BinSchUO erfüllen, findet das Kapitel 9 ES-TRIN keine Anwendung. Dieses Kapitel des ES-TRIN (Europäischer Standard der technischen Vorschriften für Binnenschiffe) regelt die Emission von gasförmigen Schadstoffen und luftverunreinigenden Partikeln von Dieselmotoren. Es sind dort keine Grenzwerte festgelegt, wodurch dafür der Anhang VIII BinSchUO heranzuziehen ist, soweit nicht die VO 2016/1628 Anwendung findet.[24]

[24] Siehe Kap. 7.2.3.

Die Emission von Kohlenstoffmonoxid (CO), Kohlenwasserstoffen (HC), Stickstoffoxiden (NO_x) und Partikeln (PT) durch auf Binnenschiffen genutzter Motoren dürfen in Abhängigkeit von der Nenndrehzahl n die Werte aus Tab. 7.1 nicht übersteigen.

Die Einhaltung dieser Grenzwerte wird für einen Motortyp, eine Motorengruppe oder eine Motorenfamilie durch eine Typgenehmigung festgestellt. Eine Kopie des Typgenehmigungsbogens und des Motorparameterprotokolls müssen dann an Bord mitgeführt werden. Voraussetzung für diese Typgenehmigung ist u. a. die Kennzeichnung de Motoren:

- Handelsmarke oder Handelsname des Herstellers des Motors,
- Motortyp, (gegebenenfalls) Motorenfamilie oder Motorengruppe sowie einmalige Identifizierungsnummer (Seriennummer),
- Nummer der Typgenehmigung

und

- Baujahr des Motors.

Die Motor-Nummer besteht aus fünf Abschnitten, die durch das Zeichen „*" getrennt sind:

- Der Großbuchstabe „R", gefolgt von der Kennzahl des Mitgliedstaats, der die Genehmigung erteilt hat:
  1 für Deutschland
  2 für Frankreich
  4 für die Niederlande
  6 für Belgien
  14 für die Schweiz.
- Die Kennzeichnung der Anforderungsstufe. Es ist davon auszugehen, dass in Zukunft die Anforderungen hinsichtlich der Emission gasförmiger Schadstoffe und luftverunreinigender Partikel verschärft werden. Die verschiedenen Stufen

Tab. 7.1 Emissionen von Motoren auf Binnenschiffen

PN [kW]	CO [g/kWh]	HC [g/kWh]	NO_x [g/kWh]	PT [g/kWh]
$19 \leq PN < 37$	5,5	1,5	8,0	0,8
$37 \leq PN < 75$	5,0	1,3	7,0	0,4
$75 \leq PN < 130$	5,0	1,0	6,0	0,3
$130 \leq PN < 560$	3,5	1,0	6,0	0,2
$PN \geq 560$	3,5	1,0	$n \geq 3150\ min^{-1} = 6{,}0$ $343 \leq n < 3150\ min^{-1} = 45 \times n^{(-0{,}2)-3}$ $n < 343\ min^{-1} = 11{,}0$	0,2

der Anforderungen werden durch römische Ziffern bezeichnet. Die Ausgangsanforderungen werden durch die Ziffer I gekennzeichnet.

- Die Bezeichnung der Prüfzyklen. Da Motoren für unterschiedliche Einsatzzwecke aufgrund der jeweiligen Prüfzyklen eine Typgenehmigung erhalten können, sind die Bezeichnungen der relevanten Prüfzyklen anzugeben.
- Eine vierstellige laufende Nummer (mit gegebenenfalls vorangestellten Nullen) für die Nummer der Grundgenehmigung. Die Reihenfolge beginnt mit 0001.
- Eine zweistellige laufende Nummer (mit gegebenenfalls vorangestellter Null) für die Erweiterung. Die Reihenfolge beginnt mit 01 für jede Nummer einer Grundgenehmigung.

Beispiel:[25]

Zweite Erweiterung zu der von Deutschland erteilten vierten Genehmigung entsprechend Stufe II, für Schiffsantrieb – konstante Drehzahl und – Schiffsantrieb-Propellerkurve:

R 1*II*E2E3*0004*02.

Der mitzuführende Typgenehmigungsbogen enthält neben der Genehmigungsnummer folgende nachvollziehbare angaben:

1. Fabrikmarke (Firmenname des Herstellers)
2. Herstellerseitige Bezeichnung für den (die) Motortyp(en), den Stamm-Motor und gegebenenfalls die Motoren der Motorenfamilie/Motorengruppe 1)
3. Herstellerseitige Typenkodierung entsprechend den Angaben am Motor/an den Motoren
   - Stelle
   - Art der Anbringung
4. Verwendungszweck des Motors
5. Name und Anschrift des Herstellers/Gegebenenfalls Name und Anschrift des Beauftragten des Herstellers
6. Lage, Kodierung und Art der Anbringung der Motoridentifizierungsnummer
7. Lage und Art der Anbringung der Typgenehmigungsnummer
8. Anschrift(en) der Fertigungsstätte(n)

sowie

9. Gegebenenfalls Nutzungsbeschränkungen
10. Besonderheiten, die beim Einbau des Motors/der Motoren in das Fahrzeug zu beachten sind
    a) Höchster zulässiger Ansaugunterdruck in kPa
    b) Höchster zulässiger Abgasgegendruck in kPa

[25]Anlage J, Teil IV BinSchUO – Schema für die Nummerierung der Typgenehmigungen.

11. Für die Durchführung der Prüfungen verantwortlicher technischer Dienst
12. Datum des Prüfberichts
13. Nummer des Prüfberichts.

Es besteht nach § 35 BinSchUO die Verpflichtung, diese Unterlagen sowie die vorgeschriebenen Zeugnisse nach den ES-TRIN an Bord des Binnenschiffes mitzuführen.

7.2.3 Verordnung (EU) 2016/1628

Sollten Schiffsmotoren von Binnenschiffen die Anforderungen der Verordnung (EU) 2016/1628 erfüllen, findet der Anhang VIII BinSchUO auf sie keine Anwendung. Diese Verordnung über die Anforderungen in Bezug auf die Emissionsgrenzwerte für gasförmige Schadstoffe und luftverunreinigende Partikel und die Typgenehmigung für Verbrennungsmotoren für nicht für den Straßenverkehr bestimmte mobile Maschinen und Geräte gilt jedoch nicht für Seeschiffe, für die eine Seeschifffahrts- oder Sicherheitsbescheinigung erforderlich ist. In der Verordnung (EU) 2016/1628 sind die Grenzwerte für Abgasemissionen neuer Motoren geregelt. Die Grenzwerte, die zu erfüllen sind, sind sehr streng, weshalb Emissionsreduktionstechnologien z. B. Abgasnachbehandlung durch selektive katalytische Reduktion und Partikelfilter wohl zur Anwendung kommen müssen. Erstmals ist auch ein Grenzwert für die Anzahl der Partikel PN einzuhalten (Motoren mit einer Leistung $P \geq 300$ kW). Die Grenzwerte der Verordnung (EU) 2016/1628 finden ab 1.1.2018 für die Typengenehmigung und ab 1.1.2019 für das Inverkehrbringen von Motoren Anwendung. Für leistungsstarke Motoren ($P \geq 300$ kW) gelten die Zeitpunkte 1.1.2019 (Typengenehmigung) und 1.1.2020 (Inverkehrbringen von Motoren).

Für Binnenschiffe sind nach der Verordnung 2016/1628 folgende Motorklassen definiert:

- Klasse IWP:
  - Motoren, die ausschließlich in Binnenschiffen für deren unmittelbaren oder mittelbaren Antrieb eingesetzt werden oder dazu bestimmt sind und eine Bezugsleistung von 19 kW oder mehr haben

und

- Klasse IWA:
  - Hilfsmotoren, die ausschließlich in Binnenschiffen eingesetzt werden und eine Bezugsleistung von 19 kW oder mehr haben.

Für die Motoren auf Binnenschiffen der Klasse IWP sind die Emissionsgrenzwerte in Tab. 7.2 angegeben und in Unterklassen unterteilt:

Die für die angegebenen Unterklassen der auf Binnenschiffen verwendeten Motoren vorgeschriebenen Emissionsgrenzwerte sind in Tab. 7.3 der Verordnung 2016/1629 zusammengefasst.

Tab. 7.2 Unterklassen der Motorenklasse IWP

Klasse	Art der Zündung	Drehzahl	Leistungsbereich (kW)	Unterklasse	Bezugsleistung
IWP	Alle	Variabel	$19 \leq P < 75$	IWP-v-1	Höchste Nutzleistung
			$75 \leq P < 130$	IWP-v-2	
			$130 \leq P < 300$	IWP-v-3	
			$P \geq 300$	IWP-v-4	
		konstant	$19 \leq P < 75$	IWP-c-1	Nennwert der Nutzleistung
			$75 \leq P < 130$	IWP-c-2	
			$130 \leq P < 300$	IWP-c-3	
			$P \geq 300$	IWP-c-4	

Tab. 7.3 Emissionsgrenzwerte der Stufe V für die Motorenklasse IWP (Die Emissionsgrenzwerte für Motoren der Klasse IMA sind identisch)

Emissionsstufe	Motorenunterklasse	Leistungsbereich	Art der Zündung	CO	HC	NO_x	PM Masse	PN	A
		kW		g/kWh	g/kWh	g/kWh	g/kWh	#/kWh	
Stufe V	IWA-v-1 IWA-c-1	$19 \leq P < 75$	Alle	5,0	$(HC + NO_x \leq 4{,}70)$		0,3		6,0
Stufe V	IWA-v-2 IWA-c-2	$75 \leq P < 130$		5,0	$(HC + NO_x \leq 5{,}40)$		0,14		6,0
Stufe V	IWA-v-3 IWA-c-3	$130 \leq P < 300$		3,5	1,0	2,10	0,1		6,0
Stufe V	IWA-v-4 IWA-c-4	$P \geq 300$		3,5	0,19	1,8	0,015	1×10^{12}	6,0

7.3 Trinkwasserverordnung (TrinkwV)

Die TrinkwV hat den Zweck, die menschliche Gesundheit vor den nachteiligen Einflüssen, die sich aus der Verunreinigung von Wasser ergeben, das für den menschlichen Gebrauch bestimmt ist, durch Gewährleistung seiner Genusstauglichkeit und Reinheit nach Maßgabe der folgenden Vorschriften zu schützen. An Bord von Wasserfahrzeugen werden zur Aufnahme von Trinkwasser mobile Versorgungsanlagen eingerichtet.

Besatzungsmitglieder auf Seeschiffen haben für die Dauer des Heuerverhältnisses Anspruch auf kostenfreie, angemessene und ausreichende Verpflegung und Trinkwasser.[26] Angemessen ist die Verpflegung, wenn sie hinsichtlich Nährwert, Güte und Abwechslung eine geeignete und ausgewogene Ernährung gewährleistet. Der Reeder hat dafür Sorge zu tragen, dass das Trinkwasser, die Wasserversorgungsanlage und ihr Betrieb den geltenden trinkwasserrechtlichen Vorschriften und die Verpflegung den geltenden lebensmittelrechtlichen Vorschriften entsprechen.[27]

Das Trinkwasser hat den Anforderungen der Trinkwasserverordnung zu entsprechen. Im Trinkwasser dürfen die in der Anlage zur Trinkwasserverordnung genannten Grenzwerte für mikrobiologische[28] und chemische[29] Parameter nicht überschritten werden.

Nach § 3 der SeeUnterkunftsV hat der Reeder dafür zu sorgen, dass die Einrichtungen zur Trinkwasserversorgung dem jeweiligen Stand der Technik entsprechen. Maßgebend hierfür ist unter anderem die Norm DIN EN ISO 15748–1 (Trinkwasser-Versorgungsanlagen auf Schiffen und Seebauwerken).[30]

Das Trinkwasser muss so beschaffen sein, dass durch seinen Genuss oder Gebrauch eine Schädigung der menschlichen Gesundheit allem voran durch Krankheitserreger nicht zu besorgen ist. Es muss rein und genusstauglich sein und insoweit den Anforderung der Trinkwasserverordnung entsprechen. Dies wird u. a. erreicht, wenn die Grenzwerte der Anlagen 1 und 2 eingehalten werden.

7.4 Bundesimmissionsschutzrecht

Das deutsche Bundes-Immissionsschutzgesetz (BImSchG) regelt ein wichtiges Teilgebiet des Umweltrechts, das Immissionsschutzrecht, und ist das bedeutendste praxisrelevante Regelwerk dieses Rechtsgebietes, solange es kein einheitliches Umweltgesetzbuch[31] gibt. Es regelt den Schutz von Menschen, Tieren, Pflanzen, Böden, Wasser, Atmosphäre und Kulturgütern vor Immissionen und Emissionen.[32]

Die Vorschriften des BImSchG gelten für

[26] Vgl. § 97 Abs. 1 SeeArbG.

[27] Vgl. § 97 Abs. 2 SeeArbG.

[28] Vgl. Anlage 1 TrinkwV.

[29] Vgl. Anlage 2 TrinkwV.

[30] Leitfaden zur Umsetzung des Seearbeitsgesetzes auf Schiffen unter deutscher Flagge (Leitfaden SeeArbG).

[31] Siehe Kap. 1.

[32] Vgl. § 1 BImSchG.

1. die Errichtung und den Betrieb von Anlagen,
2. das Herstellen, Inverkehrbringen und Einführen von Anlagen, Brennstoffen und Treibstoffen, Stoffen und Erzeugnissen aus Stoffen,
3. die Beschaffenheit, die Ausrüstung, den Betrieb und die Prüfung von Kraftfahrzeugen und ihren Anhängern und von Schienen-, Luft- und Wasserfahrzeugen sowie von Schwimmkörpern und schwimmenden Anlagen

und

4. den Bau öffentlicher Straßen sowie von Eisenbahnen, Magnetschwebebahnen und Straßenbahnen.

Zur konkretisierenden Regelung enthält das Gesetz Verordnungsermächtigungen, die in den einzelnen Teilen thematisch zugewiesen werden. Für die Qualität von Kraftstoffen für See- und Binnenschiffe wird die Bundesregierung ermächtigt[33], nach Anhörung der beteiligten Kreise durch Rechtsverordnung mit Zustimmung des Bundesrates vorzuschreiben, dass Brennstoffe, Treibstoffe, Schmierstoffe oder Zusätze zu diesen Stoffen gewerbsmäßig oder im Rahmen wirtschaftlicher Unternehmungen nur hergestellt, in den Verkehr gebracht oder eingeführt werden dürfen, wenn sie bestimmten Anforderungen zum Schutz vor schädlichen Umwelteinwirkungen durch Luftverunreinigungen genügen. Mittlerweile wurden 43 Verordnungen (BImSchV) erlassen, die chronologisch beziffert wurden. Davon wurden bereits acht BImSchV wieder aufgehoben und eine Verordnungsnummer blieb offen (40. BImSchV).

Der Stand der Technik nach § 3 Abs. 6 BImSchG ist der Entwicklungsstand fortschrittlicher Verfahren, Einrichtungen oder Betriebsweisen, der die praktische Eignung einer Maßnahme

- zur Begrenzung von Emissionen in Luft, Wasser und Boden,
- zur Gewährleistung der Anlagensicherheit,
- zur Gewährleistung einer umweltverträglichen Abfallentsorgung oder sonst zur Vermeidung

oder

- Verminderung von Auswirkungen auf die Umwelt zur Erreichung eines allgemein hohen Schutzniveaus für die Umwelt insgesamt

gesichert erscheinen lässt. Bei der Bestimmung des Standes der Technik sind die in der Anlage aufgeführten Kriterien zu berücksichtigen. Hierbei soll der Stand der Technik auch den Begriff der besten verfügbaren Technik (BVT) umfassen [3].

[33] Vgl. § 34 Absatz 1 BImSchG.

Nach § 38 BImSchG müssen Wasserfahrzeuge sowie Schwimmkörper und schwimmende Anlagen so beschaffen sein, dass ihre durch die Teilnahme am Verkehr verursachten Emissionen bei bestimmungsgemäßem Betrieb die zum Schutz vor schädlichen Umwelteinwirkungen einzuhaltenden Grenzwerte nicht überschreiten. Sie müssen so betrieben werden, dass vermeidbare Emissionen verhindert und unvermeidbare Emissionen auf ein Mindestmaß beschränkt bleiben. Dazu gehören u. a. das MARPOL-Übereinkommen, die Verordnung (EU) 2016/1628 oder die BinSchUO. Für die dazu erforderliche Beschaffenheit von in Deutschland in Verkehr gebrachten Kraftstoffen wurde die 10. BImschV erlassen.

7.4.1 10. Verordnung zur Durchführung des Bundesimmissionsschutzgesetzes (10. BImSchV)

Die 10. BImschV regelt die Beschaffenheit und die Auszeichnung der Qualitäten von Kraft- und Brennstoffen, die innerhalb des Geltungsbereichs des BImSchG in den Verkehr gebracht und verwendet werden dürfen. Dieselkraftstoff zur Verwendung für Binnenschiffe und Sportboote darf nur dann gewerbsmäßig oder im Rahmen wirtschaftlicher Unternehmungen in den Verkehr gebracht werden, wenn sein Gehalt an Schwefelverbindungen 0,001 % nicht überschreitet. Andere flüssige Kraftstoffe dürfen nicht verwendet werden, es sei denn ihr Schwefelgehalt überschreitet zulässigen Schwefelgehalt nicht.

Gasöl für den Seeverkehr ist jeder Schiffskraftstoff gemäß der Definition der Güteklassen DMX, DMA und DMZ nach Tabelle 1 der DIN ISO 8217, Ausgabe Dezember 2013, ohne Berücksichtigung des Schwefelgehalt und darf nur dann in den Verkehr gebracht werden, wenn sein Gehalt an Schwefelverbindungen 0,1 % für den Seeverkehr nicht überschreitet.

Schiffsdiesel ist jeder Schiffskraftstoff gemäß der Definition der Güteklasse DMB nach Tabelle 1 der DIN ISO 8217, Ausgabe Dezember 2013, ohne Berücksichtigung des Schwefelgehalts darf nur dann gewerbsmäßig oder im Rahmen wirtschaftlicher Unternehmungen gegenüber dem Letztverbraucher in den Verkehr gebracht werden, wenn sein Gehalt an Schwefelverbindungen 1,5 % nicht überschreitet. Diese Kraftstoffe dürfen dann nach der EU-Schwefelrichtlinie nur für die dort genannten Verkehre verwendet werden (vgl. Abb. 7.1).

Den in § 4 BImSchV vorgeschriebenen Schiffskraftstoffen sind solche Kraftstoffe gleichgestellt, die den Anforderungen anderer Normen oder technischer Spezifikationen genügen, die in einem anderen Mitgliedstaat der Europäischen Union oder einem anderen Vertragsstaat des Abkommens über den Europäischen Wirtschaftsraum oder in der Türkei oder einem anderen Mitglied der Welthandelsorganisation in Kraft sind, sofern

Characteristic		Unit	Limit	Category ISO-F-							Test method(s) and references
				DMX	DMA	DFA	DMZ	DFZ	DMB	DFB	
Kinematic viscosity at 40 °C		mm^2/s [a]	Max	5,500	6,000		6,000		11,00		ISO 3104
			Min	1,400	2,000		3,000		2,000		
Density at 15 °C		kg/m^3	Max	–	890,0		890,0		900,0		ISO 3675 or ISO 12185; see 6.1
Cetane index		–	Min	45	40		40		35		ISO 4264
Sulfur [b]		mass %	Max	1,00	1,00		1,00		1,50		ISO 8754 or ISO 14596, ASTM D4294; see 6.3
Flash point		°C	Min	43,0	60,0		60,0		60,0		ISO 2719; see 6.4
Hydrogen sulfide		mg/kg	Max	2,00	2,00		2,00		2,00		IP 570; see 6.5
Acid number		mg KOH/g	Max	0,5	0,5		0,5		0,5		ASTM D664; see 6.6
Total sediment by hot filtration		mass %	Max	–	–		–		0,10 [c]		ISO 10307-1; see 6.8
Oxidation stability		g/m^3	Max	25	25		25		25 [d]		ISO 12205
Fatty acid methyl ester (FAME) [e]		volume %	Max	–	–	7,0	–	7,0	–	7,0	ASTM D7963 or IP 579; see 6.10
Carbon residue – Micro method on the 10 % volume distillation residue		mass %	Max	0,30	0,30		0,30		–		ISO 10370
Carbon residue – Micro method		mass %	Max	–	–		–		0,30		ISO 10370
Cloud point [f]	winter	°C	Max	–16	report		report		–		ISO 3015; see 6.11
	summer	°C	Max	–16	–		–		–		
Cold filter plugging point [f]	winter	°C	Max	–	report		report		–		IP 309 or IP 612; see 6.11
	summer	°C	Max	–	–		–		–		
Pour point (upper) [f]	winter	°C	Max	–	– 6		– 6		0		ISO 3016; see 6.11
	summer	°C	Max	–	0		0		6		
Appearance				Clear and Bright [g]					[c]		see 6.12
Water		volume %	Max	–	–		–		0,30 [c]		ISO 3733
Ash		mass %	Max	0,010	0,010		0,010		0,010		ISO 6245
Lubricity, corrected wear scar diameter (WSD) at 60 °C [h]		µm	Max	520	520		520		520 [d]		ISO 12156-1

Abb. 7.1 Anforderungen an Schiffskraftstoffe (ISO 8217 2017 Fuel Standard for marine distillate fuels, https://www.wfscorp.com/sites/default/files/ISO-8217–2017-Tables-1-and-2–1-1.pdf)

1. diese Normen oder technischen Spezifikationen mit einer der folgenden Normen übereinstimmen:
   a) DIN EN 228, Ausgabe Oktober 2014,
   b) DIN EN 590, Ausgabe April 2014,
   c) DIN EN 14214, Ausgabe Juni 2014,
   d) DIN 51625, Ausgabe August 2008,
   e) DIN EN 589, Ausgabe Juni 2012,
   f) DIN 51624, Ausgabe Februar 2008,
   g) DIN 51605, Ausgabe September 2010,
   oder
   h) DIN SPEC 51.623, Ausgabe Juni 2012, und
2. die Kraftstoffe die klimatischen Anforderungen erfüllen, die in den unter Nummer 1 angegebenen Normen für die Bundesrepublik Deutschland festgelegt sind.[34]

Das Inverkehrbringen eines andern als in § 4 BImSchV genannten Schiffskraftstoffes kann als Ordnungswidrigkeit, auch i. V. m. dem BinnSchAufgG, geahndet werden.

[34]Vgl. § 11 10. BImSchV.

7.4.2 43. Verordnung zur Durchführung des Bundesimmissionsschutzgesetzes (43. BImSchV)

Die Bundesrepublik Deutschland ist durch Richtlinie (EU) 2016/2284 über die Reduktion der nationalen Emissionen bestimmter Luftschadstoffe verpflichtet, die jährlichen durch menschliche Tätigkeiten verursachten Emissionen von Luftschadstoffen gegenüber dem Jahr 2005 wie folgt zu reduzieren:[35]

1. ab dem Jahr 2020:
   a) SO_2: 21 %,
   b) NO_x: 39 %,
   c) NMVOC[36]: 13 %,
   d) NH_3: 5 %
   und
   e) Feinstaub $PM_{2,5}$[37]: 26 %

und

2. ab dem Jahr 2030:
   a) SO_2: 58 %,
   b) NO_x: 65 %,
   c) NMVOC: 28 %,
   d) NH_3: 29 %
   und
   e) Feinstaub $PM_{2,5}$: 43 %.

Emissionen aus dem internationalen Seeverkehr werden dabei nicht berücksichtigt, aber Emissionen aus dem Betrieb von Binnenschiffen und Seeschiffen, die nicht im internationalen Seeverkehr eingesetzt sind. Internationaler Seeverkehr i. S. d. 43. BImSchV sind Fahrten auf See und in Küstengewässern von Wasserfahrzeugen unter beliebiger Flagge, ausgenommen Fischereifahrzeuge, die im Hoheitsgebiet eines Landes beginnen und im Hoheitsgebiet eines anderen Landes enden.

Zum Erreichen dieser Vorgaben erstellt die Bundesregierung ein nationales Luftreinhalteprogramm, das folgende Punkte enthält

[35]Vgl. § 2 43. BImSchV.

[36]Flüchtige organische Verbindungen außer Methan, die durch Reaktion mit Stickstoffoxiden bei Sonnenlicht photochemische Oxidantien erzeugen können.

[37]Feinstaub mit einem aerodynamischen Durchmesser von höchstens 2,5 µm.

1. erforderliche Maßnahmen, um die Emissionsreduktion nach § 2 zu erzielen,
2. zur Erfüllung der Verpflichtungen zur Emissionsreduktion für Feinstaub $PM_{2,5}$ vorrangig Maßnahmen zur Reduktion von Rußemissionen,
3. eine Bewertung des voraussichtlichen Umfangs der Auswirkungen nationaler Emissionsquellen auf die Luftqualität in Deutschland und in benachbarten Mitgliedstaaten,
4. eine abstrakte Darstellung der Zuständigkeiten der mit Luftreinhaltung befassten Behörden auf Bundesebene, auf Landesebene und auf kommunaler Ebene,
5. eine Darstellung der bereits erzielten Fortschritte bei der Emissionsreduktion und bei der Verbesserung der Luftqualität und eine Darstellung, inwieweit diesbezügliche nationale Verpflichtungen und Verpflichtungen der Europäischen Union eingehalten wurden,
6. eine Darstellung der voraussichtlichen Entwicklung der Emissionsreduktion und der Verbesserung der Luftqualität und eine Darstellung, inwieweit diesbezügliche nationale Verpflichtungen und Verpflichtungen der Europäischen Union eingehalten werden auf Grundlage bereits umgesetzter Maßnahmen,
7. die Strategien und Maßnahmen, die in Betracht gezogen werden
   a) für die Erfüllung der Emissionsreduktionsverpflichtungen,
   b) für die Erfüllung der indikativen Emissionsmengen für das Jahr 2025 und
   c) zur weiteren Verbesserung der Luftqualität,
8. die Analyse der Strategien und Maßnahmen nach Nummer 7 und die angewandte Analysemethode; sofern verfügbar, eine Darstellung der einzelnen oder kombinierten Auswirkungen der Strategien und Maßnahmen auf die Emissionsreduktion, die Luftqualität und die Umwelt sowie eine Darstellung der damit verbundenen Unsicherheiten,
9. die zur weiteren Verbesserung der Luftqualität ausgewählten Strategien und Maßnahmen sowie den Zeitplan der Verabschiedung, Durchführung und Überprüfung dieser Strategien und Maßnahmen mit Angabe der zuständigen Behörden,
10. eine Erläuterung der Gründe für den Fall, dass die indikativen Emissionsmengen für das Jahr 2025 nicht erreicht werden können, ohne dass Maßnahmen getroffen werden müssten, die unverhältnismäßige Kosten verursachen,
11. eine Festlegung des nichtlinearen Emissionspfads gemäß § 3 Absatz 2 für den Fall, dass die indikativen Emissionsmengen für das Jahr 2025 nicht erreicht werden können,
12. für den Fall, dass die Flexibilisierungsregelungen gemäß den §§ 10 bis 13 in Anspruch genommen werden, einen Bericht darüber und über sämtliche damit verbundenen Umweltauswirkungen,
13. den nationalen politischen Rahmen für Luftqualität und Luftreinhaltung, in dessen Kontext das Programm erarbeitet wurde, einschließlich der Schwerpunkte der nationalen Luftreinhaltepolitik und deren Verbindung zu Schwerpunkten in anderen Politikfeldern, einschließlich der Klimapolitik und gegebenenfalls der Landwirtschaft, der Industrie und des Verkehrs,
14. eine Bewertung der Kohärenz ausgewählter Strategien und Maßnahmen mit Plänen und Programmen in anderen wichtigen Politikfeldern.

Das Umweltbundesamt übermittelt der Europäischen Kommission das beschlossene nationale Luftreinhalteprogramm bis zum 31. März 2019. Wird das nationale Luftreinhalteprogramm aktualisiert, so übermittelt das Umweltbundesamt der Europäischen Kommission das aktualisierte beschlossene Programm innerhalb von zwei Monaten nach dessen Beschluss.

7.5 Strafrecht und Strafnebenrecht

7.5.1 Verwaltungsakzessorietät des Umweltstrafrechts

Die Verwaltungsakzessorietät beschreibt die gesetzgeberische Koppelung des Strafrechts mit dem Verwaltungsrecht.

Das Umweltstrafrecht ist verwaltungsakzessorisch, d. h. die Strafbarkeit hängt weitgehend vom Umweltverwaltungsrecht ab, wobei zwischen der Abhängigkeit von Begriffen (begriffliche Akzessorietät), der Abhängigkeit von Rechtsnormen (Verwaltungsrechtsakzessorietät) und der Abhängigkeit von Verwaltungsakten (Verwaltungsaktakzessorietät) zu unterscheiden ist.

Von Verwaltungsrechtsakzessorietät spricht man, wenn in einer Strafrechtsnorm auf verwaltungsrechtliche Rechtsvorschriften verwiesen wird, also erst dadurch der Normverstoß spezifiziert wird. Verwaltungsaktsakzessorietät liegt hingegen vor, wenn die Strafbarkeit von einer bestimmten, an den Täter gerichteten Verwaltungsentscheidung abhängig ist.[38]

7.5.1.1 Verwaltungsrechtsakzessorietät

Die Verwaltungsrechtsakzessorietät bedeutet, dass das Strafrecht anwendbar wird in Abhängigkeit von umweltverwaltungsrechtlichen Rechtsvorschriften (z. B. „unter Verletzung verwaltungsrechtlicher Pflichten" in § 324a StGB). Die Straftatbestände sind insoweit Blankettvorschriften, die durch andere Vorschriften ausgefüllt werden, z. B. VO aufgrund des BImSchG in § 329 StGB. Unter Blankettvorschriften sind Gesetze, die nur eine Strafandrohung aufstellen, für den Verbotsinhalt aber auf Gesetze, Verordnungen oder sogar Verwaltungsakte verwiesen wird, die von einer anderen Stelle und zu einer anderen Zeit selbstständig erlassen werden, zu verstehen.

7.5.1.2 Verwaltungsaktakzessorietät

Im Zusammenhang mit der Verwaltungsaktakzessorietät hängt das Strafrecht von Einzelfallentscheidungen der Verwaltungsbehörden ab, z. B.

[38] http://www.rechtslexikon.net/d/verwaltungsakzessoriet%C3%A4t/verwaltungsakzessoriet%C3%A4t.htm

- Genehmigung in § 327 StGB

oder

- Untersagung, Anordnungen, Auflagen gem. § 35 VerwVfG.

Verwaltungsakte, die gem. § 44 VerwVfG nichtig sind, sind auch strafrechtlich unwirksam. Problematisch wird die Anwendung der Verwaltungsaktakzessorietät, wenn Verwaltungsakte wirksam, aber materiell rechtswidrig sind. Dabei werden fehlerhaft begünstigende und belastende Verwaltungsakte in ihrer Rechtmäßigkeit unterschieden (vgl. auch Tab. 7.4):

1. Fehlerhafte belastende Verwaltungsakte (z. B. Betreiben einer Abfallanlage, trotz fehlerhafter sofort vollziehbarer Untersagungsverfügung)
   - Nach h.M. sind diese strafrechtlich verbindlich, da von einer strengen Verwaltungsaktsakzessorietät ausgegangen wird.
2. Fehlerhaft begünstigende Verwaltungsakte (z. B. Unternehmer wird fälschlicherweise von der zuständigen Behörde eine Einleiterlaubnis erteilt)
   - Nach h.M. sind diese Verwaltungsakte strafrechtlich grundsätzlich verbindlich, solange deren Rücknahme nur unter Voraussetzungen des § 48 VwVfG (Rücknahme eines rechtswidrigen Verwaltungsaktes) möglich und noch nicht erfolgt ist.

7.5.1.3 Begriffliche Akzessorietät

Die begriffliche Akzessorietät bedeutet, dass bestimmte Begriffe des Umweltverwaltungsrechts in das Strafrecht übernommen werden können. Dabei werden Begriffe aus verwaltungsrechtlichen Vorschriften nach der Art des Tatbestandes für das Strafrecht anwendbar übernommen. Die Art des Tatbestandes resultiert somit aus der im Einzelfall erforderlichen Definitionsgrundlage. So ist der Begriff „Abfall" als Tatbestandsmerkmal des § 326 StGB in verschiedenen verwaltungsrechtlichen Vorschriften unterschiedlich definiert. Grundsätzlich ist der Abfallbegriff nach Maßgabe des § 3 Abs. 1 KrWG zu bestimmen [1], wird aber für abweichende Tatbestände einer anderen Verwaltungsrechtsnorm entnommen, z. B. radioaktive Abfälle nach § 3 StrSchV.

7.5.1.4 Problem der Unbestimmtheit

Ein Problem in der Anwendung des Umweltstrafrechts könnte der vermeintliche Konflikt mit dem Bestimmtheitsgrundsatz in Art. 103 Abs. 2 GG darstellen:

> Eine Tat kann nur bestraft werden, wenn die Strafbarkeit gesetzlich bestimmt war, bevor die Tat begangen wurde.

Tab. 7.4 Un-/Abhängigkeit des Umweltstrafrechts von mangelhaften Verwaltungsakten (Prof. Dr. Jürgen Rath – Besonderer Teil III: Delikte gegen Rechtsgüter der Allgemeinheit, http://www.kanzlei-prof-rath.de/materialien/strafrecht-besonderer-teil3.pdf)

Fallgruppen	Nichtiger Verwaltungsakt (§ 44 VwVfG)	Fehlerhafter belastender Verwaltungsakt	Fehlerhafter begünstigender Verwaltungsakt	Rechtsmissbräuchlich erlangter fehlerhafter begünstigender VA	Bloße Genehmigungsfähigkeit	Bloße behördliche Duldung
Rechtsfolgen	Strafrechtliche Unverbindlichkeit • auf VA gestütztes Verhalten ist strafrechtswidrig	h. M.: strenge Verwaltungs-rechts-akzessorietät: Auch Verstoß gegen noch nicht be-standskräftigen fehlerhaften VA kann Strafbarkeit begründen.	h. M.: Die wirksame Genehmigung (§ 43 I, II VwVfG) schließt (bis zu ihrer Rücknahme – § 48 VwVfG) die Strafbarkeit aus.	Durchbrechung der Verwaltungs-aktsak-zessorietät gemäß § 330 d Nr. 5 StGB: • auf VA gestütztes Verhalten ist strafrechtswidrig	Keine Gleichstellung mit tatsächlich erteilter Genehmigung: • Verhalten ist strafrechtswidrig Argument: keine Umgehung der Kontrollfunktion des vorge-schalteten Geneh-migungs-ver-fahrens	Bloße Duldung ist kein Genehmigungsersatz • Verhalten ist strafrechtswidrig Argument: keine Umgehung der Kontrollfunktion des vorge-schalteten Genehmigungs-ver-fahrens
		a. M.: „materielle Durchgriffslösung“: Beurteilung der Strafbarkeit • nur nach materiellem Verwaltungsrecht • nicht nach formalem Verwaltungsrecht				Ausnahme denkbar: Duldung entfaltet genehmigungs-glei-che Wirkung

Umweltstrafvorschriften scheinen nicht eindeutig bestimmt zu sein, weil deren Anwendung erst durch die Koppelung mit dem Umweltrecht möglich ist. Nutzung der Begriffe, die durch spezielle Verwaltungsrechtsnormen in das Strafrecht impliziert werden, lassen die entsprechenden Strafrechtsnormen als „unfertig" und somit unbestimmt erscheinen.

Das Bundesverfassungsgericht hat sich mit dem Problem der Bestimmtheit des Umweltrechts, insbesondere des § 327 StGB, beschäftigt und festgestellt, dass kein Verstoß gegen Art. 103 Abs. 2 GG vorliegt, weil die Bestimmtheit auf Verwaltungsvorschrift bezogen wird und somit die Strafvorschriften durch die akzessorische Anwendung der Verwaltungsvorschriften Bestimmtheit erlangen.[39]

7.5.2 Täterprinzipien im deutschen Strafrecht

Im deutschen Strafrecht unterscheidet sich die Strafbarkeit nach den verschiedenen Täter- und Tatortprinzipien der §§ 3–7 StGB. Besonders im Umweltrecht spielt diese Unterscheidung eine wesentliche Rolle, weil dadurch das deutsche Strafrecht auch für ausländische Täter Geltung erhält, die im Ausland die entsprechenden Tatbestände erfüllt haben (vgl. Tab. 7.5). Infrage kommen dabei die Taten nach den §§ 324, 326, 330 und 330a StGB. Gerade die §§ 5 und 6 StGB enthalten jeweils Kataloge für die Strafbarkeit von Auslandstaten.

Das Territorialprinzip des § 3 StGB bestimmt den Grundsatz, dass das deutsche Strafrecht für Taten gilt, die im Inland begangen werden. Der Begriff Inland umfasst alle Länder nach der Präambel des Grundgesetzes sowie das das Küstenmeer. Zum Inland gehören somit

- das Landgebiet,
- die Eigengewässer
- der Luftraum und
- das Küstenmeer[40] innerhalb der Zwölfmeilenzone.

Andere Gewässerteile, die nach dem SRÜ in der Verwaltung der Bundesrepublik Deutschland liegen[41], z. B. die Ausschließliche Wirtschaftszone, gehören nicht zum Inland und sind somit Ausland.

Nach dem Flaggenprinzip des § 4 StGB gilt das deutsche Strafrecht auch für Taten auf Schiffen, die berechtigt sind, die Bundesflagge zu führen. Unbedeutend dabei ist, ob

[39]BVerfGE 75, 329.

[40]Vgl. Art. 3 SRÜ.

[41]Siehe Kap. 3.2.

Tab. 7.5 Täterprinzipien nach dem StGB

Territorialitäts-prinzip Inlandstat §§ 3, 4 StGB	Auslandstaten				
	Unabhängig von der Strafbarkeit am Tatort		Wenn die Tat am Tatort mit Strafe bedroht ist		
	Schutzprinzip Rechtsgüter i. S. d. § 5 StGB sind betroffen	**Weltrechts prinzip** International geschützte Rechtsgüter sind betroffen (§ 6 StGB)	**Passives Personalitäts-prinzip** Die Tat richtet sich gegen einen Deutschen (§ 7 I StGB)	**Aktives Personalitäts-prinzip** Der Täter war Deutscher oder wurde es nach der Tat (§ 7 II Nr. 1 StGB)	**Prinzip der stellvertretenden Strafrechtspflege** Der Täter war Ausländer, wurde im Inland betroffen und wird nicht ausgeliefert (§ 7 II Nr. 2 StGB)

das Fahrzeug zur Tatzeit im fremden Hoheitsgebiet oder auf offener See war und ob der Täter Deutscher oder Ausländer ist. Ausgenommen von diesem Prinzip sind Staats- und Kriegsschiffe. Für diese gilt jeweils das Flaggenrecht, insoweit sind sie als „wandelndes Staatsgebiet" zu betrachten.

7.5.2.1 Schutzprinzip

Nach dem Schutzprinzip gilt das deutsche Strafrecht, unabhängig vom Recht des Tatorts, für Taten, die im Ausland begangen werden und im Katalog des § 5 StGB aufgeführt ist. In Nr. 11 der Vorschrift können Straftaten gegen die Umwelt in den Fällen der §§ 324, 326, 330 und 330a, die im Bereich der deutschen ausschließlichen Wirtschaftszone[42] begangen werden, soweit völkerrechtliche Übereinkommen zum Schutze des Meeres ihre Verfolgung als Straftaten gestatten, nach dem deutschen Strafrecht geahndet werden. Für die Befugnis zur Strafverfolgung gelten insbesondere die Art. 218, 228 und 230 SRÜ[43] [1].

7.5.2.2 Weltrechtsprinzip

Das Weltrechtsprinzip (auch: Prinzip der Universellen Jurisdiktion) sieht die Zuständigkeit eines Staates für die strafrechtliche Verfolgung von Völkerstraftaten vor, obwohl die Taten nicht auf seinem Hoheitsgebiet, durch einen seiner Staatsbürger oder gegen einen

42 Siehe Kap. 3.2.2.

43 Siehe Kap. 3.2.

seiner Staatsbürger begangen wurden. Nationalen Gerichten in Drittstaaten ermöglicht das Weltrechtsprinzip neben ihrer regulären Zuständigkeit, Völkerstraftaten juristisch aufzuarbeiten und niedrig- wie hochrangige Täter zur Verantwortung zu ziehen.[44]

Nach § 6 Nr. 9 StGB gilt, unabhängig vom Recht des Tatorts, für Taten, die aufgrund eines für die Bundesrepublik Deutschland verbindlichen zwischenstaatlichen Abkommens auch dann zu verfolgen sind, wenn sie im Ausland begangen werden. Zu diesen zwischenstaatlichen Abkommen zählen im Rahmen der Reinhaltung von Nord- und Ostsee das OSPAR und das HELCOM übereinkommen. Hier werden die Strafvorschriften nicht auf bestimmte Paragrafen des StGB beschränkt, sondern ergeben sich diese aus den Abkommen per se. Damit könnten, anders als nach § 5 Nr. 11 StGB oder Art. 12 SeeRÜbkAG, auch Luftverunreinigungen durch Schiffe geahndet werden, wenn diese Abkommen das vorsehen.

7.5.2.3 Personalitätsprinzipien

Von aktivem Personalitätsprinzip spricht man, wenn ein Staat auch die Taten seiner Staatsangehörigen verfolgt, die diese im Ausland begehen. Im deutschen Strafrecht findet das Personalitätsprinzip gemäß § 7 Abs. 2 Nr. 1 StGB auf die Fälle eingeschränkt Anwendung, in denen ein Deutscher im Ausland eine Straftat begeht die dort mit Strafe bedroht ist, oder in denen der Tatort keiner Strafgewalt unterliegt. Weitere Verwirklichungen des Personalitätsprinzip finden sich in einzelnen Nummern des § 5 StGB. Es wird z. B. gemäß Nr. 9 der Abbruch der Schwangerschaft unabhängig vom Tatort und seinem Recht bestraft, wenn der Täter/die Täterin Deutscher/Deutsche ist.

Vom passiven Personalitätsprinzip spricht man, wenn ein Staat Straftaten verfolgt die im Ausland gegen seine Staatsangehörigen begangen werden. Das passive Personalitätsprinzip gilt in Deutschland gemäß § 7 Abs. 1 StGB eingeschränkt für den Fall, dass die Tat im Ausland gegen den Deutschen begangen wird und am Tatort mit Strafe bedroht ist, oder dass der Tatort keiner Strafgewalt unterliegt.[45]

7.5.2.4 Prinzip der stellvertretenden Strafrechtspflege

Für andere Taten, die im Ausland begangen werden, gilt das deutsche Strafrecht, wenn die Tat am Tatort mit Strafe bedroht ist oder der Tatort keiner Strafgewalt unterliegt und wenn der Täter zur Zeit der Tat Ausländer war, im Inland betroffen und, obwohl das Auslieferungsgesetz seine Auslieferung nach der Art der Tat zuließe, nicht ausgeliefert wird, weil ein Auslieferungsersuchen innerhalb angemessener Frist nicht gestellt oder abgelehnt wird oder die Auslieferung nicht ausführbar ist.

---

[44]https://www.ecchr.eu/glossar/weltrechtsprinzip

[45]http://www.lexexakt.de/index.php/glossar/personalitaetsprinzip.php

7.5.3 § 324 StGB – Gewässerverunreinigung

Hintergrundinformationen

Gravierende Sicherheitsmängel hat die Wasserschutzpolizei Emden am Donnerstag bei der Kontrolle eines Seeschiffes festgestellt. Wie die Beamten mitteilten, wird deshalb nun gegen den 56-jährigen Kapitän und den 32-jährigen Leiter der Maschinenanlage wegen des Verdachts der Gewässerverunreinigung ermittelt.

Im Zuge der Kontrolle des Schiffes, das unter der Flagge der Färöer-Inseln fährt, verdichteten sich die Anhaltspunkte dafür, dass die beiden Schiffsverantwortlichen im deutschen Küstenmeer und in der Ausschließlichen Wirtschaftszone ungeklärte Schiffsabwässer in die Nordsee einleiteten. Ermittler zogen aufgrund der Feststellungen die BG-Verkehr/Dienststelle Schiffsicherheit hinzu. Diese verhängte gegen Schiff und Besatzung ein vorläufiges Auslaufverbot.[46]

Tatobjekt der Strafrechtsnorm des § 324 StGB sind zunächst Gewässer:

> Wer unbefugt ein Gewässer verunreinigt oder sonst dessen Eigenschaften nachteilig verändert, wird mit Freiheitsstrafe bis zu fünf Jahren oder mit Geldstrafe bestraft.

Es kommt weder auf einen verwaltungsrechtlich erwünschten Zustand an, noch darauf ob das Wasser bereits verunreinigt ist.[47]

7.5.3.1 Gewässerbegriff

Der Gewässerbegriff des § 324 StGB als Tatbestandsmerkmal ist zunächst in den Begriffsbestimmungen des § 330d Nr. 1 StGB definiert. Danach ist ein Gewässer ein oberirdisches Gewässer, das Grundwasser und das Meer. Der Begriff Meer ist in keiner Rechtsvorschrift legaldefiniert, sodass für die genaue Subsumtion des Tatbestandmerkmals akzessorisch das WHG hinzugezogen werden kann.

Der Gewässerbegriff des StGB umfasst auch ausländische Flüsse, um auch Auslandstaten Deutscher erfassen zu können [1]. Auch der Begriff Meer kann so verstanden werden, dass für Inlandstaten das Küstenmeer definiert ist und für Auslandstaten Deutscher oder Auslandstaten von Ausländern die Teile des nichtterritorialen Meeres gemeint sind. Dazu gehören insbesondere die Ausschließliche Wirtschaftszone und die Hohe See.[48]

---

[46]https://www.emderzeitung.de/emden/~/abwasser-in-nordsee-geleitet-auslaufverbot-fuer-schiff-248467

[47]https://ra-odebralski.de/strafrecht-rechtsanwalt/strafrecht-einzelne-delikte/gewaesserverunreinigung

[48]Siehe Kap. 3.1.2.

Das WHG definiert die Gewässer weitergehend als das StGB und kann so begrifflich zur Tatbestandssubsumtion genutzt werden. Auch werden die Gewässerbegriffe definiert und so eindeutig zur Rechtsfindung bestimmt.

Ein oberirdisches Gewässer ist so das ständig oder zeitweilig in Betten fließende oder stehende oder aus Quellen wild abfließende Wasser. Nicht dazu gehören künstliche, in Leitungen oder anderen Behältnissen gefasste Gewässer, da sie grundsätzlich dem Wasserkreislauf entzogen sind, z. B.:

- Wasserleitungen
- Schwimmbecken
- Klärbecken

und

- Zierteiche.

Küstengewässer sind das Meer zwischen der Küstenlinie bei mittlerem Hochwasser oder zwischen der seewärtigen Begrenzung der oberirdischen Gewässer und der seewärtigen Begrenzung des Küstenmeeres. Im WHG wurde der Teil des Meeres als Küstengewässer definiert, der nach dem SRÜ als Küstenmeer definiert wurde und somit inländische Gewässerteile darstellen. Diese Küstengewässer stehen grundsätzlich im Eigentum des Bundes und werden Seewasserstraßen[49] benannt.[50] Darüber hinaus sind Meeresgewässer die Küstengewässer sowie die Gewässer im Bereich der deutschen ausschließlichen Wirtschaftszone und des Festlandsockels, jeweils einschließlich des Meeresgrundes und des Meeresuntergrundes. Auch hier werden die Meeresgewässer weiter als für Inlandstaten erforderlich definiert, wodurch die Erweiterung des Strafrechts nach den §§ 5 ff. StGB[51] und dem Art. 12 SeeRÜbkAG[52] strafrechtliche Geltung erlangt.

Als oberirdische Gewässer wird das unterirdische Wasser in der Sättigungszone, das in unmittelbarer Berührung mit dem Boden oder dem Untergrund steht, definiert. Klar abzugrenzen ist die Begriffsbestimmungen von der des Bodens nach § 2 Abs. 1 BBSchG, wonach flüssige Bestandteile (Bodenlösungen) zum Boden gehören. Grundwasser gehört danach nicht zum Boden, wobei die Abgrenzung ökologisch definiert werden muss und in der Anwendung der Straftatbestände nicht einfach erscheint. Die Gewässerbetten gehören jeweils zu den Gewässern und nicht zum Boden, selbst wenn diese temporär trockenfallen.

[49]Vgl. § 1 WStrG.

[50]Siehe Kap. 7.1.1.

[51]Siehe Kap. 7.4.2.

[52]Siehe Kap. 3.1.1.

7.5.3.2 Verunreinigung und nachteilige Veränderung

Die Tathandlung des § 324 StGB sind das Verunreinigen oder das sonstige nachteilige Verändern eines Gewässers. Dabei ist n.h.M. das Verändern des Gewässers der Oberbegriff und das Verunreinigen stellt einen Spezialfall dar.

Tatbestandlich muss die Eigenschaft eines Gewässers nachteilig verändert werden. Unter Eigenschaften eines Gewässers ist die natürliche, physikalische, chemische, biologische oder thermische Beschaffenheit des Wassers zu verstehen. Veränderung muss irgendwelche Nachteile zur Folge haben; es muss nicht unbedingt die Wasserqualität verschlechtert werden. Auch schon die Veränderung der thermischen Eigenschaft des Wassers durch Erhitzen (z. B. Kühlwasser eines Schiffes) führt zum Erfüllen dieses Tatbestandsmerkmals. Insoweit ist der Schiffsbetrieb mit Verbrennungsmotoren, die Kühlwasser aus dem Meer oder einem Fluss nutzen, ein Tatbestand nach § 324 StGB. Insoweit kann ein Schiff nur mit einer Befugnis betrieben werden.

Eine Verunreinigung ist ein „Minus an Wassergüte", d. h. eine nicht unerhebliche objektive Verschlechterung der faktischen Benutzungsmöglichkeiten oder physikalischen, chemischen, biologischen oder thermischen Beschaffenheit des Wassers. Sie darf jedoch nicht unerheblich sein, wodurch Bagatellfälle ausscheiden. Ob es sich um einen Bagatellfall handelt, kann im Einzelfall häufig nur gerichtlich festgestellt werden, weil eine sogenannte „Minimaklausel"[53] im § 324 StGB nicht enthalten ist. Eine schlichte Unsauberkeit des Wassers genügt nach dem Tatbestand der Norm. Auch kommt es nicht auf bereits vorhandene Verschmutzung an.

7.5.3.3 Unbefugt

Der Täter einer Gewässerverunreinigung muss unbefugt handeln, also rechtwidrig, weil eine behördliche Genehmigung als objektive Strafbarkeitsbedingung fehlt. Befugt handelt der Täter, wenn die Tat aufgrund einer nach dem WHG[54] oder den Landeswassergesetzen[55] erteilten Bewilligung oder Erlaubnis oder aufgrund von Ausnahmeregelungen nach den Gesetzen zum Schutz des Meeres[56] oder gewohnheitsrechtlich[57] gerechtfertigt ist [1].

[53] Vgl. § 326 Abs. 6 StGB.

[54] Siehe Kap. 7.1.2.

[55] Siehe Kap. 7.1.3.

[56] Siehe Kap. 3.3.2.1.

[57] Gewohnheitsrechtlich könnte hier auch die „Lehre von der Sozialadäquanz" angeführt werden. Die Lehre von der Sozialadäquanz sieht Handlungen, die zwar gefährlich sind, aber seit Langem von der Gesellschaft als üblich und normal angesehen werden, als nicht tatbestandsmäßig an. Wegen der umstrittenen Debatte um ein solch rechtstheoretisches Thema, soll hier nicht weiter darauf eingegangen werden.

Ein Sogenanntes „Schifffahrtsprivileg" wurde vom LG Hamburg nicht mehr als gewohnheitsrechtlich anerkannt, sodass sich die Rechtmäßigkeit der Einleitung von Schiffen allein nach wasserrechtlichen Maßstäben richtet. Von Schiffen eingeleitete Stoffe gelten auch nicht als Abfälle i. S. d. KrWG[58], sodass eine Tateinheit zwischen den §§ 324 und 326 StGB in Fällen einer Gewässerverunreinigung schwer zu subsumieren sind.

Im Falle der befugten Einleitung von Schiffen in ein Gewässer durch eine Erlaubnis oder Bewilligung aufgrund von grenzwertgebenden Verwaltungsrechtsvorschriften[59], wird die Tat unbefugt, sobald diese Grenzwerte überschritten wurden. Grundsätzlich ist die Tat vollendet, wenn auch nur z. T. das Gewässer verunreinigt oder nachteilig verändert wurde.

7.5.4 § 325 Abs. 2 StGB – Luftverunreinigung

Der Containerfrachter „MS Yang Ming Utmost" sorgte am Sonnabendabend ungewollt für eine dunkle Qualmwolke. Der Frachter befand sich von Hamburg auf dem Weg nach Rotterdam. Auf Höhe Altona dann passierte das Unglück, eine hohe Konzentration Rußpartikel gelangte in die Luft und legte sich auch wie ein Film auf das Wasser. Die in die Luft ausgestoßenen Rußpartikel erreichten auch die Asklepios Klinik in Altona. Die Konzentration war so hoch, das dort der Feuermelder ausgelöst wurde. Auch im Pflegeheim Bugenhagenstraße gingen die Feuermelder los. Ein Restaurantbetreiber in Altona meldete sich bei der Polizei und teilte mit, dass erhebliche Mengen Ruß auf dem Mobiliar und den Speisen sowie den Getränken seiner Gäste nieder gegangen sei. Polizisten stellten Proben zur weitergehenden Untersuchung sicher.[60]

7.5.4.1 Vorbetrachtungen zur Luftverunreinigung

Die Internationale Seeschifffahrtsorganisation (International Maritime Organization – IMO) hat bereits 1973 im „Internationalen Übereinkommen zur Verhütung der Meeresverschmutzung durch Schiffe" (MARPOL-Konvention; MARPOL 73/78) Umweltschutzauflagen für die Seeschifffahrt geregelt. In den sechs Anlagen sind Regelungen bezüglich der Verhütung der Verschmutzung durch Öl (Anlage I), schädliche flüssige Stoffe (Anlage II), Schadstoffe in verpackter Form (Anlage III), Abwasser (Anlage IV), Schiffsmüll (Anlage V) sowie zur Luftverunreinigung durch Seeschiffe (Anlage VI) enthalten. Die in der Anlage VI enthaltenen Anforderungen an die Luftschadstoffe umfassen bislang nur Vorgaben für Schwefeloxid- (SO_x) und Stickoxidemissionen (NO_x) sowie Regelungen bezüglich der Energieeffizienz.

---

[58] Vgl. § 2 Abs. 2 Nr. 9 KrWG.

[59] Vgl. Regel I/15 MARPOL 73/78 und Artikel 6.01 CDNI.

[60] https://www.abendblatt.de/hamburg/polizeimeldungen/article132928038/Wechselte-YM-Utmost-zu-frueh-auf-schwefelhaltiges-Schweroel.html

Während die Schwefelmenge im Kraftstoff für den Straßenverkehr einen Anteil von 0,001 % nicht überschreiten darf, liegt der seit dem 1.1.2015 gültige Grenzwert für Schiffskraftstoff in den Schwefelkontrollgebieten (Skulptur Emission Control Area – SECA) mit 0,10 % immer noch um das 100-fache höher. Laut NABU emittiert ein großes Kreuzfahrtschiff dieselbe Menge an Schadstoffen wie fünf Millionen PKW auf gleicher Strecke – z. B. die Emissionen von Schwefeldioxid (SO_2) betrugen 2012 bei einem Kreuzfahrtschiff 7500 kg pro Tag, bei einem Pkw nur 0,00002 kg. Damit emittiert ein Kreuzfahrtschiff so viel SO_2 wie 376030220 Pkw.

Die IMO hat im Jahr 2008 die Absenkung des weltweit gültigen Grenzwerts von derzeit 3,5 auf 0,5 % ab 2020 festgelegt (MARPOL Anlage VI). Die Einführung 2020 ist allerdings an eine Überprüfung gebunden und kann – wenn nachgewiesen wird, dass die Menge niedrigschwefligen Kraftstoffs global nicht verfügbar ist – auf 2025 verschoben werden. Die EU hat die Vorgaben an den Schwefelgehalt im Schiffskraftstoff aus MARPOL Anlage VI mit der EU-Schwefelrichtlinie (2012/33/EU) umgesetzt. Die Umsetzung übernimmt aber nicht die Option auf Verschiebung des globalen Grenzwertes von 2020 auf 2025. Dies bedeutet, dass in europäischen Gewässern, die nicht als SECA ausgewiesen sind (z. B. Nordostatlantik, Mittelmeer, Schwarzes Meer), ab dem Jahr 2020 ein maximaler Schwefelgehalt von 0,5 % verbindlich für alle Schiffe unabhängig ihrer Flagge gilt. Schon jetzt gilt in SECA-Gebieten wie Nord- und Ostsee ein maximaler Schwefelgehalt von 0,1 %.

Eine umweltschonende Alternative zu Schweröl ist die Verwendung von hochwertigem Marinedieselöl (MDO) oder von Erdgas, das in seiner dichtesten Speicherform als LNG (liquified natural gas – Flüssiggas) eingesetzt wird. Für einen entsprechenden Gasantrieb müssen Schiffe umgerüstet und die notwendige Tankinfrastruktur in den Häfen aufgebaut werden.

Einen völlig neuen Weg zur Schadstoffvermeidung stellt das sogenannte Green shipping dar. Damit ist die Summe komplexer Maßnahmen zur Vermeidung von schädlichen Emissionen gemeint. Neben den bereits dargestellten rechtlichen Vorgaben auf internationaler, europäischer und nationaler Ebene werden schiffbauliche Konzepte und die Einführung freiwilliger Initiativen zur Verringerung von Abgasemissionen und Verschmutzungen der Meeresumwelt umgesetzt. Dazu gehören u. a. die Schwefel-Reduzierung durch technische Vorrichtungen (sogenannter Schwefelscrubber), Antifouling Anstriche der Schiffsrümpfe oder FCKW-/Halon-Verbote.

So konnte das MS „Cellus" der deutschen Reederei Rörd Braren am 21. November 2002 als erstes Handelsschiff der Welt mit dem Umweltzeichen „Der Blaue Engel" ausgezeichnet werden. Dieses Schiff hat, wie die beiden Schwesterschiffe Forester und Timbus, eine Abgasnachbehandlung mittels SCR-Katalysator an Bord, der die Emissionen von Stickoxiden, unverbrannten Kohlenwasserstoffen, Ruß und Lärm um mindestens 20 % reduziert.

Eine weitere Neuerung setzt die norwegische Hurtigruten AS für seine kommenden Expeditionsschiffe um. Diese Schiffe werden mit sogenannten Hybrid-Antrieben ausgerüstet, die den Treibstoff-Verbrauch um bis zu 20 % senken sollen. Die Verringerung des Schadstoffausstoßes pro Schiff beläuft sich demnach auf mehr als 3000 Tonnen CO_2 pro Jahr.

Das Bundesamt für Seeschifffahrt und Hydrographie (BSH) und das Institut für Umweltphysik der Universität Bremen haben im Rahmen des Forschungsprojektes MesMarT (Measurements of shipping emissionsin the marine troposphere) seit dem 01. Januar 2015 Messungen entlang der Elbe durchgeführt. Als Ergebnis konnte festgestellt werden, dass die Seeschifffahrt die neuen SECA-Grenzwerte überwiegend einhält – von den 600 im Januar 2015 untersuchten Schiffsbewegungen waren rund 95 % regelkonform.

Trotz des überwiegenden Einhaltens der Grenzwerte können immer wieder „schwarze Schafe" ermittelt werden – von den im Januar 2015 untersuchten Schiffsbewegungen immerhin 5 %, also 30 Schiffe. Darüber hinaus führt immer wieder menschliches Versagen zu Verunreinigungen der Luft und der Meeresumwelt und stellt soweit auch ein strafrechtliches Handeln dar.

7.5.4.2 Der Emissionstatbestand der Luftverunreinigung (§ 325 Abs. 2 StGB)

> Wer beim Betrieb einer Anlage, einer Betriebsstätte oder Maschine, unter Verletzung verwaltungsrechtlicher Pflichten Schadstoffe in bedeutendem Umfang in die Luft außerhalb des Betriebsgeländes freisetzt, wird mit Freiheitsstrafe bis zu fünf Jahren oder mit Geldstrafe bestraft.[61]

Anknüpfungspunkt des Emissionstatbestandes ist nicht die potenzielle Gefährlichkeit der veränderten Luftmasse für die Schutzgüter des Tatbestandes, sondern die Gefährlichkeit der in die Luft abgegebenen Schadstoffe. Hierin liegt eine vom Gesetzgeber bezweckte Beweiserleichterung.

In der Seeschifffahrt und damit in dem anfangs angeführten Sachverhalt ist die reine optische Veränderung der Luft sofort erkennbar und damit als Anfangsverdacht einer Straftat ermittelbar. Regelmäßig können solche Luftverunreinigungen durch Ruß aus dem Maschinenbetrieb festgestellt werden, wobei abzugrenzen bleibt, inwieweit ein Ausstoß von Ruß technisch bedingt unvermeidbar oder auf ein technisches und menschliches Versagen zurückzuführen ist. Ottomotoren emittieren keinen Ruß, aber viel CO_2. Bei den Dieselmotoren ist es umgekehrt. Dafür gibt es physikalische und chemische Gründe, z. B. durch die hohen Arbeitsdrücke und Temperaturen im Dieselzylinder werden die langkettigen Kohlenwasserstoff-Moleküle gecrackt, wobei Ruß entsteht, der nicht so leicht entflammbar ist wie die Kohlenwasserstoffe und deshalb ausgestoßen wird. Gerade Rußbildung im Verbrennungsraum treten bei unvollständiger Verbrennung der Brenn-

[61] § 325 Abs. 2 StGB.

stoffe auf – z. B. bei Fahren des Hauptmotors im Unterlastbereich, hauptsächlich bei mittel- oder schnelllaufenden Dieselmotoren. Das Freibrennen im Nennlastbereich führt dann regelmäßig zum Abbrennen der Rußrückstände und zu kurzzeitigem Rußausstoß.

Im genannten Sachverhalt konnte von den Beamten der Wasserschutzpolizei der Rußausstoß eindeutig als technischer Schaden und somit aufgrund eines menschlichen Versagens ermittelt werden.

Schwieriger gestaltet sich der Nachweis einer Luftverunreinigung durch zu hohen Schwefel-oder Stickoxidausstoß, der den Vorschriften des MARPOL-Übereinkommens und damit der Seeumweltverhaltensverordnung zuwiderhandelt. Gerade der Ausstoß dieser Schadstoffe führt in der Regel nicht zu einer optischen oder olfaktorischen Wahrnehmung. Fraglich ist in der Rechtsanwendung grundsätzlich, wann ein nicht befugter Ausstoß von Schwefel- oder Stickoxiden zu einer Erfüllung der Straftatbestände des § 325 StGB führt. Ermittelt werden muss, ab welchem Schadstoffgehalt der bedeutende Umfang im Sinne des § 325 Abs. 2 StGB erfüllt ist. Eine Nutzung der Messergebnisse des Forschungsprojekts MesMarT kann für die ermittelnden Beamten der Wasserschutzpolizei und somit für die Entscheidung durch die Staatsanwaltschaft hilfreich sein. Auch eine Beprobung der verwendeten Kraftstoffe, die an Bord der Seeschiffe verwendet wurden, kann zu einer strafrechtlichen Entscheidung führen. Eine Ermittlung der Tatbestände einer solchen Luftverunreinigung erfordert von den ermittelnden Beamten der Wasserschutzpolizei einen sehr hohen Kenntnisstand und Erfahrungen in der Strafermittlung sowie im Schifffahrtsrecht.

Die heutige Seefahrt zeichnet sich dadurch aus, dass der Umweltgedanke immer mehr in den Vordergrund des Schiffbaus und des Schiffsbetriebes rückt. Viele bauliche und auch rechtliche Maßnahmen führen zu immer sauberem Schiffsbetrieb – das „grüne Schiff" wird das Schiff der Zukunft. Trotzdem ist es nicht möglich, bei den Größen (400 m Länge und mehr) und Transportmöglichkeiten (20000 Container [TEU] und mehr) der heutigen Handelsschiffe Umweltbelastungen vollständig auszuschließen. Auch bei Kreuzfahrtschiffe, die immer mehr Zulauf gewinnen und schon jetzt Platz für mehr als 6000 Passagiere bieten, wird immer ein Rest an Umweltbelastungen hingenommen werden müssen.

In der heutigen Schifffahrt müssen Schifffahrtstreibende und Behörden gemeinsam die Herausforderungen der technischen und rechtlichen Entwicklung annehmen, die Möglichkeiten der Neuerungen erkennen und einen Weg finden, den Fortschritt in Gegenwart und Zukunft an die gegenwärtigen Gegebenheiten anzupassen. Nicht jede Umweltverschmutzung ist somit gleich kriminelles Unrecht, doch wenn ein tatsächliches Fehlverhalten vorliegt, sollten die rechtlichen Mittel zu dessen Ahndung angewandt werden. Die Süddeutsche Zeitung schrieb am 12. April „Umweltschutz ist wichtig, Autofahren ist wichtiger". Der Umweltschutz steht in der Rangordnung der aktuell wichtigsten Probleme an dritter Stelle, hinter Zuwanderung und Kriminalität. Für die

Seewirtschaft und damit die Schifffahrt gilt dann „Umweltschutz ist wichtig – Seeschifffahrt auch". Erreichbare Synergien können dazu führen, dass sowohl der Seehandel weiter floriert und gleichzeitig die Umwelt geschont wird.

7.5.4.3 Schiff als Anlage

Außerhalb des Betriebsgeländes werden die Schadstoffe freigesetzt, wenn sie nicht nur die emittierende Anlage verlassen haben, sondern außerhalb des gesamten Betriebsbereichs feststellbar sind. Der Abs. 2 Fordert die Freisetzung beim Betrieb einer Anlage. Dies führt zu einer Einbeziehung der Emissionen der in Abs. 7 aufgeführten Verkehrsfahrzeuge, nämlich der Kraftfahrzeuge, Schienen-, Luft- oder Wasserfahrzeuge.

Der Begriff der Anlage kann verwaltungsakzessorisch aus dem BImSchG entnommen werden und ist definiert als[62]

1. Betriebsstätten und sonstige ortsfeste Einrichtungen,
2. Maschinen, Geräte und sonstige ortsveränderliche technische Einrichtungen sowie Fahr-zeuge, soweit sie nicht der Vorschrift des § 38 unterliegen

und

3. Grundstücke, auf denen Stoffe gelagert oder abgelagert oder Arbeiten durchgeführt werden, die Emissionen verursachen können, ausgenommen öffentliche Verkehrswege.

Als Anlagen, insbesondere Betriebsstätten oder Maschinen, die nicht das gesamte Fahrzeug nach § 38 BImSchG umfassen, können somit die Maschinenanlagen von See- und Binnenschiffen betrachtet werden. Das Schiff als Fahrzeug wiederum unterliegt nicht dem Anlagenbegriff, weil der § 38 BImSchG speziell die Pflichten beim Betrieb von u. a. Wasserfahrzeugen darstellt. Emissionsquellen müssen daher einen entsprechenden Anlagenbezug aufweisen. Rein verhaltensbedingte Immissionen, also solche, die nicht auf der bestimmungsgemäßen Nutzung oder Verwendung der Anlage beruhen, fallen aus dem Anlagenbegriff heraus [2].[63]

Die Anlage muss zur Möglichkeit des tatbestandsmäßigen Handelns betrieben werden. Betreiben bedeutet, dass mit einer gewissen Organisation und unter Einsatz bestimmter, regelmäßig technischer Arbeitsmittel ein spezieller Zweck, nämlich der Antrieb des Schiffes, fortgesetzt verfolgt werden soll [2]. Als Betrieb des Schiffes kann der Zulassungszeitraum, also von Inbetriebnahme bis zur Stilllegung, angesehen werden. Auch Erprobung der Anlage (Belastungsprobe), Wartung und Reparaturen z. B. in Werften unterbrechen somit nicht den Betriebszustand des Schiffes.

---

[62] § 3 Abs. 5 BImSchG.

[63] Kompetenz der Bundesländer, vgl. bereits die Kompetenzgrundlage des Art. 74 Abs. 1 Nr. 24 GG.

7.5.4.4 Verletzung einer verwaltungsrechtlichen Pflicht

Die grobe Pflichtwidrigkeit ist nicht mehr Tatbestandsvoraussetzung, es genügt jeder umweltgefährdende Verstoß gegen eine verwaltungsrechtliche Pflicht. Der Begriff der verwaltungsrechtlichen Pflicht ist bereits in § 330d StGB definiert:

Übersicht

Eine verwaltungsrechtliche Pflicht (ist) eine Pflicht, die sich aus

a) einer Rechtsvorschrift,
b) einer gerichtlichen Entscheidung,
c) einem vollziehbaren Verwaltungsakt,
d) einer vollziehbaren Auflage

oder

e) einem öffentlich-rechtlichen Vertrag, soweit die Pflicht auch durch Verwaltungsakt hätte auferlegt werden können,

ergibt und dem Schutz vor Gefahren oder schädlichen Einwirkungen auf die Umwelt, insbesondere auf Menschen, Tiere oder Pflanzen, Gewässer, die Luft oder den Boden, dient.

Die verwaltungsrechtliche Pflicht, die bei dem Betrieb einer Maschinenanlage eines Schiffes i. S. d. § 325 Abs. 2 StGB zu beachten ist, ergibt sich aus § 4 10. BImSchV.[64] Eine Ahndung von Auslandstaten des § 325 StGB entsprechend der Kataloge der §§ 5 und 6 StGB ist im deutschen Strafrecht nicht vorgesehen, sodass nur verwaltungsrechtliche Pflichten für den Betreib im Inland infrage kommen. Über Fälle der stellvertretenden Strafrechtspflege bei Luftverunreinigungen im Ausland muss über den diplomatischen Weg jeweils im Einzelfall entschieden werden. Auch der Art. 12 SeeRÜbkAG bietet keine Möglichkeit für die Erweiterung des deutschen Strafrechts bei Luftverunreinigungen.

Verwaltungsrechtliche Pflichten ergeben sich ebenfalls aus den Schifffahrtsvorschriften zum Erhalt des in den Zulassungszeugnissen zertifizierten Zustandes.

Der Zustand des Schiffes und seiner Ausrüstung muss so erhalten werden, dass er den Bestimmungen dieser Regeln entspricht, damit sichergestellt wird, dass das Schiff in jeder Hinsicht stets ohne Gefahr für das Schiff oder die an Bord befindlichen Personen in See gehen kann.[65]

---

[64] Siehe Kap. 7.3.1.

[65] Regel I/11 SOLAS 74/88.

7.5.4.5 Schadstoffbegriff in Bezug zur Schifffahrt

Im Gesetz[66] sind solche Schadstoffe erfasst, die geeignet sind, die Gesundheit eines anderen, Tiere, Pflanzen oder andere Sachen von bedeutendem Wert zu schädigen oder die geeignet sind, nachhaltig ein Gewässer, die Luft oder den Boden zu verunreinigen oder sonst nachteilig zu verändern.

Emissionen durch die Schifffahrt entstehen in erster Linie durch Ausstoß von Treibhausgasen und Schadstoffen in die Luftatmosphäre beim Betrieb von Motor-Schiffen. Schiffsemissionen enthalten verschiedene Arten von Schadstoffen: unter anderem Schwefeloxide (SO_x), Stickoxide (NO_x), Kohlenstoffdioxid (CO_2), Rußpartikel, Feinstaub. Außerdem enthalten Schiffsabgase auch Schwermetalle, Asche und Sedimente.

In stark befahrenen Küstengebieten tragen Schiffe erheblich zur Luftverschmutzung mit Stickoxiden bei. Das Stickstoffdioxid (NO_2), das bei der Verbrennung von Schiffsdiesel oder Schweröl frei wird, fungiert in der Natur aber auch als Dünger. Wie schon sein Name verrät, enthält dieses Molekül Stickstoff. Stickstoff ist einer der bedeutsamsten Pflanzennährstoffe, der an Land in großen Mengen in Form von mineralischem Stickstoffdünger oder mit Mist und Gülle auf die Felder aufgetragen wird, um die Produktivität des Ackerbodens zu steigern. Entsprechend fungiert der Stickstoff aus den Schiffsabgasen auch im Meer als Dünger: Mikroskopisch kleine Algen, die als Phytoplankton bezeichnet werden, nehmen den Stickstoff auf.[67]

Durch den Schadstoffausstoß über den Meeren, verursacht durch den Schiffsverkehr, steigt die Gefahr der Versauerung der Meere. Dafür sind vor allem CO_2-Emissionen verantwortlich. Wissenschaftler sagen voraus, dass die Versauerung bis 2100 um etwa 17 % zunehmen wird.[68]

Die Menge des verbrannten Kraftstoffs ist hauptsächlich von der Leistung der Maschinenanlage und dessen Nutzung abhängig. So verbrauchen moderne Containerschiffe mit Hauptmaschinen mit Leistungen von ca. 90000 kW pro Tag ca. 350 to Kraftstoff – Gasöl oder Schweröl.

Der bedeutende Umfang der Emissionen ergibt sich bereits aus der Menge des verbrannten Kraftstoffes. Entscheidend für die Strafbegehung ist dahin gehend nicht der eigentliche Umfang des Freisetzens der Schadstoffe, sondern vielmehr die Grenzwertüberschreitung und damit der Verstoß gegen die verwaltungsrechtliche Pflicht.

Zur Eignung des Schadstoffes, die Gesundheit eines anderen, Tiere, Pflanzen oder andere Sachen von bedeutendem Wert zu schädigen, genügt die Schadensverursachung, wobei der Schaden ist noch nicht eingetreten sein muss. Luftverunreinigung muss also für die Schutzgüter (Mensch, Tier, Pflanzen usw.) generell gefährlich sein, dabei genügt

---

[66]§ 325 Abs. 6 StGB.

[67]https://coastmap.hzg.de/portal/apps/Cascade/index.html?appid=55b2bca0ff584e269af6a6b5bbb73ca

[68]Emissions of CO_2 driving rapid oceans ‚acid trip BBC News, 17. November 2013.

es, dass sich die Auswirkungen auf besonders anfällige Personengruppen beschränken (Alte, Kranke, Asthma Leidende, Säuglinge, Gebrechliche usw.).

Tipp
Schiffsabgase belasten die Gesundheit der Küstenanwohner. Wissenschaftler des Helmholtz-Zentrums München untersuchten in Kooperation mit mehreren Universitäten, welchen Einfluss die Abgase auf die sogenannten Makrophagen im Immunsystem der Lunge haben. Da Makrophagen bei Lungenerkrankungen wie COPD (Chronic Obstructive Pulmonary Disease) eine entscheidende Rolle spielen, hilft die jetzt im Wissenschaftsjournal „Plos one" veröffentlichte Studie, die gesundheitlichen Risiken von Schiffsabgasen genauer einzuschätzen.

2015 konnte die Wissenschaftlergruppe bereits nachweisen, dass Partikelemissionen aus Schweröl- und Dieselkraftstoffen menschliche Lungenzellen beeinflussen und für starke biologische Reaktionen der Zellen verantwortlich sind. Unter anderem werden Entzündungen ausgelöst, die zu sogenannten interstitiellen Lungenerkrankungen führen können.[69]

7.5.4.6 Umfang des Freisetzens

Als Tathandlung müssen die Schadstoffe in bedeutendem Umfang in die Luft außerhalb des Betriebsgeländes freigesetzt werden. In bedeutendem Umfang sind Schadstoffe nicht erst ab einer gewissen Menge freigesetzt; einzubeziehen sind in einer Gesamtschau auch die Art und Beschaffenheit der Stoffe. Je gefährlicher ein Stoff für die potenziellen Gefährdungsobjekte des § 325 ist, desto eher lässt sich der freigesetzten Menge ein bedeutender Umfang zumessen.

Die Stiftung Warentest hat die Kreuzfahrtbranche untersucht und ging an Bord von zwölf Schiffen. Geprüft wurden Sicherheit, Arbeitsbedingungen, Umweltschutz. Fazit: „Dicke Luft, aber sicher." Festgestellt wurde, dass Abgasnachbehandlungssysteme beispielsweise ausgeschaltet werden, wenn sie nicht für die Einhaltung von Schwefelgrenzwerten benötigt werden. Selbst beim saubersten Schiff des Tests, seien die Filter nicht ständig in Betrieb. Sobald möglich, werde Schweröl statt des saubereren, aber teureren Marinediesels eingesetzt: „Wir waren beeindruckt, wie minutiös die Schiffe den Wechsel der verschiedenen Treibstoffarten steuern können – das passiert allerdings aus Kosten- und nicht aus Umweltschutzgründen."[70]

---

[69]https://www.helmholtz-muenchen.de/aktuelles/uebersicht/pressemitteilungnews/article/35186/index.html

[70]http://www.spiegel.de/reise/aktuell/stiftung-warentest-zu-kreuzfahrt-schiffen-abgasreinigung-mangelhaft-a-1244.321.html; 19.12.2018.

7.5.5 § 326 Abs. 1 Nr. 4 StGB – Unerlaubter Umgang mit Abfällen

> „Die ins Meer geleiteten Lebensmittelabfälle sind per se zwar nicht giftig, aber die schiere Menge wirkt wie Gift, weil das Meer überdüngt wird", sagt Sönke Diesener, Referent für Verkehrspolitik beim NABU. Das führe zu Algenwachstum und Sauerstoffmangel im Wasser. „Alles in allem haben wir es mit einem riesigen Problem, einer ziemlichen Katastrophe zu tun", so der NABU-Experte. Auf einem Schiff mit 3500 Menschen an Bord kommt pro Woche umgerechnet etwa eine volle Lkw-Ladung Essensabfall zusammen. Anders als Plastik, Papier, Glas und Metall dürfen Schiffe nach den Regeln der Internationalen Seeschifffahrtsorganisation (IMO) Lebensmittelabfälle nach bestimmten Kriterien legal ins Meer werfen. Laut IMO darf der geschredderte Müll in den meisten offenen Meeren drei Seemeilen von der Küste ins Wasser eingeleitet werden, in besonderen Gebieten wie Nord- und Ostsee müssen es zwölf Seemeilen sein.[71]

Die vielleicht größte Herausforderung bei dem Betrieb von Schiffen, ganz besonders von Fahrgast- und Kreuzfahrtschiffen, stellt der Umgang mit Abfällen dar. Selbst klassischer Hausmüll, der i. S. d. Strafrechts noch nicht als gefährlich anzusehen ist, kann u. U. zur Schädigung der Gewässer der Flüsse und Meere führen. Besondere Anforderungen werden somit an die Befugnisse der Einleitung und des Umgangs mit Abfällen in der Schifffahrt gestellt. Deshalb stellt d-er § 326 Abs. 1 Nr. 4 StGB einen Tatbestand dar, der durch verwaltungsrechtliche Vorschriften die Reinhaltung der Gewässer sicherstellen sollte:

Übersicht

Wer unbefugt Abfälle, die nach Art, Beschaffenheit oder Menge geeignet sind,

a) nachhaltig ein Gewässer, die Luft oder den Boden zu verunreinigen oder sonst nachteilig zu verändern oder
b) einen Bestand von Tieren oder Pflanzen zu gefährden,

außerhalb einer dafür zugelassenen Anlage oder unter wesentlicher Abweichung von einem vorgeschriebenen oder zugelassenen Verfahren sammelt, befördert, behandelt, verwertet, lagert, ablagert, ablässt, beseitigt, handelt, makelt oder sonst bewirtschaftet, wird mit Freiheitsstrafe bis zu fünf Jahren oder mit Geldstrafe bestraft.

---

[71] https://www.zdf.de/nachrichten/heute/lebensmittelabfaelle-von-kreuzfahrtschiffen-wirken-wie-gift-100.html

7.5.5.1 Abfallbegriff

Der strafrechtliche Abfallbegriff ist grundsätzlich selbstständig. Dennoch verweist der § 326 Abs. 1 StGB auf den Abfallbegriff des Abfallverwaltungsrechts [1]. Somit ist der Abfallbegriff aus dem KrWG und den europarechtlichen Regelungen zu bestimmen. Abfälle sind demnach alle Stoffe oder Gegenstände, derer sich ihr Besitzer entledigt, entledigen will oder entledigen muss. Das KrWG gilt grundsätzlich nicht mehr für Stoffe, sobald sie in Gewässer oder Abwasseranlagen eingeleitet oder eingebracht werden.[72] Diese Anwendungsbeschränkung hingegen gilt nicht für das StGB, sodass auch Abwässer den Vorschriften des § 326 StGB unterliegen [1].[73]

Die Tatsache, dass der als Abfall definierte feste oder flüssige Stoff oder dessen Bestandteile nach der Entsorgung wieder verwendet oder weiterverwendet werden kann, steht dem Abfallbegriff nicht entgegen, wenn sich der Besitzer dessen entledigen will, weil er für ihn wertlos geworden ist [1], z. B. Sludge oder Altöl.

7.5.5.2 Tatbestandsmäßikeit

Der § 326 Abs. 1 Nr. 4 StGB erfasst Sonderfälle, die nicht die Bedingungen des Abschnitts 1 Nr. 1–3 erfüllt, weil die Abfälle nicht die dort genannten Gefahren beinhalten. Dazu sind zwei Tatvarianten möglich:

Die Abfälle müssen nach Art (generell) und Beschaffenheit (wegen des Gehalts an Schadstoffen) oder allein wegen ihrer Menge geeignet sein, [1][74] nachhaltig ein Gewässer, die Luft oder den Boden zu verunreinigen oder sonst nachteilig zu verändern. Nachhaltig oder sonstige nachteilige Veränderung ist dann gleichbedeutend mit dem Tatbestand aus § 324 StGB. Unter wassergefährdenden Stoffen sind feste, flüssige und gasförmige Stoffe, die geeignet sind, dauernd oder in einem nicht nur unerheblichen Ausmaß nachteilige Veränderungen der Wasserbeschaffenheit herbeizuführen, zu verstehen.[75] Daher erfasst der § 326 Abs. 1 Nr. 4 StGB auch wassergefährdende Gifte, die nicht unter die Bedingungen des Abs. 1 Nr. 1 fallen. Da in dem Abs. 1 Nr. 4 von Gewässern, nicht von Wasser gesprochen wird, genügt es bereits, wenn Abfälle das Ufer oder das Gewässerbett zu gefährden geeignet sind. Nachteilig bedeutet auch hier, dass das Gewässer physikalisch, chemisch oder biologisch schlechtere Eigenschaften aufweisen kann, als dies ohne die Erfüllung des Tatbestands der Fall war.

Der Abfall muss stets dort, wo er hingelangt, eines der genannten Schutzgüter oder den Menschen gefährden können. Wird nur ein wassergefährdender Stoff als Abfall in einer Weise gelagert, dass er ein Gewässer oder den Menschen nicht gefährden kann, greift der Tatbestand nicht ein [1]. Fraglich ist regelmäßig, ob das unvorschriftsmäßige Lagern von wassergefährdenden Stoffen an Bord von Schiffen (z. B. Sludge)

---

[72] Vgl. § 2 Abs. 2 Nr. 9 KrWG.

[73] BGH aaO, EuGH EuZW 04, 625.

[74] BGH 39, 385; NJW 97, 198.

[75] § 62 Abs. 3 WHG.

zu einer Strafbarkeit nach § 326 StGB führen kann. Dass Schiffs-Betriebsstoffe als wassergefährdende Stoffe einer Wassergefährdungsklasse[76] zu definieren sind, steht außer Frage. Grundsätzlich ist daher deren Lagerung an verwaltungsrechtliche Vorschriften gebunden, die durch internationale Verträge und europäische oder nationale Rechtsnormen vorgeschrieben sind. Die Schädigungseignung dieser Stoffe ist dann im Zusammenhang mit den weiteren Tatbestandsmerkmalen, z. B. zugelassene Anlage, zu betrachten.

Der Tatbestand enthält die Handlungsvarianten

- Sammeln,
- Befördern,
- Behandeln,
- Verwerten,
- Lagern,
- Ablagern,
- Ablassen,
- Beseitigen,
- Handeln,
- Makeln

oder

- sonst Bewirtschaften.

Von praktischer Bedeutung für die Schifffahrt sind die Handlungsvarianten Lagern, Ablassen und Beseitigen. Lagern ist das vorübergehende Aufbewahren[77], insbesondere eine Zwischenlagerung mit dem Ziel der späteren endgültigen Beseitigung[78], der Wiederverwertung[79] oder der Rückführung in den Wirtschaftskreislauf[80].

Beseitigung ist jedes Verfahren, das keine Verwertung ist, auch wenn das Verfahren zur Nebenfolge hat, dass Stoffe oder Energie zurückgewonnen werden.[81] In Anlage 1 KrWG ist eine nicht abschließende Liste von Beseitigungsverfahren aufgeführt – u. a. D 11 Verbrennung auf See, ein Verfahren, das nach EU-Recht und internationalen Übereinkünften verboten ist.

---

[76]Siehe Kap. 7.1.4.4.

[77]BGH 40, 79, 82.

[78]BGH 36, 258.

[79]Stuttgart NuR 04, 556.

[80]BGH 37, 337.

[81]Vgl. § 3 Abs. 26 KrWG.

Voraussetzung für alle Tatvarianten ist, dass die Handlung entweder außerhalb einer zugelassenen Anlage[82] oder in einem unzulässigen Verfahren erfolgt. Das Abfallverwaltungsrecht gilt wieder als akzessorisch und wird bei der Tatbestandsbegründung hinzugezogen.[83] Die wesentliche Abweichung von einem vorgeschriebenen oder zugelassenen Verfahren liegt u. a. vor, wenn durch das Zulassungsrecht für See- oder Binnenschiffe eine Nutzungspflicht von Tanks und anderen Anlagen vorgeschrieben ist. Dies ist. B. der Fall bei der Nutzung von Altöl- und Sludgetanks durch die Vorschriften von Anlage I MARPOL 73/78[84] oder die Nutzung von Behältern für ölhaltige Abfälle nach Teil A Anlage 2 CDNI[85]. Diese Abweichung von dem vorgeschriebenen Verfahren muss vom Täter in einer umweltgefährdenden Weise erfolgen, was durch die ratio legis der Vorschriften und die dadurch vorausgesetzte Umweltgefährdung der wassergefährdenden Stoffe von vornherein anzunehmen sein dürfte.

Der Begriff unbefugt[86] als Deliktsmerkmal der Rechtfertigung hat gleiche Bedeutung, wie bei dem § 324 StGB, wobei eine Erlaubnis oder Bewilligung für einen unerlaubten Umgang mit Abfällen nur ausnahmsweise vorliegen dürften. Schon die Benennung des § 326 StGB – unerlaubter Umgang mit Abfällen, lässt darauf schließen, dass eine Erlaubnis nicht zu einer Tatbestandserfüllung führen soll.

7.5.5.3 Minima-Klausel

Der Abs. 6 enthält einen sachlichen Strafausschließungsgrund für alle Handlungen des § 326 StGB. Die Tat ist dann nicht strafbar, wenn schädliche Einwirkungen auf die Umwelt, insbesondere auf Menschen, Gewässer, die Luft, den Boden, Nutztiere oder Nutzpflanzen, wegen der geringen Menge der Abfälle offensichtlich ausgeschlossen sind. Hier gewinnt der Absatz bei kleinen Abfallmengen Bedeutung, wenn ausgeschlossen ist, dass eine schädliche Einwirkung auf die Umwelt nicht gegeben sein kann.

7.5.6 § 330 Besonders schwerer Fall einer Umweltstraftat

Ein besonders schwerer Fall einer Umweltstraftat liegt dann vor, wenn eine Tat z. B. nach §§ 324 oder 326 StGB zunächst vorsätzlich begangen wird. Eine fahrlässige Tatbegehung, wie in §§ 324 Abs. 2 oder 326 Abs. 5 StGB genannt, führt nicht zu einer Strafbarkeit nach § 330 StGB.

Eine besonders schwere Tatbegehung liegt vor, wenn der Täter u. a.

---

[82]Siehe Kap. 7.3.4.3.

[83]Siehe Kap. 7.3.1.

[84]Siehe Kap. 3.3.2.

[85]Siehe Kap. 6.2.1.

[86]Siehe Kap. 7.3.3.3.

- ein Gewässer derart beeinträchtigt, dass die Beeinträchtigung nicht, nur mit außerordentlichem Aufwand oder erst nach längerer Zeit beseitigt werden kann,
- die öffentliche Wasserversorgung gefährdet,
- einen Bestand von Tieren oder Pflanzen einer streng geschützten Art nachhaltig schädigt oder
- aus Gewinnsucht handelt.

Sollte ein Gewässer durch die Tat derart verunreinigt sein, dass nur mit außerordentlichem Aufwand oder erst nach längerer Zeit eine Beeinträchtigung beseitigt werden kann, könnte eine Qualifikation einer Gewässerverunreinigung gegeben sein. Regelmäßig ist von solch schweren Folgen bei dem Einbringen von ölhaltigen Substanzen in ein Gewässer von Bord eines Schiffes aus gegeben. Auch die regelmäßige Verunreinigung der Küsten von Ost- und Nordsee durch Paraffin lässt den Anfangsverdacht einer Gewässerverunreinigung nach §§ 324 i. V. m. 330 StGB denkbar erscheinen.

Als Gewinnsucht ist eine ungewöhnliche, sittlich besonders anstößige Steigerung des Erwerbssinns definiert.[87] Eine solche Tatbegehung im Zusammenhang mit dem Betrieb von See- oder Binnenschiffen zu subsumieren fällt schwer, nichtsdestotrotz können Taten eine Einziehung[88] nach sich ziehen, wenn der Täter aus Umweltstraftaten etwas erlangt hat.

7.5.7 § 330a Schwere Gefährdung durch Freisetzen von Giften

Der Tatbestand des § 330a StGB ist erfüllt, wenn Stoffe, die Gifte enthalten oder hervorbringen können, verbreitet oder freigesetzt werden und dadurch

- die Gefahr des Todes oder
- einer schweren Gesundheitsschädigung eines anderen Menschen oder
- die Gefahr einer Gesundheitsschädigung einer großen Zahl von Menschen

verursacht wird.

Gift ist jeder organische oder anorganische Stoff, der durch chemische oder chemisch-physikalische Wirkung die Gesundheit schädigen kann.[89] Bereits in Art. 194 SRÜ wurde darauf hingewiesen, dass ein Freisetzen von giftigen Stoffen auf ein Mindestmaß reduziert werden soll. Das absolute Verbot des Einleitens von Giften in die

[87] BGH, 18.10.1963 – 2 StR 341/63.

[88] Vgl. § 73 StGB und§ 29a OwiG.

[89] Rengier, StrafR BT II, 15. Auflage München 2014, § 14 Rdn. 9; Lackner/Kühl, 28. Auflage München 2014, § 224 Rdn. 1a.

Oberflächengewässer kann im Rahmen der Schifffahrt nicht verhindert werden. Erst die Einhaltung der Einleitbedingungen kann und muss verhindern, dass durch diese Gifte Umweltschädigungen und besonders der Tod oder schwere Gesundheitsschäden von Menschen vermieden werden.

7.6 SeeUmwVerhV

Die See-Umweltverhaltensverordnung regelt Anforderungen an das umweltgerechte Verhalten in der Schifffahrt und bietet Ahndungsmöglichkeiten für Verstöße gegen die Anforderungen

- des MARPOL-Übereinkommens[90],
- des AFS-Übereinkommens[91]

und

- des Ballastwasser-Übereinkommens[92].

als Ordnungswidrigkeiten.

Sie findet Anwendung auf allen Schiffe auf Seeschifffahrtsstraßen einschließlich der deutschen Ems, alle weiteren Seewasserstraßen und in der ausschließlichen Wirtschaftszone der Bundesrepublik Deutschland. Auch auf Schiffen unter deutscher Flagge, die sich nicht in deutschen Hoheitsgewässern befinden, findet die Verordnung Anwendung, soweit nicht in Hoheitsgewässern oder ausschließlichen Wirtschaftszonen anderer Staaten abweichende Regelungen gelten.

Durch die See-Umweltverhaltensverordnung werden die Anforderungen der Richtlinie 2012/33/EU (Schwefel-Richtlinie)[93] in deutsches Recht umgesetzt.

Die SeeUmwVerhV ist in 6 Abschnitte mit Unterabschnitten gegliedert und setzt dadurch die Verhaltensvorschriften zu den genannten internationalen Verträgen sowie der europäischen Verordnung über das Recycling von Schiffen um:

- Abschnitt 1 Allgemeine Vorschriften
- Abschnitt 2 Ergänzende Bestimmungen zu den Anlagen des MARPOL-Übereinkommens

---

[90]Siehe Kap. 3.3.

[91]Siehe Kap. 3.7.

[92]Siehe Kap. 3.6.

[93]Siehe Kap. 3.3.7.7.

  - Unterabschnitt 1 Anlage I
  - Unterabschnitt 2 Anlage II
  - Unterabschnitt 3 Anlage IV
  - Unterabschnitt 4 Anlage V
  - Unterabschnitt 5 Anlage VI
- Abschnitt 3 Ergänzende Bestimmungen zu dem AFS-Übereinkommen und seinen Anlagen
- Abschnitt 4 Ergänzende Bestimmungen zu dem Ballastwasser-Übereinkommen und seiner Anlage
- Abschnitt 4a Ergänzende Bestimmungen zur Verordnung (EU) Nr. 1257/2013 und zum Übereinkommen von Hongkong
- Abschnitt 5 Ordnungswidrigkeiten
- Abschnitt 6 Schlussbestimmungen.

Im Geltungsbereich der SeeUmwVerhV werden durch die Ergänzenden Bestimmungen zu den Internationalen Verträge und die Verordnung (EU) 1257/2013 die in den folgenden Paragrafen genannten Vorschriften anwendbar und somit nach dieser Verordnung ahndbar. So müssen das Öltagebuch nach Anlage I MARPOL 74/78, das Ladungstagebuch nach Anlage II MARPOL 73/78 sowie das Mülltagebuch nach Anlage V MARPOL 73/78 auch im Geltungsbereich der SeeUmwVerh geführt und unterschrieben werden.

Auf Wasserstraßen der Zone 2 in der Nord- und Ostsee gelten für Fahrzeuge, die nach den Bestimmungen des CDNI zur Führung des Ölkontrollbuchs verpflichtet sind, die Bestimmungen der Anlage I des MARPOL-Übereinkommens über die Führung des Öltagebuchs als erfüllt, wenn das Ölkontrollbuch ordnungsgemäß geführt ist.

Das Einleiten umweltschädlicher ölhaltiger Gemische auf den in den genannten Wasserflächen ist unbeschadet der Vorschriften des CDNI verboten.

Das Einleiten von Schiffsabwasser ins Meer nach den Vorschriften der Anlage IV Regel 11 MARPOL 73/78 ist verboten

- außerhalb der bezeichneten Wasserflächen für Schiffe bei der Fahrt von einem deutschen Hafen zu einem deutschen Hafen
  - für Schiffe auf Seewasserstraßen,
  - für Schiffe, die die Bundesflagge führen, auch seewärts der Begrenzung der Seewasserstraßen,
- in der Ostsee
  - für die in Anlage IV MARPOL 73/78 nicht genannten Schiffe einschließlich Sportboote, sofern diese Schiffe über eine mit einer Abwasserrückhalteanlage ausgerüsteten Toilette verfügen, auf Seewasserstraßen; genannte Schiffe sind

    neue Schiffe mit einer Bruttoraumzahl von 400 und mehr,

neue Schiffe mit einer Bruttoraumzahl von weniger als 400, die für eine Beförderung von mehr als 15 Personen zugelassen sind,
vorhandene Schiffe mit einer Bruttoraumzahl von 400 und mehr fünf Jahre nach Inkrafttreten dieser Anlage
und
vorhandene Schiffe mit einer Bruttoraumzahl von weniger als 400, die für eine Beförderung von mehr als 15 Personen zugelassen sind, fünf Jahre nach Inkrafttreten dieser Anlage,

- für diese Schiffe, die die Bundesflagge führen, auch seewärts der Begrenzung der Seewasserstraßen.

Darüber hinaus dürfen Schiffsführer oder der sonst für den Schiffsbetrieb Verantwortliche mit einem Schiff einschließlich eines Sportbootes, das über eine Toilette verfügt und nicht mit einer Abwasserrückhalteanlage ausgerüstet ist, Seewasserstraßen in der Ostsee nicht befahren.

Das BSH verfolgt und ahndet als Ordnungswidrigkeitenbehörde Verstöße der Schifffahrt gegen internationale Übereinkommen, europäische und nationale Vorschriften zum Schutze der Meeresumwelt, soweit es sich nicht um Straftaten handelt auf Grundlage der SeeUmwVerhV.

Danach handelt ordnungswidrig, wer als Verantwortlicher an Bord eines Schiffes Öl-, Ladungs- und Mülltagebücher nicht ordnungsgemäß führt, entgegen den Einleitvorschriften des MARPOL-Übereinkommens Öl, schädliche flüssige Stoffe, Schiffsmüll sowie Schiffsabwasser ins Meer einleitet oder Bestimmungen zur Verhütung der Luftverschmutzung, insbesondere Grenzwerte zur Reduzierung der NO_x- und SO_x-Emissionen der Schifffahrt, missachtet. Eine Übersicht der Verstöße aus dem Jahr 2015 zeigt Tab. 7.6.

Ein Schiff, das die Flagge eines Mitgliedstaates der Europäischen Union oder einer Vertragspartei des AFS-Übereinkommens führt und das

- zinnorganische Verbindungen aufweist, die in Bewuchsschutzsystemen auf dem Schiffsrumpf oder Schiffsaußenteilen und -flächen als Biozide wirken, oder
- keine Deckschicht trägt, die als Barriere ein Austreten dieser Verbindungen aus dem darunter liegenden, nicht den Anforderungen des AFS-Übereinkommens entsprechenden Bewuchsschutzsystem verhindert,

darf die ausschließliche Wirtschaftszone, die Seewasserstraßen und die genannten Wasserflächen nicht befahren. Auf den Seewasserstraßen und den genannten Wasserflächen gilt dies auch für ein Schiff, das die Flagge eines anderen Staates führt, der nicht

Tab. 7.6 MARPOL-Verstöße 2015 (https://www.bsh.de/DE/THEMEN/Schifffahrt/Umwelt_und_Schifffahrt/MARPOL/_Anlagen/Downloads/Statistik_2013_2015.pdf?__blob=publicationFile&v=2)

2015	Anlage I (Öl)	Anlage II (schädliche flüssige Stoffe)	Anlage IV (Schiffs-abwasser)	Anlage V (Müll)	Anlage VI (Luftver-unreinigung)	Gesamt
Kontrollen der WSP der Küstenländer	2478	210	1920	2.722	2208	9538
Festgestellte Verstöße	598	44	68	580	430	1720
Ver-warnungs-gelder bis zu 55,- €	426	19	9	326	186	966
Ordnungs-widrigkeiten-Verfahren	60	6	7	106	175	351
Bußgelder	45	1	4	89	166	305
Summe (€)	29.026,00	100,00	1.780,00	18.284,00	83.762,00	132.952,00
Einstellungen 12 – 4 49 25 90	12	–	4	49	25	90
Flaggenstaat-meldungen						6

Vertragspartei des AFS-Übereinkommens ist, und das einen deutschen Hafen anläuft oder aus ihm ausläuft.

Der Schiffsführer ist verpflichtet, die Dokumente nach dem AFS-Übereinkommen[94] mitzuführen und auf Verlangen der Bediensteten der zuständigen Behörden zur Prüfung auszuhändigen:

- für Schiffe, die die Flagge eines Mitgliedstaates der Europäischen Union oder einer Vertragspartei des AFS-Übereinkommens führen,
  - mit einer Bruttoraumzahl von 400 oder mehr das IAFS-Zeugnis,
  - mit einer Bruttoraumzahl von weniger als 400 und einer Länge von 24 Metern oder mehr die IAFS-Erklärung,
- für Schiffe, die die Flagge eines anderen Staates führen, der nicht Vertragspartei des AFS-Übereinkommens ist, und die einen deutschen Hafen anlaufen oder aus

[94]Siehe Kap. 3.7.

ihm auslaufen, eine von der Verwaltung des jeweiligen Flaggenstaates ausgestellte Bestätigung der Gleichwertigkeit.

Nach § 18 SeeUmwVerhV ist das Einleiten von Ballastwasser ins Meer und die Wasserflächen im Geltungsbereich der Verordnung ist verboten, es sei denn

- dass ein Ballastwasser-Austausch nach dem Ballastwasser-Übereinkommen stattgefunden hat,
- dass eine Ballastwasser-Behandlung nach dem Ballastwasser-Übereinkommen durchgeführt worden ist

oder

- dass das Bundesamt für Seeschifffahrt und Hydrographie auf Antrag eine Erlaubnis erteilt hat.

Dieses Verbot gilt jedoch nicht für Binnenschiffe, die auf den genannten Wasserflächen oder auf den Wasserflächen der Zone 1 und 2[95] verkehren.

7.7 Hohe-See-Einbringungsgesetz

Die Vertragsparteien des London-Übereinkommens sollen einzeln und gemeinsam die wirksame Kontrolle aller Quellen der Verschmutzung der Meeresumwelt fördern und verpflichten sich, alle praktikablen Schritte zu ergreifen, um die Verschmutzung des Meeres durch das Einbringen von Abfällen und anderen Stoffen, die die menschliche Gesundheit gefährden und lebende Ressourcen schädigen können zu verhindern.[96]

Das Ziel des Hoe-See-Einbringungs-Gesetzes ist die Ausführung von Artikel 1 des London-Übereinkommens und somit die Erhaltung der Meeresumwelt sowie deren Schutz vor Verschmutzung durch das Einbringen von Abfällen oder anderen Stoffen und Gegenständen.

Grundsätzlich gilt das Gesetz für alle Meeresgewässer mit Ausnahme des Küstenmeeres unter deutscher Souveränität sowie der Küstenmeere unter der Souveränität anderer Staaten (Hohe See[97]). Anders als der Begriff *Hohe See* nach dem SRÜ umfasst er nach diesem Gesetz auch die ausschließlichen Wirtschaftszonen sowie den Meeresboden

[95]Vgl. Anhang I BinSchUO.

[96]Vgl. Art. 1 London-Übereinkommen.

[97]Siehe Kap. 3.1.2.

und den zugehörigen Meeresuntergrund unter diesen Gewässern mit Ausnahme solcher Depots, die unterhalb des Meeresbodens gelegen und nur von Land aus zugänglich sind. Sachlich gilt das Gesetz für

Schiffe, Luftfahrzeuge, Plattformen oder sonstige auf See errichtete Anlagen, die sich auf oder über der Hohen See in dem Gebiet befinden, das als ausschließliche Wirtschaftszone der Bundesrepublik Deutschland völkerrechtlich anerkannt ist,

- Schiffe und Luftfahrzeuge, die berechtigt sind, die Bundesflagge oder das Staatszugehörigkeitszeichen der Bundesrepublik Deutschland zu führen,
- Plattformen oder sonstige auf Hoher See errichtete Anlagen, die im Eigentum deutscher natürlicher oder juristischer Personen stehen,
- Schiffe oder Luftfahrzeuge, die im Geltungsbereich dieses Gesetzes mit den einzubringenden, einzuleitenden oder zu verbrennenden Abfällen oder anderen Stoffen und Gegenständen beladen worden sind.

Ausgenommen von dem sachlichen Geltungsbereich sind lediglich Schiffe und Luftfahrzeuge der Bundeswehr.

Grundsätzlich ist das Einbringen von Abfällen und sonstigen Stoffen und Gegenständen in die Hohe See ist verboten. Ausgenommen davon sind

- Baggergut,

und

- Urnen zur Seebestattung[98].

Für das Nutzen der Ausnahme von dem Einbringungsverbot ist eine Erlaubnis erforderlich. Gleichfalls verboten ist die Verbrennung von Abfällen oder sonstigen Stoffen auf Hoher See.

Verstöße gegen das Hohe-See-Einbringungsgesetz können als Ordnungswidrigkeit mit einer Geldbuße bis zu fünfzigtausend Euro geahndet werden. Unbefugtes Einbringen, das zu einer Verunreinigung oder sonst nachteiligen Veränderung des Gewässers führt stellt im Weiteren den Tatbestand einer Gewässerverunreinigung dar.

Literatur

1. Fischer, Strafgesetzbuch mit Nebengesetzes, 65. Auflage, 2018
2. Hoppe/Beckmann/Kauch, Umweltrecht, 2. Auflage, 2000
3. Erbguth/Schlacke, Umweltrecht, 6. Auflage, 2016

[98]Behältnisse, die mit der Asche aus der Verbrennung eines menschlichen Leichnams gefüllt sind.

Glossar

Abbau[1]

- Zersetzung organischer Moleküle in kleinere Moleküle und schließlich in Kohlendioxid, Wasser und Salze

Abfall aus dem Ladungsbereich[2]

- Abfall und Abwasser, die im Zusammenhang mit der Ladung an Bord des Fahrzeugs entstehen; hierzu gehören nicht Restladungen und Umschlagsrückstände im Sinne des Teils B der Anwendungsbestimmung

Abfälle

- alle Stoffe oder Gegenstände, derer sich ihr Besitzer entledigt, entledigen will oder entledigen muss. Abfälle zur Verwertung sind Abfälle, die verwertet werden; Abfälle, die nicht verwertet werden, sind Abfälle zur Beseitigung[3]
- Stoffe oder Gegenstände, die entsorgt werden, zur Entsorgung bestimmt sind oder aufgrund der innerstaatlichen Rechtsvorschriften entsorgt werden müssen[4]

Absender[5]

- das Unternehmen, das selbst oder für einen Dritten gefährliche Güter versendet. Erfolgt die Beförderung aufgrund eines Beförderungsvertrages, gilt als Absender der Absender nach diesem Vertrag. Bei Tankschiffen mit leeren oder entladenen Ladetanks ist hinsichtlich der erforderlichen Beförderungspapiere der Schiffsführer der Absender

---

[1]Kap. 2.4.2.6 ADN.

[2]Straßburger Abfallübereinkommen (CDNI) Art. 1.

[3]§ 3 KrWG.

[4]Artikel 2 Basler Übereinkommen.

[5]§ 2 GGSEB.

U. Jacobshagen, *Umweltschutz und Gefahrguttransport für Binnen- und Seeschifffahrt*,
https://doi.org/10.1007/978-3-658-25929-7

Abwasser[6]

- Ablauf und sonstigen Abfall aus jeder Art von Toilette, Pissoir;
- Ablauf aus dem Sanitätsbereich (Apotheke, Hospital usw.) durch in diesem Bereich gelegene Waschbecken, Waschwannen und Speigatte;
- Ablauf aus Räumen, in denen sich lebende Tiere befinden,

oder

- sonstiges Schmutzwasser, wenn es mit einem der vorstehend definierten Abläufe gemischt ist

Akute aquatische Toxizität[7]

- Die intrinsische Eigenschaft eines Stoffes, einen Organismus bei kurzzeitiger aquatischer Exposition zu schädigen

Akute (kurzfristige) Gefährdung[8]

- für Einstufungszwecke die durch die akute Toxizität einer Chemikalie für einen Organismus hervorgerufene Gefahr bei kurzfristiger aquatischer Exposition

Altöle[9]

- Öle, die als Abfall anfallen und die ganz oder teilweise aus Mineralöl, synthetischem oder biogenem Öl bestehen

Anadrom[10]

- Arten, die in Süßwasserumgebungen laichen/schlüpfen, zumindest aber einen Teil ihres adulten Lebens in Meerwasserumgebungen verbringen

Anlagen[11]

1. Betriebsstätten und sonstige ortsfeste Einrichtungen,
2. Maschinen, Geräte und sonstige ortsveränderliche technische Einrichtungen sowie Fahrzeuge, soweit sie nicht der Vorschrift des § 38 unterliegen,

und

---

[6] Anlage IV, Regel 2 MARPOL 73/78.

[7] Kap. 2.4.2.3 ADN.

[8] Kap. 2.4.2.3 ADN.

[9] § 1a AltölV.

[10] Richtlinien für die Risikobewertung (G7), Pkt. 4.3.

[11] § 3 BImSchG.

3. Grundstücke, auf denen Stoffe gelagert oder abgelagert oder Arbeiten durchgeführt werden, die Emissionen verursachen können, ausgenommen öffentliche Verkehrswege

Anlagen zum Umgang mit wassergefährdenden Stoffen (Anlagen)[12]

- selbstständige und ortsfeste oder ortsfest benutzte Einheiten, in denen wassergefährdende Stoffe gelagert, abgefüllt, umgeschlagen, hergestellt, behandelt oder im Bereich der gewerblichen Wirtschaft oder im Bereich öffentlicher Einrichtungen verwendet werden, sowie
- Rohrleitungsanlagen nach § 62 Absatz 1 Satz 2 des Wasserhaushaltsgesetzes

Anlaufstelle[13]

- die in Artikel 5 genannte Stelle einer Vertragspartei, die für die Entgegennahme und Mitteilung der Informationen nach den Artikeln 13 und 15 verantwortlich ist;

Annahmestelle[14]

- ein Fahrzeug oder eine Einrichtung an Land, die von den zuständigen Behörden zur Annahme von Schiffsabfällen zugelassen ist

Auslandsfahrt[15]

- eine Reise von einem Staat, auf den dieses Übereinkommen Anwendung findet, zu einem Hafen außerhalb dieses Staates oder umgekehrt

Außenverpackung[16]

- der äußere Schutz einer Kombinationsverpackung oder einer zusammengesetzten Verpackung, einschließlich der Stoffe mit aufsaugenden Eigenschaften, der Polsterstoffe und aller anderen Bestandteile, die erforderlich sind, um Innengefäße oder Innenverpackungen zu umschließen und zu schützen

Ballastwasser[17]

- Wasser einschließlich der darin enthaltenen Schwebstoffe, das an Bord eines Schiffes genommen wird, um den Trimm, die Krängung, den Tiefgang, die Stabilität oder die Spannungen des Schiffes zu regulieren

---

[12] § 2 AwSV.

[13] Artikel 2 Basler Übereinkommen.

[14] Straßburger Abfallübereinkommen (CDNI) Art. 1.

[15] Anlage IV, Regel 2 MARPOL 73/78.

[16] Kapitel 1.2.1 IMDG-Code.

[17] Internationales Ballastwasser-Übereinkommen, Art. 1.

Ballastwasser-Behandlung[18]

- bezeichnet mechanische, physikalische, chemische und biologische Verfahren, die, einzeln oder in Kombination, dazu dienen, in Ballastwasser und Sedimenten enthaltene schädliche Wasserorganismen und Krankheitserreger zu entfernen oder unschädlich zu machen oder ihre Aufnahme oder Einbringung zu vermeiden

Ballastwassertank[19]

- jeder Tank, Laderaum oder Raum, der für die Beförderung von Ballastwasser, wie in Artikel 1 des Übereinkommens festgelegt, benutzt wird

Basisöle[20]

- unlegierte Grundöle zur Herstellung der folgenden nach Sortengruppen spezifizierten Erzeugnisse:
  - Sortengruppe 01 Motorenöle
  - Sortengruppe 02 Getriebeöle
  - Sortengruppe 03 Hydrauliköle
  - Sortengruppe 04 Turbinenöle
  - Sortengruppe 05 Elektroisolieröle
  - Sortengruppe 06 Kompressorenöle
  - Sortengruppe 07 Maschinenöle
  - Sortengruppe 08 Andere Industrieöle, nicht für Schmierzwecke
  - Sortengruppe 09 Prozessöle
  - Sortengruppe 10 Metallbearbeitungsöle
  - Sortengruppe 11 Schmierfette

Beförderung[21]

- umfasst nicht nur den Vorgang der Ortsveränderung, sondern auch die Übernahme und die Ablieferung des Gutes sowie zeitweilige Aufenthalte im Verlauf der Beförderung, Vorbereitungs- und Abschlusshandlungen (Verpacken und Auspacken der Güter, Be- und Entladen), Herstellen, Einführen und Inverkehrbringen von Verpackungen, Beförderungsmitteln und Fahrzeugen für die Beförderung gefährlicher Güter, auch wenn diese Handlungen nicht vom Beförderer ausgeführt werden.
- ein zeitweiliger Aufenthalt im Verlauf der Beförderung liegt vor, wenn dabei gefährliche Güter für den Wechsel der Beförderungsart oder des Beförderungsmittels (Umschlag) oder aus sonstigen transportbedingten Gründen zeitweilig abgestellt werden

---

[18]Internationales Ballastwasser-Übereinkommen, Art. 1.

[19]Richtlinien für Sediment-Auffanganlagen (G1), Pkt. 2.1.1.

[20]§ 1a AltölV.

[21]§ 2 GGBefG.

- auf Verlangen sind Beförderungsdokumente vorzulegen, aus denen Versand- und Empfangsort feststellbar sind. Wird die Sendung nicht nach der Anlieferung entladen, gilt das Bereitstellen der Ladung beim Empfänger zur Entladung als Ende der Beförderung. Versandstücke, Tankcontainer, Tanks und Kesselwagen dürfen während des zeitweiligen Aufenthaltes nicht geöffnet werden

Beförderer von Abfällen[22] (i. S. d. KrWG)

- jede natürliche oder juristische Person, die gewerbsmäßig oder im Rahmen wirtschaftlicher Unternehmen, das heißt, aus Anlass einer anderweitigen gewerblichen oder wirtschaftlichen Tätigkeit, die nicht auf die Beförderung von Abfällen gerichtet ist, Abfälle befördert

Befrachter[23]

- die Person, die den Beförderungsauftrag erteilt hat

Befüller[24]

- das Unternehmen, das die gefährlichen Güter in
  a) einen Tank (Tankfahrzeug, Aufsetztank, Kesselwagen, Wagen mit abnehmbaren Tanks, ortsbeweglicher Tank oder Tankcontainer),
  b) einen MEGC,
  c) einen Groß- oder Kleincontainer für Güter in loser Schüttung,
  d) einen Schüttgut-Container,
  e) ein Fahrzeug für Güter in loser Schüttung,
  f) ein Batterie-Fahrzeug,
  g) ein MEMU,
  h) einen Wagen für Güter in loser Schüttung,
  i) einen Batteriewagen,
  j) ein Schiff oder
  k) einen Ladetank
  einfüllt
- Befüller ist auch das Unternehmen, das als unmittelbarer Besitzer das gefährliche Gut dem Beförderer zur Beförderung übergibt oder selbst befördert

[22] § 3 KrWG

[23] Straßburger Abfallübereinkommen (CDNI) Art. 1.

[24] § 2 GGSEB.

Bergungsverpackung[25]

- Sonderverpackung, in die beschädigte, defekte, undichte oder nicht den Vorschriften entsprechende Versandstücke mit gefährlichen Gütern oder gefährliche Güter, die verschüttet wurden oder ausgetreten sind, eingesetzt werden, um diese zu Zwecken der Wiedergewinnung oder der Entsorgung zu befördern

Beseitigung[26] **(i. S. d. KrWG)**

- jedes Verfahren, das keine Verwertung ist, auch wenn das Verfahren zur Nebenfolge hat, dass Stoffe oder Energie zurückgewonnen werden. Anlage 1 enthält eine nicht abschließende Liste von Beseitigungsverfahren

Besenreiner Laderaum[27]

- Laderaum, aus dem die Restladung mit Reinigungsgeräten wie Besen oder Kehrmaschinen ohne den Einsatz von saugenden oder spülenden Geräten entfernt worden ist und der nur noch Ladungsrückstände enthält

Besitzer von Abfällen[28] **(i. S. d. KrWG)**

- jede natürliche oder juristische Person, die die tatsächliche Sachherrschaft über Abfälle hat

Bestrahlte Kernbrennstoffe[29]

- Stoffe, die Uran-, Thorium- und/oder Plutonium Isotope enthalten, die zur Erzielung der sich selbst tragenden nuklearen Kettenreaktion verwendet wurden

Betreiber der Umschlagsanlage[30]

- eine Person, die gewerbsmäßig die Be- oder Entladung von Fahrzeugen ausführt

Bewuchsschutzsystem[31]

- eine Beschichtung, eine Farbe, eine Oberflächenbehandlung, eine Oberfläche oder eine Vorrichtung, die dazu benutzt wird, den Bewuchs eines Schiffs durch unerwünschte Organismen zu erschweren oder zu verhindern

---

[25]Kapitel 1.2.1 IMDG-Code.

[26]§ 3 KrWG.

[27]Artikel 5.01 Anlage 2 CDNI.

[28]§ 3 KrWG.

[29]Regel 14 Kapitel VII SOLAS 74/88.

[30]Straßburger Abfallübereinkommen (CDNI) Art. 1.

[31]Artikel 2 (EG) Nr. 782/2003.

Bilgenwasser[32]

- ölhaltiges Wasser aus Bilgen des Maschinenraumbereiches, Pieks, Kofferdämmen und Wallgängen

Bioabfälle[33]

- biologisch abbaubare pflanzliche, tierische oder aus Pilzmaterialien bestehende
  1. Garten- und Parkabfälle,
  2. Landschaftspflegeabfälle,
  3. Nahrungs- und Küchenabfälle aus Haushaltungen, aus dem Gaststätten- und Cateringgewerbe, aus dem Einzelhandel und vergleichbare Abfälle aus Nahrungsmittelverarbeitungsbetrieben

  sowie
  4. Abfälle aus sonstigen Herkunftsbereichen, die den in den Nummern 1 bis 3 genannten Abfällen nach Art, Beschaffenheit oder stofflichen Eigenschaften vergleichbar sind

Bioakkumulation[34]

- Nettoergebnis von Aufnahme, Umwandlung und Ausscheidung eines Stoffes in einem Organismus über sämtliche Expositionswege (d. h. Luft, Wasser, Sediment/ Boden und Nahrung)

Biodiversität[35]

- biologische Vielfalt
- umfasst drei Bereiche:
  - die Vielfalt von Ökosystemen,
  - die Vielfalt der Arten

    sowie
  - die genetische Vielfalt innerhalb einer Art

Biogeografische Region[36]

- eine großflächige Naturregion mit bestimmten physiografischen und biologischen Merkmalen, innerhalb derer die Tier- und Pflanzenarten eine große Ähnlichkeit aufweisen die Regionen sind nicht klar und vollständig voneinander abgrenzbar, sondern es gibt mehr oder weniger deutlich ausgeprägte Übergangszonen

---

[32]Straßburger Abfallübereinkommen (CDNI) Art. 1.

[33]§ 3 KrWG.

[34]Kap. 2.4.2.5 ADN.

[35]https://www.umweltbundesamt.de/service/glossar/b?tag=Biodiversitt#alphabar

[36]Richtlinien für die Risikobewertung (G7), Pkt. 4.3.

Bordseitige Verbrennungsanlage[37]

- eine Einrichtung an Bord, die hauptsächlich der Verbrennung dient

Brennbarer Stoff[38]

- Stoff, bei dem es sich um ein gefährliches Gut handeln kann oder nicht, der aber leicht entzündbar ist und die Verbrennung unterhält. Beispiele brennbarer Stoffe sind Holz, Papier, Stroh, Fasern pflanzlichen Ursprungs, Produkte aus solchen Stoffen, Kohle, Schmieröle und Öle. Diese Begriffsbestimmung gilt nicht für Verpackungsstoffe oder Stauholz

Bunkeröl[39]

- jedes Kohlenwasserstoffmineralöl, einschließlich Schmieröl, das für den Betrieb oder Antrieb des Schiffes verwendet wird oder verwendet werden soll, sowie jegliche Rückstände solchen Öls

Bunkerstelle[40]

- eine Stelle, an der die Fahrzeuge das Gasöl beziehen

Chemikalientankschiff[41]

- ein Frachtschiff, das zum Zweck der Beförderung der in Kapitel 17 des Internationalen Chemikalientankschiff-Code aufgeführten flüssigen Stoffe als Massengut gebaut oder umgebaut ist und eingesetzt wird

Chronische aquatische Toxizität[42]

- die intrinsische Eigenschaft eines Stoffes, schädliche Wirkungen bei Wasserorganismen hervorzurufen im Zuge von aquatischen Expositionen, die im Verhältnis zum Lebenszyklus des Organismus bestimmt werden.

Dieselkraftstoff[43]

- jedes Gasölerzeugnis, einschließlich der Zubereitungen mit einem Gehalt an Mineralöl von mindestens 70 Gewichtshundertteilen, in denen diese Öle Grundbestandteil sind, das

---

[37]Anlage VI Regel 2 MARPOL 73/78.

[38]Kapitel 7.1 IMDG-Code.

[39]Artikel 1 Bunkeröl-Übereinkommen.

[40]Straßburger Abfallübereinkommen (CDNI) Art. 1

[41]Regel 8 Kapitel VII SOLAS 74/88.

[42]Kap. 2.4.2.3 ADN.

[43]§ 1 10. BImSchV.

- unter die Unterpositionen 2710 20 11, 2710 20 15, 2710 20 17 (bis zu einem Schwefelgehalt von 0,05 Gewichtshundertteilen), 2710 19 43, 2710 19 46 oder 2710 19 47 (bis zu einem Schwefelgehalt von 0,05 Gewichtshundertteilen) der Kombinierten Nomenklatur fällt und
- verwendet wird zum Antrieb von Fahrzeugen im Sinne der Verordnungen
  a) Verordnung (EG) Nr. 715/2007 des Europäischen Parlaments und des Rates vom 20. Juni 2007 über die Typgenehmigung von Kraftfahrzeugen hinsichtlich der Emissionen von leichten Personenkraftwagen und Nutzfahrzeugen (Euro 5 und Euro 6) und über den Zugang zu Reparatur- und Wartungsinformationen für Fahrzeuge (ABl. L 171 vom 29.06.2007, S. 1), die zuletzt durch die Verordnung (EU) Nr. 459/2012 (ABl. L 142 vom 01.06.2012, S. 16) geändert worden ist, sowie
  b) Verordnung (EG) Nr. 595/2009 des Europäischen Parlaments und des Rates vom 18. Juni 2009 über die Typgenehmigung von Kraftfahrzeugen und Motoren hinsichtlich der Emissionen von schweren Nutzfahrzeugen (Euro VI) und über den Zugang zu Fahrzeugreparatur- und -wartungsinformationen, zur Änderung der Verordnung (EG) Nr. 715/2007 und der Richtlinie 2007/46/EG sowie zur Aufhebung der Richtlinien 80/1269/EWG, 2005/55/EG und 2005/78/EG (ABl. L 188 vom 18.7.2009, S. 1, L 200 vom 31.07.2009, S. 52), die zuletzt durch die Verordnung (EU) Nr. 133/2014 (ABl. L 47 vom 18.02.2014, S. 1) geändert worden ist

Durchflussmethode[44]

- ein Verfahren, bei dem neues Ballastwasser in einen zur Beförderung von Ballastwasser vorgesehenen Ballasttank gepumpt wird, wobei das Wasser durch einen Überlauf oder andere Vorrichtungen strömen kann

Einbauprüfung[45]

- das Verfahren, durch das die zuständige Behörde sicherstellt, dass der in ein Fahrzeug eingebaute Motor auch nach etwaigen seit der Erteilung der Typgenehmigung vorgenommener Änderungen und/oder Einstellungen hinsichtlich des Niveaus der Emission von gasförmigen Schadstoffen und luftverunreinigenden Partikeln den technischen Anforderungen dieses Anhangs genügt

Einbringen (dumping)[46]

- jede vorsätzliche Beseitigung von Abfällen oder sonstigen Stoffen von Schiffen, Luftfahrzeugen, Plattformen oder sonstigen auf See errichteten Bauwerken aus

[44]Richtlinien für Entwurfs- und Bauvorschriften für den Ballastwasser-Austausch, Pkt. 2.1.3.

[45]§ 1.01 Anhang VIII BinSchUO.

[46]Seerechtsübereinkommen der Vereinten Nationen, Teil I, Art. 1.

- jede vorsätzliche Beseitigung von Schiffen, Luftfahrzeugen, Plattformen oder sonstigen auf See errichteten Bauwerken
- Einbringen umfasst nicht:
  - die Beseitigung von Abfällen oder sonstigen Stoffen, die mit dem normalen Betrieb von Schiffen, Luftfahrzeugen, Plattformen oder sonstigen auf See errichteten Bauwerken sowie mit ihrer Ausrüstung zusammenhängen oder davon herrühren, mit Ausnahme von Abfällen oder sonstigen Stoffen, die durch zur Beseitigung dieser Stoffe betriebene Schiffe, Luftfahrzeuge, Plattformen oder sonstige auf See errichtete Bauwerke befördert oder auf sie verladen werden, sowie von Abfällen oder sonstigen Stoffen, die aus der Behandlung solcher Abfälle oder sonstigen Stoffe auf solchen Schiffen, Luftfahrzeugen, Plattformen oder Bauwerken herrühren,
  - das Absetzen von Stoffen zu einem anderen Zweck als dem der bloßen Beseitigung, sofern es nicht den Zielen dieses Übereinkommens widerspricht

Eingetragener Eigentümer[47]
- die Person oder Personen, in deren Namen das Schiff in das Schiffsregister eingetragen ist, oder, wenn keine Eintragung vorliegt, die Person oder Personen, denen das Schiff gehört. Jedoch bedeutet „eingetragener Eigentümer" in Fällen, in denen ein Schiff einem Staat gehört und von einer Gesellschaft betrieben wird, die in dem betreffenden Staat als Ausrüster des Schiffes eingetragen ist, diese Gesellschaft

Einheitstransporte[48]
- Transporte, bei denen im Laderaum oder Ladetank des Fahrzeugs ununterbrochen nachweislich das gleiche Ladegut oder ein anderes Ladegut, dessen Beförderung keine vorherige Reinigung des Laderaums oder des Ladetanks erfordert, befördert wird

Einleiten[49]
- jedes von einem Schiff aus erfolgende Freisetzen unabhängig von seiner Ursache; er umfasst jedes Entweichen, Beseitigen, Auslaufen, Lecken, Pumpen, Auswerfen oder Entleeren
- Einleiten umfasst nicht
  - das Einbringen im Sinne des Londoner Übereinkommens vom 29. Dezember 1972 über die Verhütung der Meeresverschmutzung durch das Einbringen von Abfällen und anderen Stoffen,

[47]Artikel 1 Bunkeröl-Übereinkommen.

[48]Artikel 5.01 Anlage 2 Teil B CDNI.

[49]MARPOL 73/78 Art. 2.

- das Freisetzen von Schadstoffen, das sich unmittelbar aus der Erforschung, Ausbeutung und damit zusammenhängenden auf See stattfindenden Verarbeitung von mineralischen Schätzen des Meeresbodens ergibt, oder
- das Freisetzen von Schadstoffen für Zwecke der rechtmäßigen wissenschaftlichen Forschung auf dem Gebiet der Bekämpfung oder Überwachung der Verschmutzung

Eintrag[50]

- eine Gewässerbenutzung gemäß § 9 Absatz 1 Nummer 4 und Absatz 2 Nummer 2 bis 4 des Wasserhaushaltsgesetzes

Einzugsgebiet[51]

- ein Gebiet, aus dem über oberirdische Gewässer der gesamte Oberflächenabfluss an einer einzigen Flussmündung, einem Ästuar oder einem Delta ins Meer gelangt

EMAS-Standort[52]

- diejenige Einheit einer Organisation, die nach § 32 Absatz 1 Satz 1 des Umweltauditgesetzes in der Fassung der Bekanntmachung vom 4. September 2002 (BGBl. I S. 3490), das zuletzt durch Artikel 11 des Gesetzes vom 17. März 2008 (BGBl. I S. 399) geändert worden ist, in das EMAS-Register eingetragen ist

Emission

- jedes von einem Schiff aus erfolgende Freisetzen von Stoffen, die der Überwachung aufgrund dieser Anlage unterliegen, in die Atmosphäre oder ins Meer[53]
- die von einer Anlage ausgehenden Luftverunreinigungen, Geräusche, Erschütterungen, Licht, Wärme, Strahlen und ähnlichen Erscheinungen[54]

Emissions-Überwachungsgebiet[55]

- Gebiet, für das die Annahme besonderer verbindlicher Maßnahmen betreffend die von Schiffen ausgehenden Emissionen erforderlich ist, um die Luftverunreinigung durch NO_x oder SO_x und Partikelmasse oder durch alle drei Emissionsarten sowie die damit zusammenhängenden schädlichen Auswirkungen auf die menschliche Gesundheit und die Umwelt zu verhüten, zu verringern und zu überwachen
- zu den Emissions-Überwachungsgebieten zählen die in den Regeln 13 und 14 genannten oder nach Maßgabe dieser Regeln festgelegten Gebiete

---

[50] § 1 GrWO:

[51] § 3 WHG.

[52] § 3 WHG.

[53] Anlage VI Regel 2 MARPOL 73/78.

[54] § 3 BImSchG.

[55] Anlage VI Regel 2 MARPOL 73/78.

Empfängerhafen[56]

- Hafen oder Ort, an dem das Ballastwasser eingeleitet wird

Erheblich veränderte Gewässer[57]

- durch den Menschen in ihrem Wesen physikalisch erheblich veränderte oberirdische Gewässer oder Küstengewässer

Erzeuger von Abfällen[58] **(i. S. d. KrWG)**

- jede natürliche oder juristische Person,
  1. durch deren Tätigkeit Abfälle anfallen (Ersterzeuger) oder
  2. die Vorbehandlungen, Mischungen oder sonstige Behandlungen vornimmt, die eine Veränderung der Beschaffenheit oder der Zusammensetzung dieser Abfälle bewirken (Zweiterzeuger)

ES-TRIN[59]

- Europäischer Standard der technischen Vorschriften für Binnenschiffe in der Edition 2017/I, der vom Europäischen Ausschuss für die Ausarbeitung von Standards im Bereich der Binnenschifffahrt (CESNI) angenommen wurde und vom Bundesministerium für Verkehr und digitale Infrastruktur am 07. März 2018 (BAnz AT 13.03.2018 B4) bekannt gemacht wurde; bei der Anwendung des ES-TRIN ist unter Mitgliedstaat ein Mitgliedstaat der Europäischen Union oder ein Rheinuferstaat oder Belgien zu verstehen

Euryhalin[60]

- Arten, die ein breites Salinitätsspektrum tolerieren

Eurytherm[61]

- Arten, die ein breites Temperaturspektrum tolerieren

Fahrzeug[62]

- ein Binnenschiff, Seeschiff oder schwimmendes Gerät

---

[56] Richtlinien für die Risikobewertung (G7), Pkt. 4.3.

[57] § 3 WHG.

[58] § 3 KrWG.

[59] § 2 BinSchUO.

[60] Richtlinien für die Risikobewertung (G7), Pkt. 4.3.

[61] Richtlinien für die Risikobewertung (G7), Pkt. 4.3.

[62] Straßburger Abfallübereinkommen (CDNI) Art. 1.

Fahrgastschiff[63]

- ein zur Beförderung von Fahrgästen gebautes und eingerichtetes Schiff

Feinstblechverpackung[64]

- Verpackung mit rundem, elliptischem, rechteckigem oder mehreckigem Querschnitt (auch konische) sowie Verpackung mit kegelförmigem Hals oder eimerförmige Verpackung aus Metall mit einer Wanddicke unter 0,5 mm (z. B. Weißblech), mit flachen oder gewölbten Böden, mit einer oder mehreren Öffnungen, die nicht unter die Begriffsbestimmung für Fass oder Kanister fällt

Flüssiger Brennstoff[65]

- jedes Öl, das im Zusammenhang mit den Antriebs- und Hilfsmaschinen des Schiffes, in dem das Öl befördert wird, als Brennstoff verwendet wird

Flussgebietseinheit[66]

- ein als Haupteinheit für die Bewirtschaftung von Einzugsgebieten festgelegtes Land- oder Meeresgebiet, das aus einem oder mehreren benachbarten Einzugsgebieten, dem ihnen zugeordneten Grundwasser und den ihnen zugeordneten Küstengewässern im Sinne des § 7 Absatz 5 Satz2 besteht

Frachtführer[67]

- eine Person, die es gewerbsmäßig übernimmt, die Beförderung von Gütern auszuführen

Gasöl[68]

- der zoll- und abgabenrechtlich befreite Treibstoff für Binnenschiffe

Gasöl für den Seeverkehr[69]

- jeder Schiffskraftstoff gemäß der Definition der Güteklassen DMX, DMA und DMZ nach Tabelle 1 der DIN ISO 8217, Ausgabe Dezember 2013, ohne Berücksichtigung des Schwefelgehalts

---

[63]Straßburger Abfallübereinkommen (CDNI) Art. 1.

[64]Kapitel 1.2.1 IMDG-Code.

[65]Anlage I Regel 1 MARPOL 73/78.

[66]§ 3 WHG.

[67]Straßburger Abfallübereinkommen (CDNI) Art. 1.

[68]Straßburger Abfallübereinkommen (CDNI) Art. 1.

[69]§ 1 10. BImSchV.

Gastankschiff[70]

- ein Frachtschiff, das zum Zweck der Beförderung der in Kapitel 19 des Internationalen Gastankschiff-Code aufgeführten verflüssigten Gase oder sonstigen Stoffe als Massengut gebaut oder umgebaut ist und eingesetzt wird

Gebiet[71]

- Meeresboden und den Meeresuntergrund jenseits der Grenzen des Bereichs nationaler Hoheitsbefugnisse

Gefährliche Abfälle[72]

- Abfälle, die in einem auf den Anhängen I und II der vorliegenden Richtlinie beruhenden Verzeichnis aufgeführt sind, das spätestens sechs Monate vor dem Beginn der Anwendung dieser Richtlinie nach dem Verfahren des Artikels 18 der Richtlinie 75/442/EWG zu erstellen ist. Diese Abfälle müssen eine oder mehrere der in Anhang III aufgeführten Eigenschaften aufweisen. In diesem Verzeichnis wird dem Ursprung und der Zusammensetzung der Abfälle und gegebenenfalls den Konzentrationsgrenzwerten Rechnung getragen. Das Verzeichnis wird in regelmäßigen Abständen überprüft und gegebenenfalls nach dem genannten Verfahren überarbeitet
- sämtliche sonstigen Abfälle, die nach Auffassung eines Mitgliedstaates eine der in Anhang III aufgezählten Eigenschaften aufweisen. Diese Fälle werden der Kommission mitgeteilt und nach dem Verfahren des Artikels 18 der Richtlinie 75/442/EWG im Hinblick auf eine Anpassung des Verzeichnisses überprüft

Gefährliche Güter

- sind Stoffe und Gegenstände, von denen aufgrund ihrer Natur, ihrer Eigenschaften oder ihres Zustandes im Zusammenhang mit der Beförderung Gefahren für die öffentliche Sicherheit oder Ordnung, insbesondere für die Allgemeinheit, für wichtige Gemeingüter, für Leben und Gesundheit von Menschen sowie für Tiere und Sachen ausgehen können[73]
- Stoffe und Gegenstände, deren Beförderung nach Teil 2 Kapitel 3.2 Tabelle A und Kapitel 3.3 ADR/RID/ADN verboten oder nach den vorgesehenen Bedingungen des ADR/RID/ADN gestattet ist, sowie zusätzlich für innerstaatliche Beförderungen die in der Anlage 2 Gliederungsnummer 1.1 und 1.2 genannten Güter[74]

---

[70]Regel 11 Kapitel VII SOLAS 74/88.

[71]Seerechtsübereinkommen der Vereinten Nationen, Teil I, Art. 1.

[72]Art. 1 Richtlinie 91/689/EWG.

[73]§ 2 GGBefG.

[74]§ 2 GGSEB.

- Gefährliche Güter sind[75]
  1. Stoffe und Gegenstände, die unter die jeweiligen Begriffsbestimmungen für die Klassen 1 bis 9 des IMDG-Codes fallen,
  2. Stoffe, die bei der Beförderung als gefährliches Schüttgut nach den Bestimmungen des IMSBC-Codes der Gruppe B zuzuordnen sind,
     oder
  3. Stoffe, die in Tankschiffen befördert werden sollen und
     a) die einen Flammpunkt von 60 °C oder niedriger haben,
     b) die flüssige Güter nach Anlage I des MARPOL-Übereinkommens sind,
     c) die unter die Begriffsbestimmung „schädlicher flüssiger Stoff" in Kapitel 1 Nummer 1.3.23 des IBC-Codes fallen
        oder
     d) die in Kapitel 19 des IGC-Codes aufgeführt sind

Gefahrstoffe[76]

1. gefährliche Stoffe und Gemische nach § 3 GefStoffV,
2. Stoffe, Gemische und Erzeugnisse, die explosionsfähig sind,
3. Stoffe, Gemische und Erzeugnisse, aus denen bei der Herstellung oder Verwendung Stoffe nach Nummer 1 oder Nummer 2 entstehen oder freigesetzt werden,
4. Stoffe und Gemische, die die Kriterien nach den Nummern 1 bis 3 nicht erfüllen, aber aufgrund ihrer physikalisch-chemischen, chemischen oder toxischen Eigenschaften und der Art und Weise, wie sie am Arbeitsplatz vorhanden sind oder verwendet werden, die Gesundheit und die Sicherheit der Beschäftigten gefährden können,
5. alle Stoffe, denen ein Arbeitsplatzgrenzwert zugewiesen worden ist

Geberhafen[77]

- Hafen oder Ort, an dem das Ballastwasser an Bord genommen wird

Getrennter Ballast[78]

- Ballastwasser, das in einen völlig vomÖlladungs- und Brennstoffsystem getrennten Tank eingelassen wurde, der ständig der Beförderung von Ballast oder der Beförderung von Ballast und anderen Ladungen als Öl oder schädlichen flüssigen Stoffen dient, wie sie jeweils in den Anlagen definiert sind

[75] § 2 GGVSee.

[76] § 2 GefstoffV

[77] Richtlinien für die Risikobewertung (G7), Pkt. 4.3.

[78] Anlage I Regel 1 MARPOL 73/78.

Gewässereigenschaften[79]

- die auf die Wasserbeschaffenheit, die Wassermenge, die Gewässerökologie und die Hydromorphologie bezogenen Eigenschaften von Gewässern und Gewässerteilen

Gewässerzustand[80]

- die auf Wasserkörper bezogenen Gewässereigenschaften als ökologischer, chemischer oder mengenmäßiger Zustand eines Gewässers; bei als künstlich oder erheblich verändert eingestuften Gewässern tritt an die Stelle des ökologischen Zustands das ökologische Potenzial

Grenzüberschreitende Verbringung[81]

- jede Verbringung gefährlicher Abfälle oder anderer Abfälle aus einem der Hoheitsgewalt eines Staates unterstehenden Gebiet in oder durch ein der Hoheitsgewalt eines anderen Staates unterstehendes Gebiet oder in oder durch ein nicht der Hoheitsgewalt eines Staates unterstehendes Gebiet
- in die Verbringung müssen mindestens zwei Staaten einbezogen sein

Großanlage zur Trinkwassererwärmung[82]

- Anlage mit
  a) Speicher-Trinkwassererwärmer oder zentralem Durchfluss-Trinkwassererwärmer jeweils mit einem Inhalt von mehr als 400 Litern oder
  b) einem Inhalt von mehr als 3 Litern in mindestens einer Rohrleitung zwischen dem Abgang des Trinkwassererwärmers und der Entnahmestelle, wobei der Inhalt einer Zirkulationsleitung nicht berücksichtigt wird;
- entsprechende Anlagen in Ein- und Zweifamilienhäusern zählen nicht als Großanlagen zur Trinkwassererwärmung

Grundwasser[83]

- das unterirdische Wasser in der Sättigungszone, das in unmittelbarer Berührung mit dem Boden oder dem Untergrund steht

Händler von Abfällen[84] **(i. S. d. KrWG)**

- jede natürliche oder juristische Person, die gewerbsmäßig oder im Rahmen wirtschaftlicher Unternehmen, das heißt, aus Anlass einer anderweitigen gewerblichen oder

[79] § 3 WHG.
[80] § 3 WHG.
[81] Artikel 2 Basler Übereinkommen.
[82] § 3 TrinkwV.
[83] § 3 WHG.
[84] § 3 KrWG.

wirtschaftlichen Tätigkeit, die nicht auf das Handeln mit Abfällen gerichtet ist, oder öffentlicher Einrichtungen in eigener Verantwortung Abfälle erwirbt und weiterveräußert – die Erlangung der tatsächlichen Sachherrschaft über die Abfälle ist hierfür nicht erforderlich

Häusliches Abwasser[85]

- Abwasser aus Küchen, Essräumen, Waschräumen und Waschküchen sowie Fäkalwasser

Hausmüll[86]

- aus Haushalten und aus der Schiffsgastronomie stammende organische und anorganische Abfälle, jedoch ohne Anteile der anderen definierten Schiffsbetriebsabfälle

Hersteller[87]

- die gegenüber der zuständigen Behörde für alle Belange des Typgenehmigungsverfahrens und die Übereinstimmung der Produktion verantwortliche Person oder Stelle. Diese Person oder Stelle muss nicht an allen Stufen der Konstruktion des Motors beteiligt sein. Wird der Motor erst nach seiner ursprünglichen Fertigung durch entsprechende Veränderungen und Ergänzungen für die Verwendung auf einem Fahrzeug im Sinne dieses Kapitels hergerichtet, ist der Hersteller im Regelfall diejenige Person oder Stelle, die die Veränderungen oder Ergänzungen vorgenommen hat

Hintergrundwert[88]

- der in einem Grundwasserkörper nicht oder nur unwesentlich durch menschliche Tätigkeit beeinflusste Konzentrationswert eines Stoffes oder der Wert eines Verschmutzungsindikators

Hochradioaktive Abfälle[89]

- die flüssigen Abfälle, die in einer Anlage zur Wiederaufbereitung bestrahlter Kernbrennstoffe beim Betrieb der ersten Stufe des Extraktionsverfahrens anfallen, oder die konzentrierten Abfälle der nachfolgenden Stufen des Extraktionsverfahrens oder die festen Stoffe, in die diese flüssigen Abfälle umgewandelt wurden

[85]Artikel 8 Anlage 2 Teil C CDNI.

[86]Artikel 8 Anlage 2 Teil C CDNI.

[87]§ 1.01 Anhang VIII BinSchUO.

[88]§ 1GrWO.

[89]Regel 14 Kapitel VII SOLAS 74/88.

Illegale Verbringung[90]

- jede Verbringung von Abfällen, die
  - ohne Notifizierung an alle betroffenen zuständigen Behörden gemäß dieser Verordnung erfolgt oder
  - ohne die Zustimmung der betroffenen zuständigen Behörden gemäß dieser Verordnung erfolgt oder
  - mit einer durch Fälschung, falsche Angaben oder Betrug erlangten Zustimmung der betroffenen zuständigen Behörden erfolgt oder
  - in einer Weise erfolgt, die den Notifizierungs- oder Begleitformularen sachlich nicht entspricht, oder
  - in einer Weise erfolgt, die eine Verwertung oder Beseitigung unter Verletzung gemeinschaftlicher oder internationaler Bestimmungen bewirkt, oder
  - den Artikeln 34, 36, 39, 40, 41 und 43 widerspricht oder
  - in Bezug auf eine Verbringung von Abfällen im Sinne des Artikel 3 Absätze 2 und 4 dadurch gekennzeichnet ist, dass

    die Abfälle offensichtlich nicht in den Anhängen III, IIIA oder IIIB aufgeführt sind oder

    Artikel 3 Absatz 4 verletzt wurde

    oder

    die Verbringung der Abfälle auf eine Weise geschieht, die dem in Anhang VII aufgeführten Dokument sachlich nicht entspricht

Immissionen[91]

- auf Menschen, Tiere und Pflanzen, den Boden, das Wasser, die Atmosphäre sowie Kultur- und sonstige Sachgüter einwirkende Luftverunreinigungen, Geräusche, Erschütterungen, Licht, Wärme, Strahlen und ähnliche Umwelteinwirkungen

Inertabfälle[92]

- mineralische Abfälle,
  1. die keinen wesentlichen physikalischen, chemischen oder biologischen Veränderungen unterliegen,
  2. die sich nicht auflösen, nicht brennen und nicht in anderer Weise physikalisch oder chemisch reagieren,
  3. die sich nicht biologisch abbauen

     und
  4. die andere Materialien, mit denen sie in Kontakt kommen, nicht in einer Weise beeinträchtigen, die zu nachteiligen Auswirkungen auf Mensch und Umwelt führen könnte

---

[90] Artikel 2 VO(EG) 1013/2006.

[91] § 3 BImSchG.

[92] § 3 KrWG.

Intermodaler Verkehr[93]

- umfasst den Transport von Gütern in ein und derselben Ladeeinheit oder demselben Straßenfahrzeug mit zwei oder mehr Verkehrsträgern, wobei ein Wechsel der Verkehrsträger, aber kein Umschlag der transportierten Güter selbst erfolgt

Kabinenschiff[94]

- ein Fahrgastschiff mit Kabinen für die Übernachtung von Fahrgästen

Katadrom[95]

- Arten, die in Meerwasserumgebungen laichen/schlüpfen, zumindest aber einen Teil ihres adulten Lebens in Süßgewässerumgebungen verbringen

Klärschlamm[96]

- Rückstände, die bei Betrieb einer Bordkläranlage an Bord des Fahrzeugs entstehen

Kompatible Transporte[97]

- Transporte, bei denen während aufeinanderfolgender Fahrten im Laderaum oder Ladetank des Fahrzeugs nachweislich ein Ladegut befördert wird, dessen Beförderung kein vorheriges Waschen des Laderaums oder des Ladetanks erfordert

Kreislaufwirtschaft[98]

- die Vermeidung und Verwertung von Abfällen

Kryptogen[99]

- Arten, deren Herkunft unbekannt ist, d. h. bei denen nicht nachgewiesen werden kann, ob sie in einer Region heimisch sind oder dorthin eingeführt wurden

Künstliche Gewässer[100]

- von Menschen geschaffene oberirdische Gewässer oder Küstengewässer

---

[93]§ 2 AwSV.

[94]Artikel 8.01 Anlage 2 Teil C CDNI.

[95]Richtlinien für die Risikobewertung (G7), Pkt. 4.3.

[96]Artikel 8.01 Anlage 2 Teil C CDNI.

[97]Artikel 5.01 Anlage 2 Teil B CDNI.

[98]§ 3 KrWG.

[99]Richtlinien für die Risikobewertung (G7), Pkt. 4.3.

[100]§ 3 WHG.

Küstengewässer[101]

- das Meer zwischen der Küstenlinie bei mittlerem Hochwasser oder zwischen der seewärtigen Begrenzung der oberirdischen Gewässer und der seewärtigen Begrenzung des Küstenmeeres; die seewärtige Begrenzung von oberirdischen Gewässern, die nicht Binnenwasserstraßen des Bundes sind, richtet sich nach den landesrechtlichen Vorschriften

Ladungsempfänger[102]

- die Person, die berechtigt ist, das Ladungsgut in Empfang zu nehmen

Ladungsrückstände[103]

- die flüssige Ladung, die nicht durch das Nachlenzsystem aus dem Ladetank und dem Leitungssystem entfernt werden kann, sowie trockene Ladung, die nicht durch den Einsatz von Kehrmaschinen, Besen oder Vakuumreinigern aus dem Laderaum entfernt werden kann

Ladungssicherungsvorrichtungen[104]

- alle Arten von fest angebrachten und beweglichen Vorrichtungen, die dazu dienen, Ladungseinheiten zu sichern und zu stützen

Lagern[105]

- das Vorhalten von wassergefährdenden Stoffen zur weiteren Nutzung, Abgabe oder Entsorgung

Langfristige Gefährdung[106]

- für Einstufungszwecke die durch die chronische Toxizität einer Chemikalie hervorgerufene Gefahr bei langfristiger aquatischer Exposition

Leichtes Heizöl[107]

- jedes Erdölerzeugnis, einschließlich der Zubereitungen, die Komponenten aus Synthese oder Hydrotreatment oder Komponenten biogener Herkunft enthalten, mit Ausnahme der in den Absätzen 3 bis 8 genannten Kraft- und Brennstoffe, das nach dem Prüfverfahren der DIN EN ISO 3405, Ausgabe August 2001, bei 350 Grad Celsius mindestens 85 oder bei 360 Grad Celsius mindestens 95 Raumhundertteile Destillat ergibt

---

[101] § 3 WHG.

[102] Straßburger Abfallübereinkommen (CDNI) Art. 1.

[103] Artikel 5.01 Anlage 2 Teil B CDNI.

[104] 1.1 CSS-Code.

[105] § 2 AwSV.

[106] Kapitel 2.4.2.3 ADN.

[107] § 1 10. BImSchV.

Lenzen-Füllen-Methode[108]

- ein Verfahren, bei dem ein zur Beförderung von Ballastwasser vorgesehener Ballasttank zunächst gelenzt und dann mit neuem Wasser gefüllt wird, bis ein Austausch von mindestens 95 Prozent des Ballastwasser-Volumens erreicht worden ist

Gebiet mit geringer Wellenhöhe (Low Wave Height Area – LWHA)[109]

- Seegebiet, in dem gemäß dem Übereinkommen über die besonderen Stabilitätsanforderungen an Ro/Ro-Fahrgastschiffe, die regelmäßig und planmäßig in der Auslandsfahrt zwischen, nach oder von bestimmten Häfen Nordwesteuropas und der Ostsee verkehren (Stockholm-Übereinkommen) vom 28. Februar 1996, welches am 1. April 1997 in Kraft gesetzt wurde, die kennzeichnende Wellenhöhe von 2,3 m während mehr als 10 % des Jahres nicht überschritten wird

Luftverunreinigungen[110]

- Veränderungen der natürlichen Zusammensetzung der Luft, insbesondere durch Rauch, Ruß, Staub, Gase, Aerosole, Dämpfe oder Geruchsstoffe

Makler von Abfällen[111] **(i. S. d. KrWG)**

- jede natürliche oder juristische Person, die gewerbsmäßig oder im Rahmen wirtschaftlicher Unternehmen, das heißt, aus Anlass einer anderweitigen gewerblichen oder wirtschaftlichen Tätigkeit, die nicht auf das Makeln von Abfällen gerichtet ist, oder öffentlicher Einrichtungen für die Bewirtschaftung von Abfällen für Dritte sorgt; die Erlangung der tatsächlichen Sachherrschaft über die Abfälle ist hierfür nicht erforderlich

Maximale Belastungsfähigkeit (Maximum SecuringLoad – MSL)[112]

- Angabe der zulässigen Belastung einer Vorrichtung, die dazu verwendet wird, Ladung in einem Schiff zu sichern
- der Ausdruck maximale Belastungsfähigkeit kann im Zusammenhang mit Ladungssicherung durch den Ausdruck zulässige Belastung (Safe Working Load – SWL) ersetzt werden, sofern dieser dem MSL-Wert gleich ist oder über diesem liegt

[108]Richtlinien für Entwurfs- und Bauvorschriften für den Ballastwasser-Austausch, Pkt. 2.1.2.

[109]§ 2 Abs. 5 MOU.

[110]§ 3 BImSchG.

[111]§ 3 KrWG.

[112]1.1 CSS-Code.

Meeresgewässer[113]

- die Gewässer, der Meeresgrund und der Meeresuntergrund seewärts der Basislinie, ab der die Ausdehnung der Territorialgewässer ermittelt wird, bis zur äußersten Reichweite des Gebiets, in dem ein Mitgliedstaat gemäß dem Seerechtsübereinkommen der Vereinten Nationen Hoheitsbefugnisse hat und/oder ausübt, mit Ausnahme der an die in Anhang II des Vertrags genannten Länder und Hoheitsgebiete angrenzenden Gewässer und der französischen überseeischen Departements und Gebietskörperschaften,
  und
- Küstengewässer im Sinne der Richtlinie 2000/60/EG, ihr Meeresgrund und ihr Untergrund, sofern bestimmte Aspekte des Umweltzustands der Meeresumwelt nicht bereits durch die genannte Richtlinie oder andere Rechtsvorschriften der Gemeinschaft abgedeckt sind

Meeresregion[114]

- eine der in Artikel 4 aufgeführten Meeresregionen. Meeresregionen und ihre Unterregionen werden festgelegt, um die Umsetzung dieser Richtlinie zu erleichtern; bei ihrer Festlegung werden hydrologische, ozeanografische und biogeografische Merkmale berücksichtigt

Meerjungfrau

- ist ein weibliches Fabelwesen, ein Mischwesen aus Frauen- und Fischkörper, das den Legenden und dem Aberglauben nach im Meer oder anderen Gewässern lebt

Meerwasser[115]

- Wasser mit einem Salzgehalt von über 30 PSU (Practical Salinity Units, d. A.)

Motor[116]

- ein Motor, der nach dem Prinzip der Kompressionszündung arbeitet (Dieselmotor)

Motorenfamilie[117]

- eine von einem Hersteller festgelegte und von der zuständigen Behörde typgenehmigte Zusammenfassung von Motoren, die konstruktionsbedingt ähnliche Eigenschaften hinsichtlich des Niveaus der Emission von gasförmigen Schadstoffen und luftverunreinigenden Partikeln aufweisen sollen und den Anforderungen dieses Anhangs entsprechen

---

[113] Richtlinie 2008/56/EG – Meeresstrategie-Rahmenrichtlinie.

[114] Richtlinie 2008/56/EG – Meeresstrategie-Rahmenrichtlinie.

[115] Richtlinien für die Risikobewertung (G7), Pkt. 4.3.

[116] § 1.01 Anhang VIII BinSchUO.

[117] § 1.01 Anhang VIII BinSchUO.

Motorengruppe[118]

- eine von einem Hersteller festgelegte und von der zuständigen Behörde genehmigte Zusammenfassung von Motoren, die konstruktionsbedingt ähnliche Eigenschaften hinsichtlich des Niveaus der Emission von gasförmigen Schadstoffen und luftverunreinigenden Partikeln aufweisen sollen und den Anforderungen dieses Anhangs entsprechen, wobei eine Einstellung oder Modifikation einzelner Motoren nach der Typprüfung in festgelegten Grenzen zulässig ist

Motorgetriebenes Fahrzeug[119]

- ein Fahrzeug, dessen Haupt- oder Hilfsmotoren mit Ausnahme der Ankerwindenmotoren Verbrennungskraftmaschinen sind

Motortyp[120]

- eine Zusammenfassung von Motoren, die sich hinsichtlich der in Anlage J Teil II Anhang 1 aufgeführten wesentlichen Merkmale nicht unterscheiden; von einem Motortyp wird mindestens eine Einheit hergestellt

Nachgelenzter Ladetank[121]

- Ladetank, aus dem die Restladung durch den Einsatz eines Nachlenzsystems entfernt worden ist und der nur noch Ladungsrückstände enthält

Nachlenzsystem[122]

- ein System nach Anhang II für das möglichst vollständige Entleeren der Ladetanks und des Leitungssystems bis auf nicht lenzbare Ladungsrückstände

Natürliche Hintergrundkonzentration[123]

- Konzentration eines Stoffes in einem Oberflächenwasserkörper, die nicht oder nur sehr gering durch menschliche Tätigkeiten beeinflusst ist

Nennleistung[124]

- die Nutzleistung des Motors bei Nenndrehzahl und Volllast

---

[118] § 1.01 Anhang VIII BinSchUO.

[119] Straßburger Abfallübereinkommen (CDNI) Art. 1.

[120] § 1.01 Anhang VIII BinSchUO.

[121] Artikel 5.01 Anlage 2 Teil B CDNI.

[122] Artikel 5.01 Anlage 2 Teil B CDNI.

[123] § 2 OGewV.

[124] § 1.01 Anhang VIII BinSchUO.

Nicht heimische Arten[125]

- jede Art außerhalb ihres natürlichen Verbreitungsgebiets, unabhängig davon, ob sie absichtlich oder unabsichtlich vom Menschen oder durch natürliche Prozesse übertragen wurde

Nichtstandardisierte Ladung[126]

- Ladung, die individuelle Stau- und Sicherungsvorkehrungen erfordert

Notifizierender[127]

- im Falle einer Verbringung, die in einem Mitgliedstaat beginnt, eine der Gerichtsbarkeit dieses Mitgliedstaates unterliegende natürliche oder juristische Person, die beabsichtigt, eine Verbringung von Abfällen durchzuführen oder durchführen zu lassen, und zur Notifizierung verpflichtet ist
- der Notifizierende ist eine der nachfolgend aufgeführten Personen oder Einrichtungen in der Rangfolge der Nennung:
  - der Ersterzeuger
    oder
  - der zugelassene Neuerzeuger, der vor der Verbringung Verfahren durchführt,
    oder
  - ein zugelassener Einsammler, der aus verschiedenen kleinen Mengen derselben Abfallart aus verschiedenen Quellen Abfälle für eine Verbringung zusammengestellt hat, die an einem bestimmten, in der Notifizierung genannten Ort beginnen soll,
    oder
  - ein eingetragener Händler, der von einem Ersterzeuger, Neuerzeuger oder zugelassenen Einsammler im Sinne der Ziffern i, ii und iii schriftlich ermächtigt wurde, in dessen Namen als Notifizierender aufzutreten,
    oder
  - ein eingetragener Makler, der von einem Ersterzeuger, Neuerzeuger oder zugelassenen Einsammler im Sinne der Ziffern i, ii und iii schriftlich ermächtigt wurde, in dessen Namen als Notifizierender aufzutreten,
    oder
  - wenn alle in den Ziffern i, ii, iii, iv und v — soweit anwendbar — genannten Personen unbekannt oder insolvent sind, der Besitzer
- Sollte ein Notifizierender im Sinne der Ziffern iv oder v es versäumen, eine der in den Artikeln 22 bis 25 festgelegten Rücknahmeverpflichtungen zu erfüllen, so gilt der Ersterzeuger, Neuerzeuger bzw. zugelassene Einsammler im Sinne der Ziffern i,

[125]Richtlinien für die Risikobewertung (G7), Pkt. 4.3.

[126]1.1 CSS-Code.

[127]Artikel 2 VO(EG) 1013/2006.

ii oder iii, der diesen Händler oder Makler ermächtigt hat, in seinem Namen aufzutreten, für die Zwecke der genannten Rücknahmeverpflichtungen als Notifizierender

- bei illegaler Verbringung, die von einem Händler oder Makler im Sinne der Ziffern iv oder v notifiziert wurde, gilt die in den Ziffern i, ii oder iii genannte Person, die diesen Händler oder Makler ermächtigt hat, in ihrem Namen aufzutreten, für die Zwecke dieser Verordnung als Notifizierender
- im Falle der Einfuhr in oder der Durchfuhr durch die Gemeinschaft von nicht aus einem Mitgliedstaat stammenden Abfällen jede der folgenden der Gerichtsbarkeit des Empfängerstaats unterliegenden natürlichen oder juristischen Personen, die eine Verbringung von Abfällen durchzuführen oder durchführen zu lassen beabsichtigen oder durchführen ließen, d. h. entweder
  - die von den Rechtsvorschriften des Empfängerstaats bestimmte Person oder in Ermangelung einer solchen Bestimmung
  - die Person, die während der Ausfuhr Besitzer der Abfälle war

Oberirdische Gewässer[128]

- das ständig oder zeitweilig in Betten fließende oder stehende oder aus Quellen wild abfließende Wasser

Öl[129]

- bezeichnet Erdöl in jeder Form einschließlich Rohöl, Heizöl, Ölschlamm, Ölrückstände und Raffinerieerzeugnisse (mit Ausnahme jener Petrochemikalien, die unter Anlage II dieses Übereinkommens fallen) und umfasst, ohne die Allgemeingültigkeit der vorstehenden Bestimmungen zu beschränken, die in Anhang I aufgeführten Stoffe

Öl- und fetthaltiger Schiffsbetriebsabfall[130]

- Altöl, Bilgenwasser und anderen öl- und fetthaltigen Abfall wie Altfett, Altfilter, Altlappen, Gebinde und Verpackungen dieser Abfälle

Ölhaftungsbescheinigung[131]

- eine Bescheinigung nach § 2 Abs. 3 des Ölschadengesetzes

Ölhaltiger Brennstoff[132]

- jede Art von Brennstoff, der einem Schiff geliefert wird und zur Verbrennung für den Antrieb oder für sonstige betriebliche Zwecke an Bord eines Schiffes vorgesehen ist, einschließlich Destillate und Rückstandsöle

---

[128] § 3 WHG.

[129] Anlage I Regel 1 MARPOL 73/78.

[130] Straßburger Abfallübereinkommen (CDNI) Art. 1.

[131] § 1 Ölhaftungsbescheinigungs-Verordnung.

[132] Anlage VI Regel 2 MARPOL 73/78.

Ölhaltiges Bilgenwasser[133]

- Wasser, das durch Öl verunreinigt sein kann, beispielsweise infolge von Leckagen oder Wartungsarbeiten in Maschinenräumen
- jede Flüssigkeit, die in das Bilgensystem einschließlich Lenzbrunnen, Lenzpumpen, Tankdecken oder Bilgenwasser-Sammeltanks hineingelangt, gilt als ölhaltiges Bilgenwasser

Ölhaltiges Gemisch[134]

- ein Gemisch mit einem beliebigen Ölgehalt

Ölrückstände (Ölschlamm)[135]

- Restölprodukte, die während des normalen Schiffsbetriebs anfallen, z. B. die Rückstände bei der Aufbereitung von Brennstoff und Schmierölen für die Haupt- oder Hilfsantriebsanlage, getrennte Ölrückstände aus den Ölfilteranlagen, in Auffangwannen aufgefangene Ölrückstände und Hydraulik- und Schmierölrückstände

Ölschlamm[136]

- Ölschlamm aus den Separatoranlagen für ölhaltigen Brennstoff und Schmieröl, Schmierölreste aus der Haupt- und der Hilfsantriebsanlage sowie Restöl aus den Bilgenentölern, aus den Ölfilteranlagen und aus Auffangwannen

Plutonium[137]

- Isotopengemisch der Stoffe, die bei der Wiederaufbereitung bestrahlter Kernbrennstoffe anfallen

Probenentnahmestelle[138]

- die Stelle in den Rohrleitungen für Ballastwasser, an der die Probe entnommen wird

Probenentnahmevorrichtung[139]

- die zur Entnahme der Probe eingebaute Vorrichtung

---

[133] Anlage I Regel 1 MARPOL 73/78.

[134] Anlage I Regel 1 MARPOL 73/78.

[135] Anlage I Regel 1 MARPOL 73/78.

[136] Anlage VI Regel 2 MARPOL 73/78.

[137] Regel 14 Kapitel VII SOLAS 74/88.

[138] Richtlinien für die Entnahme von Proben aus dem Ballastwasser; Pkt. 3.1.2.

[139] Richtlinien für die Entnahme von Proben aus dem Ballastwasser, Pkt. 3.1.3.

Recycling[140]

- jedes Verwertungsverfahren, durch das Abfälle zu Erzeugnissen, Materialien oder Stoffen entweder für den ursprünglichen Zweck oder für andere Zwecke aufbereitet werden; es schließt die Aufbereitung organischer Materialien ein, nicht aber die energetische Verwertung und die Aufbereitung zu Materialien, die für die Verwendung als Brennstoff oder zur Verfüllung bestimmt sind

Regionale Meeresübereinkommen[141]

- internationale Übereinkommen oder internationale Vereinbarungen zusammen mit ihrem jeweiligen Verwaltungsorgan, die zum Schutz der Meeresumwelt in den in Artikel 4 genannten Meeresregionen geschlossen worden sind, wie beispielsweise das Übereinkommen über den Schutz der Meeresumwelt des Ostseegebiets, das Übereinkommen zum Schutz der Meeresumwelt des Nordostatlantiks und das Übereinkommen zum Schutz der Meeresumwelt und der Küstengebiete des Mittelmeers

Restladung[142]

- die flüssige Ladung, die nach dem Löschen ohne Einsatz eines Nachlenzsystems im Ladetank und im Leitungssystem verbleibt, sowie Trockenladung, die nach dem Löschen ohne den Einsatz von Besen, Kehrmaschinen oder Vakuumreinigern im Laderaum verbleibt

Restentladung[143]

- Beseitigung der Restladung aus den Laderäumen beziehungsweise Ladetanks und Leitungssystemen durch geeignete Mittel (z.B. Besen, Kehrmaschine, Vakuumtechnik, Nachlenzsystem), durch die der Entladungsstandard
  - Laderaum besenrein

    oder
  - Laderaum vakuumrein

    oder
  - Ladetank nachgelenzt

  erreicht wird, sowie die Beseitigung der Umschlagsrückstände und von Verpackungs- und Stauhilfsmitteln

[140] § 3 KrWG.

[141] Richtlinie 2008/56/EG – Meeresstrategie-Rahmenrichtlinie.

[142] Artikel 5.01 Anlage 2 Teil B CDNI.

[143] Artikel 5.01 Anlage 2 Teil B CDNI.

Rohöl[144]

- jedes Öl, das natürlich in der Erde vorkommt, gleichviel ob es für Beförderungszwecke behandelt ist oder nicht; der Ausdruck umfasst
  - Rohöl, aus dem bestimmte Fraktionen abdestilliert worden sind,
    und
  - Rohöl, dem bestimmte Fraktionen zugesetzt worden sind

Rohwasser[145]

- Wasser, das mit einer Wassergewinnungsanlage der Ressource entnommen und unmittelbar zu Trinkwasser aufbereitet oder ohne Aufbereitung als Trinkwasser verteilt werden soll

Sammeltank[146]

- bezeichnet einen Tank, der zum Sammeln und zur Lagerung von Abwasser verwendet wird

Sammler von Abfällen[147]

- jede natürliche oder juristische Person, die gewerbsmäßig oder im Rahmen wirtschaftlicher Unternehmen, das heißt, aus Anlass einer anderweitigen gewerblichen oder wirtschaftlichen Tätigkeit, die nicht auf die Sammlung von Abfällen gerichtet ist, Abfälle sammelt

Sauberer Ballast[148]

- Ballast in einem Tank, der, seitdem zum letzten Mal Öl darin befördert wurde, so gereinigt worden ist, dass ein Ausfluss daraus, wenn er von einem stillstehenden Schiff bei klarem Wetter in sauberes ruhiges Wasser eingeleitet würde, keine sichtbaren Ölspuren auf der Wasseroberfläche oder auf angrenzenden Küstenstrichen hinterlassen und keine Ablagerung von Ölschlamm oder Emulsion unter der Wasseroberfläche oder auf angrenzenden Küstenstrichen verursachen würde. Wird der Ballast durch ein von der Verwaltung zugelassenes Überwachungs- und Kontrollsystem für das Einleiten von Öl eingeleitet, so gilt die anhand dieses Systems getroffene Feststellung, dass der Ölgehalt des Ausflusses 15 Anteile je Million (ppm) nicht überstieg, ungeachtet des Vorhandenseins sichtbarer Spuren als Beweis dafür, dass der Ballast sauber war

[144] Anlage I Regel 1 MARPOL 73/78.
[145] § 3 TrinkwV.
[146] Anlage IV Regel 2 MARPOL 73/78.
[147] § 3 KrWG.
[148] Anlage I Regel 1 MARPOL 73/78.

Schädliche Gewässerveränderungen[149]

- Veränderungen von Gewässereigenschaften, die das Wohl der Allgemeinheit, insbesondere die öffentliche Wasserversorgung, beeinträchtigen oder die nicht den Anforderungen entsprechen, die sich aus diesem Gesetz, aus aufgrund dieses Gesetzes erlassenen oder aus sonstigen wasserrechtlichen Vorschriften ergeben

Schädliche Umwelteinwirkungen[150]

- Immissionen, die nach Art, Ausmaß oder Dauer geeignet sind, Gefahren, erhebliche Nachteile oder erhebliche Belästigungen für die Allgemeinheit oder die Nachbarschaft herbeizuführen

Schädliche Wasserorganismen und Krankheitserreger[151]

- Wasserorganismen und Krankheitserreger, die, wenn sie dem Meer, einschließlich Flussmündungen, oder Süßwasser führenden Wasserläufen zugeführt werden, die Umwelt, die menschliche Gesundheit, Sachwerte oder Ressourcen gefährden, der biologischen Vielfalt schaden oder sonstige rechtmäßige Arten der Nutzung solcher Gebiete beeinträchtigen können

Schadstoff[152]

- jeder Stoff, der bei Zuführung in das Meer geeignet ist, die menschliche Gesundheit zu gefährden, die lebenden Schätze sowie die Tier- und Pflanzenwelt des Meeres zu schädigen, die Annehmlichkeiten der Umwelt zu beeinträchtigen oder die sonstige rechtmäßige Nutzung des Meeres zu behindern, und umfasst alle Stoffe, die nach diesem Übereinkommen einer Überwachung unterliegen
- Stoffe, die im Internationalen Code für die Beförderung gefährlicher Güter mit Seeschiffen (IMDG-Code) als Meeresschadstoffe gekennzeichnet sind oder die die Kriterien im Anhang zu dieser Anlage erfüllen[153]

Schiff[154]

- bezeichnet ein Fahrzeug beliebiger Art, das im Wasser betrieben wird, und schließt Unterwassergerät, schwimmendes Gerät, schwimmende Plattformen, schwimmende Lagereinheiten sowie schwimmende Produktions-, Lager- und Verladeeinheiten ein

---

[149] § 3 WHG.

[150] § 3 BImSchG.

[151] Internationales Ballastwasser-Übereinkommen, Art. 1.

[152] MARPOL 73/78 Art. 2.

[153] MARPOL 73/78 Anlage III, Regel 1.

[154] Internationales Ballastwasser-Übereinkommen, Art. 1.

Schiffsabfall[155]

- die in den Buchstaben b bis f näher bestimmten Stoffe oder Gegenstände, deren sich ihr Besitzer entledigt, entledigen will oder entledigen muss

Schiffsbetreiber[156]

- diejenige natürliche oder juristische Person, die die laufenden Ausgaben im Zusammenhang mit dem Schiffsbetrieb, insbesondere für den Kauf des verwendeten Kraftstoffs trägt, ersatzweise der Schiffseigner

Schiffsbetriebsabfall[157]

- Abfall und Abwasser, die bei Betrieb und Unterhaltung des Fahrzeugs an Bord entstehen; hierzu gehören der öl- und fetthaltige Schiffsbetriebsabfall und sonstiger Schiffsbetriebsabfall

Schiffsdiesel[158]

- jeder Schiffskraftstoff gemäß der Definition der Güteklasse DMB nach Tabelle 1 der DIN ISO 8217, Ausgabe Dezember 2013, ohne Berücksichtigung des Schwefelgehalts

Schiffsführer[159]

- die Person, unter deren Führung das Fahrzeug steht

Schiffskraftstoff[160]

- jeder aus Erdöl gewonnene flüssige Kraft- oder Brennstoff, der zur Verwendung auf einem Schiff bestimmt ist oder auf einem Schiff verwendet wird, einschließlich Kraft- oder Brennstoffen im Sinne der Definition nach DIN ISO 8217, Ausgabe Dezember 2013

Schutzgebiete[161]

- Wasserschutzgebiete nach § 51 Absatz 1 Satz 1 Nummer 1 und 2 des Wasserhaushaltsgesetzes,
- Gebiete, für die eine vorläufige Anordnung nach § 52 Absatz 2 in Verbindung mit § 51 Absatz 1 Satz 1 Nummer 1 oder Nummer 2 des Wasserhaushaltsgesetzes erlassen worden ist, und
- Heilquellenschutzgebiete nach § 53 Absatz 4 des Wasserhaushaltsgesetzes

---

[155] Straßburger Abfallübereinkommen (CDNI) Art. 1.

[156] Artikel 3.01 Anlage 2 Teil A CDNI.

[157] Straßburger Abfallübereinkommen (CDNI) Art. 1.

[158] § 1 BImSchV.

[159] Straßburger Abfallübereinkommen (CDNI) Art. 1.

[160] § 1 10. BImSchV.

[161] § 2 AwSV.

Schwellenwert[162]

- die Konzentration eines Schadstoffes, einer Schadstoffgruppe oder der Wert eines Verschmutzungsindikators im Grundwasser, die zum Schutz der menschlichen Gesundheit und der Umwelt festgelegt werden

Schweres Heizöl[163]

- jeder aus Erdöl gewonnene flüssige Kraft- oder Brennstoff mit Ausnahme der in den Absätzen 3 bis 9 genannten Kraft- und Brennstoffe, der nach dem Prüfverfahren der DIN EN ISO 3405, Ausgabe August 2001, bei 250 Grad Celsius weniger als 65 Raumhundertteile Destillat ergibt

Schweröl[164]

- jeder aus Erdöl gewonnenen flüssige Kraft- oder Brennstoff, der den Definitionen der KN-Codes 2710 00 71 bis 2710 00 78 entspricht

Seeschiff

- ein Schiff, das zur See- oder Küstenfahrt zugelassen und vorwiegend dafür bestimmt ist[165]
- Wasserfahrzeug mit oder ohne eigenen Antrieb, das zur Beförderung von Personen und/oder Gütern über See bestimmt ist und schließt „Seeleichter" ein[166]

Seeleichter[167]

- ein besatzungsloses Wasserfahrzeug ohne eigenen Antrieb

Seeunfall[168]

- Schiffszusammenstoß, das Stranden oder einen anderen nautischen Vorfall oder ein sonstiges Ereignis an Bord oder außerhalb eines Schiffes, durch die Sachschaden an Schiff oder seiner Ladung entsteht oder unmittelbar zu entstehen droht

Signifikanter und anhaltender steigender Trend[169]

- jede statistisch signifikante, ökologisch bedeutsame und auf menschliche Tätigkeiten zurückzuführende Zunahme der Konzentration eines Schadstoffes oder einer Schadstoffgruppe oder eine nachteilige Veränderung eines Verschmutzungsindikators im Grundwasser

---

[162] § 1 GrWO.

[163] § 1 10. BImSchV.

[164] Artikel 2 Richtlinie 1999/32/EG.

[165] Straßburger Abfallübereinkommen (CDNI) Art. 1.

[166] § 1 Absatz 1 GGVSee-Durchführungsrichtlinien.

[167] § 1 Absatz 1 GGVSee-Durchführungsrichtlinien.

[168] Artikel 1 Wrackbeseitigungsübereinkommen.

[169] § 1 GrWO.

Slops[170]

- ein pumpfähiges oder nicht pumpfähiges Gemisch aus Ladungsrückständen und Waschwasserresten, Rost oder Schlamm

Sloptank[171]

- Tank, der eigens für das Sammeln von Tankrückständen, Tankwaschwasser und sonstigen ölhaltigen Gemischen bestimmt ist

Sondergebiete

- Meeresgebiete[172], in dem aus anerkannten technischen Gründen im Zusammenhang mit seinem ozeanografischen und ökologischen Zustand und der besonderen Natur seines Verkehrs die Annahme besonderer obligatorischer Methoden zur Verhütung der Meeresverschmutzung durch Öl erforderlich ist
- Meeresgebiet[173], in dem aus anerkannten technischen Gründen im Zusammenhang mit seinem ozeanografischen und ökologischen Zustand und der besonderen Natur seines Verkehrs die Annahme besonderer verbindlicher Methoden zur Verhütung der Meeresverschmutzung durch Abwasser erforderlich ist
  - Die Sondergebiete sind

    das Ostseegebiet im Sinne der Anlage I Regel 1 Absatz 11.2

    und

    alle anderen von der Organisation entsprechend den Kriterien und Verfahren für die Festlegung von Sondergebieten im Hinblick auf die Verhütung der Verschmutzung durch Schiffsabwasser festgelegten Seegebiete

Sonderprüfung[174]

- das Verfahren, durch das die zuständige Behörde sicherstellt, dass der in einem Fahrzeug betriebene Motor auch nach jeder wesentlichen Änderung hinsichtlich des Niveaus der Emission von gasförmigen Schadstoffen und luftverunreinigenden Partikeln den technischen Anforderungen dieses Anhangs genügt

Sonstiger Schiffsbetriebsabfall[175]

- häusliches Abwasser, Hausmüll, Klärschlamm, Slops und übrigen Sonderabfall im Sinne des Teils C der Anwendungsbestimmung

---

[170] Artikel 8.01 Anlage 2 Teil C CDNI.

[171] Anlage I Regel 1 MARPOL 73/78.

[172] Anlage I Regel 1 MARPOL 73/78.

[173] Anlage IV Regel 2 MARPOL 73/78.

[174] § 1.01 Anhang VIII BinSchUO.

[175] Straßburger Abfallübereinkommen (CDNI) Art. 1.

SPE-CDNI[176]

- elektronisches Zahlungssystem, das Konten (ECO-Konten), Magnetkarten (ECO-Karten) und mobile elektronische Terminals umfasst

Stamm-Motor[177]

- ein aus einer Motorenfamilie oder einer Motorengruppe ausgewählter Motor, der den Anforderungen von Anlage J Teil I Abschnitt 5 entspricht

Stand der Technik[178]

- der Entwicklungsstand fortschrittlicher Verfahren, Einrichtungen oder Betriebsweisen, der die praktische Eignung einer Maßnahme zur Begrenzung von Emissionen in Luft, Wasser und Boden, zur Gewährleistung der Anlagensicherheit, zur Gewährleistung einer umweltverträglichen Abfallentsorgung oder sonst zur Vermeidung oder Verminderung von Auswirkungen auf die Umwelt zur Erreichung eines allgemein hohen Schutzniveaus für die Umwelt insgesamt gesichert erscheinen lässt; bei der Bestimmung des Standes der Technik sind insbesonderedieinderAnlage1aufgeführten-Kriterien zu berücksichtigen

Standardisierte Ladung[179]

- Ladung, für deren Beförderung das Schiff mit einem zugelassenen Sicherungssystem versehen ist, das für die Beförderung von Ladungseinheiten spezieller Typen ausgelegt ist

Stauung[180]

- Platzierung gefährlicher Güter an Bord eines Schiffes zur Gewährleistung der Sicherheit und des Umweltschutzes während der Beförderung

Stoffe, die zu einem Abbau der Ozonschicht führen[181]

- geregelte Stoffe im Sinne des Artikels 1 Nummer 4 des Montrealer Protokolls von 1987 über Stoffe, die zu einem Abbau der Ozonschicht führen, welche in Anlage A, B, C oder E des genannten Protokolls in seiner zum Zeitpunkt der Anwendung oder Auslegung der vorliegenden Anlage geltenden Fassung aufgeführt sind

---

[176] Artikel 3.01 Anlage 2 Teil A CDNI

[177] § 1.01 Anhang VIII BinSchUO.

[178] § 3 WHG.

[179] 1.1 CSS-Code.

[180] Kapitel 7.1 IMDG-Code.

[181] Anlage VI Regel 2 MARPOL 73/78.

Süßwasser[182]

- Wasser mit einem Salzgehalt von unter 0,5 PSU (Practical Salinity Units)

Technische NOx-Vorschrift[183]

- die mit Entschließung 2 der MARPOL-Konferenz von 1997 angenommene „Technische Vorschrift über die Kontrolle der Stickoxid-Emissionen aus Schiffsdieselmotoren“ in der von der Organisation geänderten Fassung, sofern diese Änderungen nach Artikel 16 dieses Übereinkommens beschlossen und in Kraft gesetzt worden sind

Teileinzugsgebiet[184]

- ein Gebiet, aus dem über oberirdische Gewässer der gesamte Oberflächenabfluss an einem bestimmten Punkt in ein oberirdisches Gewässer gelangt

Teilstandardisierte Ladung[185]

- Ladung, für deren Beförderung das Schiff mit einem Sicherungssystem versehen ist, das für die Sicherung einer begrenzten Vielzahl von Ladungseinheiten geeignet ist, zum Beispiel für Fahrzeuge, Anhänger usw.

Trennung[186]

- bezeichnet das Verfahren, zwei oder mehr Stoffe oder Gegenstände voneinander zu trennen, die als miteinander unverträglich gelten, da infolge ihrer Zusammenpackung oder Zusammenstauung im Fall einer Leckage oder einem Austritt des Inhalts oder bei einem sonstigen Unfall unvertretbare Gefahren entstehen könnten

Trinkwasser[187]

- in jedem Aggregatzustand des Wassers und ungeachtet dessen, ob das Wasser für die Bereitstellung auf Leitungswegen, in Wassertransport-Fahrzeugen, aus Trinkwasserspeichern an Bord von Land-, Wasser- oder Luftfahrzeugen oder in verschlossenen Behältnissen bestimmt ist,
  a) alles Wasser, das, im ursprünglichen Zustand oder nach Aufbereitung, zum Trinken, zum Kochen, zur Zubereitung von Speisen und Getränken oder insbesondere zu den folgenden anderen häuslichen Zwecken bestimmt ist:
     i. Körperpflege und -reinigung
     ii. Reinigung von Gegenständen, die bestimmungsgemäß mit Lebensmitteln in Berührung kommen

[182] Richtlinien für die Risikobewertung (G7), Pkt. 4.3.

[183] Anlage VI Regel 2 MARPOL 73/78.

[184] § 3 WHG.

[185] 1.1 CSS-Code.

[186] Kapitel 7.2.2.1 IMDG-Code.

[187] § 3 TrinkwV.

iii. Reinigung von Gegenständen, die bestimmungsgemäß nicht nur vorübergehend mit dem menschlichen Körper in Kontakt kommen

b) alles Wasser, das in einem Lebensmittelbetrieb verwendet wird für die Herstellung, die Behandlung, die Konservierung oder das Inverkehrbringen von Erzeugnissen oder Substanzen, die für den menschlichen Gebrauch bestimmt sind

Trinkwasser-Installation[188]

- die Gesamtheit der Rohrleitungen, Armaturen und Apparate, die sich zwischen dem Punkt des Übergangs von Trinkwasser aus einer Wasserversorgungsanlage an den Nutzer und dem Punkt der Entnahme von Trinkwasser befinden

Typgenehmigung[189]

- die Entscheidung, mit der die zuständige Behörde bestätigt, dass ein Motortyp, eine Motorenfamilie oder eine Motorengruppe hinsichtlich des Niveaus der Emission von gasförmigen Schadstoffen und luftverunreinigenden Partikeln aus dem Motor (den Motoren) den technischen Anforderungen dieses Anhangs genügt

Übergangsgewässer

- die Oberflächenwasserkörper in der Nähe von Flussmündungen, die aufgrund ihrer Nähe zu den Küstengewässern einen gewissen Salzgehalt aufweisen, aber im Wesentlichen von Süßwasserströmungen beeinflusst werden[190]
- zu den Übergangsgewässern zählen die Ästuare von Ems, Weser, Elbe und Eider. Es ist der Bereich der Flussmündungen, in dem sich das Süßwasser der Flüsse mit dem Salzwasser der Nordsee mischen[191]

Übriger Sonderabfall[192]

- Schiffsbetriebsabfall außer dem öl- und fetthaltigen Schiffsbetriebsabfall und den unter den Buchstaben a bis d genannten Abfällen;

Umschlagen[193]

- ist das Laden und Löschen von Schiffen, soweit es unverpackte wassergefährdende Stoffe betrifft, sowie das Umladen von wassergefährdenden Stoffen in Behältern oder Verpackungen von einem Transportmittel auf ein anderes. Zum Umschlagen gehört auch das vorübergehende Abstellen von Behältern oder Verpackungen mit wassergefährdenden Stoffen in einer Umschlaganlage im Zusammenhang mit dem Transport

---

[188] § 3 TrinkwV.

[189] § 1.01 Anhang VIII BinSchUO.

[190] § 2 OGewV.

[191] https://www.umweltbundesamt.de/service/glossar/ProzentC3ProzentBC?tag=bergangsgewsser#

[192] Artikel 8.01 Anlage 2 Teil C CDNI.

[193] § 2 AwSV.

Umschlagsrückstände[194]

- Ladung, die beim Umschlag außerhalb des Laderaums auf das Schiff gelangt

Umweltgerechte Behandlung gefährlicher Abfälle oder anderer Abfälle[195]

- alle praktisch durchführbaren Maßnahmen, die sicherstellen, dass gefährliche Abfälle oder andere Abfälle so behandelt werden, dass der Schutz der menschlichen Gesundheit und der Umwelt vor den nachteiligen Auswirkungen, die solche Abfälle haben können, gewährleistet ist

Umweltqualitätsnorm (UQN)[196]

- die Konzentration eines bestimmten Schadstoffs oder einer bestimmten Schadstoffgruppe, die in Wasser, Schwebstoffen, Sedimenten oder Biota aus Gründen des Gesundheits- und Umweltschutzes nicht überschritten werden darf

Umweltzustand[197]

- der Gesamtzustand der Umwelt in Meeresgewässern unter Berücksichtigung von Struktur, Funktion und Prozessen der einzelnen Meeresökosysteme und der natürlichen physiografischen, geografischen, biologischen, geologischen und klimatischen Faktoren sowie der physikalischen, akustischen und chemischen Bedingungen, einschließlich der Bedingungen, die als Folge menschlichen Handelns in dem betreffenden Gebiet und außerhalb davon entstehen

Umweltziel[198]

- ist eine qualitative oder quantitative Aussage über den erwünschten Zustand der verschiedenen Komponenten von Meeresgewässern und deren Belastungen sowie Beeinträchtigungen für jede einzelne Meeresregion bzw. -unterregion. Umweltziele werden gemäß Artikel 10 festgelegt

Vakuumreiner Laderaum[199]

- Laderaum, aus dem die Restladung mittels Vakuumtechnik entfernt worden ist und der deutlich weniger Ladungsrückstände enthält als ein besenreiner Laderaum

---

[194]Artikel 5.01 Anlage 2 CDNI.

[195]Artikel 2 Basler Übereinkommen.

[196]§ 2 OGewV.

[197]Richtlinie 2008/56/EG – Meeresstrategie-Rahmenrichtlinie.

[198]Richtlinie 2008/56/EG – Meeresstrategie-Rahmenrichtlinie.

[199]Artikel 5.01 Anlage 2 CDNI.

Verbrennung an Bord[200]

- das Verbrennen von Abfall- und sonstigen Stoffen an Bord eines Schiffes, wenn diese Abfall- oder sonstigen Stoffe aus dem normalen Betrieb dieses Schiffes stammen

Verbringung[201]

- Transport von zur Verwertung oder Beseitigung bestimmten Abfällen, der erfolgt oder erfolgen soll:
  - zwischen zwei Staaten
    oder
  - zwischen einem Staat und überseeischen Ländern und Gebieten oder anderen Gebieten, die unter dem Schutz dieses Staates stehen,
    oder
  - zwischen einem Staat und einem Landgebiet, das völkerrechtlich keinem Staat angehört,
    oder
  - zwischen einem Staat und der Antarktis
    oder
  - aus einem Staat durch eines der oben genannten Gebiete
    oder
  - innerhalb eines Staates durch eines der oben genannten Gebiete und der in demselben Staat beginnt und endet,
    oder
  - aus einem geografischen Gebiet, das nicht der Gerichtsbarkeit eines Staates unterliegt, in einen Staat

Verdünnungsmethode[202]

- ein Verfahren, bei dem neues Ballastwasser an der Oberseite des zur Beförderung von Ballastwasser vorgesehenen Ballasttanks eingefüllt wird, wobei gleichzeitig an der Unterseite die gleiche Menge an Wasser abgelassen und ein gleichbleibender Wasserstand während des gesamten Austauschvorgangs beibehalten wird

Verlader[203]

- ist das Unternehmen, das
  a) verpackte gefährliche Güter, Kleincontainer oder ortsbewegliche Tanks in oder auf ein Fahrzeug (ADR), einen Wagen (RID), ein Beförderungsmittel (ADN) oder einen Container verlädt
  oder

[200] Anlage VI Regel 2 MARPOL 73/78.

[201] Artikel 2 VO (EG) 1013/2006.

[202] Richtlinien für Entwurfs- und Bauvorschriften für den Ballastwasser-Austausch, Pkt. 2.1.4.

[203] § 2 GGSEB.

b) einen Container, Schüttgut-Container, MEGC, Tankcontainer oder ortsbeweglichen Tank auf ein Fahrzeug (ADR), einen Wagen (RID), ein Beförderungsmittel (ADN) verlädt
oder
c) ein Fahrzeug oder einen Wagen in oder auf ein Schiff verlädt (ADN)

- Verlader ist auch das Unternehmen, das als unmittelbarer Besitzer das gefährliche Gut dem Beförderer zur Beförderung übergibt oder selbst befördert

Verpacker[204]

- Unternehmen, das die gefährlichen Güter in Verpackungen einschließlich Großverpackungen und IBC einfüllt oder die Versandstücke zur Beförderung vorbereitet. Verpacker ist auch das Unternehmen, das gefährliche Güter verpacken lässt oder das Versandstücke oder deren Kennzeichnung oder Bezettelung ändert oder ändern lässt

Verpackung[205]

- ein oder mehrere Gefäße und alle anderen Bestandteile und Werkstoffe, die notwendig sind, damit die Gefäße ihre Behältnis- und andere Sicherheitsfunktionen erfüllen können

Versandstück[206]

- das versandfertige Endprodukt des Verpackungsvorganges, bestehend aus der Verpackung, der Großverpackung oder dem Großpackmittel (IBC) und ihrem beziehungsweise seinem Inhalt
- der Begriff umfasst die Gefäße für Gase sowie die Gegenstände, die wegen ihrer Größe, Masse oder Formgebung unverpackt, oder in Schlitten, Verschlägen oder Handhabungseinrichtungen befördert werden dürfen
- mit Ausnahme der Beförderung radioaktiver Stoffe gilt dieser Begriff weder für Güter, die in loser Schüttung, noch für Güter, die in Tanks oder Ladetanks befördert werden
- an Bord von Schiffen schließt der Begriff Versandstück auch die Fahrzeuge, Wagen, Container (einschließlich Wechselaufbauten), Tankcontainer, ortsbewegliche Tanks, Großverpackungen, Großpackmittel (IBC), Batterie-Fahrzeuge, Batteriewagen, Tankfahrzeuge, Kesselwagen und Gascontainer mit mehreren Elementen (MEGC) ein

[204]§ 2 GGSEB.

[205]Kapitel 1.2.1 IMDG-Code.

[206]§ 2 GGSEB.

Verschmutzung[207]

- die durch menschliches Handeln direkt oder indirekt bewirkte Zuführung von Stoffen oder Energie – einschließlich vom Menschen verursachter Unterwassergeräusche – in die Meeresumwelt, aus der sich abträgliche Wirkungen wie eine Schädigung der lebenden Ressourcen und der Meeresökosysteme einschließlich des Verlusts der Artenvielfalt, eine Gefährdung der menschlichen Gesundheit, eine Behinderung der maritimen Tätigkeiten einschließlich der Fischerei, des Fremdenverkehrs und der Erholung und der sonstigen rechtmäßigen Nutzung des Meeres, eine Beeinträchtigung des Gebrauchswerts des Meerwassers und eine Verringerung der Annehmlichkeiten der Umwelt oder generell eine Beeinträchtigung der nachhaltigen Nutzung von Gütern und Dienstleistungen des Meeres ergeben oder ergeben können

Verschmutzung der Meeresumwelt[208]

- die unmittelbare oder mittelbare Zuführung von Stoffen oder Energie durch den Menschen in die Meeresumwelt einschließlich der Flussmündungen, aus der sich abträgliche Wirkungen wie eine Schädigung der lebenden Ressourcen sowie der Tier- und Pflanzenwelt des Meeres, eine Gefährdung der menschlichen Gesundheit, eine Behinderung der maritimen Tätigkeiten einschließlich der Fischerei und der sonstigen rechtmäßigen Nutzung des Meeres, eine Beeinträchtigung des Gebrauchswerts des Meerwassers und eine Verringerung der Annehmlichkeiten der Umwelt ergeben oder ergeben können

Verwertung[209]

- jedes Verfahren, als dessen Hauptergebnis die Abfälle innerhalb der Anlage oder in der weiteren Wirtschaft einem sinnvollen Zweck zugeführt werden, indem sie entweder andere Materialien ersetzen, die sonst zur Erfüllung einer bestimmten Funktion verwendet worden wären, oder indem die Abfälle so vorbereitet werden, dass sie diese Funktion erfüllen. Anlage 2 enthält eine nicht abschließende Liste von Verwertungsverfahren

Waschreiner Laderaum oder Ladetank[210]

- Laderaum oder Ladetank, der nach dem Waschen grundsätzlich für jede Ladungsart geeignet ist

---

[207]Richtlinie 2008/56/EG – Meeresstrategie-Rahmenrichtlinie.

[208]Seerechtsübereinkommen der Vereinten Nationen, Teil I, Art. 1.

[209]§ 3 KrWG.

[210]Artikel 5.01 Anlage 2 CDNI.

Waschen[211]

- Beseitigung der Ladungsrückstände aus dem besenreinen oder vakuumreinen Laderaum oder aus dem nachgelenzten Ladetank unter Einsatz von Wasserdampf oder Wasser

Waschwasser[212]

- Wasser, das beim Waschen von besenreinen oder vakuumreinen Laderäumen oder von nachgelenzten Ladetanks anfällt. Hierzu wird auch Ballastwasser und Niederschlagswasser gerechnet, das aus diesen Laderäumen oder Ladetanks stammt

Wasserbeschaffenheit[213]

- die physikalische, chemische oder biologische Beschaffenheit des Wassers eines oberirdischen Gewässers oder Küstengewässers sowie des Grundwassers

Wasserkörper[214]

- einheitliche und bedeutende Abschnitte eines oberirdischen Gewässers oder Küstengewässers (Oberflächenwasserkörper) sowie abgegrenzte Grundwasservolumen innerhalb eines oder mehrerer Grundwasserleiter (Grundwasserkörper)

Wasserversorgungsanlagen[215]

a) zentrale Wasserwerke: Anlagen einschließlich dazugehörender Wassergewinnungsanlagen und eines dazugehörenden Leitungsnetzes, aus denen pro Tag mindestens 10 Kubikmeter Trinkwasser entnommen oder auf festen Leitungswegen an Zwischenabnehmer geliefert werden oder aus denen auf festen Leitungswegen Trinkwasser an mindestens 50 Personen abgegeben wird
b) dezentrale kleine Wasserwerke: Anlagen einschließlich dazugehörender Wassergewinnungsanlagen und eines dazugehörenden Leitungsnetzes, aus denen pro Tag weniger als 10 Kubikmeter Trinkwasser entnommen oder im Rahmen einer gewerblichen oder öffentlichen Tätigkeit genutzt werden, ohne dass eine Anlage nach Buchstabe a oder Buchstabe c vorliegt
c) Kleinanlagen zur Eigenversorgung: Anlagen einschließlich dazugehörender Wassergewinnungsanlagen und einer dazugehörenden Trinkwasser-Installation, aus denen pro Tag weniger als 10 Kubikmeter Trinkwasser zur eigenen Nutzung entnommen werden

---

[211] Artikel 5.01 Anlage 2 CDNI.

[212] Artikel 5.01 Anlage 2 CDNI.

[213] § 3 WHG.

[214] § 3 WHG.

[215] § 3 TrinkwV.

d) mobile Versorgungsanlagen: Anlagen an Bord von Land-, Wasser- und Luftfahrzeugen und andere bewegliche Versorgungsanlagen einschließlich aller Rohrleitungen, Armaturen, Apparate und Trinkwasserspeicher, die sich zwischen dem Punkt der Übernahme von Trinkwasser aus einer Anlage nach Buchstabe a, b oder Buchstabe f und dem Punkt der Entnahme des Trinkwassers befinden; bei einer an Bord betriebenen Wassergewinnungsanlage ist diese ebenfalls mit eingeschlossen
e) Anlagen zur ständigen Wasserverteilung: Anlagen der Trinkwasser-Installation, aus denen Trinkwasser aus einer Anlage nach Buchstabe a oder Buchstabe b an Verbraucher abgegeben wird
f) Anlagen zur zeitweiligen Wasserverteilung: Anlagen, aus denen Trinkwasser entnommen oder an Verbraucher abgegeben wird, und die
   i. zeitweise betrieben werden einschließlich einer dazugehörenden Wassergewinnungsanlage und einer dazugehörenden Trinkwasser-Installation
      oder
   ii. zeitweise an eine Anlage nach Buchstabe a, b oder Buchstabe e angeschlossen sind

Wille zur Entledigung[216] (i. S. d. Begriffes Abfälle gemäß KrWG)

- im Sinne des Absatzes 1 ist hinsichtlich solcher Stoffe oder Gegenstände anzunehmen,
  1. die bei der Energieumwandlung, Herstellung, Behandlung oder Nutzung von Stoffen oder Erzeugnissen oder bei Dienstleistungen anfallen, ohne dass der Zweck der jeweiligen Handlung hierauf gerichtet ist, oder
  2. deren ursprüngliche Zweckbestimmung entfällt oder aufgegeben wird, ohne dass ein neuer Verwendungszweck unmittelbar an deren Stelle tritt

Zielarten[217]

- die von einer Vertragspartei ermittelten Arten, die bestimmte Kriterien erfüllen, die darauf hinweisen, dass sie die Umwelt, menschliche Gesundheit, Sachwerte oder Ressourcen beeinträchtigen oder schädigen können und für einen bestimmten Hafen oder Staat oder eine bestimmte biogeografische Region bestimmt werden

Zwischenprüfung[218]

- das Verfahren, durch das die zuständige Behörde sicherstellt, dass der in einem Fahrzeug betriebene Motor auch nach etwaigen seit der Einbauprüfung vorgenommenen Änderungen und/oder Einstellungen hinsichtlich des Niveaus der Emission von gasförmigen Schadstoffen und luftverunreinigenden Partikeln den technischen Anforderungen dieses Anhangs genügt

---

[216] § 3 KrWG.

[217] Richtlinien für die Risikobewertung (G7), Pkt. 4.3.

[218] § 1.01 Anhang VIII BinSchUO.

Stichwortverzeichnis

U. Jacobshagen, *Umweltschutz und Gefahrguttransport für Binnen- und Seeschifffahrt*,
https://doi.org/10.1007/978-3-658-25929-7

Printed by Printforce, the Netherlands